Reine und angewandte Metallkunde in Einzeldarstellungen

Herausgegeben von W. Köster

1

Technologie der Zinklegierungen

Von

Dr. Ing. Arthur Burkhardt

Mit 413 Abbildungen

Springer-Verlag Berlin Heidelberg GmbH
1937

Ursprünglich erschienen bei Julius Springer in Berlin 1937
Softcover reprint of the hardcover 1st edition 1937

ISBN 978-3-662-30633-8 ISBN 978-3-662-30701-4 (eBook)
DOI 10.1007/978-3-662-30701-4

Geleitwort.

Vor etwa Jahresfrist trat der Verlag Julius Springer mit der Anregung an mich heran, eine Monographiensammlung unter dem Titel ,,Reine und angewandte Metallkunde in Einzeldarstellungen" herauszugeben. Dieser Schritt erfolgte in der Absicht, zur Ordnung des Metallkundlichen Schrifttums beizutragen, um das sich der Verlag von jeher angelegentlich bemüht hat. Ist doch ein wesentlicher Teil desselben bei ihm erschienen. Ich habe nach reiflicher Überlegung die genannte Aufgabe aus folgenden Gesichtspunkten heraus übernommen.

Sammeln heißt verdichten, heißt das Zerstreute an einer Stelle zusammentragen. Damit ist dem, der Auskunft und Belehrung auf einem wohl abgegrenzten Gebiet sucht, stets gedient. Beiläufig sei angemerkt, daß Einheitlichkeit in Form und Ausstattung von Büchern, vor allem, wenn sie von anerkannter Güte ist, nicht nur erfreulich ist, sondern auch ihre Benutzung erleichtert. Die Anlage einer jeden Sammlung erfordert Richtlinien. Sie festzulegen ist Aufgabe eines Herausgebers. Weiterhin ist es nicht angängig, es dem Zufall zu überlassen, ob das Bedürfnis nach einer zusammenfassenden Darstellung eines Gebietes, sofern es besteht, befriedigt wird oder nicht. Hier regelnd einzugreifen und einen Verfasser zur Niederlegung seiner Erfahrungen in einer größeren Veröffentlichung anzuregen ist wiederum Sache eines Herausgebers.

Daß für mannigfache Gebiete der reinen und angewandten Metallkunde trotz der großen Zahl von Buchveröffentlichungen eine Sonderdarstellung Bedürfnis ist, steht außer Zweifel. Der erste Band der Sammlung, der hiermit der Öffentlichkeit übergeben wird, behandelt beispielsweise einen Stoff, dem gerade in der heutigen Zeit eine nicht zu unterschätzende Bedeutung beigemessen werden darf. In ähnlicher Weise harren andere Teilfragen der verschiedensten Art der Bearbeitung.

So hoffe ich, daß die in Angriff genommene Sammlung von Einzeldarstellungen ein brauchbarer Helfer und Ratgeber für Wissenschaft und Technik der Metalle werden wird.

Stuttgart, im April 1937.

W. Köster.

Vorwort.

Zinklegierungen haben bis vor kurzer Zeit nur auf dem Spritzgußgebiet ausgedehnte Verwendung gefunden. Es mag deswegen für verfrüht gelten, jetzt schon nach der ersten Anlaufzeit, wo Zinklegierungen auf allen anderen Gebieten der bildsamen Formgebung Anwendung gefunden haben, über dieses vielfältige Gebiet zu berichten. Der Verfasser war sich auch voll der Schwierigkeit seiner Aufgabe bewußt, ein Gebiet zu behandeln, das noch mitten in der Entwicklung steckt und viele ungelöste Probleme enthält. Wenn trotzdem der Versuch einer Darstellung der Eigenschaften der Zinklegierungen und ihrer bildsamen Formgebung gemacht wird, so leitete dabei hauptsächlich der Gedanke, durch die Wiedergabe unserer bisherigen Erkenntnisse und Erfahrungen die Weiterentwicklung dieses jungen Gebietes im Interesse der Allgemeinheit zu fördern, dem Praktiker die wissenschaftlichen und erfahrungsmäßigen Grundlagen für eine erfolgreiche Anwendung der Zinklegierungen an die Hand zu geben und im Rahmen der sich in Deutschland vollziehenden Umstellung eine Erleichterung für alle damit betrauten Laboratorien, Betriebsleute, Behörden und beratenden Stellen zu bieten. Es darf nicht verwunderlich erscheinen, daß bei der Beschreibung der mitten in der Entwicklung stehenden Zinklegierungen Lücken bestehen, die durch weitere Forschungsarbeiten und vor allem durch eine große Summe von Betriebserfahrungen geschlossen werden müssen. Um jedoch ein Gebiet vorwärtszubringen, ist es notwendig, daß erst einmal rückblickend das vorhandene Wissen gesammelt wird, bevor an eine systematische Weiterentwicklung gedacht werden kann.

Gefördert wurde meine Arbeit insbesondere durch das Entgegenkommen meiner Firma, der Bergwerksgesellschaft Georg von Giesches Erben, Breslau, die mir gestattet hat, freimütig über die im Rahmen ihrer Forschung und Betriebserfahrungen gesammelten Kenntnisse berichten zu dürfen. Ihr gelte deshalb mein besonderer Dank.

Unter Markenschutz stehende Bezeichnungen wurden möglichst vermieden, indem mehr die entsprechenden Typenbezeichnungen angegeben wurden. Im übrigen wurde selbstverständlich die für ein derartiges Werk notwendige Neutralität gegenüber den verschiedenen Legierungen soweit wie möglich angestrebt. Sollten hierbei irrtümliche Auffassungen oder Weglassungen vorgekommen sein, so ist hierfür nicht etwa mangelnde Objektivität, sondern die fehlende Gelegenheit zur Bekanntschaft mit der betreffenden Legierung verantwortlich zu machen.

Für das Gelingen des Buches bin ich allen meinen Mitarbeitern und einem großen Teil von befreundeten oder bekannten Technikern und Wissenschaftlern gleicher oder anderer Arbeitsrichtung zu Dank verpflichtet. Besonders verbunden bin ich meinen Mitarbeitern, den Herren Dr. Bayer, Dr. Knabe und Dr. Wolf für das Lesen der Korrekturen, wobei sie wertvolle Hinweise gaben. Die Ausführung der vielen photographischen und mikrographischen Abbildungen hat Fräulein Koops in dankenswerter Weise übernommen. Weiterhin sei von meinen Mitarbeitern Herr Gießereiingenieur Huth genannt, dem ich manche Anregung aus der Praxis und viele wertvolle Hinweise bei der Behandlung der Gießverfahren verdanke. Schließlich sind noch verschiedene Firmen zu nennen, vor allem die Metallgesellschaft A.G., Frankfurt a. M. und Fusor G. m. b. H., Berlin-Neukölln, die mich durch Überlassung von unveröffentlichten Unterlagen wirkungsvoll unterstützten.

Magdeburg, im April 1937.

A. Burkhardt.

Inhaltsverzeichnis.

A. Einleitung.

Unter Zinklegierungen sollen im Rahmen dieses Buches Legierungen mit einem Gehalt von mehr als 50% Zink verstanden sein. Derartige Legierungen haben im letzten Jahrhundert eine beträchtliche Rolle im Kunstguß gespielt. Mit dem Eintreten einer Geschmackswandlung verschwand der Zinkguß mehr und mehr vom Markt. Nur auf dem neu aufgekommenen Gebiet des Spritzgusses konnten sich die Zinklegierungen halten, obwohl sich auch hier starke Mängel infolge der Unbeständigkeit der Gußstücke zeigten.

In der Notzeit des Weltkrieges erlebten die Zinklegierungen in Deutschland einen großen Aufschwung, indem sie als Ersatzlegierungen für die selteneren Metalle Kupfer und Zinn verwendet wurden. Als Spritzguß, Kokillenguß, als Lagermetall und auch im gekneteten Zustand als Preßdraht wurden unter vielen Bezeichnungen Zinklegierungen auf den Markt gebracht. Die Eigenschaften der Ersatzlegierungen waren aber so wenig wertvoll, daß sie nach der Rückkehr zu geordneten Verhältnissen für diesen Zweck nicht mehr verwendet wurden.

Diese Entwicklung war für den Ruf der Zinklegierungen so schädlich, daß sie ganz langsam und nur auf engbegrenzten Anwendungsgebieten wieder in Erscheinung treten konnten. Daß die Zinklegierungen derartig versagten, wie im Weltkrieg, ist ausschließlich auf die geringen Kenntnisse, die wir in allen zinkreichen Legierungen besaßen, zurückzuführen. Nach den schlechten Erfahrungen wurde nur zögernd an Forschungsarbeiten auf dem Zinkgebiet herangegangen.

In Deutschland wurde fast ausschließlich nur das Metall Zink zum Gegenstand eingehender Untersuchungen gemacht, während man sich auf dem Legierungsgebiet mit den Kriegserfahrungen schlecht und recht durchschlug. In Amerika wandte man sich zuerst wieder ernsthaft der Erforschung der Vorgänge in Zinklegierungen und der Entwicklung besserer Legierungen zu. Diese Untersuchungen erstreckten sich fast ausschließlich auf das Spritzgußgebiet. Man hat auf Grund der erworbenen Kenntnisse von der Schädlichkeit bestimmter Beimengungen, von den Auswirkungen der Ausscheidungs- und Umwandlungsvorgänge, von den Erstarrungsbedingungen und vom Einfluß verschiedener Zusätze neue Legierungen entwickelt und bestehende verbessert. Diese Kenntnisse wurden von uns übernommen und nun setzte auch bei uns eine regere

Forschungsarbeit auf diesem Gebiet ein. Auf diese Entwicklung wirkten die Bemühungen Deutschlands in den letzten Jahren, sich auf Metalle mit einheimischer Rohstoffbasis zu stützen und devisenverzehrende Legierungen durch Austauschwerkstoffe zu ersetzen, stark fördernd. Es wurden in der letzten Zeit nicht nur auf dem Gußgebiet, sondern auch auf dem Gebiet der Knetlegierungen wesentliche Fortschritte erzielt. Es stellte sich heraus, daß die Zinklegierungen sehr brauchbare Werkstoffe darstellen, wenn man sie legierungskundig und technologisch richtig zu behandeln versteht.

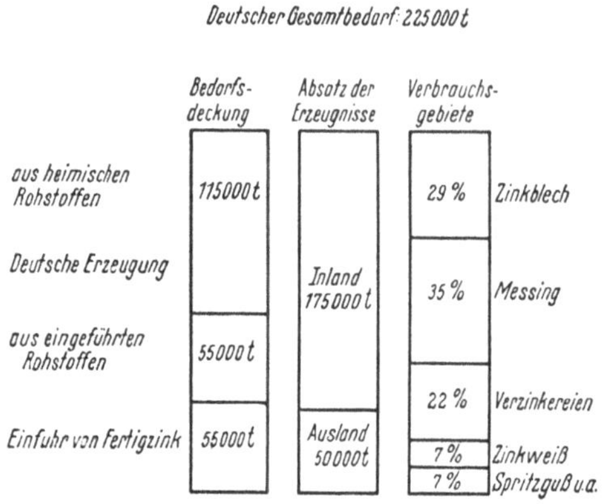

Abb. 1. Erzeugung, Absatz und Verwendung von Zink. (Nach Dornauf.)

Der Anteil der Zinklegierungen am deutschen Zinkverbrauch beträgt heute erst noch 7%. Er ist aber in stetigem Wachsen begriffen und wird in absehbarer Zeit einen beträchtlichen Anteil des Zinkverbrauchs ausmachen. Abb. 1 zeigt Erzeugung, Absatz und Verwendung von Zink für das Jahr 1936 nach einer Darstellung von Dornauf[1]. Der Anteil an Spritzgußlegierungen beträgt um 4%. Wie man durch Vergleich mit den in Abb. 2 wiedergegebenen amerikanischen Zahlen feststellen kann, ist der deutsche Verbrauch nicht ungünstig. Auch in Deutschland ist, ähnlich der seit 1932 in Amerika festzustellenden Aufwärtsbewegung der Verbrauchskurve, ein stetiges Anwachsen des Anteiles der Zinklegierungen am deutschen Zinkverbrauch zu erwarten.

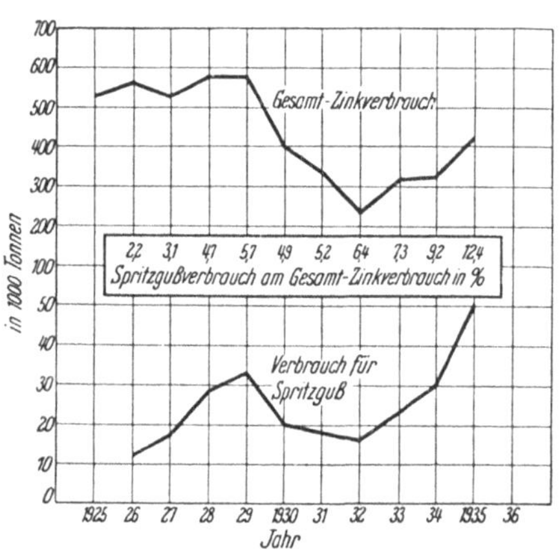

Abb. 2. Gesamt-Zinkverbrauch einschließlich Spritzguß in USA. (Nach Dornauf.)

Um diese Entwicklung zu fördern, sollen im Nachfolgenden unsere legierungskundlichen und technologischen Kenntnisse wiedergegeben werden.

[1] Dornauf, J.: Z. Metallkde. **29**, 53/60 (1937).

B. Zinklegierungskunde.

I. Wichtige Zweistofflegierungen.

1. Zink-Aluminium.

Von allen binären Zinklegierungen sind die aluminiumhaltigen weitaus am wichtigsten. Keine praktisch angewandte Zinkgußlegierung und kaum eine Knetlegierung gibt es, die nicht wenigstens einen geringen Gehalt an Aluminium aufweist.

Der Aluminiumzusatz zu Zink bedingt neben vielen Vorteilen, auf die später noch ausführlich eingegangen wird, als Nachteile Änderungen verschiedener Eigenschaften, die Ausscheidungsvorgängen beim Lagern zuzuschreiben sind. Diese Vorgänge lassen sich aus dem Zustandsschaubild erklären.

a) Aufbau.

Die Ansichten über das Aussehen dieses Zustandsschaubildes wechselten seit Jahren. Da gerade die Entwicklung über die Kenntnis des Aufbaues der Zink-Aluminiumlegierungen besonders charakteristisch ist, soll sie etwas eingehender besprochen werden.

Die ersten Forscher[2] bis zu Eger[5] und Fedorow[5] nahmen ein eutektisches System mit der Fähigkeit der Komponenten, gegenseitig in beschränktem Maße Mischkristalle zu bilden, an. So hat Shepherd[3] das in Abb. 3 wiedergegebene Schaubild noch für richtig gehalten, während bereits Ewen und Turner[4] nach Abb. 4 eine Umwandlungshorizontale bei 250° feststellten, die sie der Bildung einer Verbindung $AlZn_2$ zuschrieben. Später[6] wurde das Schaubild weiter abgeändert; die peritektische Horizontale bei 443°, wobei sich die Verbindung Al_2Zn_3 bilden sollte, wurde eindeutig gefunden. Der Endpunkt dieser Horizontalen nach der Aluminiumseite wurde jedoch sehr verschieden angegeben.

---

[2] Gosselin, R.: Bull. Soc. Encour. Ind. nat. **1**, 1308 (1896). — Heycock, C. T. u. F. H. Neville: J. chem. Soc. **71**, 389 (1897).

[3] Shepherd, E. S.: J. physic. Chem. **9**, 504/512 (1905).

[4] Ewen, D. u. T. Turner: J. Inst. Met., Lond. **4**, 140/156 (1910).

[5] Eger, G.: Int. Z. Metallogr. **4**, 35/41 (1913). — Fedorow, A. S.: J. russ. physik.-chem. Ges. **49**, 394/407 (1917).

[6] Rosenhain, W. u. S. L. Archbutt: Philos. Trans. Roy. Soc., Lond. **211** (A), 315/343 (1912); J. Inst. Met., Lond. **6**, 236/250 (1911). — Bauer, O. u. O. Vogel: Int. Z. Metallogr. **8**, 101/132 (1916). — Sander, W. u. K. L. Meißner: Z. Metallkde. **16**, 221/222 (1924).

Auch der Zerfall der β-Phase in das Eutektoid $(\alpha+\gamma)$ wurde von ihnen zum erstenmal erkannt, nachdem die Annahme, die Umwandlungs-

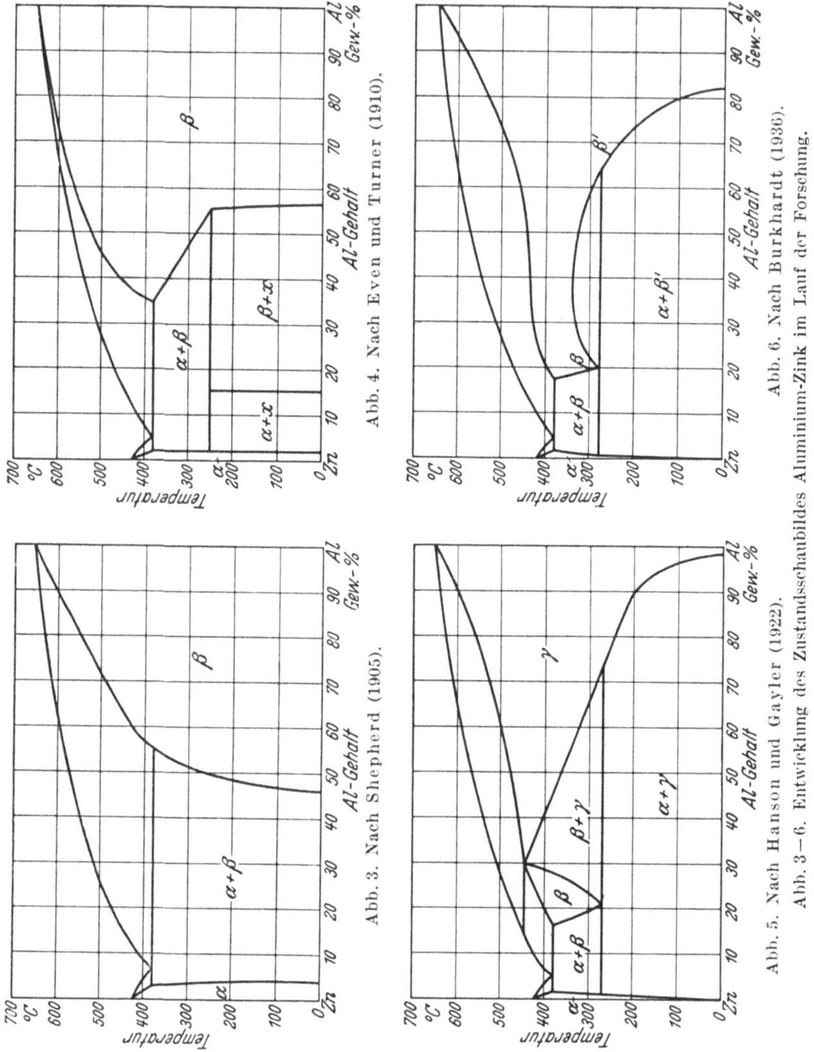

Abb. 3. Nach Shepherd (1905).

Abb. 4. Nach Even und Turner (1910).

Abb. 5. Nach Hanson und Gayler (1922).

Abb. 6. Nach Burkhardt (1936).

Abb. 3—6. Entwicklung des Zustandsschaubildes Aluminium-Zink im Lauf der Forschung.

horizontale bei 250° sei der oft vermuteten Polymorphie des Aluminiums [7] zuzuschreiben, endgültig erledigt war [8]. Hanson und Gayler [9] stellten

[7] Tiedemann, O.: Z. Metallkde. 18, 18/21, 221/223 (1926).

[8] Müller, A.: Z. Metallkde. **19**, 414/415 (1927).

[9] Hanson, D. u. M. L. V. Gayler: J. Inst. Met., Lond. **27**, 267/294 (1922).

dann fest, daß die β-Phase ein Mischkristall ist. Nach ihren und neueren [10] Untersuchungen nahm das Zustandsschaubild das aus Abb. 5 ersichtliche Aussehen an. Es wurde weiterhin festgestellt, daß der β-Mischkristall nicht der Verbindung Al_2Zn_3 entspricht, sondern daß β- und γ-Phase kubisch-flächenzentrierte Gitter aufweisen [11].

Über die γ-Phase wird in diesem Rahmen nicht berichtet, da die aluminiumreichen Legierungen nicht behandelt werden sollen.

Die Löslichkeitsbestimmungen von Aluminium in Zink, die frühere Forscher [10, 12] ausgeführt hatten, sind besonders bei niedrigen Temperaturen mit erheblichen Fehlern behaftet. Nach neueren Untersuchungen [13] gehen bei der eutektischen Temperatur 0,8% Al und bei Zimmertemperatur ungefähr 0,05% Al in Lösung. Die Löslichkeitskurve zeigt Abb. 7.

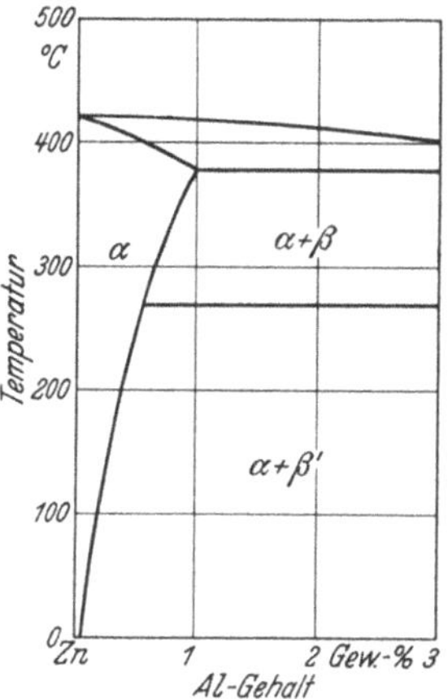

Abb. 7. Löslichkeit von Aluminium in festem Zink.

Nunmehr scheint das Zustandsschaubild endgültig festzuliegen. Danach existiert die peritektische Horizontale bei 443° und die γ-Phase nicht. In Abb. 6 ist das auf Grund der neuesten Arbeiten [13, 14] anzunehmende Schaubild wiedergegeben. Im Gegensatz zu der früher üblichen Darstellung wird die bisher als β-Phase bezeichnete Kristallart, die sich bei 270° eutektoid aufspaltet, als Endglied der kubisch-flächenzentrierten γ-Aluminium-Zink-Mischkristallreihe aufgefaßt.

---

[10] Tanabe, T.: J. Inst. Met., Lond. **32**, 415/427 (1924). — Isihara, T.: Sci. Rep. Tôhoku Univ. **13**, 427/442 (1925). — Crepaz, E.: G. Chim. ind. appl. **5**, 285/286 (1923). — Hemmi, T.: J. Soc. chem. Ind. Japan **25**, 411/424 (1922).

[11] Phebus, W. C. u. F. C. Blake: Physic. Rev. **25**, 107 (1925). — Schwarz, M. v. u. O. Summa: Metallwirtsch. **11**, 369/371 (1932). — Schmid, E. u. G. Wassermann: Z. Metallkde. **26**, 145/150 (1934). — Owen, E. A. u. I. Iball: Philos. Mag. **17**, 433/457 (1934). — Kennedy, R. G.: Met. & Alloys **5**, 106/109, 112, 124/126 (1934). — Kossolapow, G. F. u. A. K. Trapesnikow: Metallwirtsch. **14**, 45/46 (1935).

[12] Peirce, W. M.: Trans. Amer. Inst. min. metallurg. Engr., Inst. Met. Div. **99**, 132/140 (1932).

[13] Fuller, M. L. u. R. L. Wilcox: Met. Technol., Techn. Publ. **1935**, Nr. 657, 1/13. — Burkhardt, A.: Z. Metallkde. **28**, 299/308 (1936). — Auer, H. u. K. E. Mann: Z. Metallkde. **28**, 323/326 (1936).

[14] Owen, E. A. u. L. Pickup: Philos. Mag. **20**, 761/777 (1935). — Köster, W. u. W. Wolf: Z. Metallkde. **28**, 155/158 (1936). — Fink, W. L. u. L. A. Willey: Met. Technol. **3** (4), 17 (1936). — Obinata, J., M. Hagiya u. S. Itimura: Tetsu to Hagane **22**, 622/629 (1936).

b) Eutektoidzerfall der β-Phase.

Bei 270° zerfällt der β-Mischkristall in α- und β'-Mischkristalle. Dieser Zerfall ist schon oft [9, 10, 13, 15] untersucht worden. Nach den neuesten Erkenntnissen scheint der Zerfall über verschiedene Zwischenstufen zu führen. Imai und Hagiya [16] fanden, daß der eutektoide Zerfall eines β-Mischkristalls mit 21% Al nach dem Abschrecken von 270° nach 3,5 Minuten fast vollständig beendigt ist. Nach der ersten Minute ist eine starke Schrumpfung, nach 2,5 Minuten ein rasches Ansteigen des

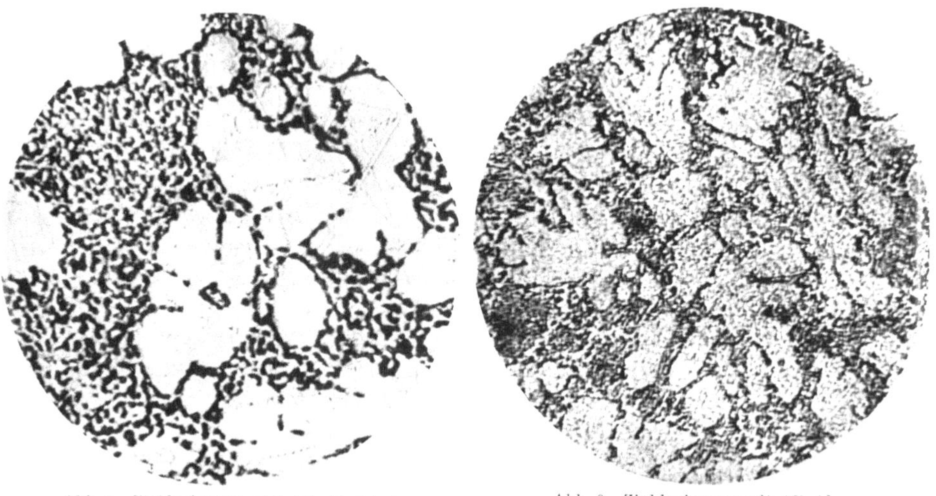

Abb. 8. Zinklegierung, mit 4% Al, frisch gegossen. Vergr. 200.

Abb. 9. Zinklegierung mit 4% Al, gealtert. Vergr. 200.

elektrischen Widerstandes und nach 3,5 Minuten eine Temperaturerhöhung auf 50° festzustellen.

Die maximale Härte wird nach 13 Minuten erreicht. 2 Minuten später setzt eine zweite Wärmetönung, eine weitere leichte Schrumpfung und ein stärkeres Abfallen der Härte ein. Der weitere Zerfall ist bei Zimmertemperatur anscheinend erst nach Ablauf eines Monates abgeschlossen; durch Tempern bei höheren Temperaturen kann der Vorgang auf 1 Stunde abgekürzt werden.

Aus diesem Befund kann geschlossen werden, daß der Zerfall in drei Stufen vor sich geht: β zerfällt sehr rasch in β_1, wonach β_1 sich etwas

---

[15] Igarasi, I.: Sci. Rep. Tôhoku Univ. **12**, 33/45 (1924). — Bauer, O. u. W. Heidenhain: Z. Metallkde. **16**, 221/228 (1924). — Fraenkel, W. u. W. Goez: Z. Metallkde. **17**, 12/17 (1925). — Fraenkel, W.: Z. Metallkde. **18**, 189/192 (1926). — Fraenkel, W. u. E. Wachsmuth: Z. Metallkde. **22**, 162/167 (1930). — Meyer, H.: Z. Physik **76**, 268/280 (1932); **78**, 854 (1932). — Bugakow, V.: Physik. Z. Sowjet Union **3**, 632/652 (1933).

[16] Imai, H. u. M. Hagiya: Mem. Ryojun Coll. Engr. **1934**, 83/105; Tetsu to Hagane **22**, 37/41 (1936).

langsamer in β_2 umwandelt; erst dann zerfällt β_2 in α und β', was bei Raumtemperatur in längerem Zeitraum, bei höherer Temperatur in rund 1 Stunde vor sich geht.

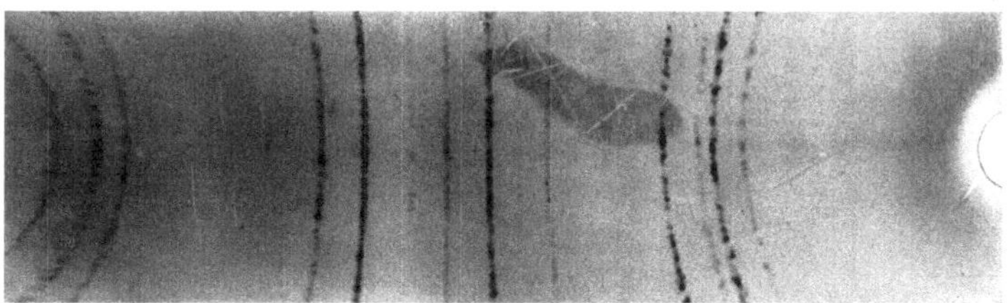

Abb. 10. Unmittelbar nach dem Abschrecken.

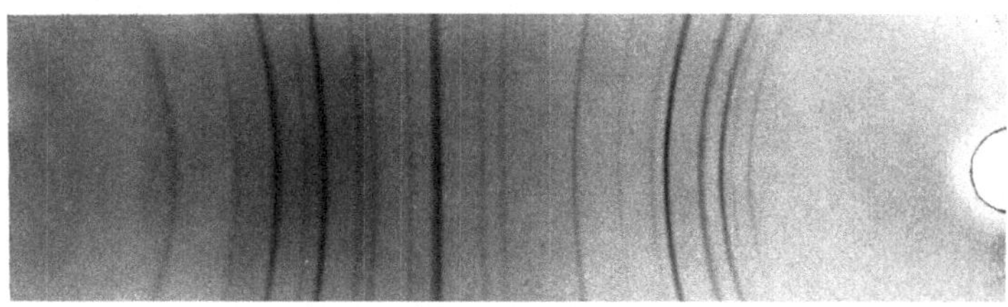

Abb. 11. Nach 4 Tagen.

Abb. 10 u. 11. Röntgenaufnahmen einer abgeschreckten Al-Zn-Legierung mit 78,4% Zn und 0,05% Mg (Cu-Strahlung). (Nach Schmid u. Wassermann.)

Abgeschrecktes und Zerfallsgefüge zeigen die Schliffbilder der Abb. 8 und 9. Die grobkörnigen β-Kristalle zerfallen in ein feinkörniges Gemenge

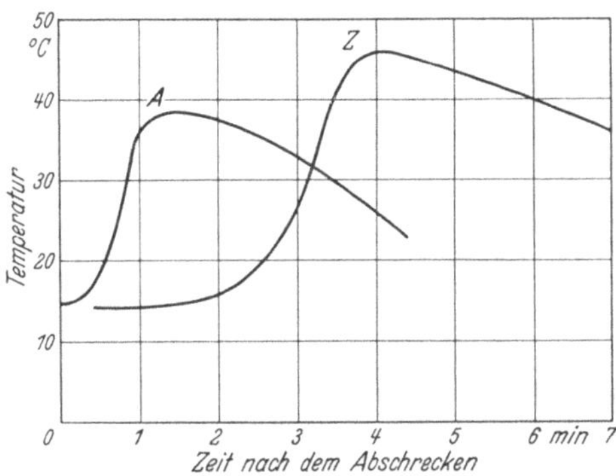

Abb. 12. Wärmetönungen beim Zerfall der β-Phase (*A* 85,0% Zn, 15,0% Al; *Z* 78,3% Zn, 21,7% Al).

von α- und β'-Kristallen. Dies beweisen auch Röntgenaufnahmen; in Abb. 10 sieht man noch Schwärzungspunkte großer Kristalle, während in Abb. 11 bereits gleichmäßig geschwärzte Linien auftreten. Dieser ausgeprägte Kristallzerfall, bei dem die Größe und Orientierung der ursprünglichen Kristalle nicht erhalten bleibt, ist wahrscheinlich gar nicht der Umsetzung $\beta \rightarrow \alpha + \beta'$ zuzuschreiben, sondern einem sekundären Diffusionsvorgang. Bei der Ausscheidung entstehen derartige Konzentrationsunterschiede, daß die Entmischung von umfangreichen Diffusionsvorgängen begleitet ist, die wiederum so starke Gitterstörungen hervorrufen, daß die oben beschriebene vollständige Umkristallisation des Gefüges eintritt.

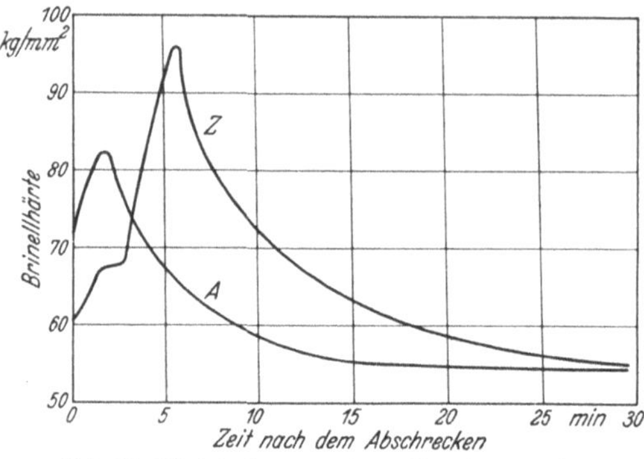

Abb. 13. Härteänderungen beim Zerfall der β-Phase.

Durch Magnesiumgehalte wird der Zerfall verzögert, aber nicht aufgehoben. Der Zerfall geht auffallenderweise bei Legierungen mit Kupfergehalt rascher vonstatten. Unter allen Umständen findet aber die Eutektoidumwandlung statt; sie ist weder durch Legierungszusätze noch durch Wärmebehandlung zu unterdrücken. Da sie sich aber in verhältnismäßig kurzer Zeit abspielt, ist sie für die Praxis nicht so wichtig, als man früher allgemein annahm. Auch der geringe Magnesiumgehalt von rd. 0,1%, den man den technischen Legierungen gibt, wird nicht zur Unterbindung des Eutektoidzerfalles, sondern zur Verhinderung der interkristallinen Korrosion, über deren Natur nachher berichtet wird, gewählt.

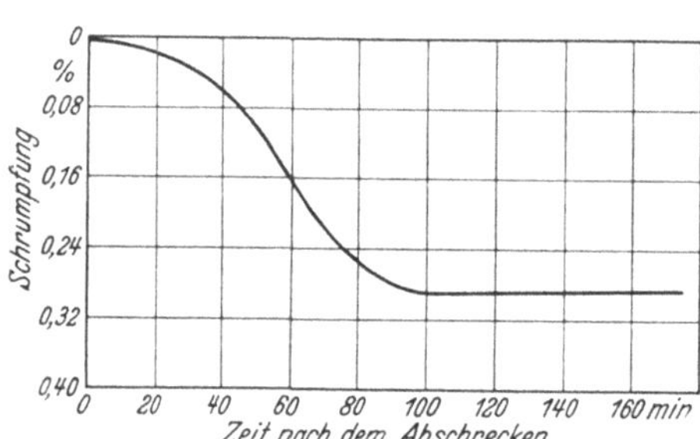

Abb. 14. Schrumpfung beim künstlichen Altern (bei 100° C) des β-Mischkristalls (21,4% Al, 0,04% Mg).

Die Änderungen der Temperatur und Härte von Zink-Aluminiumlegierungen geben Abb. 12 und 13 wieder. Wie man sieht, verläuft die Reaktion um so heftiger, je größer der Anteil der β-Phase ist; in Anwesenheit der α-Phase (Legierung A) ist die Temperaturerhöhung viel geringer als die des reinen β-Mischkristalles (Legierung Z). Der Reaktionsverlauf des Zerfalls entspricht einer monomolekularen Reaktion.

Aus Abb. 14 ist die Schrumpfung einer Legierung mit 21,4% Al nach dem Abschrecken ersichtlich. Aus den bekannten Gitterparametern der einzelnen Phasen kann die Schrumpfung auch errechnet werden. Die Daten für die einzelnen Phasen sind in der Tabelle auf S. 9.

Da im angegebenen Fall nach dem Zerfall der β-Phase 40,09% des β'-Mischkristalles mit einem Atomvolumen von 16,47 Å³ und 59,91% des α-Mischkristalles mit einem Atomvolumen von 15,13 Å³ vorhanden sind, kann mit einem mittleren Atomvolumen von 15,67 Å³ für die eutektoide Zusammensetzung gerechnet werden. Beim β-Zerfall ändert sich also das Atomvolumen von 15,89 auf 15,67 Å³, entsprechend einer Volumschrumpfung von 1,38% oder einer Längenschrumpfung von 0,48%. Die tatsächlich gemessene Schrumpfung liegt mit 0,3% zwar etwas tiefer, kann aber durch Ungleichmäßigkeiten im Gußgefüge erklärt werden.

Phase	Gitterparameter in Å		Mittl. Atom-Vol.	Atom-%
	a	c	Å³	Al
β	3,991	—	15,89	40,00
α	2,660	4,938	15,13	0,60
β'	4,039	—	16,47	98,87

Beim Zerfall geht das kubisch-flächenzentrierte Gitter der β-Phase in das hexagonale der α-Phase über. Derartige Umwandlungen vom kubischen in den hexagonalen Typus konnte man bereits an Kobalt [17] und Thallium [18] feststellen. Der Befund dieser Gitterumwandlung deutet darauf hin, daß eine Polymorphie des Zinks unter ganz besonderen Bedingungen, z. B. extrem hohen Drücken, denkbar ist und daß diese im normalen Fall „unterdrückte" Polymorphie durch den Aluminiumzusatz ausgelöst wird.

c) Aluminiumausscheidung.

Neben dem β-Zerfall kennt man einen weiteren Vorgang, der bedeutend langsamer verläuft, aber von unangenehmeren Änderungen

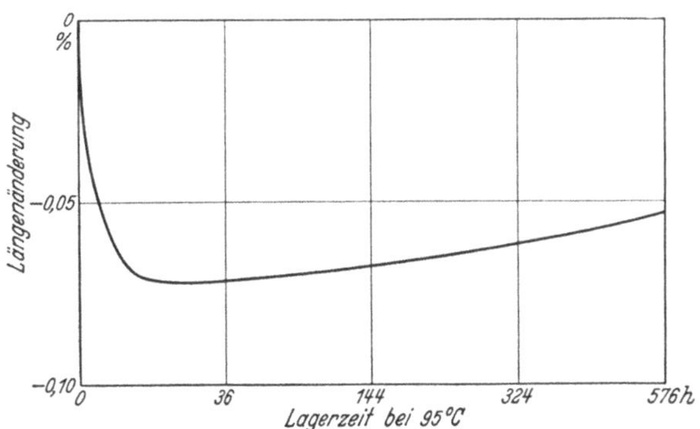

Abb. 15. Längenschrumpfung einer Zinkspritzgußlegierung mit 4% Al.

begleitet ist. Während der β-Zerfall so rasch vonstatten geht, daß er praktisch nicht ins Gewicht fällt, geht die „Aluminiumausscheidung"

[17] Wassermann, G.: Metallwirtsch. **11**, 61/65 (1932).
[18] Dehlinger, U.: Metallwirtsch. **11**, 223/25 (1932).

im Laufe von Monaten bis Jahren vor sich. Bei diesem Vorgang scheidet sich aus dem übersättigten α-Mischkristall bei Raumtemperatur Aluminium, bzw. ein aluminiumreicher Mischkristall aus. Diese Ausscheidung ist von einer Schrumpfung nach Abb. 15 begleitet. Auch diese Schrumpfung läßt sich rechnerisch ermitteln. Bei der Legierung mit 4% Al waren kurz nach dem Guß 0,7% Al im α-Mischkristall gelöst, während nach dem Altern nur noch 0,1% Al in Lösung waren. Die entsprechenden Atomvolumina betragen 15,143 und 15,120 Å^3. Daraus errechnet sich eine Abnahme der mittleren Atomlänge von 2,4742 auf 2,4728 Å, also um 0,07%. Dieser Betrag steht in guter Übereinstimmung mit den Meßergebnissen.

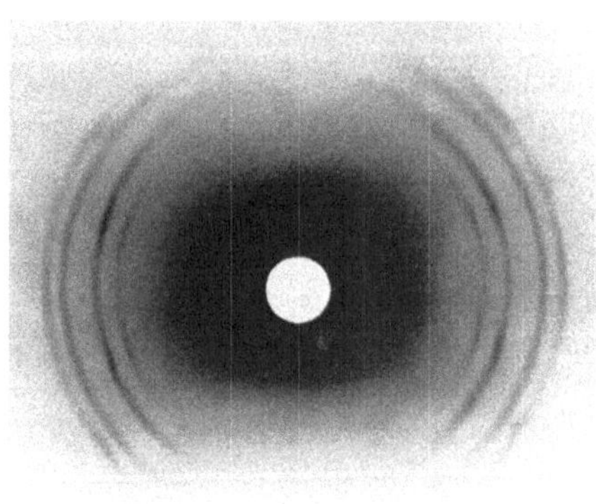

Abb. 16. Röntgenbild eines gezogenen Drahtes aus einer Zinklegierung mit 22% Al bei Raumtemperatur (Cu-Strahlung). (Nach Schmid u. Wassermann.)

Komplizierter wird die Verfolgung der Ausscheidungsvorgänge am gekneteten Werkstoff. Wie Abb. 16 zeigt, hat gezogener Draht gerichtete Struktur. Der Werkstoff ist stark anisotrop. Da die Änderungen der a- und c-Achse bei der Aluminiumausscheidung gegenläufig sind, so verhält sich der Werkstoff in der Drahtachse ganz anders als senkrecht dazu. Ein Mischkristall mit 0,7% Al weist die Achsen $a = 2{,}6512$ Å und $c = 4{,}9801$ Å auf; mit 0,1 % Al hat er die Achsen $a = 2{,}6579$ Å und $c = 4{,}9395$ Å. Die a-Achse erfährt also bei der Ausscheidung von 0,6% Al eine Längung um 0,33% und die c-Achse eine Schrumpfung um 0,83%. Tatsächlich kann in der Drahtachse eine Längung um 0,04% und senkrecht dazu eine Schrumpfung um 0,15% beobachtet werden. Da die beobachteten Änderungen geringer sind als die für eine einfache Basislage errechneten Werte, so beweist dies, daß die Basisebene nicht in der Drahtachsenrichtung liegt, sondern mit beträchtlicher Streuung geneigt dazu. Die Deformationstextur scheint demnach ganz ähnlich zu sein wie beim reinen Zink. Die von Fuller und Edmunds[19] beobachtete Lage, wo die Basisebene parallel zur Reckrichtung liegt, tritt bei Draht nicht auf.

Die Anisotropie bleibt auch im rekristallisierten Zustand erhalten. Rekristallisations- und Deformationstextur scheinen weitgehend übereinzustimmen, wie es Caglioti und Sachs[20] bereits für Zink festgestellt haben.

---

[19] Fuller, M. L. u. G. Edmunds: Amer. Inst. min. metallurg. Engr., Met. Technol. **524**, 1/8 (1934).

[20] Caglioti, V. u. G. Sachs: Metallwirtsch. **11**, 1/4 (1932).

d) Interkristalline Korrosion.

Werden Zink-Aluminiumlegierungen in feuchter Luft gelagert, so erleben sie weitere Änderungen, die der interkristallinen Korrosion zuzuschreiben sind. Bei diesem Angriff dringt die Feuchtigkeit nach Abb. 17 entlang den Korngrenzen in das Innere ein, lockert dadurch den Korngrenzenverband und bläht den Werkstoff auf.

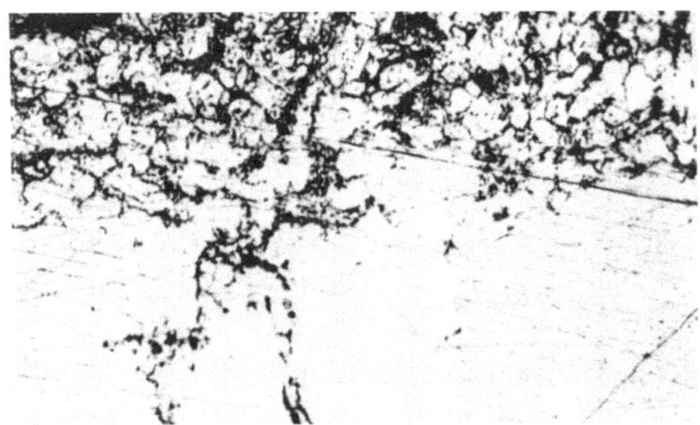

Abb. 17. Interkristalline Korrosion einer Zinklegierung mit 4% Al. Vergr. 50.

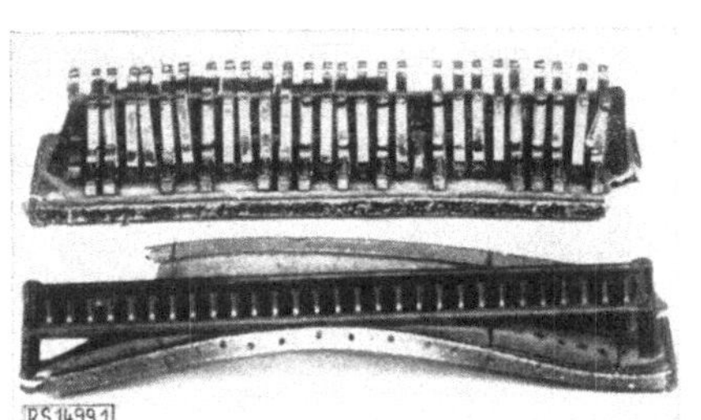

Abb. 18a. Führungsbock.

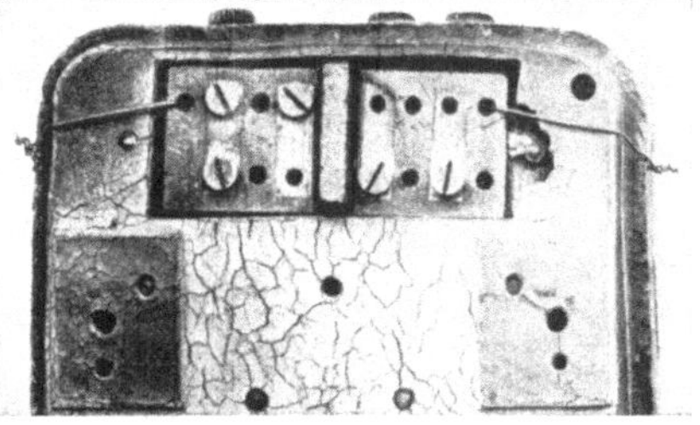

Abb. 18b. Grundplatte mit elektr. Kontakten.

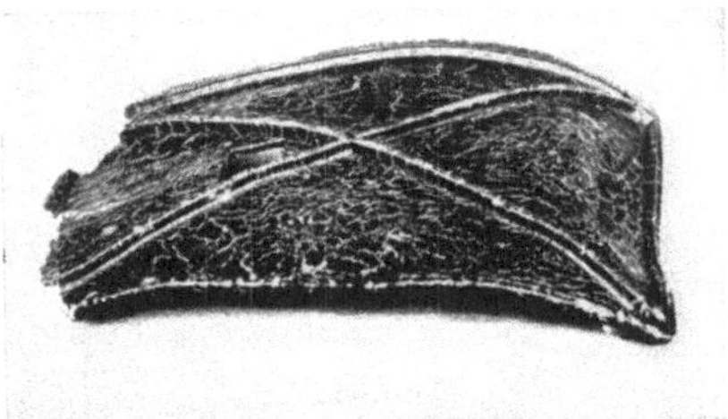

Abb. 18c. Deckel.

Abb. 18a—c. Zink-Spritzgußteile, gealtert und korrodiert. (Nach Dornauf.)

Die interkristalline Korrosion tritt bei Zink-Aluminiumlegierungen auf, wenn bestimmte Beimengungen zugegen sind. Da auch die reinsten Zinksorten noch Verunreinigungen enthalten, so ist noch nicht der Beweis zu erbringen, daß vollständig reine Zink-Aluminiumlegierungen keine interkristalline Korrosion erleben. Sie tritt aber um so stärker auf, je mehr Blei, Zinn oder Kadmium die Legierung enthält. Abb. 18 und 19 zeigen den Einfluß des Bleigehaltes. Die Teile der Abb. 18a und b sind aus einer Legierung mit 27,2% Al, 0,62% Cu, 2,98% Pb, 0,35% Fe, Rest Zink hergestellt. Der Deckel (Abb. 18c) hat die Zusammensetzung 16,95% Al, 6,4% Cu, 2,54% Pb, 0,5% Fe, Rest Zink. Alle Teile lagerten ungefähr 18 Jahre. Die verheerende Wirkung des Bleis kann durch Zusätze wie Magnesium, Kupfer oder Lithium zum Teil kompensiert werden. Die Kompensation ist aber nicht mehr möglich, wenn der Bleigehalt über 0,02% liegt.

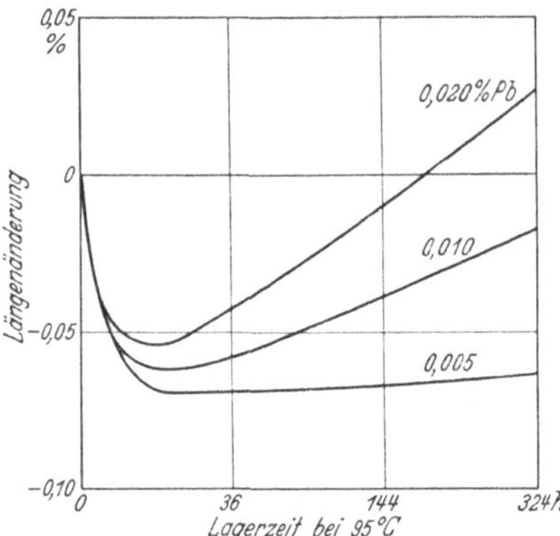

Abb. 19. Einfluß des Bleigehaltes auf die Längenänderung von Zinkspritzgußlegierungen (4% Al), infolge interkristalliner Korrosion (10tägige Dampfbehandlung bei 95° C).

e) Mechanische Eigenschaften.

Die mechanischen Eigenschaften von Zink werden durch Aluminiumzusatz wesentlich verbessert, wie Abb. 20—23 zeigen. Eine Erhöhung des Aluminiumgehaltes über 4,5% bringt keine weitere Festigkeitssteigerung mehr. Außerdem tritt im gegossenen Werkstoff eine Abnahme der Schlagbiegefestigkeit bei höherem Aluminiumgehalt ein.

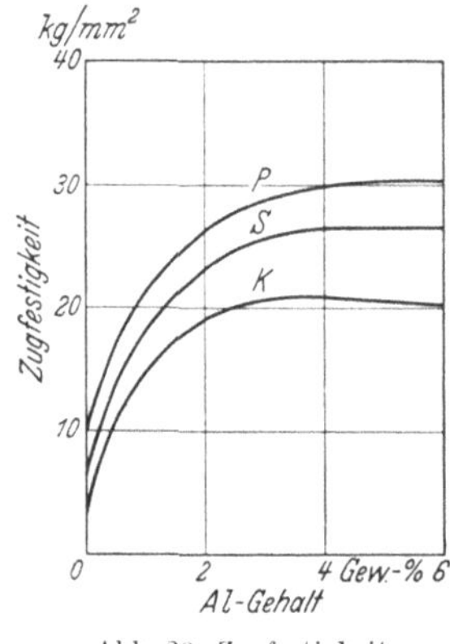

Abb. 20. Zugfestigkeit.

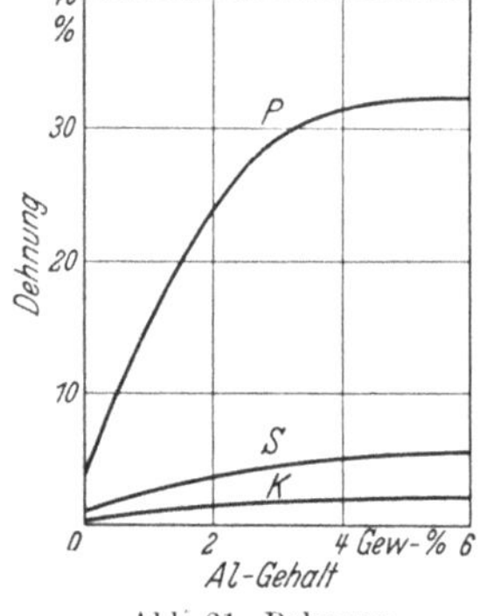

Abb. 21. Dehnung.

Abb. 20 u. 21. Mechanische Eigenschaften von Al-Zn-Legierungen im gegossenen (*K*), gespritzten (*S*) und gepreßten Zustand (*P*).

Die Ausscheidungsvorgänge, deren Wirkungen unter dem Namen „Alterung" zusammengefaßt werden, bringen eine Abnahme der Eigenschaften um 10—20% mit sich. Die Alterung, die bei Zimmertemperatur, einige Jahre dauert, wird durch eine Kurzprüfung bei 95° C beschleunigt.

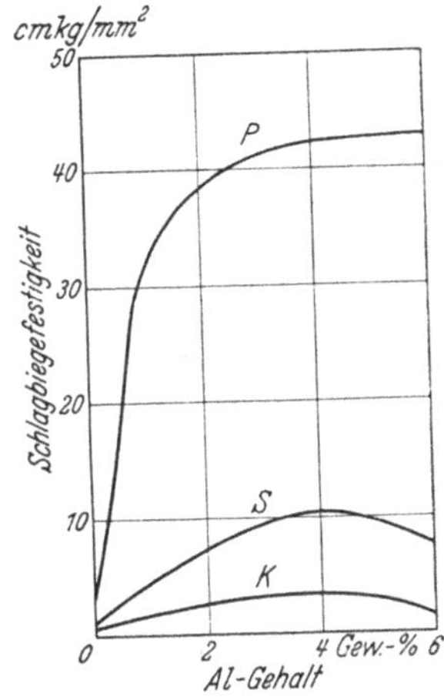

Abb. 22. Schlagbiegefestigkeit.

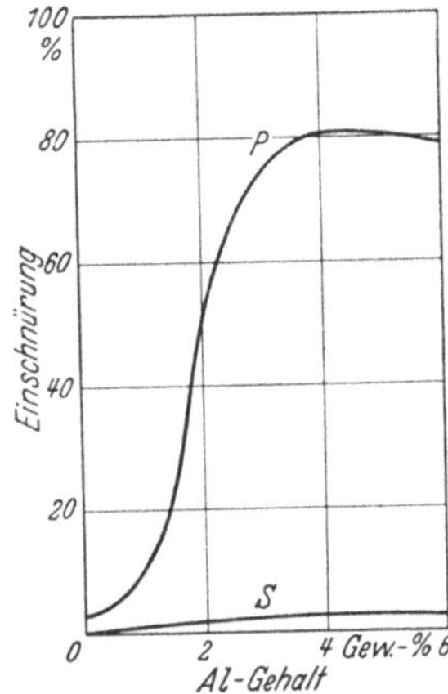

Abb. 23. Einschnürung.

Abb. 22 u. 23. Mechanische Eigenschaften von Al-Zn-Legierungen im gegossenen (K), gespritzten (S) und gepreßten Zustand (P).

In der Kurzprüfung ist nach einer Faustregel, die besagt, daß sich bei Erhöhung der Temperatur um 10% die Reaktionsgeschwindigkeit eines Systems verdoppelt, die 150—200fache Geschwindigkeit gegenüber dem Vorgang bei 20° C zu erwarten. Im allgemeinen wird die Alterungsprüfung 10 Tage ausgeführt; diese Zeit entspricht ungefähr der normalen Lagerung während 5 Jahren. Während dieser Zeit laufen alle Ausscheidungsvorgänge vollständig ab, so daß man wirklich ausgealterten Werkstoff vorliegen hat.

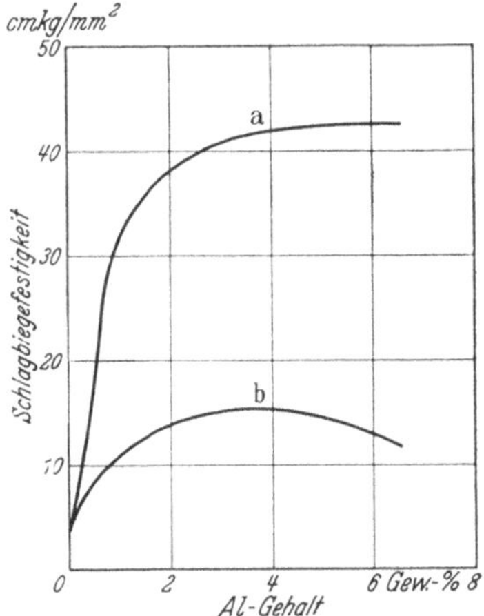

Abb. 24. Einfluß des Aluminiumgehaltes auf die Neigung von Zinkpreßlegierungen zur interkristallinen Korrosion (a im frisch gepreßten Zustand, b nach 10täg. Dampfbehandlung bei 95° C).

Die experimentell und praktisch verfolgbare Alterung, die ausschließlich der Aluminiumausscheidung aus dem α-Mischkristall zuzuschreiben ist — der β-Zerfall verläuft so rasch, daß er praktisch nicht erfaßt werden kann —, wächst mit steigendem Aluminiumgehalt bis zu 1%. Gehalte darüber verursachen dann keine stärkere Alterung mehr. Die interkristalline Korrosion tritt dagegen um so stärker auf, je mehr Aluminium bei gleichbleibendem Bleigehalt vorhanden ist (Abb. 24).

f) Andere Eigenschaften.

Reine Zinkschmelzen greifen Eisen unter Bildung von $FeZn_7$ und Fe_5Zn_{21} stark an. Beim Arbeiten in eisernen Gefäßen werden diese sehr rasch zerstört. Wie stark die Auflösung sein kann, zeigt Abb. 25. Eisensorte, Temperatur und Oberflächenbeschaffenheit des Eisens (Guß- oder Walzhaut) spielen eine wesentliche Rolle[21]. Enthält die Zinkschmelze Aluminium, so wird der Angriff auf Eisen wesentlich herabgesetzt. Wie aus Abb. 26 hervorgeht, wird Eisen von Zinkschmelzen mit mehr als 0,5% Aluminium praktisch nicht mehr gelöst. Wegen dieser günstigen Eigenschaft wird Aluminium heute noch allen technisch wichtigen Zinklegierungen zugesetzt. In letzter Zeit wurden lediglich noch bei Mangan ähnliche Eigenschaften, wie sie das Aluminium aufweist[22], beobachtet.

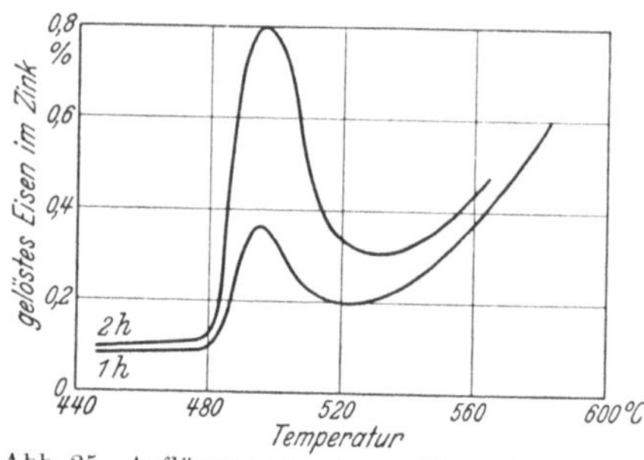

Abb. 25. Auflösung von Armco-Eisen im Zink. (Nach Grubitsch.)

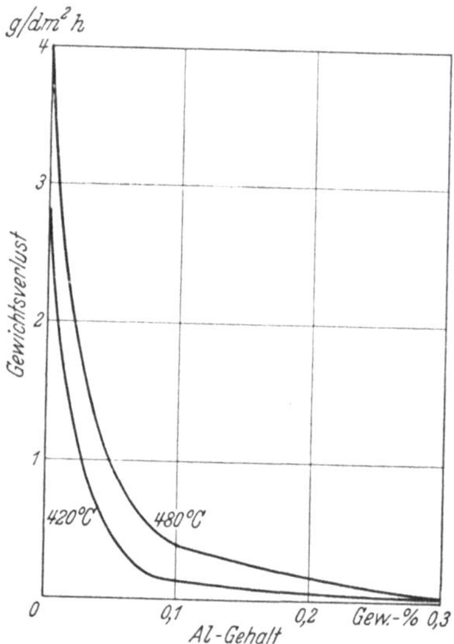

Abb. 26. Angreifbarkeit von Eisen durch Zinkschmelzen bei Anwesenheit von Aluminium.

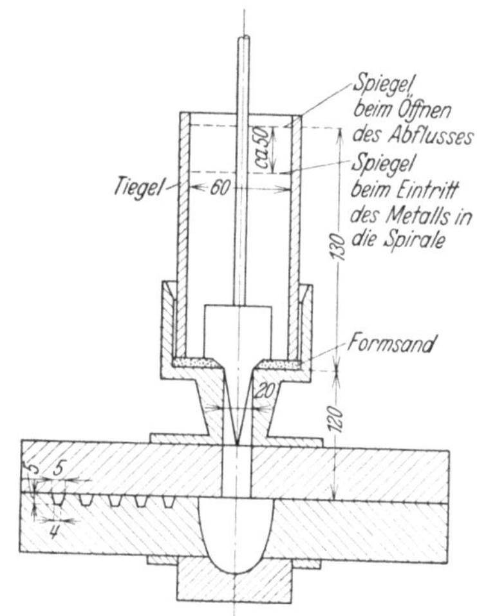

Abb. 27. Spiralkokille zur Bestimmung der Dünnflüssigkeit von Metallschmelzen. (Nach Sachs.)

Neben dieser für die Praxis sehr bedeutsamen Eigenschaft der Zink-Aluminiumlegierungen haben sie auch noch weitere Vorteile. Vor

[21] Schmidt, M. u. L. Wetternick: Techn. Z. Metallbearbtg. **45**, 521/524 (1935). — Grubitsch, H.: Sitzgsber. Akad. Wiss. Wien **143**, 474/480 (1934).

[22] Wolf, W.: Unveröffentlichte Versuche.

allem ist die Gießbarkeit besonders gut im Vergleich zu Zink oder anderen Zinklegierungen. Ein zahlenmäßiger Kennwert für die Gießbarkeit ist noch nicht bekannt. Sie ist unter anderen maßgebend abhängig von der Dünnflüssigkeit der Schmelze. Diese Größe wird nach einem von Courty[23] angegebenen Meßverfahren bestimmt. Die Länge von Spiralen, die in der in Abb. 27 wiedergegebenen Kokille unter gleichen Bedingungen gegossen wurden, ist ein unmittelbares Maß für die Dünnflüssigkeit. Abb. 28 zeigt die Veränderung der Gießbarkeit von Zink durch Aluminiumzusätze. In Abb. 29 sind vergleichend dazu die Werte für Zink,

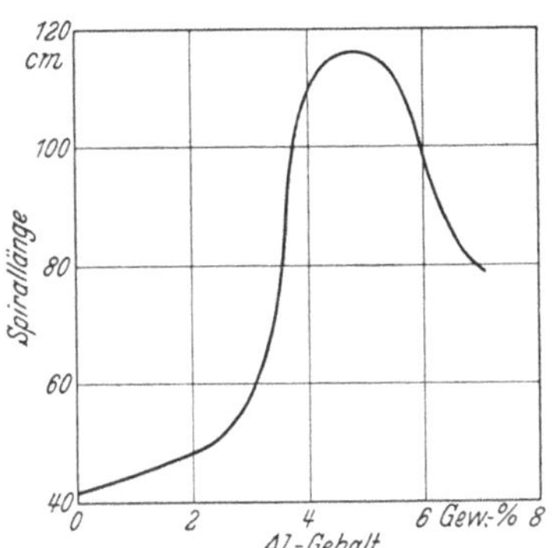

Abb. 28. Einfluß des Aluminiums auf die Dünnflüssigkeit von Zinkschmelzen (Gießtemperatur 450°, Kokillentemperatur 300°).

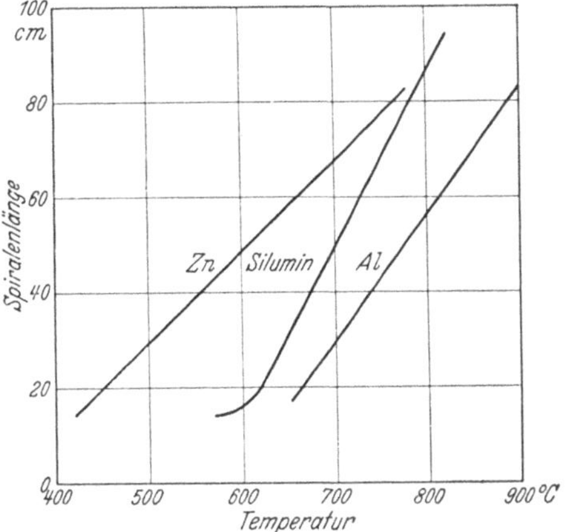

Abb. 29. Dünnflüssigkeit einiger überhitzter Metallschmelzen. (Nach Scheuer.)

Aluminium und Silumin, die einer Veröffentlichung von Scheuer[24] entnommen sind, zusammengestellt.

Der Einfluß des Aluminiums auf die Dichte von Zink zeigt folgende Zusammenstellung:

% Al	0	7	10	20	30	40	47	50
D_{20}	7,14	6,36	6,18	5,28	4,68	4,17	3,87	3,78

2. Zink-Kupfer.

Binäre Zink-Kupferlegierungen werden zwar weniger in der Technik angewandt. Da aber fast alle Zinklegierungen Kupfer als dritten Bestandteil enthalten, so ist eine Besprechung des Zweistoffsystems angebracht, um damit auch das Verständnis für die Verhältnisse im wichtigen Dreistoffsystem Zink-Aluminium-Kupfer zu geben.

[23] Courty, A.: Rev. Métallurg. **28**, 169/182, 194/208 (1931).
[24] Scheuer, E.: Metallwirtsch. **10**, 884/885 (1931).

a) Aufbau.

In den wesentlichsten Zügen wurde im Gegensatz zum Aufbau der Zink-Aluminiumlegierungen schon früher[25] das Zustandsschaubild Zink-

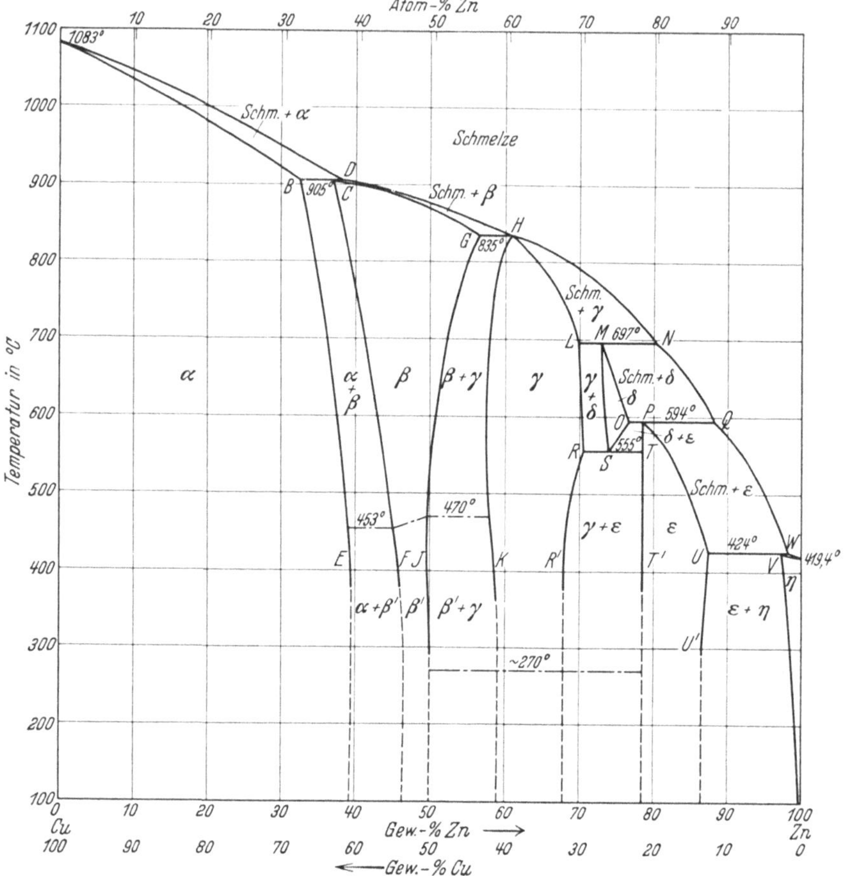

Abb. 30. Zustandsschaubild der Kupfer-Zinklegierungen. (Nach Bauer u. Hansen.)

Kupfer richtig wiedergegeben. In zusammenfassenden Arbeiten von Bauer und Hansen[26] wurde in einzigartiger Weise überprüft, was

[25] Charpy, G.: Bull. Soc. Encour. Ind. nat. **1**, 180 (1896). — Roberts-Austen, W. C.: Eng. **63**, 222/224, 253 (1897). — Heycock, C. T. u. F. H. Neville: J. chem. Soc. **71**, 383, 419 (1897). — Sheperd, C. S.: J. physic. Chem. **8**, 421 (1904). — Tafel, V. E.: Metallurgie **5**, 349/352, 375/383 (1908). — Parravano, N.: Gazz. chim. ital. **44** (II), 476/484 (1914). — Imai, H.: Sci. Rep. Tôhoku Univ. **11**, 313/332 (1922). — Iitsuka, D.: Z. Metallkde. **19**, 396/403 (1927). — Crepaz, E.: Ann. R. Scuola Ing. Padova **2**, 49/54 (1926). — Bornemann, K.: Metallurgie **6**, 247/253, 296/297 (1909). — Broniewski, W.: Rev. Métallurg. **12**, 961/974 (1915).

[26] Bauer, O. u. M. Hansen: Mitt. dtsch. Mat.-Prüf.-Anst. **1927**, Sonderheft 4; **1929**, Sonderheft 9, 5/6; Z. Metallkde. **19**, 423/434 (1927); **24**, 1/2 (1932).

einwandfrei feststeht, und Lücken fast restlos ausgefüllt. Das aus ihren Untersuchungen resultierende Zustandsschaubild ist in Abb. 30 wiedergegeben. Da die Besprechung der α- und β-Messinge außerhalb des Rahmens dieses Buches fällt und die γ- und δ-Phase infolge ihrer großen Sprödigkeit für die Praxis bedeutungslos sind, soll hier nur über die ε- und η-Phase berichtet werden.

Die Legierungen im ε-Zustandsfeld sind immer noch ziemlich spröde. Die Sättigungsgrenzen der ε-Phase verlaufen praktisch senkrecht. Die ε-Phase besitzt nach Owen und Preston[27] und Westgren und Phragmen[28] ein hexagonales Gitter dichtester Kugelpackung. Für das Gleichgewicht bei 380° betragen die Gitterparameter an der $\varepsilon(\varepsilon+\gamma)$-Grenze $a = 2{,}7303$ Å und $c = 4{,}2866$ Å und an der $\varepsilon(\varepsilon+\eta)$-Grenze $a = 2{,}7603$ Å und $c = 4{,}2895$ Å.

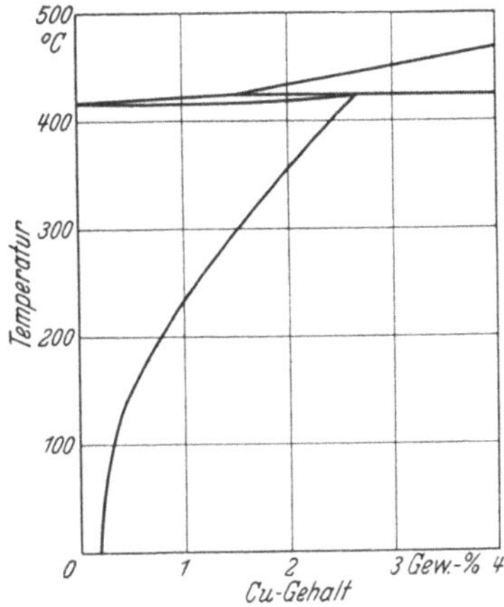

Abb. 31. Löslichkeit von Kupfer in festem Zink.

Das für die Praxis besonders wichtige η-Zustandsfeld wurde von Peirce[29] und Haughton und Bingham[30] weniger richtig, zuletzt aber von Hansen und Stenzel[31] einerseits und übereinstimmend von Anderson und Mitarbeitern[32] andererseits genau festgelegt. Danach verläuft die für die Deutung der Ausscheidungsvorgänge so wichtige Phasengrenze $\eta(\varepsilon+\eta)$ wie Abb. 31 zeigt. Der peritektische Punkt liegt bei 1,9% Kupfer und 424,5° C. Die Löslichkeit bei dieser Temperatur beträgt 2,68% Kupfer.

b) Kupferausscheidung.

Wie man Abb. 31 entnehmen kann, ist die Löslichkeit des Kupfers im festen Zink stark temperaturabhängig. Bei der Ausscheidung von Kupfer, streng genommen der kupferreicheren Phase, dem ε-Mischkristall, bleiben die Ausmessungen der kupferhaltigen Zinkproben nicht erhalten. Nach Abb. 32 erleben Gußproben und ebenso Knetwerkstoff Abb. 33 eine Schrumpfung.

27 Owen, E. A. u. G. D. Preston: Proc. Phys. Soc., Lond. **36**, 49/66 (1923).

28 Westgren, A. u. G. Phragmen: Philos. Mag. **50**, 311/341 (1925).

29 Peirce, W. M.: Trans. Amer. Inst. min. metallurg. Engr. **68**, 771/773 (1923).

30 Haughton, J. L. u. K. E. Bingham: Proc. Roy. Soc., Lond. A **99**, 47/68 (1921).

31 Hansen, M. u. W. Stenzel: Metallwirtsch. **12**, 539/542 (1933).

32 Anderson, E. A., M. L. Fuller, R. L. Wilcox u. J. L. Rodda: Trans. Amer. Inst. min. metallurg. Engr., Inst. Met. Div. **111**, 264/292 (1934).

In Abb. 34 sind die Netzebenenabstände zweier höher indizierter Linien und die daraus errechneten Achsenlängen des η-Mischkristalles

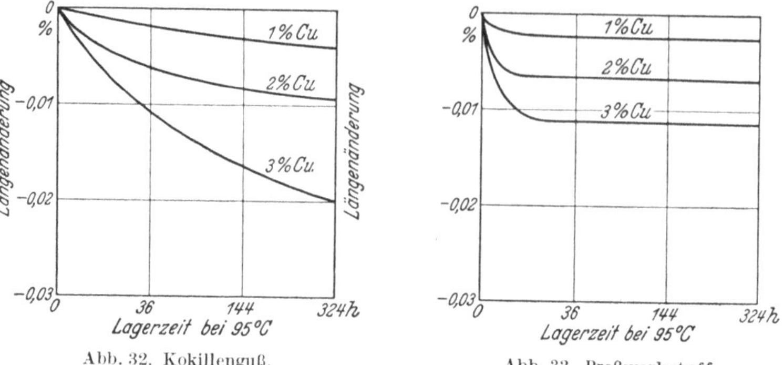

Abb. 32. Kokillenguß. Abb. 33. Preßwerkstoff.

Abb. 32 u. 33. Maßänderungen von Kupfer-Zinklegierungen.

wiedergegeben. Die Netzebenenabstände ändern sich mit wechselnder Löslichkeit gegenläufig; die a-Achse erlebt also bei der Kupferausscheidung eine Schrumpfung und die c-Achse eine Ausdehnung. Bei regelloser Orientierung wäre also mit einer Längenzunahme zu rechnen. Da aber gleichzeitig der mit ausgeschiedene ε-Mischkristall seine Konzentration mit der Temperatur verschiebt, so sind die dabei stattfindenden Gitterveränderungen ebenfalls maßgebend für die Maßänderungen der Kupfer-Zinklegierungen. Daher kommt es, daß statt einer Längung sogar eine kleine Schrumpfung, wie sie Abb. 33 wiedergibt, beobachtet wird.

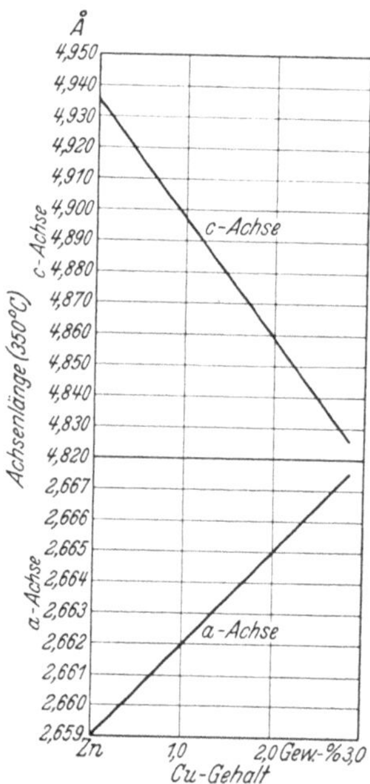

Abb. 34. Gitterkonstanten von Kupfer-Zinklegierungen.

Die zinkreicheren Kupfer-Zinklegierungen schrumpfen beinahe gleichmäßig, sowohl im Guß- als auch im Knetzustand. Sie unterscheiden sich darin von den Aluminium-Zinklegierungen, die im Gußzustand eine Schrumpfung und im Knetzustand eine Längung in der Knetrichtung erfahren. Bei den Maßänderungen der Aluminium-Zinklegierungen ist auch lediglich die Gitteränderung des α-Mischkristalles zu berücksichtigen, da sich die Änderungen des β'-Mischkristalles nicht wesentlich bei den zinkreichen Legierungen bemerkbar machen. Bei den Zink-Kupferlegierungen spielt dagegen die temperaturabhängige Gitteränderung der zweiten sich ausscheidenden ε-Phase eine Rolle. Die experimentell beobachteten Maßänderungen stellen also die Überlagerung zweier Gitteränderungen dar. Hansen und Stenzel[31] haben die aus den Ausscheidungen resultierende Volumenschrumpfung zu 0,008% errechnet. Wie ein Vergleich mit Abb. 33 zeigt, ist die Übereinstimmung sehr gut.

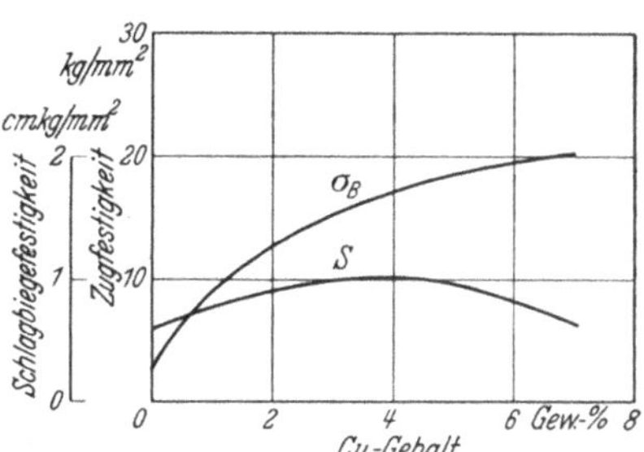

Abb. 35. Mechanische Eigenschaften von Kokillenguß aus Kupfer-Zinklegierungen.

c) Eigenschaften.

Die mechanischen Eigenschaften von Zink werden durch den Kupferzusatz nicht so verbessert wie durch Aluminiumzusatz (Abb. 35). Binäre Zink-Kupferlegierungen spielen deshalb als Gußlegierungen keine Rolle. Da die spanlose Verformbarkeit günstig ist und die Dauerstandfestigkeit des Zinks schon durch Zusatz von 1% Kupfer wesentlich erhöht wird, hat man versucht, Knetlegierungen dieser Zusammensetzung in die Praxis einzuführen.

Das spezifische Gewicht der Legierungen wurde von Bamford[33] bestimmt; das Ergebnis seiner Messungen ist in Abb. 36 verwertet. Die zinkreichen Legierungen weichen sowohl im Sand- als auch Kokillenguß stark von der theoretischen Kurve ab. Hiermit stehen Schwindungsmessungen von Johnson und Jones[34] in Übereinstimmung.

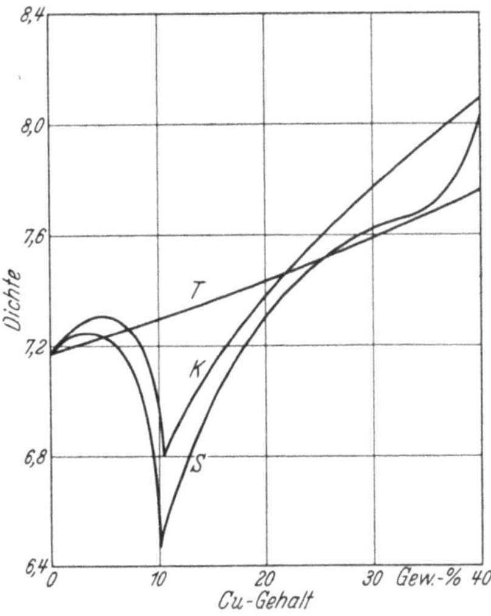

Abb. 36. Dichte von Zinkgußlegierungen mit verschiedenem Cu-Gehalt (*S* Sandguß, *K* Kokillenguß, *T* berechnete Kurve). (Nach Bamford.)

Über andere, für die Praxis unwichtigere Eigenschaften, wie elektrische Leitfähigkeit[35], Diffusionsgeschwindigkeit der beiden Metalle ineinander[36], magnetische Suszeptibilität[37] oder Dampfdruck[38] soll hier nicht berichtet werden. Es genügen die Hinweise auf das spezielle Schrifttum.

---

33 Bamford, T. G.: J. Inst. Met., Lond. **26**, 155/166 (1921).
34 Johnson, F. u. W. G. Jones: J. Inst. Met., Lond. **28**, 299/326 (1922).
35 Pushin, N. A. u. V. N. Rzazhsky: Z. anorg. Chem. **82**, 50/62 (1913).
36 Köhler, W.: Zbl. Hüttenw. u. Walzw. **31**, 650/657 (1928). — Elam, C. F.: J. Inst. Met., Lond. **43**, 217/235 (1930).
37 Endo, H.: Sci. Rep. Tôhoku Univ. **16**, 201/234 (1927).
38 Guillet, L. u. M. Balley: C. R. Acad. Sci., Paris **175**, 1057/1058 (1922).

3. Zink-Magnesium.

Binäre Zink-Magnesiumlegierungen finden in der Praxis vorläufig keine Anwendung, wenn man davon absieht, daß man Zink für Offsetbleche bis zu 0,1% Magnesium zur Härtung zugibt. Da aber Magnesium häufig in Mehrstofflegierungen Verwendung findet, soll die Zinkecke des Zweistoffsystems kurz besprochen werden. In Abb. 37 ist das Zustandsschaubild der zinkreichen Legierungen dargestellt. Im Gegensatz zu früheren Arbeiten[39] hat sich das Schaubild nach Angaben späterer

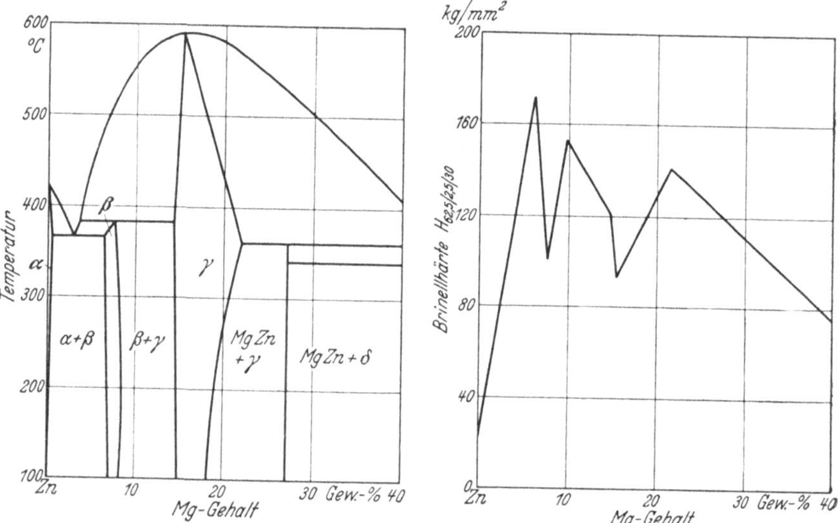

Abb. 37. Zinkecke des Zustandsschaubildes Mg-Zn. Abb. 38. Härte von Magnesium-Zinklegierungen.

Bearbeiter[40] bedeutend verändert. Fest steht zur Zeit die Existenz der Verbindungen $MgZn_2$, $MgZn_5$ (Laves[40] gibt dafür die Formel Mg_2Zn_{11} an) und MgZn. Noch nicht ganz sicher ist, ob die Verbindungen $MgZn_2$ und $MgZn_5$ Mischkristalle bilden. Die im übrigen aus-

[39] Heycock, C. T. u. F. H. Neville: J. chem. Soc. **71**, 395/396, 402 (1897). — Boudouard, O.: C. R. Acad. Sci., Paris **139**, 424/426 (1904). — Grube, G.: Z. anorg. Chem. **49**, 77/83 (1906). — Bruni, G., C. Sandonnini u. E. Quercigh: Z. anorg. Chem. **68**, 78/79 (1910). — Bruni, G. u. C. Sandonnini: Z. anorg. Chem. **78**, 276/277 (1912). — Eger, G.: Int. Z. Metallogr. **4**, 46/50 (1913).

[40] Hume-Rothery, W. u. E. O. Rounsefell: J. Inst. Met., Lond. **41**, 119/138 (1929). — Chadwick, R.: J. Inst. Met., Lond. **39**, 285/298 (1928). — Takei, T.: Kinzoku no Kenkyu **6**, 177/185 (1929). — Grube, G. u. A. Burkhardt: Z. Elektrochem. **35**, 315/332 (1929). — Botschwar, A. A. u. I. P. Welitschko: Z. anorg. Chem. **210**, 164/165 (1933). — Laves, F. u. St. Werner: Z. Kristallogr. **95**, 114/128 (1936).

gezeichneten Untersuchungen von Hume-Rothery und Rounsefell sprechen diese Mischkristallbildung ab. Die von Chadwick einerseits und Grube und Burkhardt andererseits gefundene Löslichkeit vor allem der Verbindung $MgZn_2$ nach beiden Seiten des Zustandsfeldes wurde neuerdings wieder durch Botschwar und Welitschko bestätigt.

Die häufige Verbindungsbildung zwischen den beiden Metallen auf der Zinkseite ruft eine rasche Versprödung des Zinks durch Magnesiumzusatz hervor. Allerdings steigt dabei, wie Abb. 38 zeigt, auch die Härte wesentlich an. Magnesium soll daher nur in kleinen Mengen zugesetzt werden, um die Versprödung des Werkstoffs nicht zu weit zu führen.

Die Löslichkeit des Magnesiums im festen Zink ist so gering, daß sie praktisch kaum ins Gewicht fällt. Peirce[41] konnte überhaupt keine Löslichkeit feststellen. Nach anderen zuverlässigen Arbeiten[40] kann die Sättigungsgrenze bei 360° und 200° mit 0,1 bzw. 0,06% Mg angenommen werden. Chadwick[42] glaubt, daß die Löslichkeit bei Raumtemperatur sogar unter 0,005% Magnesium liegen würde.

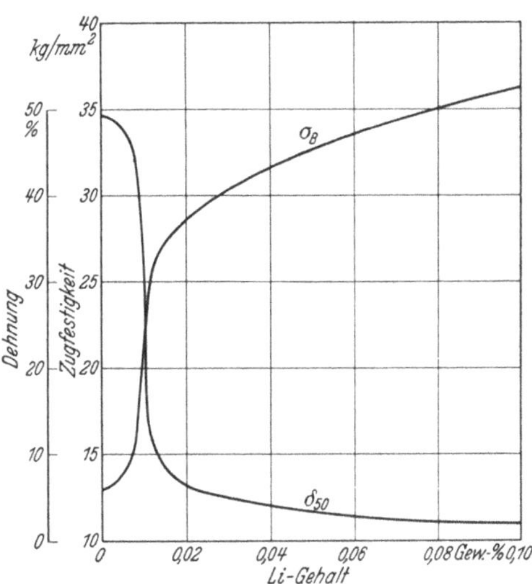

Abb. 39. Einfluß des Lithiums auf die mechanischen Eigenschaften von Walzzink.

Durch Magnesiumzusatz wird die Gießbarkeit von Zink nachteilig beeinflußt. Die Dünnflüssigkeit nimmt schon durch Magnesiumzusätze von 0,03% stark ab. Außerdem verstärkt sich die Neigung zur Warmrissigkeit. Hierüber wird später (Kapitel „Gießen“) ausführlicher berichtet werden. Der Hauptvorzug des Magnesiums besteht in der Unterdrückung der interkristallinen Korrosion bei Zink-Aluminiumlegierungen.

4. Zink-Lithium.

Immer wieder werden Versuche unternommen, Zink-Lithiumlegierungen in die Praxis einzuführen, da Lithium das Zink selbst in sehr geringen Mengen stark härtet, wie Abb. 39 beweist, die einer Arbeit

[41] Peirce, W. M.: Trans. Amer. Inst. min. metallurg. Engr. **68**, 781/782 (1923).

[42] Chadwick, R.: J. Inst. Met., Lond. **51**, 114 (1933).

von Burkhardt und Sachs[43] entnommen ist. Im übrigen ist die Wirkung ähnlich wie die des Magnesiums.

Das Zustandsschaubild, das zunächst nur orientierend von Fränkel und Hahn[44] angegeben worden war, wurde sehr vollständig von Grube

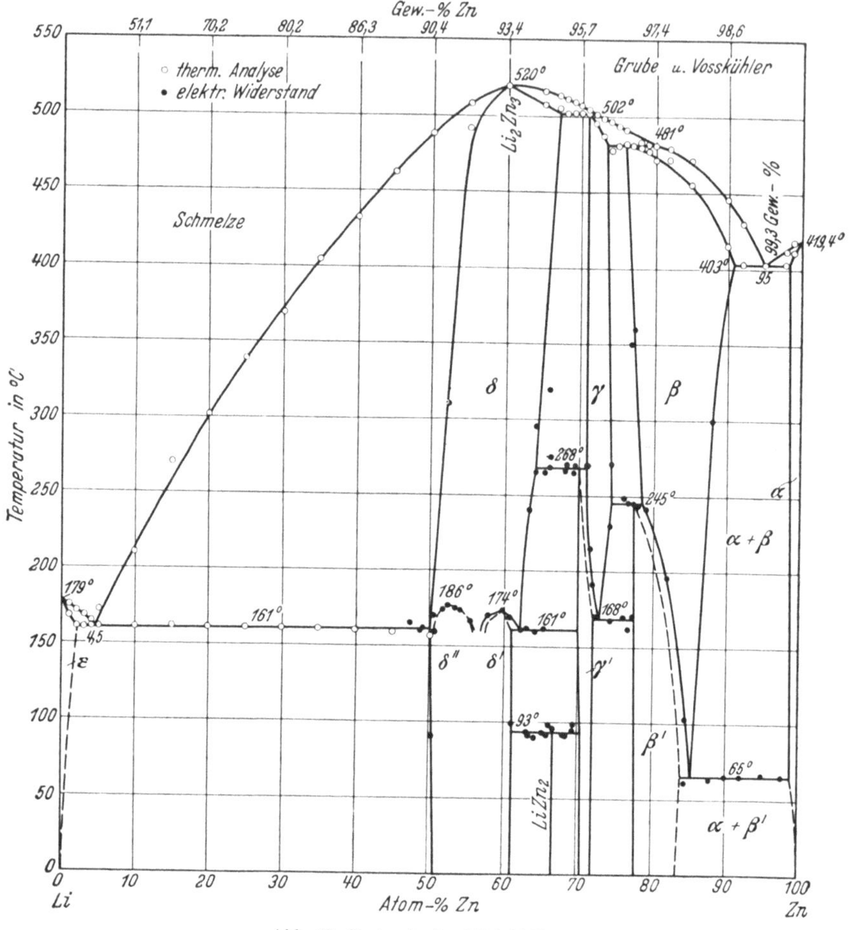

Abb. 40. Zustandsschaubild Li-Zn.

und Voßkühler[45] ausgearbeitet, wonach die Verbindungen $LiZn_2$ und Li_2Zn_3, gemäß Abb. 40, bestimmt existieren, während die Umwandlung der δ-Phase noch unsicher erscheint. Ob die δ''-Phase mit der von Zintl

[43] Burkhardt, A. u. G. Sachs: Metallwirtsch. **12**, 325/329, 339/343 (1933).
[44] Fränkel, W. u. R. Hahn: Metallwirtsch. **10**, 641/642 (1931).
[45] Grube, G. u. H. Voßkühler: Z. anorg. Chem. **215**, 211/224 (1933).

und Brauer[46] angegebenen Verbindung LiZn identisch ist, bleibt ebenfalls noch dahingestellt.

Bis zu 0,1% Lithium scheinen bei der eutektischen Temperatur von 403° in Zink löslich zu sein, während bei Zimmertemperatur die Löslichkeit praktisch Null beträgt; daher sind Vergütungseffekte an lithiumhaltigen Zinklegierungen nicht ausgeschlossen.

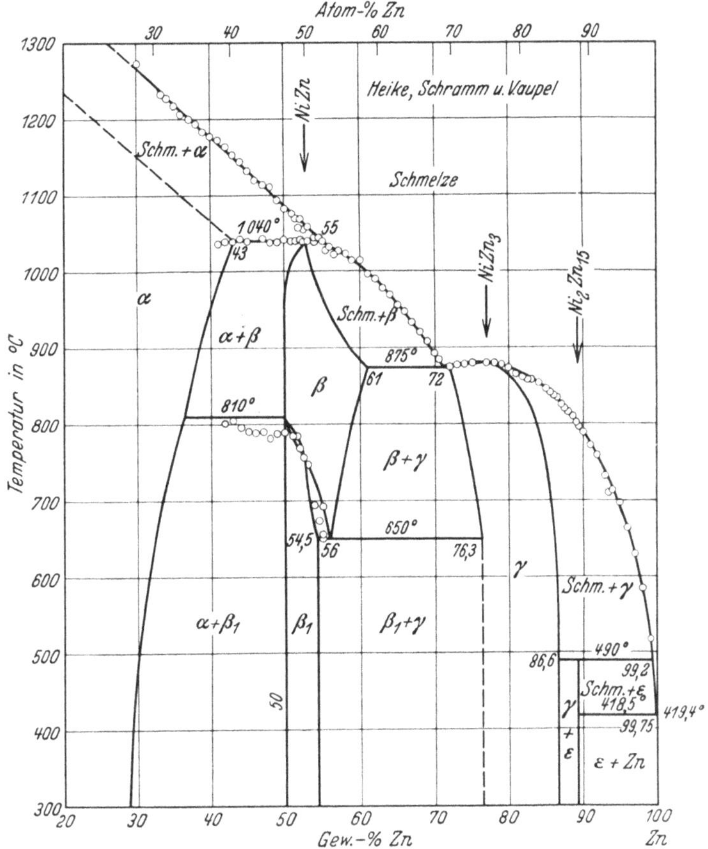

Abb. 41. Zustandsschaubild Ni-Zn nach Heike-Schramm-Vaupel.

5. Zink-Nickel.

Zink-Nickellegierungen haben zwar zunächst keine praktische Verwendung gefunden. Als Mehrstofflegierungen können sie jedoch zu einiger Bedeutung gelangen.

46 Zintl, E. u. G. Brauer: Z. physik. Chem. (B) **20**, 251 (1933).

Ältere Arbeiten[47] konnten nur ein ungefähres Bild über den Aufbau der Legierungen geben, da vor allem die Herstellung von nickelreichen Legierungen infolge des hohen Schmelzpunktes von Nickel, der wesentlich über dem Verdampfungspunkt des Zinks liegt, Schwierigkeiten machte. Später hat Hafner[48] die noch offenen Fragen ohne großen Erfolg zu lösen versucht. Erst die neueren Arbeiten von Tamaru[49] und unabhängig von ihm von Heike, Schramm und Vaupel[50] haben die Konstitution der Legierungen beinahe lückenlos geklärt. Diese gelangten zu dem in Abb. 41 dargestellten Schaubild. Hierbei weichen sie von Tamaru nur insofern ab, als sie die ε-Phase, die sich bei 490° peritektisch

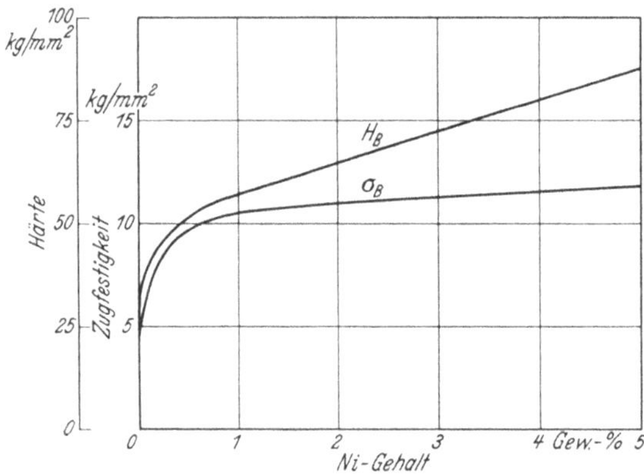

Abb. 42. Zugfestigkeit und Härte von Kokillenguß aus Ni-Zn-Legierungen.

als hexagonale Kristallart bildet, noch fanden. Caglioti[51], sowie Tamaru und Osawa[52] bestätigen diese Kristallart; die Japaner schreiben ihr lediglich ein tetragonales Gitter mit 50 Atomen in der Elementarzelle zu. Außerdem soll sie der Zusammensetzung Ni_3Zn_{22} statt Ni_2Zn_{15} nach Heike entsprechen. Die β_1-Phase ist flächenzentriert-tetragonal, die γ-Phase ist raumzentriert-kubisch mit 52 Atomen in der Elementarzelle, entsprechend der Zusammensetzung Ni_3Zn_{10}, und die β-Phase ist raumzentriert-tetragonal.

---

[47] Tafel, V.: Metallurgie **4** 781/785 (1907); **5**, 413/414, 428/430 (1908). — Bornemann, K.: Metallurgie **7**, 94/95 (1910). — Voß, G.: Z. anorg. Chem. **57**, 67/69 (1908). — Heycock, C. T. u. F. H. Neville: J. chem. Soc. **71**, 403 (1897). — Peirce, W. M.: Trans. Amer. Inst. min. metallurg. Engr. **68**, 776/777 (1923). — Vigouroux, E. u. A. Bourbon: Bull. Soc. chim. France **9**, 873 (1911). — Charrier, P.: C. R. Acad. Sci., Paris **47**, 330/333 (1924).

[48] Hafner, H.: Diss. Freiberg i. Sa. **1927**.

[49] Tamaru, K.: Sci. Rep. Tôhoku Univ. **21**, 344/363 (1932).

[50] Heike, W., J. Schramm u. O. Vaupel: Metallwirtsch. **11**, 525/530, 539/542 (1932); **12**, 115/120 (1933).

[51] Caglioti, V.: Atti Congr. Naz. Chim. pura appl. **4**, 431/441 (1933).

[52] Tamaru, K. u. A. Osawa: Sci. Rep. Tôhoku Univ. **23**, 794/815 (1935).

Die γ-Phase hat viel Ähnlichkeit mit dem γ-Messing, ebenso wie das ganze Zustandsschaubild demjenigen der Kupfer-Zinklegierung ähnlich ist; sie ist auch ebenso spröde wie γ-Messing. Aber auch schon die ε-Kristallart ist sehr spröde, so daß eine Verwendung binärer Zink-Nickellegierungen nicht in Frage kommt. Wie aber später gezeigt wird, ist man durch Zusatz dritter Metalle in der Lage, die Sprödigkeit abzumildern. Festigkeit und Härte werden durch Nickelzusatz, wie Abb. 42 zeigt[53], beachtlich erhöht. Die Dehnung wird jedoch stark erniedrigt. Die Legierungen zeigen schon bei einem Nickelgehalt von 0,1% keine Dehnung mehr, während reines Zink immerhin noch 1—2% Dehnung im Gußzustand aufweist.

6. Zink-Silizium.

Silizium wird manchmal zu Zinkspritzgußlegierungen zugesetzt, ohne daß über seinen tatsächlichen Einfluß etwas Genaues bekannt ist. Schon über die Zweistofflegierungen sind wir nur spärlich unterrichtet. Vigouroux[54] gelang überhaupt nicht die Herstellung von Zink-Siliziumlegierungen. Im flüssigen Zustand mischen sich die beiden Metalle nach Moissan und Siemens[55] nur wenig; bei 600° sind 0,06%, bei 800° 0,92% und bei 850° 1,62% Silizium löslich. Feste Lösungen scheinen nach Jette und Gebert[56] überhaupt nicht zu bestehen. Das in flüssigem Zustand gelöste Silizium scheidet sich mit fallender Temperatur wieder aus und zwar als Silizium und nicht als Silizid[57]. Danach ist eine Verbesserung der mechanischen Eigenschaften von Zink durch Silizium nicht zu erwarten. Wie in einem späteren Kapitel über Spritzguß berichtet werden wird, hat der Siliziumzusatz auch zu Zinklegierungen keinen verbessernden Einfluß. Subjektive Befunde der Praxis über einen günstigen Einfluß scheinen danach durch andere Varianten vorgetäuscht zu werden.

7. Zink-Mangan.

Die Zink-Manganlegierungen fallen durch eine große Anzahl von Verbindungen auf. Die Existenz aller Verbindungen[58] ist noch nicht sichergestellt. Aus den verschiedenen voneinander abweichenden Angaben darf der Untersuchung von Ackermann[59], der die in Abb. 43

[53] Unveröffentlichte eigene Versuche.

[54] Vigouroux, E.: C. R. Acad. Sci., Paris **123**, 115 (1896).

[55] Moissan, H. u. F. Siemens: Ber. dtsch. chem. Ges. **37**, 2086/2089 (1904).

[56] Jette, E. R. u. E. B. Gebert: J. Chem. Phys. **1**, 753/755 (1933).

[57] Baerwind, E.: Diss. Berlin 1914. Ref. Int. Z. Metallogr. **7**, 213 (1915).

[58] Parravano, N. u. U. Perret: Gazz. chim. ital. I, **45**, 1/6 (1915). — Siebe, P.: Z. anorg. Chem. **108**, 171/173 (1919). — Gieren, P.: Diss. Berlin Techn. Hochsch. 1919.

[59] Ackermann, C. L.: Z. Metallkde. **19**, 200/204 (1927).

wiedergegebenen Zinkecke des Zweistoffsystems entnommen ist, die größte Wahrscheinlichkeit zugesprochen werden.

Für die Praxis ist insbesondere die Löslichkeit von Mangan im festen Zink wissenswert. Bei 400° beträgt sie nach Peirce[60] etwas mehr als 0,25% und sinkt bei tieferen Temperaturen unter 0,1% herab.

Der Zusatz von Mangan zum Zink bringt keine Verbesserungen der mechanischen Eigenschaften. Geringe Zusätze rufen eine schwache Kornverfeinerung und eine Erhöhung der unteren Rekristallisationsgrenze hervor. Auch die Polierfähigkeit und in schwächerem Maße die Korrosionsbeständigkeit werden besser.

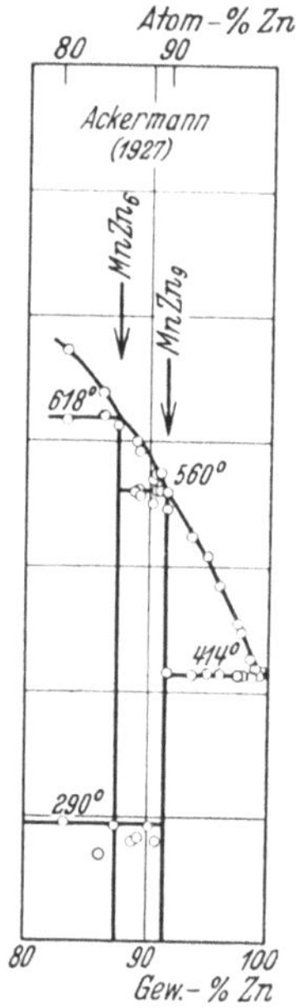

Abb. 43. Zinkecke des Zustandsschaubildes Mn-Zn nach Ackermann.

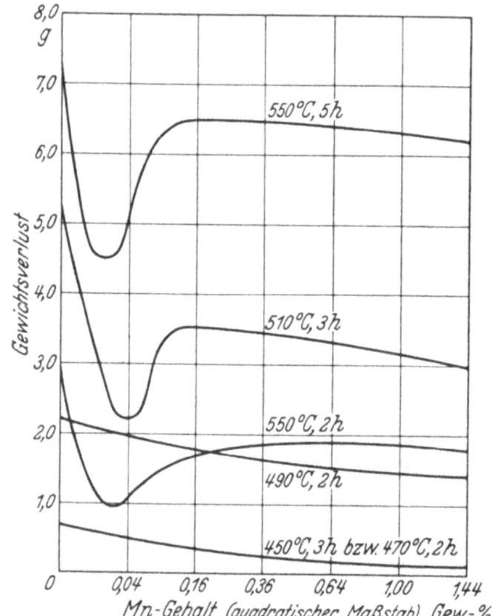

Abb. 44. Angreifbarkeit von Eisen durch Zinkschmelzen in Anwesenheit von Mangan.

Am interessantesten ist die Wirkung bestimmter Manganzusätze auf Zinkschmelzen. Durch Zusatz von 0,02% Mangan greifen Zinkschmelzen Eisen bei bestimmten Temperaturen nicht mehr so stark an[22]. Wie Abb. 44 zeigt, ist die Wirkung zwar nicht so groß wie die des Aluminiums; aber immerhin wird die Angreifbarkeit des Eisens so stark herabgesetzt, daß der Befund für die Praxis wichtig genug ist.

8. Zink-Eisen.

Eisen ist ein Bestandteil, der in Zinklegierungen unerwünscht ist, da die sich bildenden intermetallischen Verbindungen spröde sind. Wie

[60] Peirce, W. M.: Trans. Amer. Inst. min. metallurg. Engr. **68**, 777/779 (1923).

das Zustandsschaubild[61] der zinkreichen Legierungen in Abb. 45 zeigt, besteht praktisch keine Löslichkeit von Eisen in festem Zink. Schon geringe Eisengehalte wirken also als $FeZn_7$ versprödend. Chadwick[62] vermutet zwar, daß sich bis zu 0,01% Fe lösen, scheint aber die Löslichkeit zu hoch geschätzt zu haben[63]. Durch die Bildung von verschiedenartigen Zwischenschichten beim Verzinken von Eisen wird die Existenz verschiedener Verbindungen vermutet[64], die aber nach den

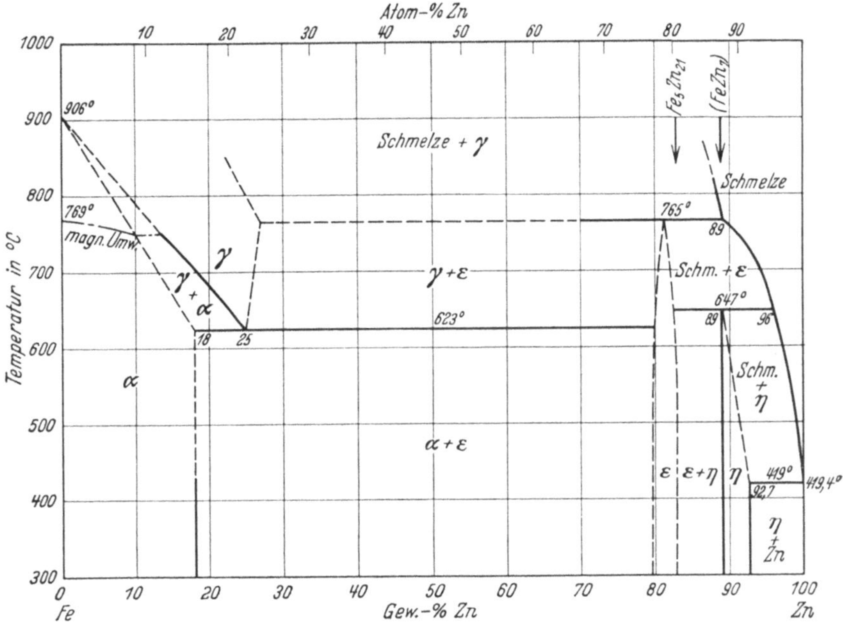

Abb. 45. Zustandsschaubild der Fe-Zn-Legierungen. (Nach Hansen.)

neuesten Untersuchungen nicht bestätigt werden konnten. Die in früheren Arbeiten[65] angegebenen Verbindungen $FeZn_3$, $FeZn_{12}$, $FeZn_{10}$, Fe_3Zn, Fe_5Zn existieren nicht.

[61] Raydt, U. u. G. Tammann: Z. anorg. Chem. **83**, 257/266 (1913). — Ogawa, Y. u. T. Murakami: Technol. Rep. Tôhoku Univ. 8, 53/69 (1928). — Osawa, A. u. Y. Ogawa: Z. Kristallogr. **68**, 177/188 (1928). — Ekman, W.: Z. physik. Chem. B **12**, 57/78 (1931).

[62] Chadwick, R.: J. Inst. Met., Lond. **51**, 114 (1933).

[63] Truesdale, E. C., R. L. Wilcox u. J. L. Rodda: Amer. Inst. min. metallurg. Engr. Techn. Publ. **1935**, Nr. 651.

[64] Scheil, E.: Z. Metallkde. **28**, 228/229 (1936).

[65] Wologdine, S.: Rev. Métallurg. **3**, 701/708 (1906). — Vegesack, A. v.: Z. anorg. Chem. **52**, 34/40 (1907). — Arnemann, P. Th.: Metallurgie **7**, 203/204, 208/209 (1910). — Peirce, W. M.: Trans. Amer. Inst. min. metallurg. Engr. **68**, 771/772 (1923). — Guertler, W.: Int. Z. Metallogr. **1**, 353/375 (1911). — Vigouroux, E., F. Ducelliez u. A. Bourbon: Bull. Soc. chim. France **11** (4), 480 (1912).

Eisenverunreinigungen wirken nicht nur im reinen Zink, sondern auch in Zinklegierungen, sowohl in mechanischer, als auch korrosionschemischer und vor allem technologischer Hinsicht schädlich.

9. Zink-Kalzium.

Immer wieder wird versucht, Kalzium als Legierungsmetall zu Zink oder Leichtmetallen zu verwenden [66]. Ist die Verringerung des spezifischen Gewichtes von Zink durch Kalziumzusätze zwar erwünscht, so ist doch andererseits die Versprödung und die Erhöhung der Korrosionsgefahr so stark, daß an eine technische Benützung von Kalzium-Zink-

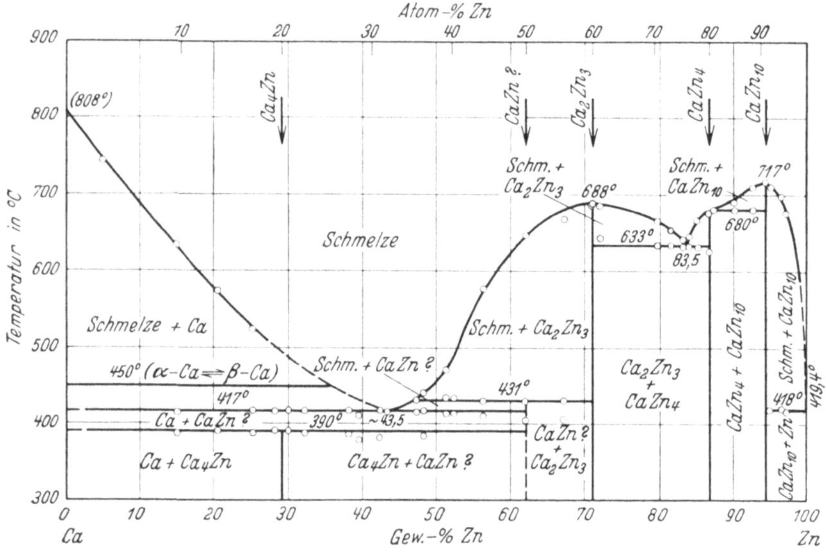

Abb. 46. Zustandsschaubild der zinkreichen Ca-Zn-Legierungen. (Nach Pâris.)

legierungen nicht gedacht werden kann. Kalzium-Zinklegierungen mit einigen Prozenten Kalzium zerfallen bereits an der Luft [67]. Mag auch der mangelnde Reinheitsgrad des Kalziums seine tatsächliche Wirkung verschleiern, so ist doch der größte Teil der Versprödung nicht auf die vermutete Anwesenheit von Nitriden und Hydriden zurückzuführen, sondern auf die starke Neigung der Zink-Kalziumlegierungen zur Bildung intermetallischer Verbindungen. Abb. 46 stellt das zur Zeit wahrscheinlichste Zustandsschaubild der Legierungen dar [68]. Trotz neueren Arbeiten [69]

[66] Rakowicz, P.: Techn. Z. Metallbearb. **45**, 559/561 (1935).

[67] Meyert, J. u. R. Goralczyk: Z. anorg. Chem. **43**, 149/154 (1903).

[68] Donski, L.: Z. anorg. Chem. **57**, 185/193 (1908).

[69] Kremann, R., H. Wostall u. H. Schöpfer: Forsch.-Arb. Metallkde. **1922**, Heft 5. — Pâris, R.: C. R. Acad. Sci., Paris **197**, 1635 (1933).

dürften bei weiteren Untersuchungen mit reinerem Kalzium noch Abweichungen zu erwarten sein.

10. Zink-Blei.

Blei spielt als Legierungskomponente in den Zinklegierungen keine Rolle; dagegen ist es bedeutungsvoll als Verunreinigung. Im festen Zink ist es vollständig unlöslich. Auch im flüssigen Zustand ist es nur bedingt löslich[70]. Die Grenze der Mischungslücke im flüssigen Zustand wurde zuletzt von zwei Seiten[71] übereinstimmend festgelegt. Danach beträgt der Zinkgehalt der zinkreichen im Gleichgewicht befindlichen Schmelzen bei 417,8° (monotektische Temperatur) 99,3%, bei 450° rund 98,6%, bei 500° 97,7%, bei 600° nur 94,1% und bei 750° bereits 76%. Der kritische Punkt liegt wahrscheinlich bei etwa 790° und 43% Zink.

11. Zink-Kadmium.

Kadmium spielt als Verunreinigung in Aluminium-Zinklegierungen eine ähnliche Rolle wie Blei; es erhöht die Gefahr der interkristallinen Korrosion ganz wesentlich. Die binären Kadmium-Zinklegierungen haben jedoch einige Bedeutung, da sie als Lote wirkungsvoll zu sein scheinen[72].

Am wichtigsten erscheint die Löslichkeit des Kadmiums im festen Zink. Sie beträgt nach neueren Ergebnissen[73], die zwar in teilweisem Gegensatz zu anderen Arbeiten[74] stehen, aber besonders zuverlässig erscheinen, 1,85% bei 255°, 1,15% bei 218°, 0,35% bei 156° und annähernd 0% bei Zimmertemperatur. Die ausführlichen Angaben von Jenkins[72] leiden unter der falschen Annahme zweier Umwandlungspunkte des Zinks.

Das Eutektikum, das für Lotlegierungen besonders vorteilhaft ist, liegt bei 17,0% Zink. Bei ihm wird auch ein Härteoptimum festgestellt, das allerdings beim Anlassen wieder verschwindet[75].

---

[70] Spring, W. u. L. Romanoff: Z. anorg. Chem. **13**, 29/35 (1896). — Arnemann, P. Th.: Metallurgie **7**, 201/211 (1910). — Müller, P.: Metallurgie **7**, 739/740. 759/762 (1910). — Konno, S.: Sci. Rep. Tôhoku Univ. **10**, 57/74 (1921). — Peirce, W. M.: Trans. Amer. Inst. min. metallurg. Engr. **68**, 768/769 (1923).

[71] Haß, K. u. K. Jellinek: Z. anorg. Chem. **212**, 356/361 (1933). — Waring, R. K., E. A. Anderson, R. D. Springer u. R. L. Wilcox: Trans. Amer. Inst. min. metallurg. Engr., Inst. Met. Div. **111**, 254/263 (1934).

[72] Jenkins, C. H. M.: J. Inst. Met., Lond. **36**, 63/97 (1926).

[73] Boas, W.: Metallwirtsch. **11**, 603/604 (1932). — Stockdale, D.: J. Inst. Met., Lond. **43**, 193/211 (1930).

[74] Grube, G. u. A. Burkhardt: Z. Metallkde. **21**, 231/232 (1929). — Chadwick, R.: J. Inst. Met., Lond. **51**, 114 (1933). — Straumanis, M.: Metallwirtsch. **13**, 175/176 (1933). — Blanc, M. le u. H. Schöpel: Z. Elektrochem. **39**, 695/701 (1933).

[75] Kurnakoff, N. S. u. A. N. Achnasarow: Z. anorg. Chem. **125**, 191 (1922).

12. Zink-Zinn.

Die spanlose Verformbarkeit des Zinks und seiner Legierungen wird bereits durch kleine Zinnzusätze (über 0,005%) vollständig unmöglich gemacht. Außerdem wirkt Zinn auf die Neigung der Zink-Aluminiumlegierung zur interkristallinen Korrosion noch verheerender als Blei. Für Gußzwecke wird Zinn als Legierungszusatz jedoch manchmal gewählt, da es die Feinkristallinität erhöht.

Die Legierungen bilden bei 9,0% Zink ein Eutektikum [76]. Eine größere Löslichkeit des Zinnes im festen Zink schien nicht zu bestehen [77]; nach neueren Angaben [78] sind bei der eutektischen Temperatur allerdings 0,05% Zinn löslich.

II. Wichtige Dreistofflegierungen.

1. Zink-Aluminium-Kupfer.

Die weitaus wichtigsten Dreistofflegierungen liegen im Zink-Aluminium-Kupfersystem. Mit wenigen Ausnahmen enthalten alle technischen Zinklegierungen Aluminium und Kupfer. Es ist daher verwunderlich, wenn trotzdem so wenig Untersuchungen über dieses Gebiet vorliegen. Außer einer älteren, in vielen Teilen vollständig überholten Untersuchung von Rosenhain und Mitarbeitern [79] existiert nur eine Arbeit von Burkhardt [13], die Aufklärung über Vorgänge im Dreistoffsystem gibt. Ein großer Teil der hier wiedergegebenen Ergebnisse entstammt bisher unveröffentlichten Untersuchungen des Verfassers, die zur Schließung der Lücken unternommen worden waren.

a) Aufbau.

Da kupfer- und aluminiumreichere Zinklegierungen nicht interessieren, so wird nur ein Überblick über die Erstarrungs- und Umwandlungsvorgänge von Zinklegierungen gegeben, deren Aluminium- und Kupfergehalt 10% an jeder Legierungskomponente nicht übersteigt. Eine Begrenzung nach dem übrigen Teil des Dreistoffsystems liegt noch nicht vor.

Die beiden den Aufbau der Zinkecke bestimmenden Randsysteme sind bereits besprochen worden. Durch röntgenographische Untersuchungen liegt die Ausdehnung des homogenen α-Bereiches fest. Diese

---

[76] Heycock, C. T. u. F. H. Neville: J. chem. Soc. **57**, 382 (1890); **71**, 392/393 (1897).

[77] Peirce, W. M.: Trans. Amer. Inst. min. metallurg. Engr. **68**, 781 (1923). — Tammann, G. u. W. Crone: Z. anorg. Chem. **187**, 300 (1930).

[78] Tammann, G. u. H. J. Rocha: Z. Metallkde. **25**, 133 (1933).

[79] Rosenhain, W., J. L. Haughton u. K. E. Bingham: J. Inst. Met., Lond. **23**, 261/324 (1920).

ist infolge der Ausscheidungen, die durch die Temperaturabhängigkeit der Aluminium-Kupferlöslichkeit bedingt sind, sehr wichtig. Für die

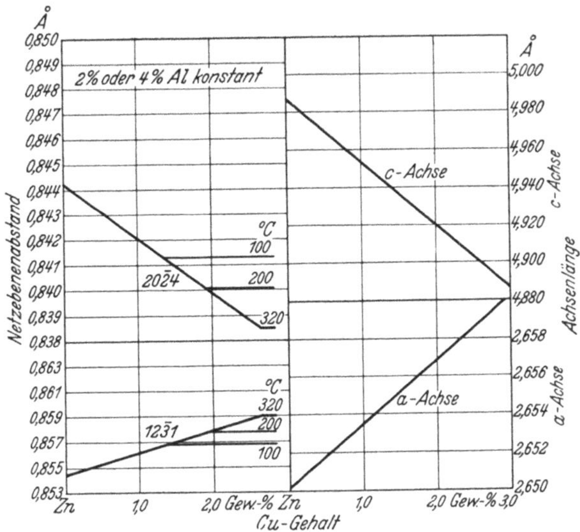

Abb. 47. Netzebenenabstände und Gitterkonstanten von Zink mit 2 oder 4% Al und steigendem Kupfergehalt.

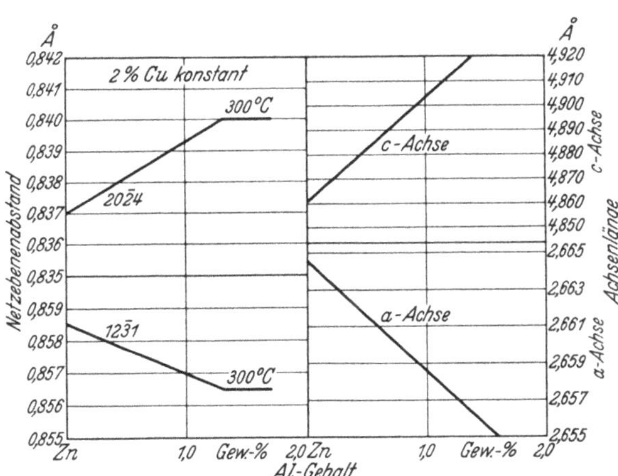

Abb. 48. Netzebenenabstände und Gitterkonstanten von Zink mit 2% Cu und steigendem Aluminiumgehalt.

meisten Änderungen der ternären Zinklegierungen beim Lagern sind die infolge der verschiedenen Löslichkeit stattfindenden Ausscheidungen verantwortlich. Die Größe dieser Ausscheidungen ist bei Kenntnis des Homogenbereiches zu schätzen. Es wurden Legierungen mit 2 und 4% Aluminium und steigendem Kupfergehalt in abgeschrecktem Zustand untersucht. Dabei wurde der in Abb. 47 wiedergegebene Verlauf der Netzebenenabstände festgestellt. Ebenso ergaben Legierungen mit 1 und 2% Kupfer und steigendem Aluminiumgehalt den in Abb. 48 gezeigten Kurvenverlauf. Aus diesen Messungen kann die Löslichkeit bei 300° zu 2,6% Kupfer und 1,2% Aluminium angegeben werden. Die höchstmögliche Löslichkeit wurde nicht bestimmt; sie kann auf 3,4% Kupfer und 1,6% Aluminium extrapoliert werden.

Aus Anlaßversuchen von heterogenen Legierungen wurde die Löslichkeit bei 250°, 200°, 150° und 100° bestimmt. Hieraus konnte die Löslichkeit bei Zimmertemperatur extrapoliert werden. Danach sind wahrscheinlich noch 0,6—0,8% Kupfer und 0,1—0,2% Aluminium in festem

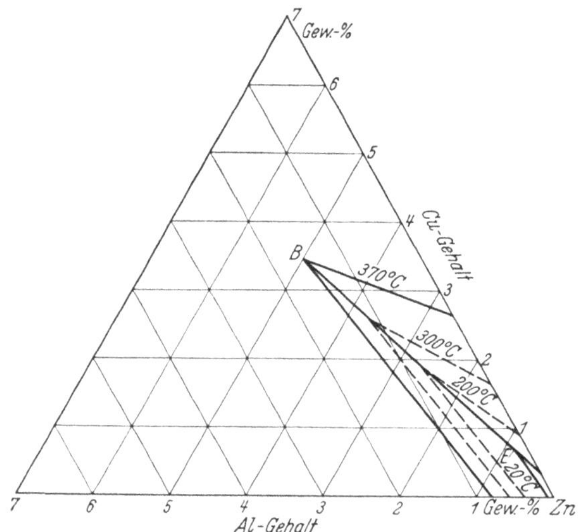

Abb. 49. Löslichkeitsisothermen für Kupfer und Aluminium in festem Zink.

Zink löslich. Daraus ergibt sich, daß sich die kupferhaltigen Zinklegierungen mit 4% Aluminium bis zu 0,7% Kupfer ebenso verhalten müßten wie die kupferfreie Legierung, da dieser Kupfergehalt immer gelöst bleibt. Lediglich höhere Kupferzusätze rufen weitere Maßänderungen durch Ausscheidung des übersättigten Anteiles an Kupfer hervor.

In Abb. 49 ist die Zinkecke mit den Löslichkeitskurven wiedergegeben. Die Ausscheidung des Aluminiums und Kupfers aus den einzelnen Legierungen geht wie folgt vor sich: Aus einer im Zweiphasengebiet Zink-Aluminium erstarrten Legierung scheidet sich aus dem Zinkmischkristall Aluminium aus, bis die Zusammensetzung des Zinkmischkristalles die Kurve *BE* erreicht. Entlang dieser doppelt gesättigten Kurve scheidet sich entsprechend der Temperatur Kupfer und Aluminium gemeinsam aus. Für die bei der Ausscheidung auftretenden Maßänderungen sind die Änderungen der Gitterkonstanten des Mischkristalles maßgebend. Gleichzeitig kommen aber noch aus anderen bei höheren Aluminium- und Kupfergehalten liegenden Phasen Ausscheidungen zur Auswirkung, die sich diesen Gitteränderungen überlagern, so daß aus der Veränderung des Gitters des zinkreichen α-Mischkristalles allein keine zahlenmäßige Angabe über die stattfindende Maßänderung gemacht werden kann, wie es z. B. im binären System Zink-Aluminium in bezug auf die Aluminiumausscheidung der Fall war.

Abb. 50 zeigt die Projektion der Schmelzkurven, Löslichkeitskurven und Vierphasenebenen auf das Konzentrationsdreieck. Von den binären

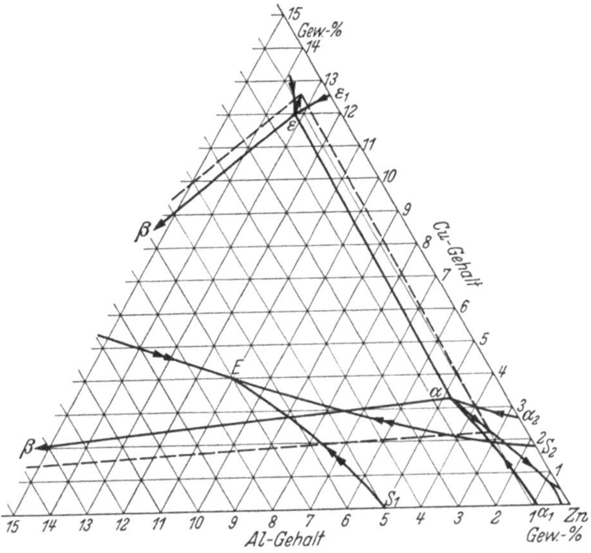

Abb. 50. Schmelzgleichgewichte in der Zinkecke des Dreistoffsystems Zink-Aluminium-Kupfer.

Systemen kommend, laufen zwei Schmelzkurven, welche durch Doppelpfeile gekennzeichnet sind, zu tieferen Temperaturen und treffen im Punkt E mit einer aus dem ternären System kommenden Schmelzkurve zusammen. Durch diese Kurven werden drei Flächen primärer Erstarrung abgegrenzt. Die sich auf ihnen ausscheidenden Kristallarten sind der zinkreiche Mischkristall α, die im System Kupfer-Zink sich peritektisch bildende Phase ε, und der an Zink übersättigte Aluminiummischkristall β. Die Vereinigung von drei doppeltgesättigten Schmelzkurven im Punkt E bedingt die Bildung eines ternären Eutektikums. Die ternäre eutektische Ebene liegt auf Grund der Wärmetönungen bei der thermischen Analyse bei einer Temperatur von 370° C. Auf diese Vierphasenebene, auf welcher die Schmelze im Gleichgewicht steht mit α, β und ε, stoßen drei Dreiphasengleichgewichte. Zwei von diesen kommen aus den binären Systemen ($S_1 = α_1 + β$ und $S_2 + ε_1 = α_2$), während das dritte $S = β + ε$ aus dem nicht bearbeiteten Teil des ternären Systems herkommt. Der ternäre eutektische Punkt E liegt bei einer Konzentration von 7% Aluminium, 4% Kupfer und 89% Zink. Die betreffende

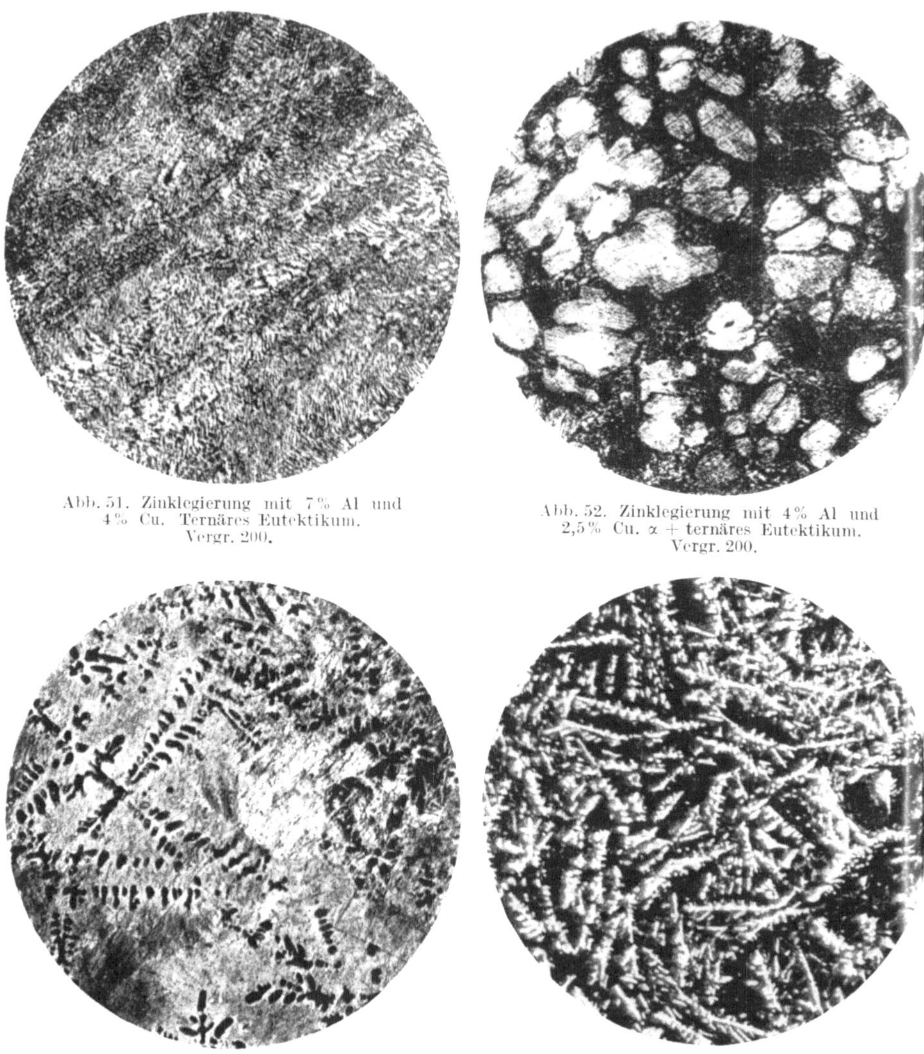

Abb. 51. Zinklegierung mit 7% Al und 4% Cu. Ternäres Eutektikum. Vergr. 200.

Abb. 52. Zinklegierung mit 4% Al und 2,5% Cu. α + ternäres Eutektikum. Vergr. 200.

Abb. 53. Zinklegierung mit 7% Al und 1% Cu. β + Eutektikum ($\alpha + \beta$). Vergr. 200.

Abb. 54. Zinklegierung mit 1% Al und 6% Cu. ε-Phase, Peritektikum ($\varepsilon + \alpha$), ternäres Eutektikum. Vergr. 200.

Legierung, welche Abb. 51 im Schliffbild zeigt, erstarrt rein eutektisch. Sämtliche Schliffe wurden mit einem von Schramm angegebenen Ätzmittel[80] geätzt. Eine Legierung mit 4% Aluminium und 2,5% Kupfer

[80] Schramm, J.: Z. Metallkde. 28, 159/160 (1936).

weist im Gefüge α-Primärkristalle neben ternärem Eutektikum auf (Abb. 52). Abb. 53 stellt den Schliff einer Legierung mit 7% Aluminium und 1% Kupfer dar. Die primär sich ausscheidende Kristallart ist hier β, dunkel angeätzt, umgeben von Eutektikum $\alpha+\beta$. Das Gefügebild einer Schmelze der Zusammensetzung 1% Aluminium, 6% Kupfer (Abb. 54) enthält die charakteristisch ausgebildeten Primärkristalle der ε-Phase neben der peritektischen Umsetzung $S+\varepsilon=\alpha$ und schwarz angeätztem ternärem Eutektikum. Die peritektische Bildung des Mischkristalles α aus der ε-Phase ist in Abb. 55 (Legierung mit 1% Aluminium und 3% Kupfer) noch deutlicher zu erkennen. Der Verlauf der Schmelzkurven ließ sich durch die Gefügebeobachtung ausnahmslos verfolgen.

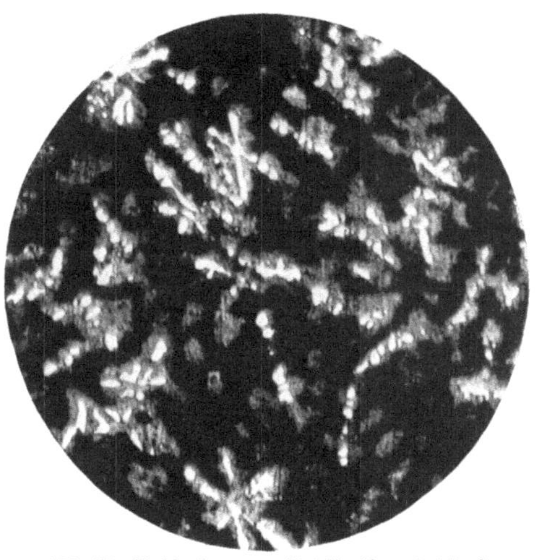
Abb. 55. Zinklegierung mit 1% Al und 3% Cu. Peritektische Bildung von α. Vergr. 200.

Der an Zink übersättigte Aluminium-Mischkristall β zerfällt im binären System bei 280° eutektoid in α und β'. Bei der thermischen Analyse der ternären Schmelzen wurde diese Wärmetönung bei 270° festgestellt. Es muß angenommen werden, daß der Austausch von β in β' auch im ternären System überall da erfolgt, wo der hochzinkhaltige Mischkristall β an einem Phasengleichgewicht teilgenommen hat. Dieser Austausch bedingt das Vorhandensein einer neuerlichen Vierphasenebene — ähnlich wie im System Aluminium-Magnesium-Zink[14] beschrieben —, die dem Gleichgewicht $\beta=\alpha+\beta'+\varepsilon$ entspricht. Auf diese Vierphasenebene laufen wieder drei Dreiphasengleichgewichte herunter. Von der ternären eutektischen Ebene kommt das Dreiphasengleichgewicht $\alpha+\beta+\varepsilon$, aus dem binären System Aluminium-Zink das eutektoide Gleichgewicht $\beta=\beta'+\alpha$. Schließlich endet auf der Vierphasenebene das Gleich-

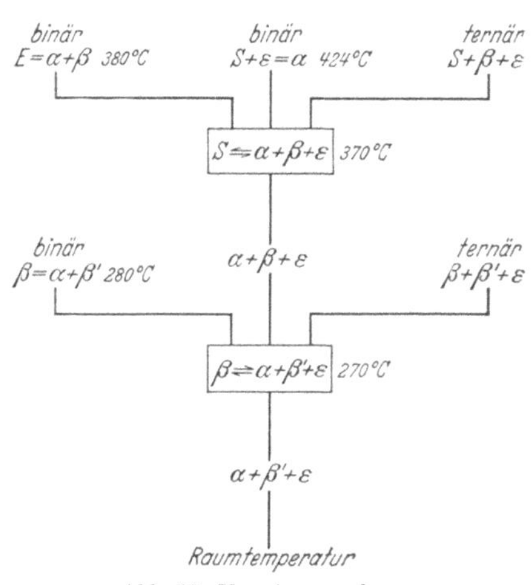

Abb. 56. Umsetzungsschema.

gewicht $\beta + \beta' + \varepsilon$. In welcher Weise dieses zustande kommt, ließ sich durch Gefügebeobachtungen nicht feststellen. Von der oben besprochenen Vierphasenebene geht das Gleichgewicht $\alpha + \beta' + \varepsilon$ auf Raumtemperatur hinab.

Das Reaktionsschema, welches eine Übersicht über die verschiedenen Umsetzungen gestattet, ist in Abb. 56 dargestellt.

b) Maßänderungen.

Infolge der verschiedenen Ausscheidungsvorgänge finden beim Lagern Maßänderungen der Legierungen statt, die je nachdem, ob regelloses Gußgefüge oder anisotropes Knetgefüge vorliegt, verschieden sind. Die Verfolgung dieser Maßänderungen soll etwas ausführlicher besprochen werden, da sie für die Anwendbarkeit der Zink-Aluminium-Kupferlegierungen in der Praxis wichtig sind.

Zunächst soll über die Längenänderungsmessungen an Legierungen mit einem konstanten Aluminiumgehalt von 4% berichtet werden und dann erst über Untersuchungen mit wechselndem Aluminium- und Kupfergehalt.

α) Legierungen mit konstantem Aluminiumgehalt.

§ 1. Gußlegierungen.

Es wurden Kokillen- und Spritzgußstäbe mit steigendem Kupfergehalt geprüft. Die Spritzgußstäbe waren Vierkantstäbe von 150 mm Länge und quadratischem Querschnitt 6,3 × 6,3 mm. Die Stäbe wurden unter folgenden Bedingungen gespritzt: 390—395° C Badtemperatur, 200—220° C Formtemperatur, 70—80 at Spritzdruck, 0,4 mm Anschnittstärke. Die 15 mm starken Kokillengußrundstäbe wurden steigend zu je 10 Stück gegossen. Die Stäbe wurden drei Prüfungsarten unterworfen: Künstliche und natürliche Alterung und Dampfbehandlung. Die natürliche Alterung wurde bei Zimmertemperatur, die künstliche Alterung bei 95° vorgenommen. Als grobe Beziehung zwischen künstlicher und natürlicher Alterung kann angegeben werden, daß die künstliche Alterung 150—200mal schneller verläuft als die natürliche. Ganz streng vergleichbar sind die beiden Alterungsvorgänge nicht, da sich bei Zimmertemperatur infolge der geringeren Löslichkeit der festen Metalle ineinander noch ein weiterer Bruchteil an Aluminium und Kupfer ausscheiden kann.

Die Dampfbehandlung stellt eine Prüfung auf interkristalline Korrosion dar. Dabei wird die Probe ebenfalls bei 95° gelagert, unter gleichzeitiger Einwirkung von Wasserdampf. Die Proben werden an den Enden schwach vernickelt, damit die Meßflächen nicht zu stark angegriffen werden. Über den Wert dieses Kurzprüfverfahrens läßt sich streiten, doch liegt bis jetzt kein besseres vor, so daß es für vergleichende Versuche immerhin benützt werden kann. Unter keinen Umständen kann aber aus dem Verhalten in der Kurzprüfung auf die Bewährung in der Praxis geschlossen werden. Wenn also teilweise von amerikanischer Seite Beziehungen wie 10 Tage Dampfbehandlung = 5 Jahre Witterung genannt werden, so ist dies entschieden zu weit gegangen. Es liegen z. B. Spritzgußstäbe vor, die 2 Jahre der Atmosphäre ausgesetzt waren, wobei die Schlagbiegefestigkeit kaum vom Anlieferungswert 5 cmkg/mm² abgesunken war. In der Kurzprüfung betrug der Wert nach 5tägiger Behandlung — entsprechend 2jähriger normaler Lagerung — aber nur noch 2 cmkg/mm². Die Kurzprüfung scheint also zu scharf zu sein.

Die Längenänderung von Zinkspritzgußstäben bei künstlicher Alterung zeigt Abb. 57. Danach erleiden alle Legierungen gleichmäßig dieselbe Schrumpfung; dann aber beginnt ein Längenwachstum, das ganz verschieden ist, je nach der Höhe des Kupfergehaltes. Die kupferfreie und 0,2% Kupfer enthaltende Legierungen dehnen sich gleichartig um ungefähr 0,03—0,04% aus. Mit 0,4% Kupfer ist sogar eine geringere Ausdehnung festzustellen, sofern der kleine Unterschied überhaupt wirklich ist. Je höher der Kupfergehalt wird, um so stärker wird die nachträgliche Ausdehnung. Wie Abb. 58 zeigt, ist es unrichtig, Zinklegierungen verschiedenen Gehaltes in bezug auf ihre Maßänderungen nach bestimmter Zeit zu vergleichen, da je nach dem gewählten Zeitpunkt einmal die eine und einmal die andere Legierung besser erscheint. Nur der ganze Kurvenverlauf ist daher maßgebend.

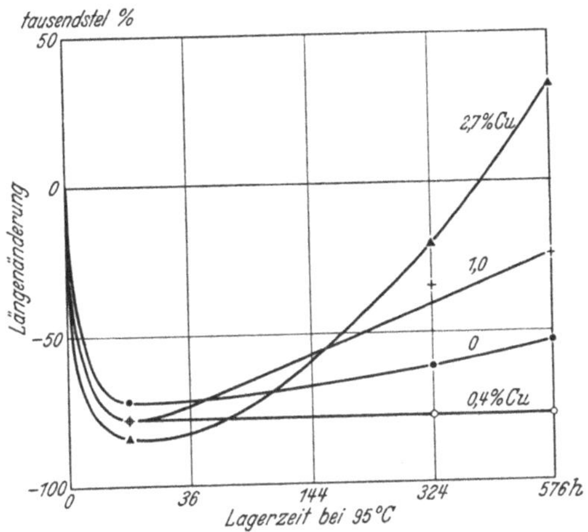

Abb. 57. Längenänderung von Zink-Spritzguß (4% Al, 0,04% Mg) durch Lagerung bei 95° C.

Die anfängliche Schrumpfung, die der Aluminiumausscheidung zuzuschreiben ist und ungefähr 0,08% beträgt, ist im Gußstück zu beseitigen, indem man 5 Stunden bei rd. 100° tempert. Dadurch beginnt man bei der Alterung gleich im Minimum der Kurven der Abb. 57 und hat dann entweder ganz geringfügige Maßänderungen wie bei den niedrig kupferhaltigen Legierungen oder stärkere Längenzunahme wie bei den kupferreichen Legierungen zu erwarten.

Während man die Längenänderungen der Aluminium-Zinklegierungen aus den Gitteränderungen des α-Mischkristalles errechnen kann, liegen die Verhältnisse bei den ternären Legierungen wesentlich komplizierter. Hier ist nicht nur die Änderung der Gitterkonstanten des zinkreichen

Mischkristalles, sondern auch diejenige der anderen zur Ausscheidung kommenden Kristallarten zu berücksichtigen. Diese Ausscheidungen sind ganz verschieden, je nach dem Phasengebiet, in dem die betreffende Legierung liegt. Da die Gitterveränderungen all dieser Kristallarten (s. Abb. 50) mit der Temperatur nicht bekannt sind, so kann aus der Gitteränderung des zinkreichen α-Mischkristalles kein Vergleich unmittelbar mit den Maßänderungen angestellt werden. Die Maßänderungen stellen vielmehr das Ergebnis mehrerer überlagerter Raumbewegungen von verschiedenen neben- oder hintereinander herlaufenden Ausscheidungsvorgängen dar. Gegenüber dieser „komplexen" Messung ist die

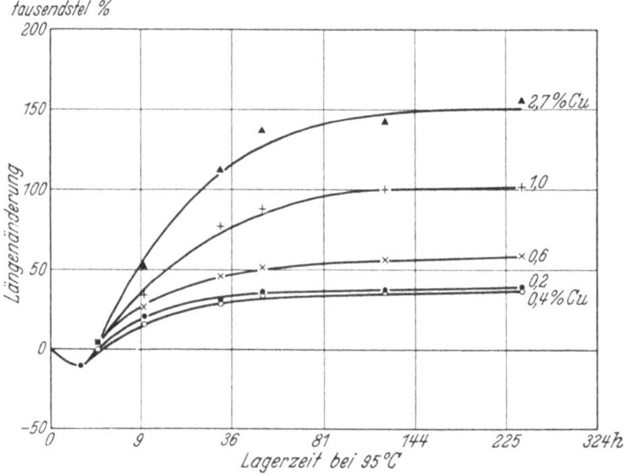

Abb. 58. Längenänderung von Zink-Preßlegierungen (4 % Al, 0,04 % Mg) durch Lagerung bei 95° C.

Verfolgung der Gitterkonstantenveränderung des mengenmäßig wichtigsten Mischkristalles eine einläufige Messung.

Während demnach die Schrumpfung in den binären Zink-Aluminiumlegierungen aus den Röntgenmessungen errechnet werden konnte, ist dies bei gleichzeitiger Anwesenheit von Kupfer nicht mehr möglich. Außer der zuerst einsetzenden Aluminiumausscheidung, die eine Schrumpfung hervorruft, und der darauffolgenden Kupfer-Aluminiumausscheidung, die mit einer Längung verbunden ist, finden noch andersartige Ausscheidungen statt, die eine weitere Schrumpfung oder Ausdehnung veranlassen können.

Maßgeblich für das Verhalten der Legierungen beim Lagern sind also nur die Messungen der Längen- bzw. Volumenänderungen.

Ganz ähnliche Kurven wie für Spritzguß erhält man bei der Prüfung von Kokillenguß. Auf eine besondere Wiedergabe ist deshalb verzichtet. In einem späteren Bild werden die Werte vergleichend zu anderem Werkstoff graphisch dargestellt werden.

§ 2. Knetlegierungen.

Die Längenänderungen von 15 mm starken Preßstangen gehen aus Abb. 59 hervor. Wie man sieht, zeigen die Kurven einen vollständig anderen Verlauf als bei Gußwerkstoff. Wohl ist in der ersten Stunde eine geringe Schrumpfung festzustellen. Diese Schrumpfung ist aber rd. 8mal kleiner als beim Gußwerkstoff und wird im 100. Teil der Zeit erreicht. Wie Röntgenaufnahmen an der kupferfreien Legierung bewiesen, ging aber die Aluminiumausscheidung ungefähr 100 Stunden lang fort. Die kurze Schrumpfung ist also nicht der Aluminiumausscheidung zuzuschreiben. Wahrscheinlich wurde sie durch den β-Zerfall verursacht, der sehr rasch vor sich geht, wobei eine Schrumpfung eintritt, wie Versuche von Kennedy[11] gezeigt haben. Die Schrumpfung wird auch nur an frisch gepreßtem Werkstoff erhalten. Wenn nach der Alterung bei 300° ungefähr 2 Stunden getempert und abgeschreckt wird, so tritt sofort die Längenzunahme ein.

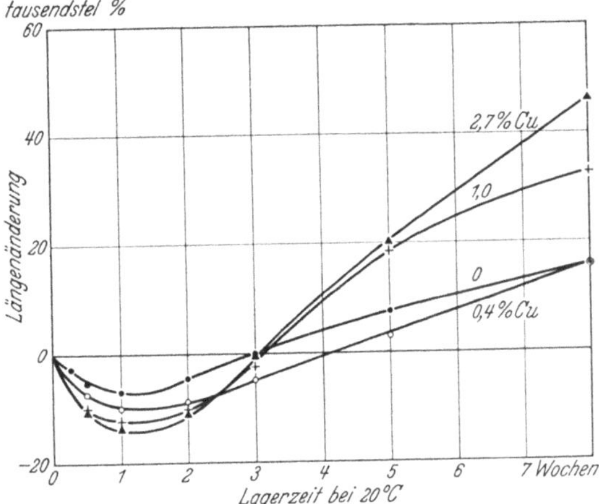

Abb. 59. Längenänderung von Zink-Preßlegierungen (4% Al, 0,04% Mg) während normaler Lagerung.

Diese Längenzunahme erscheint zunächst vollständig unerklärlich, wenigstens bei der kupferfreien Legierung. Wie vorher an Gußwerkstoff gezeigt wurde, ist durch die Aluminiumausscheidung nur eine Schrumpfung zu erwarten. Die Röntgenuntersuchung ergab wieder einwandfrei, daß zunächst 0,7% Aluminium gelöst waren und beim Altern 0,6% Aluminium ausgeschieden wurden. Es wäre also wieder eine Schrumpfung um 0,07% zu erwarten gewesen. Statt dessen trat eine Längenzunahme um 0,05% ein, die vollständig einwandfrei sich feststellen ließ, da sie mehrfach wiederholt wurde.

Es trat daher die Vermutung auf, daß der Preßwerkstoff stark anisotrop ist und sich in den verschiedenen Achsenrichtungen unterschiedlich ändert. Wie man dem früher geschilderten Röntgenbefund entnehmen kann, ändern sich die Achsen bei Löslichkeitsänderungen gegenläufig. Die Achsen betragen bei 0,7% Aluminium: $a = 2{,}6512$ Å, $c = 4{,}9801$ Å. Der Mischkristall mit 0,1% Aluminium hat dagegen die Achsen $a = 2{,}6579$ Å und $c = 4{,}9395$ Å. Die a-Achse erfährt also bei der Ausscheidung von 0,6% Aluminium eine Längung um 0,33% und die c-Achse eine Schrumpfung um 0,83%.

Es ist nun leicht erklärlich, daß der Preßwerkstoff, der eine gerichtete Textur (Ringfasertextur) aufweist, sich in der Preßrichtung anders verhält als senkrecht dazu. Wenn sich die c-Achse ungefähr senkrecht zur Drahtachse einstellte, so müßte eine Längung in der Drahtachse und eine Schrumpfung im Durchmesser festgestellt werden. Tatsächlich wurde die Längung in der Drahtachse gefunden. Weitere Versuche zeigten, daß in der Querachse wirklich eine Schrumpfung auftritt. Aus 50 mm Preßstangen wurden Würfel herausgearbeitet, die nunmehr parallel und senkrecht zur Preßrichtung geprüft wurden. In der Preß-

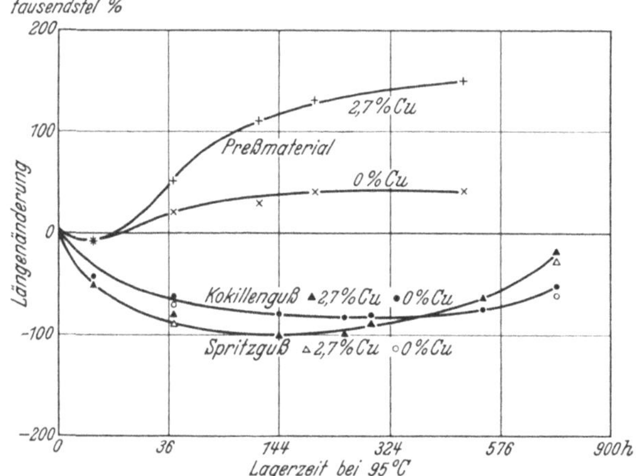

Abb. 60. Vergleich der Längenänderung von Zinklegierungen im gepreßten, gespritzten und gegossenen Zustand.

richtung wurde eine Längung von 0,04%, senkrecht dazu eine Schrumpfung um 0,15% gefunden. Dies zeigt, daß der Preßwerkstoff tatsächlich anisotrop ist und daher in den verschiedenen Richtungen unterschiedliche Längenänderungen erfährt. Auffallend war jedoch, daß auch nach tagelangem Tempern bei 300° die Längenzunahme in der Preßrichtung festzustellen war. Dies bewies, daß die Anisotropie auch im rekristallisierten Zustand erhalten bleibt. Es ist also ähnlich wie beim reinen Zink und Magnesium. Bei diesen Metallen konnten Sachs und Caglioti[81] feststellen, daß die Rekristallisationstexturen nur unwesentlich anders sind als die Walztexturen.

Da der Werkstoff eine Längung um 0,04% und eine Schrumpfung um 0,15% erfährt, die entsprechenden Änderungen der a- und c-Achse, wie vorher gezeigt wurde, +0,33% und —0,83% betragen, so ist daraus zu folgern, daß die Basisebene nicht in der Drahtachsenrichtung liegt, sondern mit beträchtlicher Streuung geneigt dazu ist. Wahrscheinlich

[81] Sachs, G. u. V. Caglioti: Metallwirtsch. **11**, 1/4 (1932).

unterscheiden sich, wie eine überschlägige Rechnung andeutet, die Deformations- und Rekristallisationstexturen der Legierungen fast nicht von denen des reinen Metalls.

Wie bereits bei der Besprechung der Kurven für Gußwerkstoff auseinandergesetzt wurde, sind für die Dreistofflegierungen derartige Berechnungen der Maßänderungen aus der Änderung der Achsen des α-Mischkristalles allein nicht mehr möglich.

Experimentell wurde, ebenso wie bei den binären Aluminium-Zinklegierungen, in der Drahtachse eine Längung und senkrecht dazu eine ungefähr 6mal stärkere Schrumpfung festgestellt. Sowohl Längung als Schrumpfung sind prozentual stärker als bei den binären Legierungen. Wenn die Maßänderungen nur von den Ausscheidungen aus den α-Mischkristallen abhängig wären, so wäre in der Drahtachse zunächst eine Längung infolge der Aluminiumausscheidung und dann eine Schrumpfung infolge der gemeinsamen Ausscheidung von Kupfer und Aluminium zu erwarten gewesen. Daß die Schrumpfung nicht eintritt, bedeutet, daß ein weiterer, röntgenographisch noch nicht erfaßter Ausscheidungsvorgang eine Rolle spielt. Diesen Vorgängen wird in zukünftigen Untersuchungen noch nachgegangen werden, indem Legierungen mit höherem Kupfer- und Aluminiumgehalt (im Dreiphasengebiet liegend), und auch das ternäre Eutektikum, geprüft werden. Es ist zu erwarten, daß sich diese Legierungen ganz anders maßlich ändern.

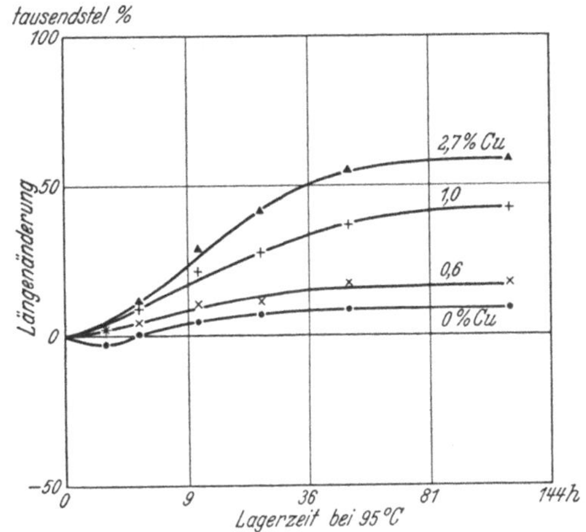

Abb. 61. Längenänderung von 2 Monate gelagerten Zinkpreßlegierungen (4% Al, 0,04% Mg) während der Alterungsprüfung.

Preßwerkstoff erfährt also nach den vorhergegangenen Schilderungen immer eine Ausdehnung in Richtung der Drahtachse, unabhängig davon, ob er wärmebehandelt ist oder ob er eine Kaltverformung, also einen Nachzug, erfahren hat. Im Gegensatz dazu zieht sich Gußwerkstoff sowohl in der Längsrichtung als auch im Volumen zusammen, er ist also regellos orientiert, so daß man als Längenänderung ein Mittel aus den Änderungen der beiden Achsen *a* und *c* erhält. Abb. 60 zeigt noch einmal den Vergleich zwischen Guß- und Knetwerkstoff. An Walzwerkstoff haben bereits Rosenhain und Mitarbeiter[69] festgestellt, daß er sich entgegengesetzt wie Gußwerkstoff verhält. Die von ihnen versuchte Deutung ist jedoch überholt und nach heutigen Vorstellungen falsch.

Man sieht, wie verschieden die Wirkung der Aluminiumausscheidung bei den beiden Werkstoffen ist.

Abb. 61 zeigt, daß die normale Lagerung dieselben Kurven ergibt, wie die Alterungskurzprüfung. Nach 8 Wochen wird ungefähr der Wert erreicht, der sich in der Kurzprüfung nach 5 Stunden einstellt. Man sieht auch hier, daß die kupferarmen Legierungen — also die Legierungen mit Kupfergehalten bis zu 0,5% — allen anderen überlegen sind. Besonders deutlich versinnbildlicht dies noch einmal Abb. 62, wo man einen ausgeprägten Knick in den Kurven über 0,5% Kupfer feststellen kann.

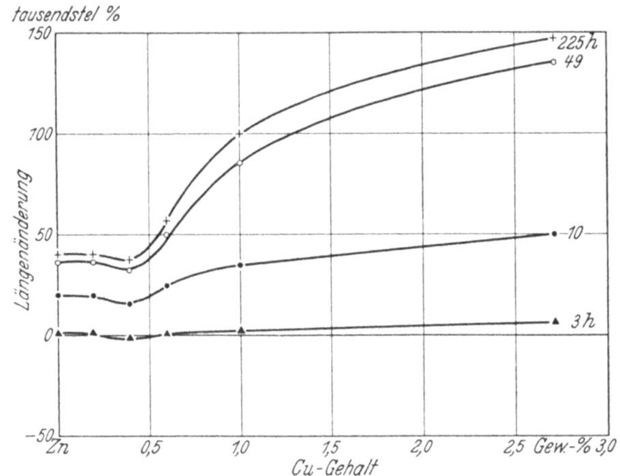

Abb. 62. Abhängigkeit der Längenänderung bei Preßlegierungen vom Kupfergehalt in der Alterungsprüfung.

Betrachten wir noch einmal Abb. 57 und 58, so sehen wir, daß die kupferfreien und kupferarmen Zink-Aluminiumlegierungen am wenigsten altern. Bis zu einem Gehalt von 0,5% Kupfer kann bei Preßwerkstoff mit einer maximalen Längenänderung von 0,05% gerechnet werden. Nun besteht die Möglichkeit, durch normale oder künstliche Voralterung den größten Teil der Längenänderungen zu beseitigen, so daß der Verbraucher nur noch mit ganz geringen Maßänderungen, die praktisch belanglos sind, rechnen muß. Nach 10—20stündigem Tempern bei 95° würden die Legierungen nach dem Bild nur noch Änderungen unter 0,01% erfahren.

Abb. 61 zeigt z. B. Preßwerkstoff, der vor der Prüfung 2 Monate lang bei Raumtemperatur gelagert war. Wie man sieht, sind die Maßänderungen der Legierungen unter 0,6% Kupfer tatsächlich sehr gering.

Ebenso gering sind die Änderungen, wenn der Werkstoff langsam abgekühlt wird, wie aus Abb. 63 hervorgeht. Der Werkstoff wurde 2 Stunden bei 300° getempert, auf 200° abgekühlt und bei dieser Temperatur 3 Stunden gehalten, dann langsam im Verlauf von 24 Stunden auf Zimmertemperatur abgekühlt. Dadurch wird der größte Teil der Ausscheidungen erledigt, so daß die Restausscheidungen keine wesentlichen Veränderungen mehr bringen.

Wie man diesen Abbildungen außerdem entnehmen kann, ist die Vorgeschichte des Werkstoffes nicht gleichgültig. Beide Preßstangen mit 4,0% Aluminium, 2,7% Kupfer und 0,04% Magnesium zeigen trotz gleicher Zusammensetzung verschiedene Längenänderungen. Dieser Unterschied bleibt auch bestehen, wenn der Werkstoff durch 10stündiges

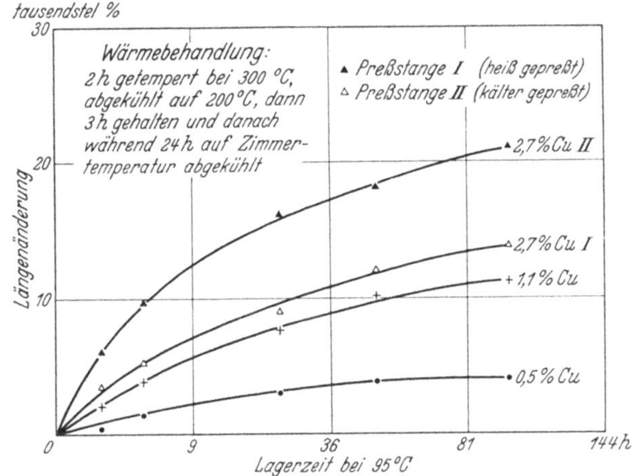

Abb. 63. Längenänderung von wärmebehandelten Zinkpreßlegierungen (4% Al, 0,04% Mg) durch Lagerung bei 95° C.

Glühen bei 200° egalisiert wurde. Die durch den Preßvorgang bedingten individuellen Eigenarten jeder Preßstange bleiben also weitgehend erhalten.

β) Legierungen mit Aluminium- und Kupfergehalten bis zu 10%.

§ 1. Gußlegierungen.

Während bisher nur die Vorgänge an Zinklegierungen mit konstantem Aluminiumgehalt von 4% beschrieben wurden, sollen anschließend die Maßänderungen von Legierungen des ganzen in Abb. 50 verzeichneten Gebietes dargestellt werden.

Die Ergebnisse der noch nicht veröffentlichten Versuche sind in den Abb. 64—66 graphisch verwertet. Danach machen die Legierungen zwei Vorgänge, nämlich eine Schrumpfung und eine Ausdehnung durch. Für die Schrumpfung ist die Aluminiumausscheidung und für die Längung die Kupferausscheidung verantwortlich. Je höher der Aluminiumgehalt ist, um so stärker ist die Schrumpfung. Durch Kupferzusatz zu den Aluminium-Zinklegierungen wird die Schrumpfung immer stärker unterdrückt, je höher der Kupfergehalt wird (Abb. 64). Die beiden Ausscheidungs-

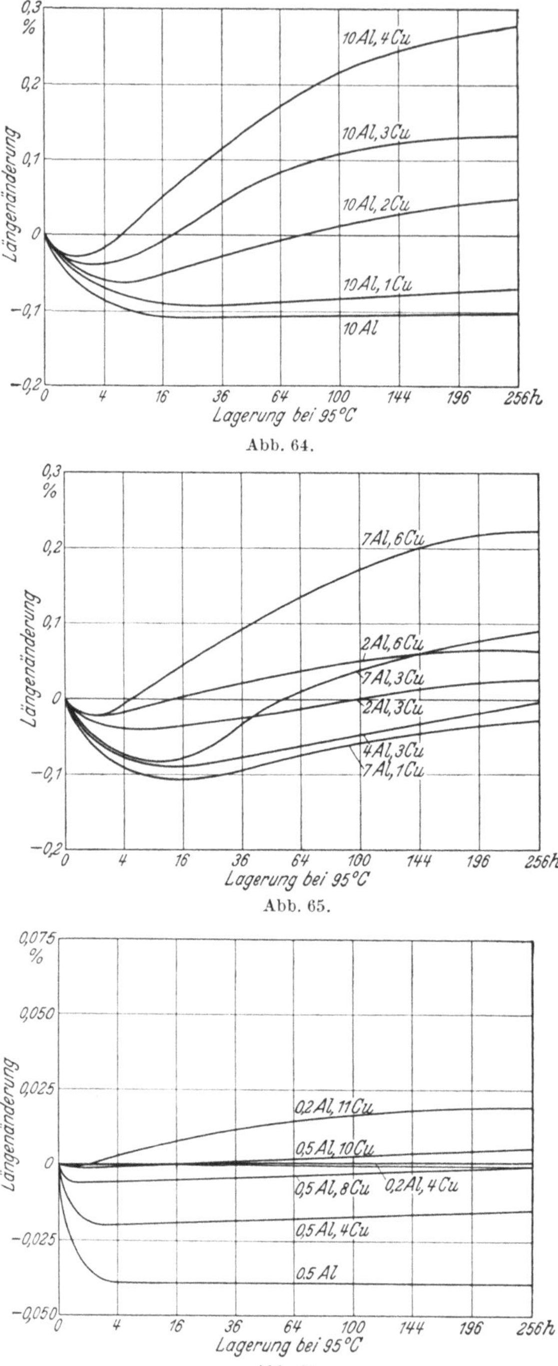

Abb. 64.

Abb. 65.

Abb. 66.

Abb. 64—66. Längenänderung von Kokillengußstäben aus Al-Cu-Zn-Legierung beim Lagern bei 95° C.

vorgänge laufen also gleichzeitig ab, so daß die Maßänderungskurve die Resultierende der Schrumpfung und Längung darstellt. Weiterhin ist festzustellen, daß sich der Kupfergehalt um so stärker durch eine Längung bemerkbar macht, je höher der Aluminiumgehalt ist. Nach 10tägiger Alterung beträgt der Unterschied in der Maßänderung der Legierungen mit 10% Aluminium, 1% Kupfer einerseits und 10% Aluminium, 4% Kupfer andererseits 0,36%. Bei einer Legierung mit 7% Aluminium,

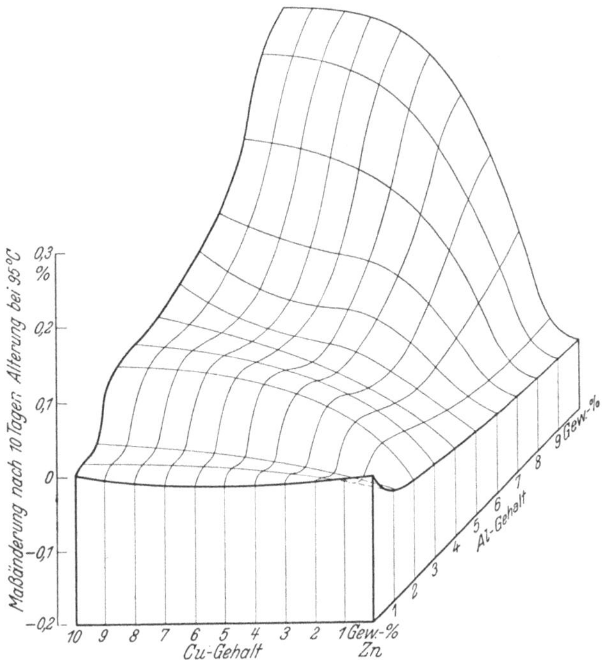

Abb. 67. Längenänderung von Gußwerkstoff aus Al-Cu-Zn-Legierung nach 10täg. Lagerung bei 95° C.

3% Kupfer bringt eine Erhöhung des Kupfergehaltes um 3% lediglich eine weitere Längenzunahme von 0,14% (Abb. 65).

Während die Legierungen mit Aluminiumgehalten über 1% bei gleichzeitiger Kupferanwesenheit nach dem kurzen Schrumpfungsvorgang eine schräg ansteigende Kurve ergeben, fehlt bei den Legierungen mit geringeren Aluminiumgehalten dieser Anstieg fast vollständig. Man ist also in der Lage, durch Kupferzusatz die Schrumpfung mehr und mehr zu unterdrücken, ohne daß eine mit längerer Lagerzeit verbundene Längung eintritt. Dadurch werden Legierungen erhalten, die keine meßbaren Längenänderungen mehr erleben, wie Abb. 66 zeigt. Während eine Legierung mit 0,5% Aluminium, 8% Kupfer noch eine schwache Schrumpfung zeigt, dehnt sich die Legierung mit 0,5% Aluminium, 10% Kupfer bereits aus. Es ist also zu erwarten, daß eine Legierung mit 0,5%

Aluminium, 9% Kupfer maßbeständig ist. Ebenso verhält es sich mit einer Legierung mit 0,2% Aluminium, $3^1/_2$% Kupfer.

Besonders deutlich geht dies aus Abb. 67 hervor, in der die Maßänderungen nach 10tägiger künstlicher Alterung bei 95° wiedergegeben sind. Danach können Legierungen mit niedrigem Aluminiumgehalt und bestimmtem Kupfergehalt als maßbeständig gelten. Legierungen mit Kupfergehalten um 1% und Aluminiumgehalten von 3—10% haben zwar zu dem gewählten Zeitpunkt von 10 Tagen künstlicher Alterung die Längenänderung 0%; sie sind aber nicht zu den maßbeständigen Legierungen zu rechnen, da sie vorher eine Schrumpfung mitmachen mußten.

§ 2. Knetlegierungen.

Ganz anders ist der Verlauf der Längenänderungskurven von Preßwerkstoff (Abb. 68). Wie bereits vorher gezeigt wurde, ist Preßwerkstoff

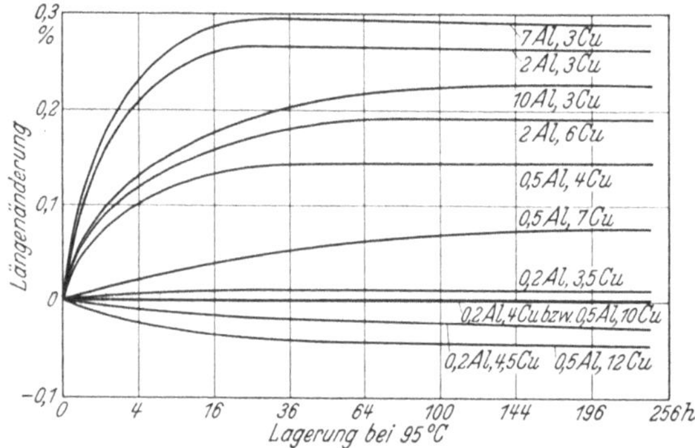

Abb. 68. Längenänderung von Preßwerkstoff aus Al-Cu-Zn-Legierung beim Lagern bei 95° C.

stark anisotrop, so daß er in der Drahtachse eine andere Änderung zeigt, als quer dazu.

Bei den Gußlegierungen hatte die Aluminiumausscheidung eine Schrumpfung und die Kupferausscheidung eine starke Längung zur Folge. Die Aluminiumausscheidung ging rascher vonstatten als die Kupferausscheidung. Dadurch erlebten die Legierungen zunächst eine Schrumpfung, die um so größer war, je geringer der Kupfergehalt ist, und anschließend eine Längung, die sich in einer schräg ansteigenden Kurve ausdrückte.

Beim Preßwerkstoff liegen zwei Unterschiede vor. Erstens rufen die Ausscheidungsvorgänge die umgekehrte Wirkung hervor: die Aluminiumausscheidung hat eine Längung, die Kupferausscheidung eine Schrumpfung zur Folge. Zweitens kann festgestellt werden, daß die Kupferausscheidung viel rascher vor sich geht als beim Gußwerkstoff. Dadurch fällt der schräge Kurvenzug weg. Schrumpfung und Längung überlagern sich und geben dadurch im allgemeinen eine exponential ansteigende

Kurve, die sich sehr schnell einem Endwert nähert; von da an laufen die Kurven horizontal. Es finden also keine Änderungen mehr statt. Je höher der Kupfergehalt und je niedriger der Aluminiumgehalt ist, um so geringer ist die Maßänderung. Bei geschickter Auswahl der Zusammensetzung können Legierungen erhalten werden, die keinerlei Längenänderung mehr erleben. Derartige Legierungen fallen durch ein bestimmtes Verhältnis des Aluminium- zum Kupfergehalt auf. Die Legierung muß 20mal mehr Kupfer als Aluminium enthalten. Legierungen mit 0,2% Aluminium, 4% Kupfer oder 0,4% Aluminium, 8% Kupfer usw. sind vollständig maßbeständig. Legierungen mit einem Verhältnis von Kupfer : Aluminium, das unter 20 : 1 liegt, schrumpfen; Legierungen mit größerem Verhältnis dehnen sich beim Lagern aus. Nur innerhalb des engen Bereiches mit den Verhältnissen 19 : 1 bis 21 : 1 sind die Legierungen vollständig maßbeständig; da sich die Auswirkungen beider Ausscheidungsvorgänge gerade kompensieren. Diese Erkenntnis ist sehr wichtig, da sie den Zinklegierungen neue Anwendungsgebiete, die bisher infolge der fehlenden Maßbeständigkeit versperrt waren, eröffnet[82].

Der geringe Aluminiumgehalt in den Legierungen genügt bereits, um die Eisenlöslichkeit der Schmelzen auf ein praktisch belangloses Maß herunterzudrücken.

Nun ist noch zu prüfen, wie die mechanischen und technologischen Eigenschaften der Dreistofflegierungen sind, um auch danach eine weitere Auswahl für die Praxis treffen zu können.

c) Mechanische Eigenschaften.

α) Knetlegierungen.

Die mechanischen Eigenschaften der Legierungen können durch eine perspektivische Raumdarstellung wiedergegeben werden. Man erhält dadurch Festigkeits-, Dehnungs-, Härtekörper, denen man mit einem Blick die für die betreffenden Eigenschaften günstigste Zusammensetzung entnehmen kann.

Aber nicht nur die Anlieferungswerte von frisch gepreßtem Werkstoff waren interessant; noch wichtiger erschienen die Werte von gealtertem oder korrodiertem Werkstoff. Die ganzen Untersuchungen wurden daher auch auf die Erfassung der entsprechenden Werte nach 10tägiger Alterungsprüfung und Dampfbehandlung bei 95° ausgedehnt. Durch Vergleich der einzelnen Eigenschaftskörper kann man für jede Legierung die Alterung und Neigung zur interkristallinen Korrosion feststellen.

In Abb. 69—71 ist die Zugfestigkeit der Legierungen in der Zinkecke des Dreistoffsystems wiedergegeben. Wie man sieht, steigt die Festigkeit von der Zinkecke aus steil an und geht dann in eine nahezu horizontale Ebene über, innerhalb deren sich die Festigkeit nicht mehr

[82] Giesches Erben, Georg v.: DRP. angem. 1936.

ändert. Die ansteigenden Flächen liegen, wie ein Vergleich mit Abb. 50 zeigt, in den Zweiphasengebieten, während die horizontale Ebene ins Dreiphasengebiet fällt.

Bei der Alterung (Abb. 70) nimmt die Festigkeit aller Legierungen ziemlich gleichmäßig ab. Bei der Prüfung auf interkristalline Korrosion

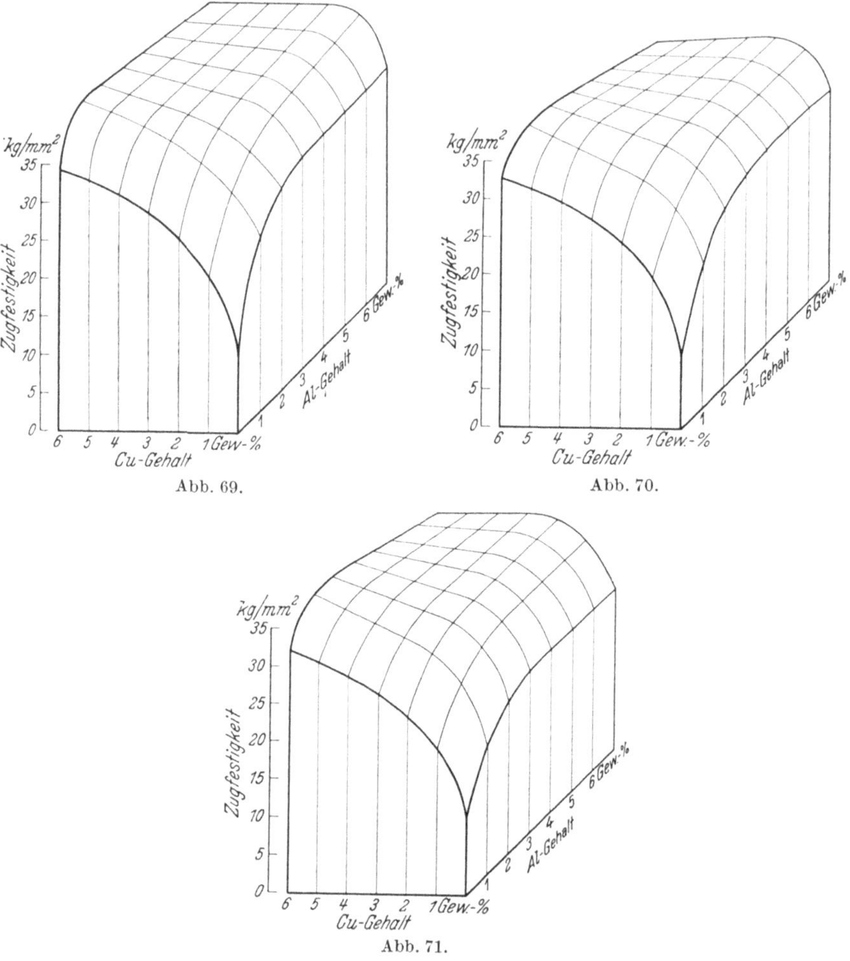

Abb. 69—71. Zugfestigkeit von Preßwerkstoff aus Al-Cu-Zn-Legierungen in frischem (Abb. 69) gealtertem Zustand (Abb. 70) und nach 10täg. Dampfbehandlung bei 95° (Abb. 71).

(Abb. 71) fallen dagegen die aluminiumhaltigen Legierungen stark ab, während die kupferhaltigen Legierungen um so weniger interkristallin korrodieren, je höher der Kupfergehalt ist.

Komplizierter ist das Aussehen der Körper, die die Einschnürung zeigen. Wie aus Abb. 72 hervorgeht, wird die sehr niedrige Einschnürung des Zinks durch Aluminium- oder Kupferzusätze auffallend stark erhöht. Bei Zusätzen von 4% Aluminium beträgt die Einschnürung bereits 70%. Durch weiteren Kupferzusatz wird im allgemeinen die Querkontraktion nicht erhöht; lediglich die Legierung, die nur 1% Aluminium enthält,

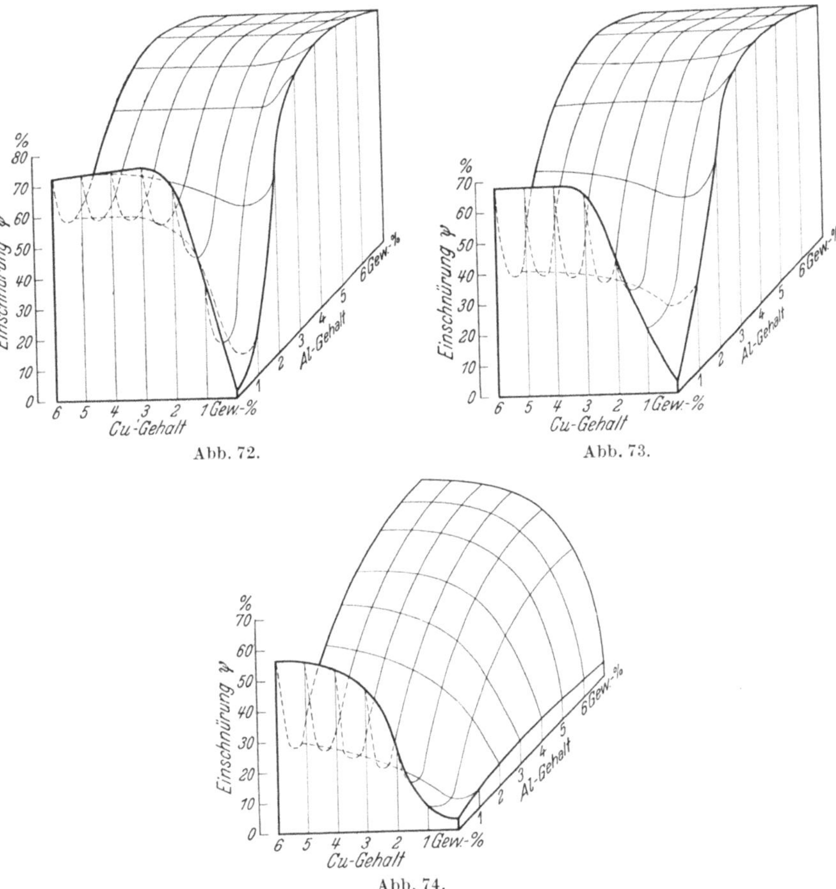

Abb. 72—74. Einschnürung von Preßwerkstoff aus Al-Cu-Zn-Legierungen in frischem (Abb. 72), gealtertem Zustand (Abb. 73) und nach 10täg. Behandlung bei 95° C (Abb. 74).

kann von 15 auf 50% Einschnürung durch Zusatz von 4% Kupfer verbessert werden. Im Vergleich zu den Werten der binären Kupfer-Zinklegierungen liegt die Einschnürung aber etwas tiefer. Ein Aluminiumzusatz zu Zink-Kupferlegierungen bringt also in bezug auf die Einschnürung, die bekanntlich ein ungefähres Maß für das Formänderungsvermögen darstellt, zunächst nur eine Verschlechterung und erst bei Gehalten über 3% Aluminium werden Werte erreicht, die über denjenigen der binären Zink-Kupferlegierungen liegen.

Durch die Alterung (Abb. 73) werden die Zink-Aluminiumlegierungen und die ternären Legierungen mit Kupfergehalten über 2% in bezug auf

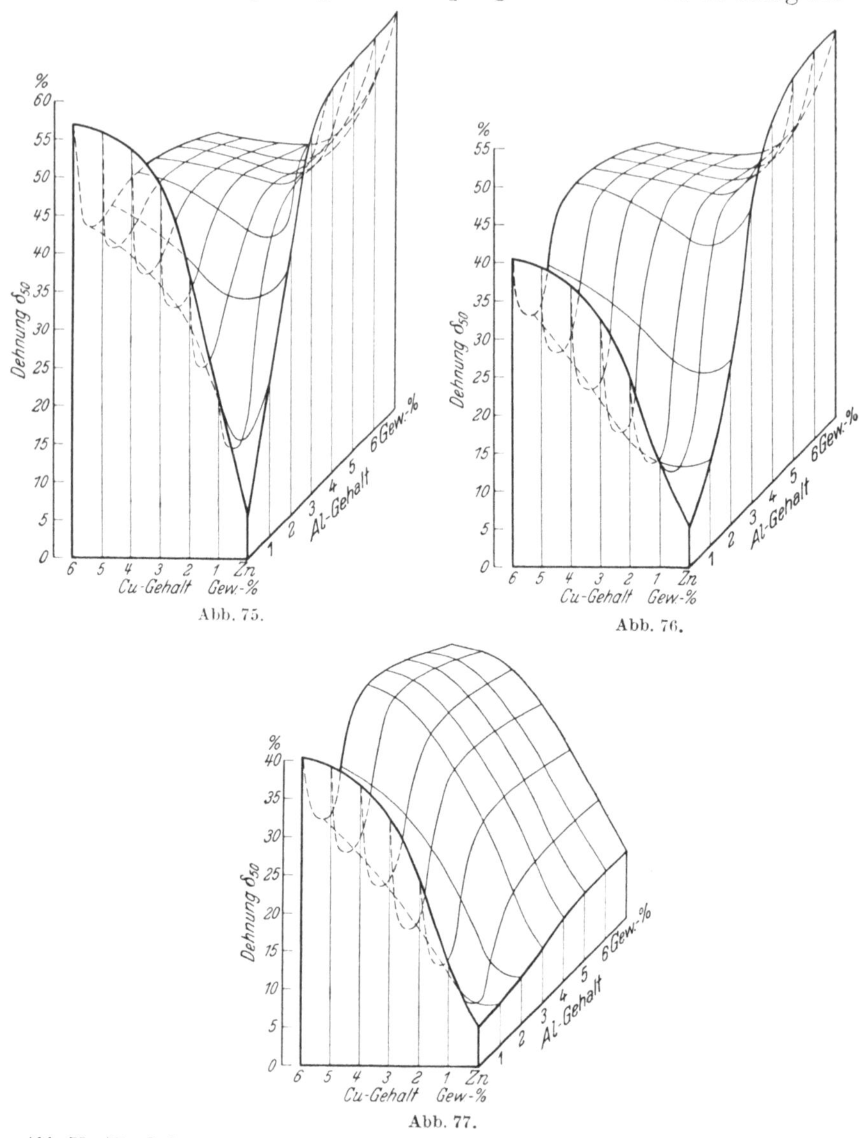

Abb. 75.

Abb. 76.

Abb. 77.

Abb. 75—77. Dehnung von Preßwerkstoff aus Al-Cu-Zn-Legierungen in frischem (Abb. 75), gealtertem Zustand (Abb. 76) und nach 10täg. Dampfbehandlung bei 90° C (Abb. 77).

die Einschnürung nicht verändert; dagegen erleben die Kupfer-Zinklegierungen und noch mehr die ternären Legierungen mit 1% Aluminium einen stärkeren Abfall.

Ganz wesentlich verschiebt sich das Bild bei der Prüfung auf interkristalline Korrosion (Abb. 74). Die Zink-Aluminiumlegierungen erfahren eine verheerende Abnahme der Einschnürung bis auf den Wert des reinen

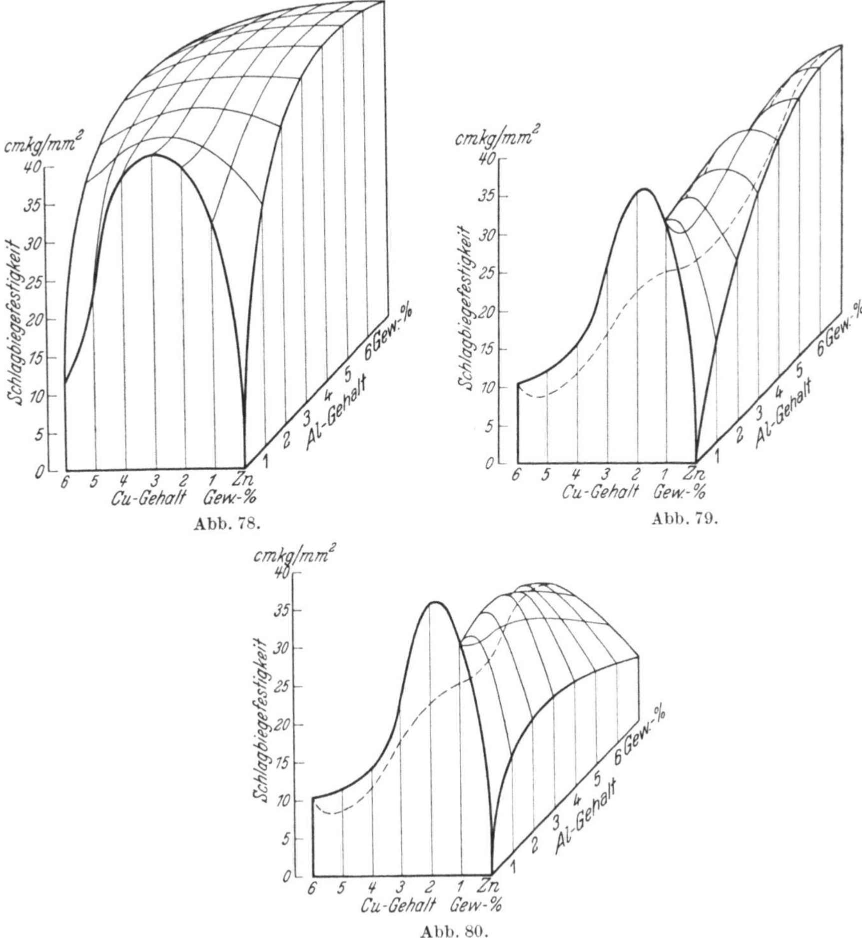

Abb. 78—80. Schlagbiegefestigkeit von Preßwerkstoff aus Al-Cu-Zn-Legierungen in frischem (Abb. 78), gealtertem Zustand (Abb. 79) und nach 10täg. Dampfbehandlung bei 95° C (Abb. 80).

Zinks. Durch Kupferzusatz wird dieser Abfall energisch abgebremst, und Legierungen mit mehr als 5% Kupfer erreichen fast die Werte der Anlieferung.

Ähnliche Eigenschaftskörper erhält man bei der Prüfung der Dehnung (Abb. 75). Die binären Zink-Aluminiumlegierungen zeigen lediglich eine noch größere Überlegenheit im Anlieferungszustand. Weiterer Kupferzusatz bringt nur eine Abnahme der Dehnung; einzig bei den

Legierungen mit weniger als 2% Aluminium kann sie durch Kupferzusatz heraufgesetzt werden. Wieder nehmen die Legierungen mit 1% Aluminium und wechselndem Kupfergehalt eine negative Sonderstellung ein.

Die Veränderungen der Dehnungswerte beim Altern (Abb. 76) und bei interkristalliner Korrosion (Abb. 77) sind dieselben wie bei der Einschnürung.

Eine besonders empfindliche Güteziffer stellt beim Zink und seinen Legierungen die Schlagbiegefestigkeit dar. Wie man Abb. 78 entnehmen kann, zeichnen sich wieder die binären Zink-Aluminiumlegierungen durch eine wesentliche Verbesserung der Schlagbiegefestigkeit aus. Die Zink-Kupferlegierungen weisen zwar auch Werte von 40 cmkg/mm² auf, fallen aber bei Gehalten über 3% Kupfer rasch wieder ab. Die ternären Legierungen bringen keine Verbesserungen gegenüber den Zink-Aluminiumlegierungen.

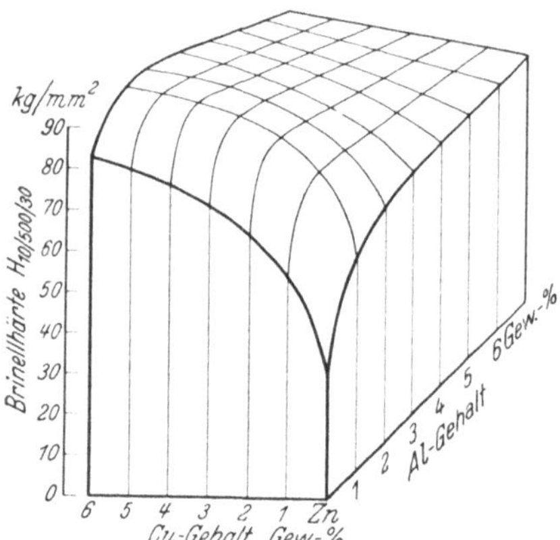

Abb. 81. Härte von Al-Cu-Zn-Legierung im gepreßten und gegossenen Zustand.

Durch die Alterung (Abb. 79) erfahren die Zink-Aluminiumlegierungen eine schwache Abnahme der Schlagbiegefestigkeit; ebenso die Zink-Kupferlegierungen, mit Ausnahme der Legierungen mit Gehalten über 2%, die stärker abfallen. Eine wesentliche Verschlechterung erfahren auch alle ternären Legierungen, deren Kupfergehalt über 2% beträgt.

Beim Auftreten der interkristallinen Korrosion verändert sich das Bild im allgemeinen kaum (Abb. 80); lediglich die Zink-Aluminiumlegierungen erleben wieder den bekannten Abfall.

Die Härte ergibt einen ähnlichen Zustandskörper wie die Festigkeit (Abb. 81). Da auch nach der Alterung und interkristallinen Korrosion dasselbe Bild erhalten wird, wurde auf die Wiedergabe dieser Körper verzichtet. Die Härte spricht auf alle wichtigen Vorgänge in den Zinklegierungen nicht oder kaum an. Ähnlich verhält sich die Festigkeit. Bei Untersuchungen von Zinklegierungen sind deshalb zur Beurteilung die Dehnung, Einschnürung und vor allem die Schlagbiegefestigkeit und Größe der Maßänderungen heranzuziehen.

Ganz anders als bei Preßwerkstoff ist der Kurvenverlauf, der an Blechen festgestellt wird. Einsinnig gewalzte Bleche zeigen ein ausgeprägt anisotropes Verhalten, so daß ihre Eigenschaften quer und parallel zur Walzrichtung geprüft werden müssen. Abb. 82 und 83 zeigen die Zugfestigkeitseigenschaften von Blechen im Dreistoffsystem. Es handelt sich um 1 mm starke Bleche, die aus 15 mm starken Gußplatten bei 200—220° heruntergewalzt waren. Wie man sieht, wird die Festigkeit des Zinks durch Aluminium weniger, durch Kupfer aber ziemlich stark erhöht. Die binären Kupfer-Zinklegierungen werden durch weitere Aluminiumzusätze nicht verfestigt; es rufen im Gegenteil sogar Aluminiumzusätze um 1% eine Abnahme der Festigkeit hervor.

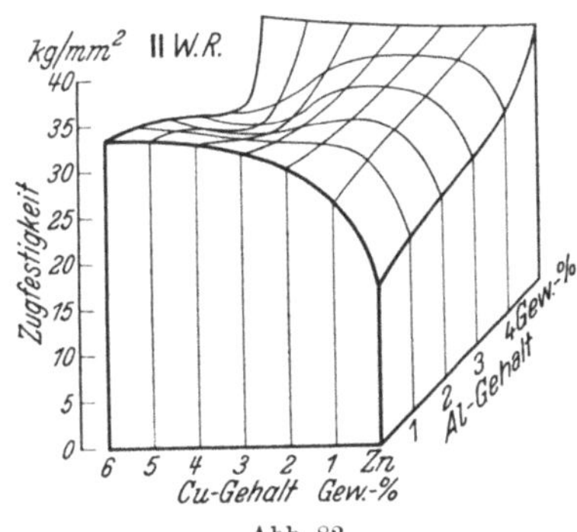

Abb. 82.

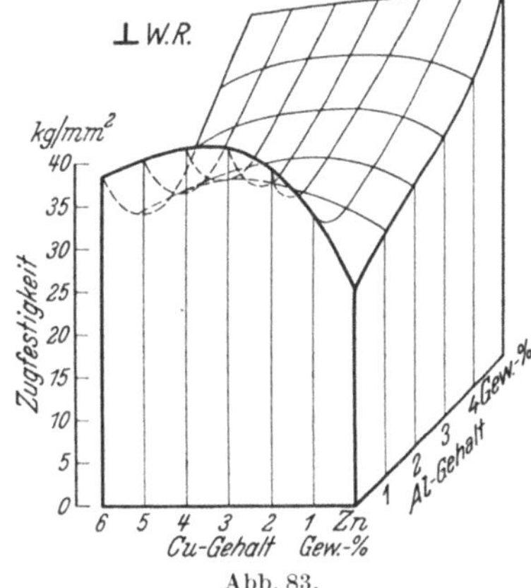

Abb. 83.

Abb. 82 u. 83. Zugfestigkeit von 1 mm starken Zinklegierungsblechen, parallel (Abb. 82) und quer (Abb. 83) zur Walzrichtung.

Auffallend ist, daß die Anisotropie in den einzelnen Legierungen sehr verschieden ist. Während z. B. die binären Kupfer-Zinklegierungen Unterschiede bis zu 25% in den verschiedenen Blechrichtungen ergeben, zeigen die ternären Legierungen mit 1% Aluminium fast keine Anisotropie. Es ist daher anzunehmen, daß die Texturen der einzelnen

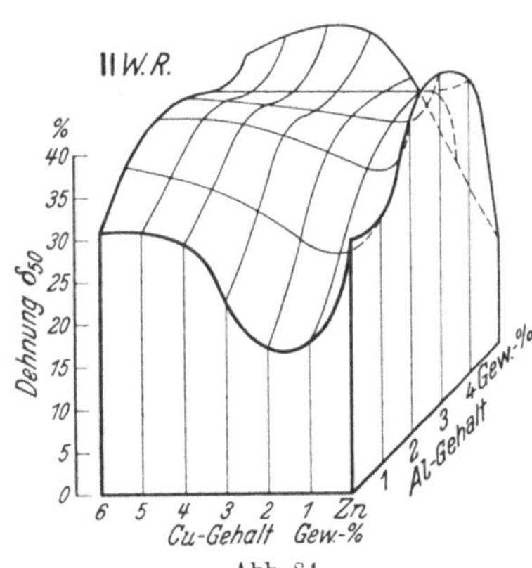

Abb. 84.

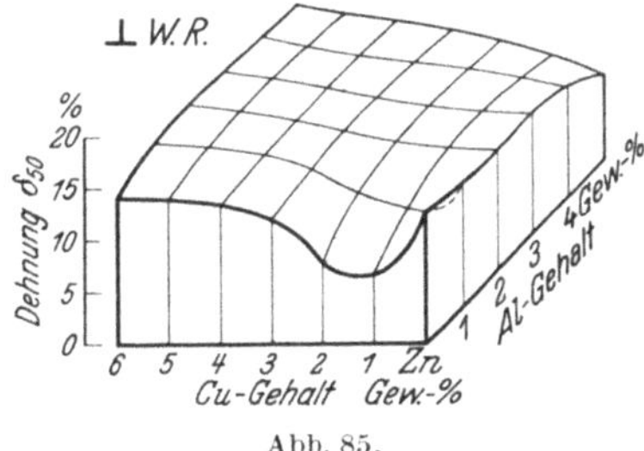

Abb. 85.

Abb. 84 u. 85. Dehnung von 1 mm starken Zinklegierungsblechen.

Legierungen Verschiedenheiten aufweisen. Es ist zu vermuten, daß die binären Legierungen eine Ringfasertextur besitzen, bei der nur geringe Streuungen um eine Hauptrichtung der kristallographischen Achse vorkommen; bei den ternären Legierungen dagegen findet um eine wenig ausgeprägte Mittellage eine starke Streuung statt, die eine geringere Anisotropie zur Folge hat.

Ein anderes Bild als die Festigkeit zeigt die Dehnung (Abb. 84 und 85). Die Dehnungswerte quer zur Walzrichtung sind um mehr als die Hälfte kleiner. Immerhin nehmen auch in bezug auf die Dehnung die Zink-Kupferlegierungen mit Gehalten um 4%, ähnlich wie bei der Festigkeit, eine gute Stellung ein.

Bei kreuzweiser Walzung werden Werte erhalten, die in allen Richtungen ziemlich gleich sind. Bleche mit 5% Kupfer haben z. B. eine Festigkeit von rd. 30 kg/mm² bei 50% Dehnung.

Noch stärker drückt sich das anisotrope Verhalten einsinnig gewalzter Bleche in den typischen Blechprüfungswerten, der Biegezahl und Tiefziehfähigkeit, aus, wie aus Abb. 86—89 hervorgeht.

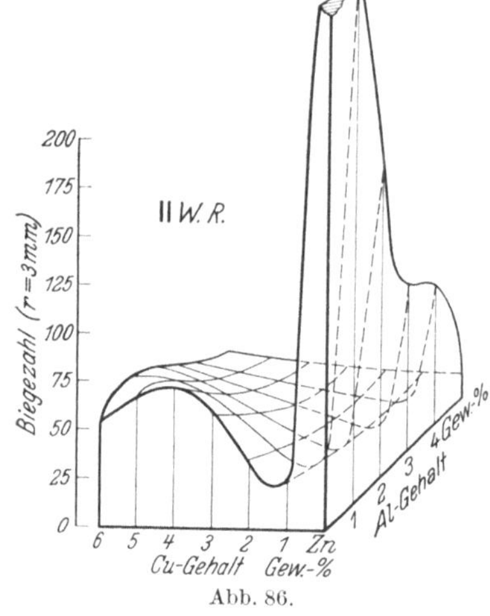

Abb. 86.

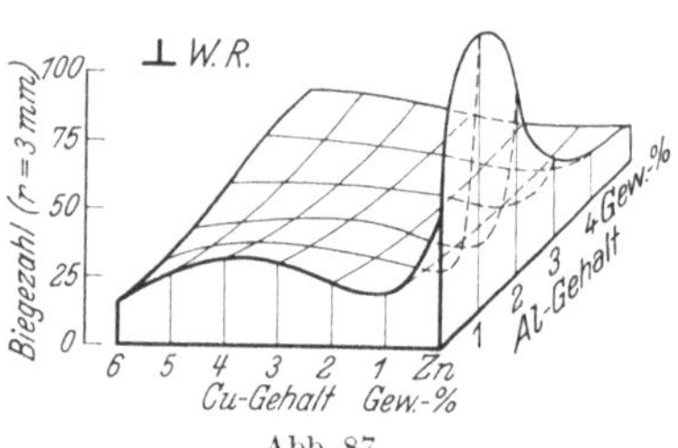

Abb. 87.

Abb. 86 u. 87. Biegezahlen an 0,4 mm starken Zinklegierungsblechen.

Die Prüfung wurde an 0,4 mm starken Blechen über einen Biegeradius von 3 mm vorgenommen. Eine gute Biegefähigkeit weisen nur die aluminiumhaltigen Legierungen auf. Geringe Kupfergehalte rufen schon ein jähes Abstürzen der Biegezahlen hervor. Durch kreuzweises Walzen ist wieder eine Verbesserung der Biegefähigkeit zu erzielen. Eine Legierung mit 1% Aluminium zeigt in allen Richtungen eine Biegezahl um 200.

Die Tiefziehfähigkeit wird durch den Tiefzieh-Näpfchenversuch im Erichsen-Apparat geprüft. Dabei wurden Rondelle von beispielsweise 66 mm Durchmesser bei einem genau meßbaren Faltenhaltervordruck zu einem „Einheitsnäpfchen“ gezogen. Reißt beim Ziehen das Näpfchen ein, so ist der Weg des Druckstößels von der Ruhestellung bis zum Bruch der Probe die „Tiefung“. Läßt sich das Näpfchen glatt herunterziehen, so wird es im Weiterschlagwerkzeug nachgezogen. Läßt es sich auch hier gut ziehen, so verschärft man die Prüfung, indem man den Durchmesser des Ausgangrondells vergrößert.

Die Tiefziehwerte der Dreistofflegierungen zeigt Abb. 88. Wie man sieht, sind die binären Kupfer-Zinklegierungen mit Gehalten über 4% allen anderen überlegen. Durch Aluminiumzusätze findet im allgemeinen

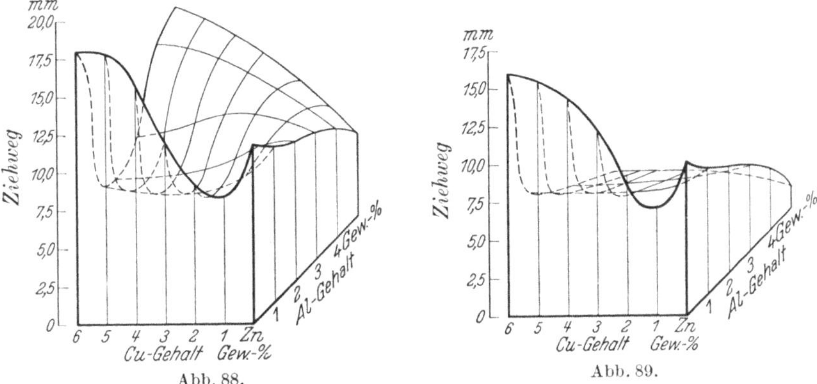

Abb. 88 u. 89. Tiefziehfähigkeit von 0,4 mm starken Zinklegierungsblechen frisch gewalzt (Abb. 88) und nach 5täg. Alterung bei 95° C (Abb. 89).

eine Verschlechterung statt, mit Ausnahme von Zusätzen unter 0,2% Aluminium.

Beim Altern sinken die Festigkeitswerte ziemlich gleichmäßig um 10—25% ab. Viel stärker spricht die Tiefziehprüfung an. Hierbei kommen, wie Abb. 89 zeigt, Abnahmen bis zu 80% vor. Besonders ternäre Legierungen mit je 4—5% Aluminium und Kupfer altern stark. Überlegen sind auch in dieser Beziehung die Kupfer-Zinklegierungen.

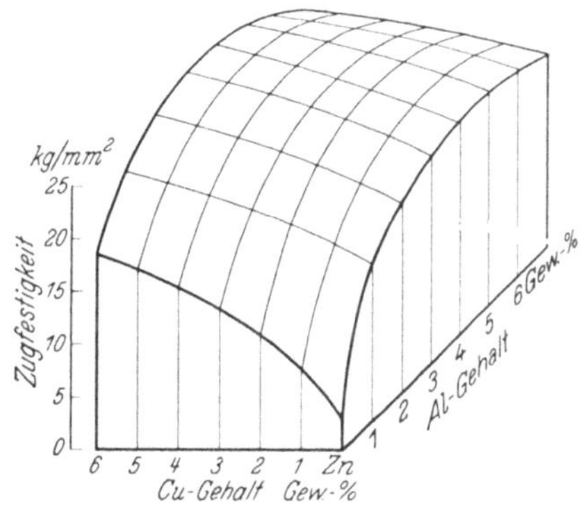

Abb. 90. Zugfestigkeit von Kokillenguß aus Al-Cu-Zn-Legierungen.

β) Gußlegierungen.

In Gußlegierungen liegen die Verhältnisse ähnlich; nur sind die Werte tiefer. Der Festigkeitskörper von Kokillenguß ist in Abb. 90 ersichtlich. Es sind immerhin Festigkeiten über 25 kg/mm² erreichbar. Die Schlagbiegefestigkeit nimmt in den Zink-Aluminiumlegierungen bis zu einem Gehalt von 4% zu, um dann abzufallen. Durch weiteren Kupferzusatz kann sie außerdem erhöht werden. Das Optimum liegt bei 4% Aluminium und 1,5% Kupfer (Abb. 91). Beim Altern fällt die Schlagbiegefestigkeit der ternären Legierungen mit mehr als 1% Kupfer rasch ab (Abb. 92). Eine Legierung mit 7% Aluminium und 6% Kupfer besitzt nach der Alterung eine geringere Schlagbiegefestigkeit als reines Zink. Die

Dehnung von Kokillengußlegierungen liegt im allgemeinen zwischen $^1/_2$ und 2%. Da die Unterschiede gering sind, ist auf eine Wiedergabe des Dehnungskörpers verzichtet worden.

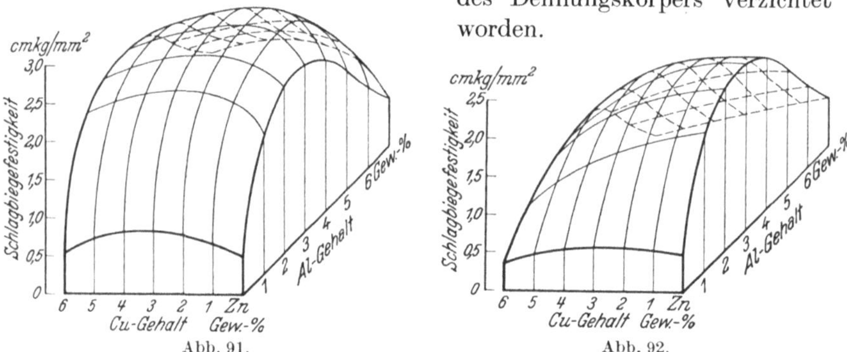

Abb. 91. Abb. 92.

Abb. 91 u. 92. Schlagbiegefestigkeit von Kokillenguß aus Al-Cu-Zn-Legierung frisch gegossen (Abb. 91) und nach 10täg. Alterung bei 95° C (Abb. 92).

Für Spritzgußlegierungen sehen die Eigenschaftskörper ähnlich aus. Wie Abb. 93 zeigt, liegt die Zugfestigkeit um 10—12 kg/mm² höher als bei Kokillenguß; der Kurvenverlauf ist aber gleich. In beiden Fällen

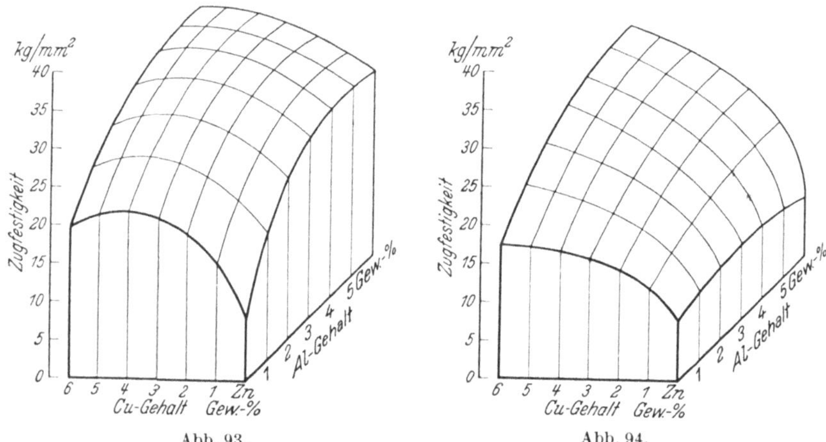

Abb. 93. Abb. 94.

Abb. 93 u. 94. Zugfestigkeit von Zinkspritzgußlegierungen nach dem Guß (Abb. 93) und nach 10täg. Dampfbehandlung bei 95° C (Abb. 94).

nimmt die Festigkeit bis 5% Aluminium zu, um dann mit höheren Gehalten wieder etwas abzusinken. Während der Dampfbehandlung sinkt die Festigkeit infolge interkristalliner Korrosion bei den Aluminium-Zinklegierungen stark ab, während sie bei den kupferhaltigen Legierungen nur schwach verändert wird (Abb. 94).

Am besten spricht, ebenso wie beim Kokillenguß, auf alle Veränderungen und Ausscheidungsvorgänge die Schlagbiegefestigkeit an.

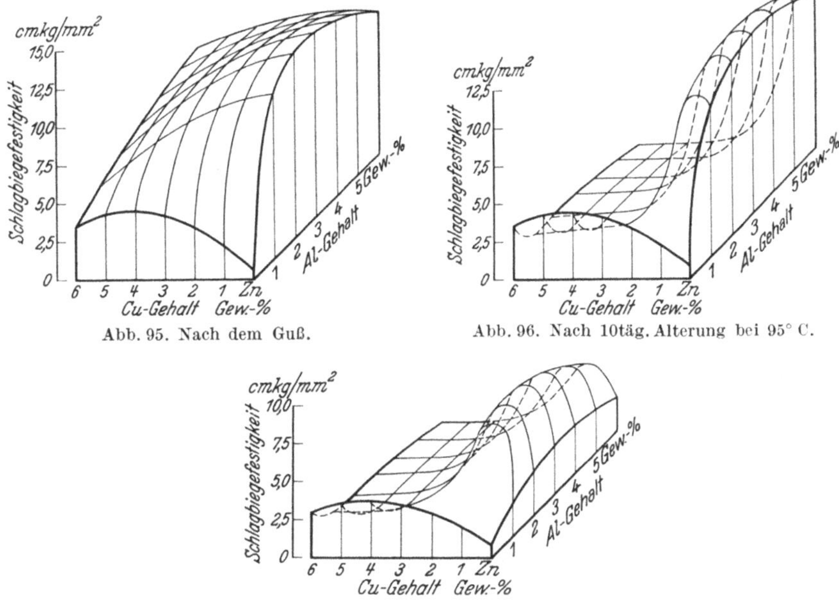

Abb. 95. Nach dem Guß.

Abb. 96. Nach 10täg. Alterung bei 95° C.

Abb. 97. Nach 10täg. Dampfbehandlung bei 95° C.

Abb. 95—97. Schlagbiegefestigkeit von Zinkspritzgußlegierungen.

Während sie beim Kokillenguß nicht über 3 cmkg/mm² im besten Fall hinausgeht, kann sie beim Spritzguß bis zu 12 cmkg/mm² betragen (Abb. 95). Die Alterung drückt sich durch ein starkes Absinken der Schlagbiegefestigkeit aus. Bei höher kupferhaltigen Legierungen fällt sie von 9 bis auf 2 cmkg/mm² ab (Abb. 96). Die interkristalline Korrosion hat nur bei den Zink-Aluminiumlegierungen eine wesentliche Abnahme der Schlagfestigkeit zur Folge, während die kupferhaltigen Legierungen nicht unter die Werte, die nach

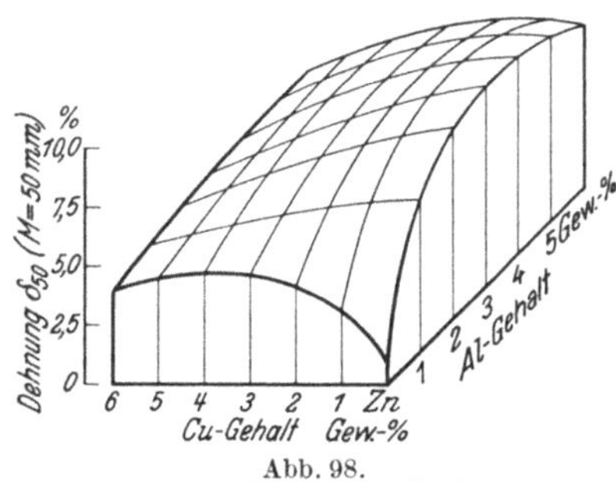

Abb. 98.
Dehnung von Zinkspritzgußlegierungen.

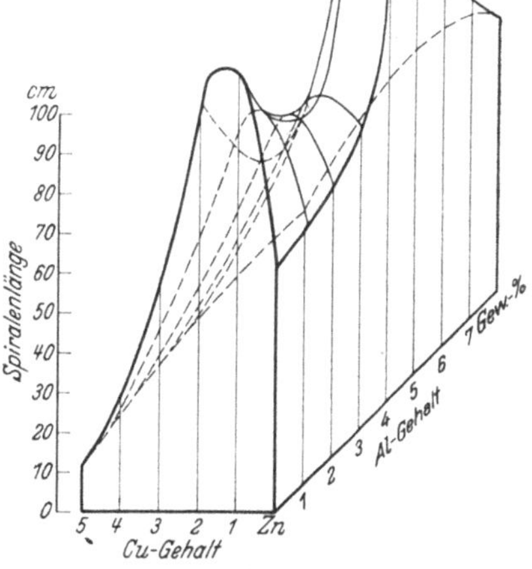

Abb. 99.
Dünnflüssigkeit von Cu-Al-Zinklegierungen.

der Alterungsprüfung erhalten werden, sinken (Abb. 97). Die Dehnung liegt zwischen 2—6% und zeigt im allgemeinen keine wesentlichen Unterschiede zwischen den einzelnen Legierungen (Abb. 98).

d) Andere Eigenschaften.

Von den anderen Eigenschaften interessiert vor allem die Gießfähigkeit, die mit Hilfe der bereits beschriebenen Spiralkokille (Abb. 27) ungefähr und vergleichsweise bestimmt werden kann. In Abb. 99 sind die Spirallängen als Kennziffern für die Dünnflüssigkeit der Schmelzen wiedergegeben. Gut schneiden die eutektischen Legierungen ab; am besten ist eine Legierung mit 4% Al und 1% Cu.

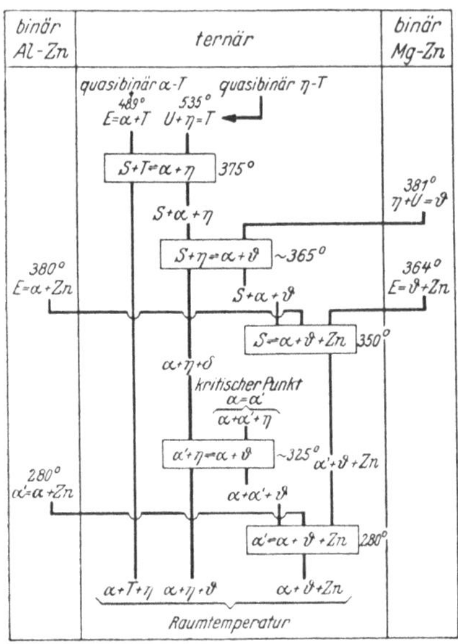

2. Zink-Aluminium-Magnesium.

Von geringerer Bedeutung sind die zinkreichen Zink-Aluminium-Magnesiumlegierungen. Wenn der Gehalt an Magnesium nur unwesentlich über 0,1% steigt, verspröden die Legierungen stark. Da aber Magnesium den meisten aluminiumhaltigen Zinklegierungen zugesetzt wird, soll das Wichtigste aus dem Dreistoffgebiet berichtet werden, das gerade in letzter Zeit eingehend untersucht worden ist[83], nachdem die vorhergehende Arbeit bereits 23 Jahre alt ist[84].

Die Kurven der Schmelzgleichgewichte des Teilgebietes Zink—$MgZn_2$—$Al_2Mg_3Zn_3$—Al sind in Abb. 100 eingezeichnet. Mit Doppelpfeilen bezeichnete Kurven entsprechen doppelt gesättigten Schmelzen. Alle Umsetzungen, die in diesem Teilgebiet ablaufen, veranschaulicht vorstehende Übersicht.

Als Ergänzung sind nur noch einige interessante Gefügebilder[83] zu bringen. Abb. 101 zeigt eine Legierung mit 97% Zink und 3% Magnesium, in der das Eutektikum ($Zn + MgZn_5$) sich durch eine eigenartige, in sechseckigen Spiralen gewundene Form zu erkennen gibt. Abb. 102 bringt das Gefüge einer Legierung mit 90% Zink, 8% Magnesium, 2%

---

[83] Köster, W. u. W. Wolf: Z. Metallkde. **28**, 155/158 (1936). — Köster, W. u. W. Dullenkopf: Z. Metallkde. **28**, 309/312 (1936). — Riederer, K.: Z. Metallkde. **28**, 312/317 (1936). — [84] Eger, G.: Int. Z. Metallogr. **4**, 29 (1913).

Aluminium, in dem man weiße, primär erstarrte $MgZn_2$-Kristalle, von der hellgrauen $MgZn_5$-Phase umhüllt, erkennt. Der vollständige Ablauf der Umsetzung wird dadurch verhindert. Was man außerdem noch

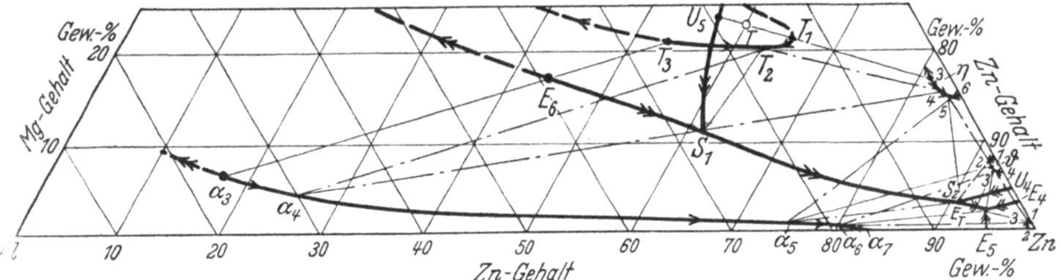

Abb. 100. Schmelzgleichgewichte des Teilsystems Al-$Al_2Mg_3Zn_3$-$MgZn_2$-Zn. (Nach Köster u. Wolf.)

Abb. 101. Legierung mit 97% Zn und 3% Mg-Eutektikum (Zn + $MgZn_5$). Vergr. 100. (Nach Köster u. Wolf.)

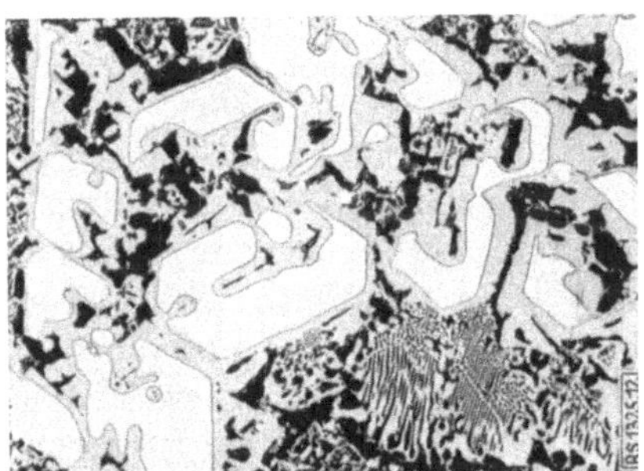

Abb. 102. Legierung mit 2% Al, 8% Mg, 90% Zn. Vergr. 100. (Nach Köster u. Wolf.)

erkennt, sind zwei Eutektika, das binäre ($MgZn_5$ + Zn)-Eutektikum und das ternäre, feinkörnigere ($\alpha + \vartheta +$ Zn)-Eutektikum. Die Legierungen sind zwar sehr hart, aber auch sehr spröde. Trotzdem können Legierungen, die auf der Fläche Zn $E_5 E_T E_4$ (Abb. 100) liegen, noch zu einiger technischer Bedeutung gelangen. Eine mechanisch-technologische Prüfung dieser Legierungen steht noch aus.

3. Zink-Kupfer-Nickel.

Die zinkreichen Legierungen dieses Dreistoffsystems spielen zwar noch keine technische Rolle, haben aber Aussicht, für Spezialzwecke Anwendung finden zu können.

Nach überholten Vorarbeiten[85] konnte Schramm[86] das in Abb. 103 wiedergegebene, in 8 Phasen zerfallende System aufstellen. Interessant ist die γ-Phase, die ähnlich wie die binäre γ-Phase der Messinge, sehr spröde, aber andererseits auch sehr korrosionsbeständig ist. Diese letztere

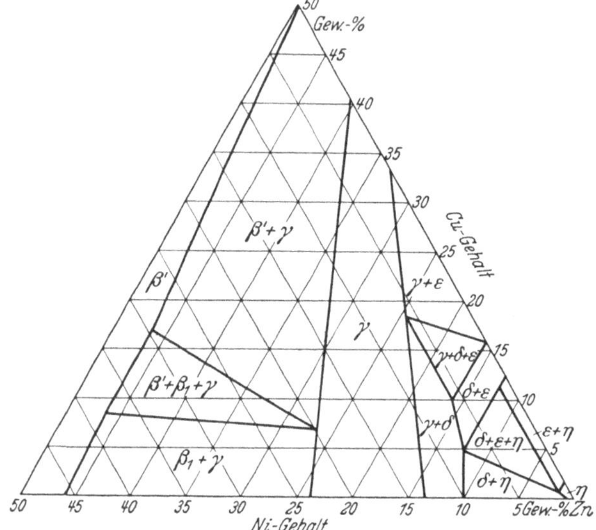

Abb. 103. Zinkecke des Dreistoffsystems Cu-Ni-Zn. (Nach Schramm.)

wertvolle Eigenschaft läßt es ratsam erscheinen, eingehendere Untersuchungen an der benachbarten $(\beta'+\gamma)$-Phase anzustellen. Diese Phase ist bei weitem nicht mehr so spröde wie der γ-Mischkristall. Legierungen an der $(\beta'+\beta_1+\gamma)$-Grenze sind sogar spanlos verformbar[87]. Wie der Schnitt in Abb. 104 zeigt, schmilzt eine derartige spanlos verformbare Legierung mit 23% Kupfer, 12% Nickel, 65% Zink über 800°, so daß sie in einem Bereich von 7—800° bildsam verformt werden kann. Die Legierung weist dann eine Brinellhärte von rd. 350 kg/mm² auf.

[85] Tafel, V. E.: Metallurgie **4**, 781/785 (1907); **5**, 413/414, 428/430 (1908). — Guillet, L.: Rev. Métallurg. **10**, 1130/1141 (1913); **17**, 484/493 (1920); **22**, 383/394 (1925). — Ostraga, F. M.: Rev. Métallurg. **22**, 776/786 (1925). — Price, W. B. u. G. Grant: Trans. Amer. Inst. min. metallurg. Engr. **20**, 328/341 (1924). — Smalley, O.: Trans. Amer. Inst. min. metallurg. Engr. **23**, 802/805 (1926).

[86] Schramm, J.: Cu-Ni-Zn-Legierungen. Institut für Metallkde. der Bergakad. Freiberg i. Sa. 1935. (129 S.).

[87] Österr. Dynamit Nobel A.G., Ö. Pat. 144897, 1935.

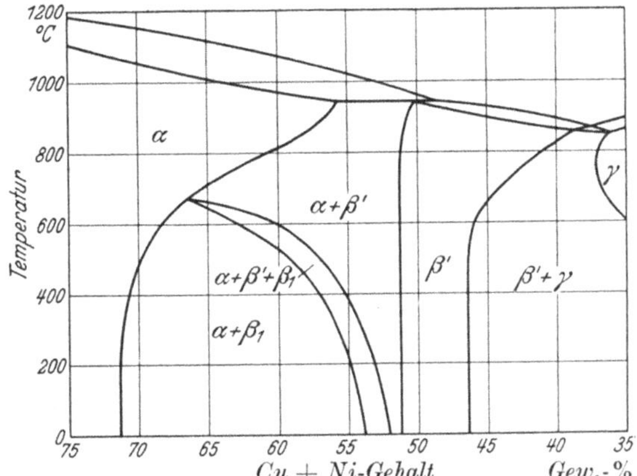

Abb. 104. Zustandsschaubild von Cu-Ni-Zn-Legierungen mit 23% Cu. (Nach Schramm.)

4. Zink-Magnesium-Kalzium.

Der Vollständigkeit halber soll ein weiteres, ebenfalls besser untersuchtes[88] Dreistoffsystem mit Zink gestreift werden. Die zinkreichen

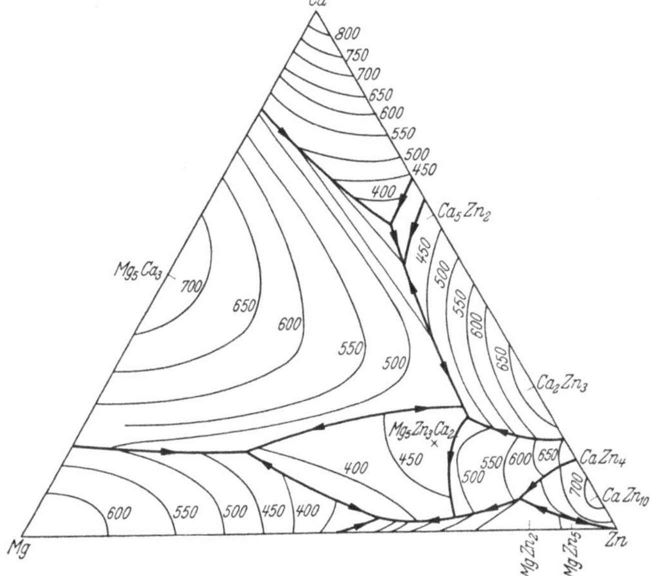

Abb. 105. Dreistoffsystem Zn-Mg-Ca. (Nach Pâris.)

Legierungen kranken am gleichen Fehler wie die binären Zink-Kalziumlegierungen: sie sind infolge der ausgeprägten Bildung intermetallischer Verbindungen sehr spröde. Wie Abb. 105 zeigt, ist außer den

[88] Pâris, R.: C. R. Acad. Sci., Paris **197**, 1634/1635 (1933).

zahlreichen binären Verbindungen noch die ternäre Verbindung $Mg_5Zn_3Ca_2$ vorhanden. Es bleibe dahingestellt, ob sehr stark zinkreiche Legierungen, denen gegebenenfalls noch ein vierter duktilisierender Bestandteil zugegeben werden könnte, technisches Interesse verdienen.

III. Technisch verwendete Legierungen.

1. Übersicht.

a) Gußlegierungen.

α) Spritzguß.

Das Hauptanwendungsgebiet für Zinkgußlegierungen bildet der Spritzguß; jedoch beginnt sich auch der Formguß aus Zinklegierungen einzuführen. Auf dem Spritzgußgebiet ist man schon soweit fortgeschritten, daß auch in Deutschland eine Normung vorgenommen werden konnte. In Zahlentafel 1 sind die Angaben von DIN 1743 wiederholt. Wie man sieht, gibt es drei Gruppen, in die sich fast alle am Markt befindlichen Spritzgußlegierungen einteilen lassen.

Die erste Gruppe enthält die schon seit den ersten Anfängen der Spritzgußtechnik angewandten „kupferreichen" Legierungen (mit Gehalten über 2,5% Kupfer). Der Aluminiumgehalt dieser Legierungen liegt zwischen 4—5% [89]. Teilweise enthalten sie noch Magnesium bis zu 0,1%. Außer den „Usolegierungen", die 5% Aluminium, 4% Kupfer enthalten, hat sich ein feststehender Legierungstyp entwickelt, den man allgemein mit „4/3-Typ" bezeichnet. Der Aluminiumgehalt wird bei den einzelnen marktgängigen Legierungen (z. B. Alzet, Giesche-ZL 1, Mazak 2, Tenax, Zamak 2), zwischen 3,8 und 4,3%, der Kupfergehalt zwischen 2,6 und 3,0% gehalten. Im allgemeinen setzt man zur Verhinderung der interkristallinen Korrosion Magnesium bis zu 0,1% zu.

Der Magnesiumzusatz ist von größtem Einfluß, wenn er auch noch so klein gewählt wird. Die Höhe des Magnesiumgehaltes[90] reguliert

---

[89] Burkhardt, A.: Zink und seine Legierungen, 2. Aufl., 41 Seiten. Berlin: N.E.M.-Verlag 1937. — Gyles, T. B.: Times Trade and Eng. Supt. **33**, 23 (1933). — Peirce, W. M. u. M. Stern: Met. Progr. **20** (6), 53/58 (1931). — Peirce, W. M.: Met. & Alloys **1**, 544/546 (1930). — Westwood, J. H.: Foundry Trade J. **44**, 223/224 (1931). — Curts, R. M.: Iron Age **124**, 1655/1658 (1929). — Pack, Ch.: Amer. Soc. Test. Met. Preprint **1930**, 1/9. — Werkstoffblätter der Bergwerksgesellschaft G. v. Giesches Erben, Magdeburg. — Merkblätter der Metallgesellschaft A.G., Frankfurt a. M. — Propagandablätter der Fa. W. Bauer u. Co., Berlin, und der Fusor G. m. b. H., Berlin. — Janßen, F.: Techn. Z. Metallbearbg. **46**, 481/483, 557/563 (1936). — Rößler, O.: Techn. Z. Metallbearbg. **45**, 247/251 (1935). — Mundey, A. H.: Met. Ind., Lond. **48**, 443/446 (1936).

[90] Anderson, H. A.: Proc. Amer. Soc. Test. Mat. **30** (I), 318/333 (1930). — Lancaster, R. u. I. G. Berry: J. Inst. Met., Lond. **43**, 241/245 (1930). —

sich nach der Reinheit[91] des verwendeten Feinzinks und nach dem Kupfergehalt der Legierungen[92]. Je weniger Blei und Kadmium das Zink enthält[93], um so geringer darf der Magnesiumzusatz sein. Je höher der Kupfergehalt ist, um so weniger Magnesium muß zur Kompensation zugesetzt werden. So ist es z. B. möglich, daß die Legierung Uso I mit 4% Kupfer magnesiumfrei hergestellt wird, ohne daß die Gefahr einer interkristallinen Korrosion besteht, vorausgesetzt, daß der Bleigehalt unter 0,005% liegt. Bei den Legierungen mit 3% Kupfer (z. B. Giesche-ZL 1 oder Zamak 2) braucht nur 0,02% Magnesium zugesetzt zu werden.

Wenn man früher den Magnesiumgehalt höher bemessen hat und bis zu 0,1% Magnesium ging (z. B. im Tenaxmetall), so war dies eine Sicherheitsmaßnahme, die man ergreifen mußte, da die Reinheit der Zinksorten noch nicht soweit getrieben war, wie es heute der Fall ist. Wie Zahlentafel 2 zeigt, in der die Zusammensetzung bekannter Feinzinksorten mitgeteilt ist, ist nicht jedes Feinzink zur Herstellung von hochwertigen Zinklegierungen geeignet. Nach den neuesten Erfahrungen sollte der Bleigehalt nicht über 0,007%, der Kadmiumgehalt unter 0,005% und der Zinngehalt unter 0,001% liegen.

Bei dem besprochenen 4/3-Typ muß der Magnesiumzusatz bei einem Bleigehalt von 0,005%, wie bereits ausgeführt, nur 0,02%, bei 0,007% Blei 0,04% und bei 0,01% Blei schon 0,10% betragen. Bleigehalte über 0,015% können durch Magnesium überhaupt nicht mehr kompensiert werden. Legierungen mit derartig hohen Bleigehalten zeigen unter allen Umständen interkristalline Korrosion, wenn der Magnesiumzusatz auch noch so hoch bemessen wird.

Der Magnesiumzusatz soll aber in der Praxis möglichst niedrig gehalten werden, da er verschiedene Nachteile mit sich bringt. Vor allem wird die Gießfähigkeit der Zinklegierungen durch den Magnesiumzusatz erniedrigt. Die Schmelzen werden schwerflüssiger und ihr Formfüllungsvermögen wird geringer. Kompliziertere Spritzgußstücke sind deshalb einfacher in magnesiumarmen oder -freien Legierungen herzustellen.

Ein weiterer Nachteil des Magnesiums ist die Erhöhung der Warmrissigkeit der Zinklegierungen. An Übergangsstellen von dicken zu

---

Peredelsky, K. V.: Liteinoe Delo 8, 21/26 (1935). — Peirce, W. M.: Proc. Amer. Soc. Test. Mat. **30** (I), 334/335 (1930).

[91] Burwood, D. S.: Met. Ind., Lond. **48**, 455/457 (1936). — Gürtler, W., F. Kleweta, W. Claus u. E. Rickertsen: Z. Metallkde. **27**, 1/10 (1935). — Stern, M.: Trans. Bull. Amer. Foundrymen's Ass. **1** (12) 723/736 (1930). — A. E. B.: Sci. Amer. **145**, 68 (1931). — Curts, R. M.: J. Amer. Zinc. Inst. **13**, 52/63 (1930). — Anderson, H. A. u. P. V. Faragher: Amer. Soc. Test. Mater. Preprint **1932**, 1—21. — Brown, B.: Mech. World **90**, 63 (1931). — Dorn, E.: Z. Metallkde. **23**, 292 (1931). — Colwell, D. L.: Met. Progr. **18** (5), 58/63, 100 (1930).

[92] Goehre, K. R.: Techn. Z. prakt. Metallbearbtg. **44**, 297/299 (1934).

[93] Kirkwood, D.: Met. Ind., Lond. **46**, 61/63 (1935).

dünnen Wandteilen treten beim Öffnen der Form feine Risse auf, die wohl durch gewandte Spritzgußtechnik verhindert, aber viel einfacher durch Herabsetzen des Magnesiumgehaltes beseitigt werden können. Auch an sehr scharfkantigen Teilen treten an der Innenseite öfters Warmrisse auf, die auf den Magnesiumgehalt zurückzuführen sind. Hierüber wird in einem späteren Kapitel noch berichtet werden.

Man bemüht sich durch weitere Zusätze den 4/3-Typ zu verbessern, sei es, daß man seine Festigkeit noch weiter erhöht, oder das unangenehme Magnesium zu ersetzen versucht.

Als hauptsächlichster Legierungszusatz zur Erhöhung der Festigkeit wird Lithium vorgeschlagen[94]. Es hat jedoch Nachteile, erstens sehr rasch auszubrennen, zweitens eine erhebliche Versprödung zu bedingen und drittens infolge seines hohen Preises die Legierungen zu verteuern. Das Ausbrennen geschieht nach Abb. 106 so rasch, daß schon nach viertelstündigem Stehenlassen der Zinkschmelze bei 400° bereits mehr als die Hälfte des Lithiums ausgebrannt ist. Infolge dieser Schwierigkeiten hat sich auch bis jetzt trotz mehrfacher Bemühungen der lithiumhaltige Zinkspritzguß nicht einführen lassen. Wie nachher gezeigt wird, ist die Erhöhung der Festigkeit allerdings beträchtlich, so daß man Spritzgußstücke mit 40 kg/mm² Zugfestigkeit und 120 kg/mm² Brinellhärte herstellen könnte.

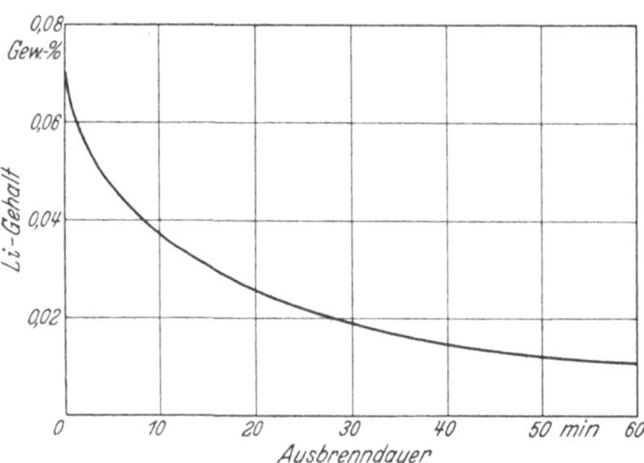

Abb. 106. Ausbrennen von Lithium aus Zinkschmelzen mit 4% Al, 3% Cu bei 450°.

Im übrigen hat Lithium in bezug auf Verhinderung der interkristallinen Korrosion dieselbe Wirkung wie Magnesium, ohne den Nachteil der Warmrissigkeit mit sich zu bringen.

Die Vorteile anderer Zusätze, wie z. B. Mangan oder Silizium, sind noch sehr umstritten. Das Magnesium vermögen sie beide nicht voll zu ersetzen, so daß immer noch Magnesium zur Verhinderung der interkristallinen Korrosion zugesetzt werden muß. Auch eine Erhöhung der mechanischen Eigenschaften scheint nach den bisher vorliegenden wenigen Zahlen kaum einzutreten. Es ist möglich, daß durch statistische Untersuchungen eine geringe Zunahme der Härte feststellbar sein wird.

Nach dieser ersten Gruppe des Normenblattes, zu deren wichtigsten Vertreter der 4/3-Typ gehört, soll zunächst die dritte Gruppe besprochen

[94] Claus, W.: Metallwirtsch. **14**, 67/68 (1935).

werden, da die zweite Gruppe Mittelwerte zwischen den beiden anderen ergibt.

In die dritte Gruppe gehören die aluminiumhaltigen Zinklegierungen, die entweder gar kein oder nur wenig Kupfer enthalten. Dadurch sind die Legierungen dieser Gruppe zwar weniger fest und hart, altern aber auch weniger stark, da bei ihnen die durch Kupferausscheidungen bedingten Vorgänge fehlen. Man bezeichnet sie daher als „praktisch alterungsbeständige" Legierungen, mit welchem Recht, wird das nächste Kapitel über die Eigenschaften noch zeigen. Zu dieser Gruppe gehören „Giesche-ZL 3" mit Kupfergehalten bis 0,7% und die kupferfreie[95] Zamak 3.

Da die binären Aluminium-Zinklegierungen auch bei sehr großer Reinheit des Zinks zur interkristallinen Korrosion neigen, so muß der Magnesiumgehalt etwas höher gewählt werden als bei Legierungen der ersten Gruppe. Im günstigsten Fall muß der untere Magnesiumgehalt 0,03% betragen; im allgemeinen liegt er bei 0,06%. Die Legierung mit 0,5—0,7% Kupfer kann einen etwas geringeren Magnesiumzusatz aufweisen, da Kupfer ebenfalls die interkristalline Korrosion abbremst.

Eine wesentliche Verbesserung soll noch ein geringer Nickelzusatz bringen. Bei einem Gehalt von 0,02% Nickel bleiben die mechanischen Eigenschaften auch nach 30tägiger Dampfbehandlung bei 95° erhalten, während die nickelfreien Zink-Aluminiumlegierungen 60% ihrer Schlagfestigkeit verlieren.

Zur zweiten Gruppe gehören Aluminium-Zinklegierungen mit mittlerem Kupfergehalt bis zu 2,5%. Im allgemeinen enthalten die marktgängigen Legierungen (Giesche-ZL 2 oder Zamak 5) 0,9—1,2% Kupfer. Als Kompromißlegierungen weisen sie mittlere mechanische Eigenschaften und mittlere Alterungsbeständigkeit auf[96].

Außer diesen in den Rahmen der Normung fallenden Legierungen wird in letzter Zeit die Entwicklung andersartiger Zinklegierungen betrieben. Alle bisher üblichen Legierungen enthalten ziemlich einheitlich 4—5% Aluminium. Nun tauchen neuerdings Legierungen auf, die kein oder nur wenig Aluminium enthalten. Es handelt sich um Legierungen, die vollständig maßbeständig sein sollen. Dies wird dadurch erreicht, daß man auf das Aluminium ganz verzichtet und statt dessen Beryllium zugibt[97]. Eine Legierung mit 4% Kupfer und 0,1% Beryllium hat ungefähr dieselben mechanischen Eigenschaften wie eine Zinklegierung mit 4% Aluminium, ohne den durch den Aluminiumgehalt bedingten β-Zerfall[98] und die Aluminiumausscheidung und die damit

[95] Tour, S. u. F. J. Tobias: Foundry **62**, 21/23, 62 (1934). — Colwell, D. L.: Met. Progr. **24** (6), 19/23 (1933). — Anon.: Machinist **77**, 213 (1933).

[96] Apax Smelting Co.: Bull. B. N. F. M. R. A. **89**, 13 (1936).

[97] Stock, R. u. Co.: DRP.-Anmeldung 1936.

[98] Colwell, D. L.: Met. Progr. **18** (5), 58/63, 100 (1930).

verbundenen Maß- und Festigkeitsänderungen zu erleben. Vorläufig scheitert die Einführung der Legierung wohl an dem zu hohen Preis des Berylliums. Auch ist die Eisenaufnahme der Legierung sehr viel größer als bei aluminiumhaltigen Legierungen, so daß eine Versprödung des Gusses und ein rasches Anfressen des Spritzkolbens eintreten kann.

Außer den bisher besprochenen Zinkspritzgußlegierungen auf der Basis Zink-Kupfer-Aluminium, die vor allem in der Automobilindustrie beherrschenden Einfluß gewannen[99], hatten früher noch zinnhaltige Zinkspritzgußlegierungen ein gewisses Anwendungsgebiet. Infolge ihrer geringen Festigkeit, ihres hohen Preises und des Zinnmangels in Deutschland wurden die Legierungen weder genormt noch in Zukunft erlaubt. Ihr einziger Vorteil ist die große Maßbeständigkeit.

Die Zink-Zinnspritzgußlegierungen haben nur noch geschichtliches Interesse. Im allgemeinen hatten sie ziemlich einheitlich einen Gehalt von 3% Kupfer und 0,5% Aluminium. Der Aluminiumgehalt wird zur Verhinderung des Anfressens der eisernen Teile in der Spritzgußmaschine zugesetzt. Der Zinngehalt schwankt zwischen 6 und 25%, entsprechend einer Festigkeit von 10—16 kg/mm².

β) Formguß.

Für den allgemeinen Gebrauch im Sand- und Kokillenguß hat sich bis jetzt nur eine Zinklegierung mit 4% Aluminium, rund 1% Kupfer und 0,02—0,05% Magnesium eingeführt (Giesche-ZL 2 und Zamak 5).

Für Sonderzwecke sind Zinkgußlegierungen in Vorschlag gebracht bzw. zur praktischen Anwendung gekommen. Eine Legierung mit sehr kleiner Schwindung[100] soll 5% Kupfer und 15% Zinn enthalten. Für Wasserrohre empfehlen Cazaud und Pétot[101] Zinklegierungen mit 5—25% Aluminium. Die Legierungen sollen recht beständig sein und ihre Salze achtmal weniger giftig als Kupfersalze. Als Stereotypielegierungen wurden Legierungen mit 6,5% Aluminium und 1,5% Kupfer einerseits[102] und 0,5% Kadmium andererseits[103] empfohlen. Über die Bewährung dieser Legierungen ist nichts bekannt; sie können lediglich als Richtlinien für einzelne Anwendungsgebiete gelten. Als Lagermetallegierungen wurden einerseits eine Aluminium-Kupfer-Zinklegierung vom 4/3-Typ unter der Bezeichnung Zincuial[104] und andererseits Zinklegierungen mit Aluminium, Kupfer, Blei, Eisen und Zinn[105] empfohlen.

---

[99] Mundey, A. H.: Met. Ind., Lond. **42**, 51/56 (1933). — Peirce, W. M.: Met. Ind., Lond. **43**, 465/466 (1933). — Curts, R. M.: J. Soc. automot. Engr. **28**, 447/463 (1931). — Bodenmüller, B.: Techn. Z. Metallbearbtg. **45**, 290/292 (1935).

[100] Anon.: Z. ges. Gieß.-Prax. **53**, 65/66 (1932).

[101] Cazaud, R. u. H. Pétot: Génie civil **105**, 43 (1934).

[102] New Jersey Zinc Co.: USA.-Patentanmeldung 1936.

[103] Zudin, M. D.: Zvetnye Metally **1**, 100/103 (1933).

[104] Vieille Montagne: Propagandaschriften 1934.

[105] Prever, V. S.: Ind. mecc., Milano **18**, 128/132 (1936).

Hierüber liegen einige Angaben vor. Danach[106] scheinen diese Lagermetalle nur für geringere Beanspruchungen, nämlich bis 50 kg/cm² Belastung und 4 m/sec Umlaufgeschwindigkeit, geeignet zu sein. Es liegen aber Ansätze zur Schaffung neuer Zinklagermetalle vor, die eine bessere Einführung der Zinklegierungen auf diesem Gebiet gewährleisten.

b) Knetlegierungen.

α) Preßlegierungen.

Von den Zinkknetlegierungen sind die Preßlegierungen schon sehr gut am Markt eingeführt. Am meisten werden zwei Legierungen benützt, die bereits bei den Spritzgußlegierungen besprochen wurden. Die erste Legierung enthält 4% Aluminium, 0,5% Kupfer und 0,03% Magnesium (Giesche-ZL 3), die zweite hat 4% Aluminium, 1% Kupfer und 0,04% Magnesium (Zamak Alpha). Die erste Legierung altert infolge ihrer Zusammensetzung etwas weniger und wird hauptsächlich zu Preßstangen für die Herstellung von Warmpreßteilen verarbeitet. Auch für Profile eignet sich die Legierung gut. Weniger gut, jedoch brauchbar, ist der gezogene Werkstoff für Dreh- und Bohrarbeiten. Er ergibt trotz sonst gleicher mechanischer Eigenschaften wie Ms 58 nicht den kurzen spritzigen Span, den man für Automatenarbeiten als notwendig erachtet. Die Legierung Zamak Alpha hat ähnlichen Charakter, altert lediglich etwas stärker und wird ebenfalls hauptsächlich zur Herstellung von Warmpreßteilen verwendet. Für die Zerspanbarkeit der Zamak Alpha gilt dasselbe wie für Giesche-ZL 3.

Eine Preßlegierung, die sich ganz besonders als Austauschwerkstoff für Ms 58 eignet, ergibt als ausgesprochene Automatenqualität (Giesche-ZL 6) unter den gleichen Schnittbedingungen wie Ms 58 denselben günstigen, spritzigen Span. Die Legierung enthält 4% Kupfer, 0,5% Wismut, dem die gute Spanbildung zu verdanken ist, und 0,5% Mangan, das zur Verbesserung der Warmverformbarkeit zugesetzt wird. Der Wismutzusatz ist nur möglich, wenn die Legierungen aluminiumfrei sind, da sonst interkristalline Korrosion eintreten würde.

Neben diesen allgemein verwendbaren Legierungen existieren Speziallegierungen für Sonderzwecke, bei denen irgendeine Eigenschaft auf Kosten der anderen hoch entwickelt wurde. Für Fälle, in denen Profile (z. B. Nagelleistenprofile als Verzierungsleisten an Automobilen) leicht von Hand gebogen werden sollen, ohne zurückzufedern, wie es bei den beiden ersten Legierungen der Fall ist, wird eine Zinklegierung mit $^1/_2$% Aluminium und $^1/_2$% Kupfer ohne Magnesium verwendet. Diese Legierung (Giesche-ZL 4) hat eine gute Biegefähigkeit ohne stark zu federn, andererseits aber viel niedrigere Festigkeitswerte als die höher legierten Preßwerkstoffe.

[106] Linicus, W.: Schriften Techn. Hochschule Darmstadt, **1933**, Heft 2, 13/19.

Eine Legierung mit Festigkeiten über 50 kg/mm² enthält neben 4% Aluminium noch 2,7% Kupfer, 0,05% Magnesium und 0,05% Lithium (Giesche-ZL 5). In Fällen, wo es nur auf hohe Festigkeit ankommt, z. B. für Radmuttern von Lastkraftwagen, ist diese Legierung trotz ihrer sonstigen Nachteile anzuwenden. Diese Nachteile sind die stärkere Alterung und eine damit verknüpfte geringe Maßbeständigkeit, niedrigere Dehnung, geringere Zähigkeit, schwächere Korrosionsbeständigkeit und infolge des Lithiumgehaltes ein höherer Preis. Ähnlich hohe Festigkeitseigenschaften hat eine andere Preßlegierung (Zamak Beta), die besonders für Profile sehr geeignet zu sein scheint. Die Legierung enthält 9—11% Aluminium, 1—2% Kupfer, 0,02—0,05% Magnesium.

Ein anderer Legierungstyp, der sich gut einführen kann, ist die maßbeständige Legierung mit 4% Kupfer und 0,2% Aluminium. Diese Legierung (Giesche-ZL 7) ist vollständig maßbeständig und hat eine größere Zähigkeit als alle anderen Zinkpreßlegierungen. Allerdings weist sie eine schlechte Zerspanbarkeit und eine weniger gute Ziehfähigkeit auf. Die Festigkeit kann durch Zusatz von 0,02% Magnesium (Giesche-ZL 8) wesentlich erhöht werden, wobei allerdings die Dehnung von 50 auf 30% sinkt. Auch die vollständige Maßbeständigkeit geht durch den Magnesiumzusatz verloren. Die hohe Maßbeständigkeit der Legierung Giesche-ZL 7 ist nur bei strengster Einhaltung der Zusammensetzung gewährleistet und zwar muß das Verhältnis des Aluminiums zu Kupfer genau 1 : 20 betragen. Bereits bei einem Verhältnis von 1 : 18 oder 1 : 23 erfährt die Legierung eine Längung.

β) Walzlegierungen.

Das Walzgebiet ist für Zinklegierungen noch sehr jung. Über frühere unzulängliche Ansätze hinaus wurden von amerikanischer Seite[107] Zinklegierungen mit 1% Kupfer und 0,1% Magnesium entwickelt, die sich durch eine hohe Steifigkeit und Dauerstandfestigkeit auszeichnen. Diese Legierungen haben am amerikanischen Markt einige Anwendung gefunden.

Auf dem deutschen Markt beginnt die Entwicklung auf diesem Gebiet erst. Eine Legierung mit 4,8% Kupfer, 0,2% Aluminium (Giesche-ZL 9) hat eine gute Tiefziehfähigkeit, eine andere mit 2% Aluminium (Giesche-ZL 10) eine gute Biegefähigkeit. Eine Legierung, die beide Eigenschaften im gleichen Maße besitzt, ist noch nicht bekannt. Immerhin besitzt die Zinklegierung mit Kupfer neben der guten Tiefziehfähigkeit eine brauchbare Biegefähigkeit, während umgekehrt die Aluminium-Zinklegierung neben der guten Biegefähigkeit eine schlechte Ziehfähigkeit aufweist, so daß es in Fällen, wo beide Eigenschaften verlangt werden, richtiger ist, die kupferhaltige Legierung vorzuziehen. Ebenso sind von anderer Seite Walzlegierungen entwickelt worden, die 8—12% Aluminium

[107] New Jersey Zinc Co.: DRP. 622240, **1929.**

und 0—0,5% Kupfer enthalten (Zamak Delta und Eta). Einzelheiten über diese Legierungen sind noch nicht gebracht worden, da sie sich noch im Versuchsstadium befinden. Eigene Untersuchungen in diesem Gebiet liegen nicht vor, da, wie aus den früher gebrachten Dreistoff-Eigenschaftsbildern hervorgeht, bei einem Al-Gehalt von 6% abgebrochen wurde. In Zahlentafel 3 sind einige aus Werbeblättern entnommene Werte zusammengestellt.

2. Eigenschaften.

a) Mechanische Eigenschaften.

α) Spritzguß.

Die mechanischen Eigenschaften hängen in hohem Maße von den Spritzbedingungen ab. Zum Vergleich und für Abnahmebestimmungen müssen möglichst gesondert gespritzte Prüfstäbe herangezogen werden. Es haben sich zwei Prüfstabmessungen eingeführt. Nach den von den Amerikanern übernommenen Bestimmungen werden die in Abb. 107 wiedergegebenen Schlagbiegestäbe und ein Zerreißstab gleichzeitig gespritzt. Die Schlagbiegestäbe haben trapezförmigen Querschnitt mit den gleichen Schenkellängen 6,35 mm, der kleinen Kante von 6,25 mm und der größeren Kante von 6,45 mm. Der Zerreißstab wird als Flachstab mit dem Querschnitt $3{,}2 \times 12{,}7$ mm ausgebildet. Die deutsche Normung hat in DIN 1743 (Zahlentafel 1) einen kleinen Zerreißstab vorgesehen, an dem Schlagbiegefestigkeit und Zerreißfestigkeit bestimmt werden können. Die Festigkeit liegt im kleinen Stab durchschnittlich um 1 bis 2 kg/mm² höher als im amerikanischen Zerreißstab. Die Schlagbiegefestigkeitswerte, die am quadratischen Stab und am kleinen Zerreißstab gewonnen werden, sind nicht unmittelbar vergleichbar. Um die Werte des Zerreißstabes mit denen des amerikanischen Stabes vergleichen zu können, müssen die Schlagfestigkeitszahlen der Zerreißproben (in cmkg/mm²) mit 1,4 multipliziert werden. Selbstverständlich ist dies nur eine angenäherte Beziehung, die nicht streng gilt. Als Spritzbedingungen werden im allgemeinen Spritzdrücke zwischen 60 und 80 Atm., Metallbadtemperatur von 390—410°, Formtemperatur von 180—220° und Anschnittstärke 0,4 mm gewählt.

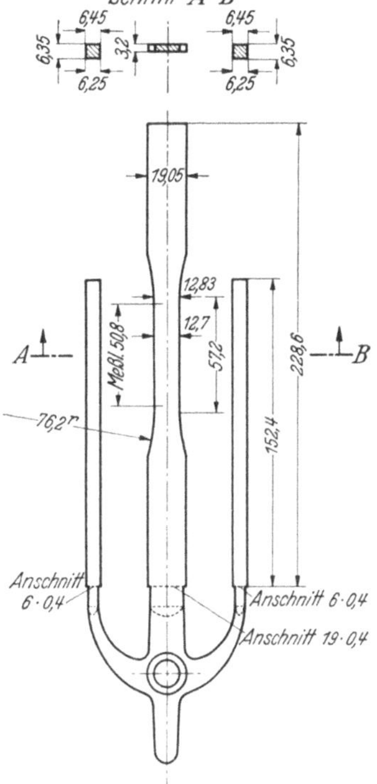

Abb. 107. Anordnung der Prüfstäbe in der Spritzgußform nach amerikanischer Vorschrift.

Die mechanischen Eigenschaften der wichtigsten Typen von Zinkspritzgußlegierungen sind in Zahlentafel 4 zusammengestellt. Wie man dem Vergleich mit den bei der Besprechung des Dreistoffsystems Zink-Aluminium-Kupfer gebrachten Kurven (Abb. 93—98) entnehmen kann, liegen die Werte der technischen Legierungen teilweise anders als bei den entsprechenden reinen Dreistofflegierungen. Diese Unterschiede sind vor allem dem Magnesiumgehalt zuzuschreiben. Noch größer

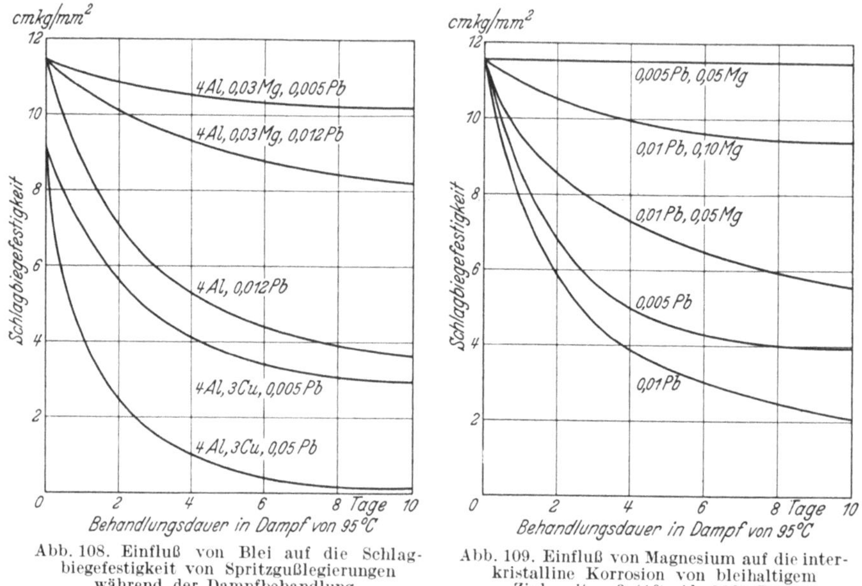

Abb. 108. Einfluß von Blei auf die Schlagbiegefestigkeit von Spritzgußlegierungen während der Dampfbehandlung.

Abb. 109. Einfluß von Magnesium auf die interkristalline Korrosion von bleihaltigem Zinkspritzguß (4% Al, 96% Zn).

ist der Einfluß des Magnesiumgehaltes bei geknetetem Werkstoff, wie später gezeigt wird.

Die Legierungen sind den früher beschriebenen Alterungsvorgängen unterworfen, die eine Änderung der mechanischen Eigenschaften zur Folge haben. Am empfindlichsten spricht die Schlagbiegefestigkeit auf die Vorgänge an. Es laufen drei Vorgänge, deren Mechanismus bereits beschrieben wurde, nebeneinander her: der β-Zerfall, die Aluminium- und die Kupferausscheidung aus dem α-Mischkristall. Die ersten beiden Vorgänge sind bei allen Legierungen gleich, da sie denselben Aluminiumgehalt besitzen. Die Alterung hängt vom Kupfergehalt ab. Bei Gehalten über 0,6% Kupfer nimmt die Alterung mit steigendem Kupfergehalt zu. Zahlentafel 5 gibt die Abnahme der mechanischen Eigenschaften nach 10tägiger Alterungskurzprüfung bei 95° wieder.

Unabhängig davon geht die interkristalline Korrosion. Sie ist von der Höhe der Bleiverunreinigungen, des Magnesium- und des Kupfergehaltes abhängig. Da die Reinheit der in Deutschland verwendeten

Feinzinksorten annähernd dieselbe ist, und der Magnesiumzusatz ebenfalls fast gleich ist, ist ein Auftreten der interkristallinen Korrosion nur vom Kupfergehalt abhängig. Bei den kupferreicheren Sorten ist sie überhaupt nicht bemerkbar, wie ein Blick in Zahlentafel 5 lehrt. Auch die kupferfreie Legierung zeigt infolge des Magnesiumgehaltes fast keine Neigung zur interkristallinen Korrosion.

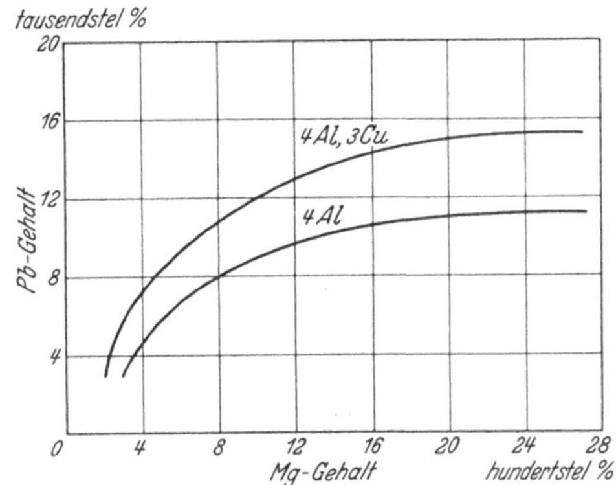

Abb. 110. Abhängigkeit des erforderlichen Mindestgehaltes an Mg zur Bleikompensation.

Den Einfluß des Bleigehaltes auf einige Legierungen zeigt Abb. 108. Wie man sieht, verhalten sich die Legierungen um so besser, je geringer der Bleigehalt ist. Es ist sogar anzustreben, den Bleigehalt bis 0,003% herunterzudrücken. Ein etwas höherer Bleigehalt kann zwar nach Abb. 109 durch Magnesiumgehalte kompensiert werden, aber nur bis zu einem bestimmten Maße. Bleigehalte über 0,015% sind nicht mehr ausgleichbar. Den für bestimmte Bleigehalte erforderlichen Magnesiumzusatz gibt Abb. 110 an.

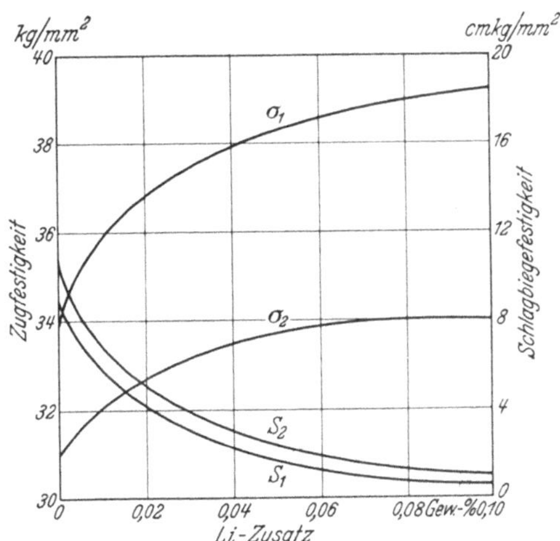

Abb. 111. Einfluß des Li-Zusatzes auf die mechanischen Eigenschaften von Zinkspritzguß. σ_1, S_1 Legierung mit 4% Al, 3% Cu; σ_2, S_2 Legierung mit 4% Al.

Ähnlich wie Magnesium wirkt Lithium, das aber nach Abb. 111 noch stark verfestigt. Allerdings brennt es, wie früher bereits geschildert wurde, so rasch aus, daß eine praktische Anwendung in der Spritzgußmaschine kaum zu erwarten ist.

Bei höheren Temperaturen wird Spritzguß allgemein duktiler[108]. Aus Abb. 112 gehen die mechanischen Eigenschaften der verschiedenen Spritzgußlegierungen bei höheren Temperaturen hervor. Ein wichtiger Faktor ist dabei noch die Glühzeit. Je länger die Glühzeit ist, um so mehr verschieben sich die Änderungen im Kurvenverlauf nach tieferen Temperaturen.

[108] Anderson, H. A.: Amer. Soc. M. E. and Amer. Soc. Test. Mater., Symposium on effect of temperature on properties of Metals, **1931**, 179/197, 271/289.

Bei niedriger Temperatur findet vor allem eine Versprödung statt[109]. Wie Abb. 113 zeigt, kann die Abnahme der Schlagfestigkeit schon bei Gefriertemperatur sehr beträchtlich werden. Die Legierungen sind um so kaltspröder, je weniger Kupfer sie enthalten.

Anlassen hat im wesentlichen nur auf die Schlagbiegefestigkeit einen Einfluß. Wie Zahlentafel 6 wiedergibt, sind Wärmebehandlungen unter 150° für alle Legierungen ungefährlich. Zwischen 150 und 250° rufen sie bei den kupferreicheren Legierungen eine stärkere Versprödung hervor. Über 250° erscheinen die Eigenschaften kurz nach der Wärmebehandlung zwar zunächst günstig; die Alterung und die davon begleitete Versprödung schreitet aber um so rascher fort. Die kupferärmste bzw. kupferfreie Legierung ändert ihre Eigenschaften bei Wärmebehandlung kaum.

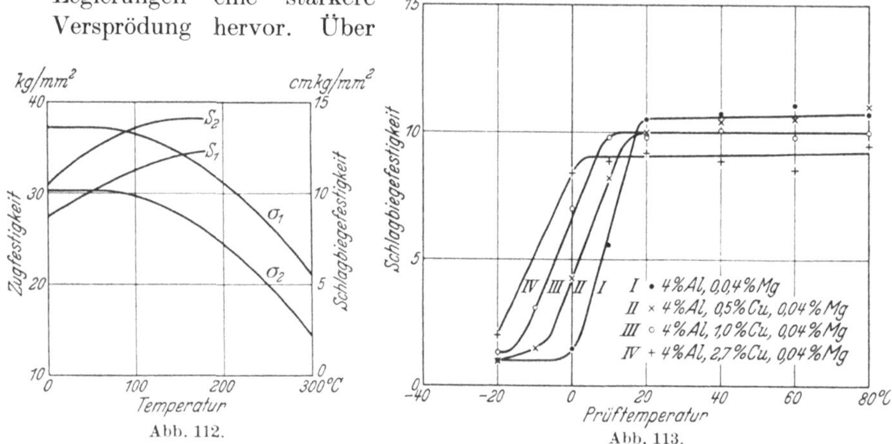

Abb. 112. Mechanische Eigenschaften von Zinkspritzguß bei höheren Temperaturen. σ_1 Zugfestigkeit, S_1 Schlagbiegefestigkeit (4% Al, 3% Cu, 0,03% Mg); σ_2 Zugfestigkeit, S_2 Schlagbiegefestigkeit (4% Al, 1% Cu, 0,03% Mg).

Abb. 113. Schlagbiegefestigkeit von Zinkspritzguß bei niedrigen Temperaturen.

β) Formguß.

Die mechanischen Eigenschaften der einzigen, in der Praxis angewandten Formgußlegierung mit 4% Aluminium, 1% Kupfer und 0,03% Magnesium (Giesche-ZL 2 oder Zamak 5) gehen aus Zahlentafel 7 hervor. Die Werte wurden an gesondert gegossenen Stäben ermittelt; die Kokille ist aus Abb. 114 ersichtlich. Wie man sieht, sind die Werte auch im gealterten Zustand noch so annehmbar, daß die Legierungen neben Formguß aus Bunt- oder Leichtmetallen bestehen können. Wünschenswert wäre noch eine höhere Dehnung und Schlagbiegefestigkeit der Formgußlegierung. Hier sind also noch weitere Möglichkeiten für die Entwicklung gegeben.

[109] Sandell, B. E.: Amer. Inst. min. metallurg. Engr. Preprint **1932**, 1/4.

γ) Knetwerkstoff.

Durch den Knetvorgang werden die Zinklegierungen stärker verbessert als es bei kubisch kristallisierenden Metallen und Legierungen der Fall ist.

Die mechanischen Eigenschaften der am Markt befindlichen Preßlegierungen gehen aus Zahlentafel 8 hervor. Wie man durch Vergleich

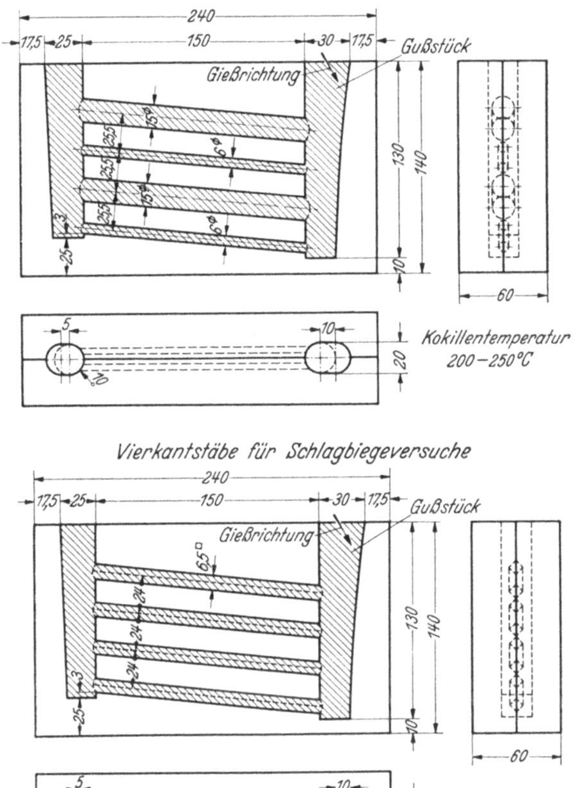

Abb. 114. Kokille für Prüfstäbe aus Zinkkokillengußlegierungen.

mit Ms 58 sieht, haben die Legierungen Giesche-ZL 3 und ZL 6, sowie Zamak Alpha ganz ähnliche Eigenschaften wie Preßmessing.

Durch Ziehen wird Zinkpreßwerkstoff verbessert; es wird sowohl die Festigkeit als auch die Dehnung erhöht. Im Gegensatz dazu bringt eine Kaltverformung durch Ziehen bei den kubischen Metallen eine Verfestigung bei gleichzeitiger Abnahme der Dehnung mit sich. Über diese

Verhältnisse und den Einfluß des Ziehgrades, Düsenwinkels und anderer Ziehbedingungen wird im späteren Kapitel über das Ziehen berichtet werden. Auch die Bedingungen beim vorhergehenden Pressen sind ausschlaggebend.

Die Eigenschaften von Zinklegierungsblechen sind in Zahlentafel 9 zusammengestellt. Da die Bleche, wenn sie einsinnig gewalzt sind, starke Anisotropie zeigen, werden sie kreuzweise gewalzt.

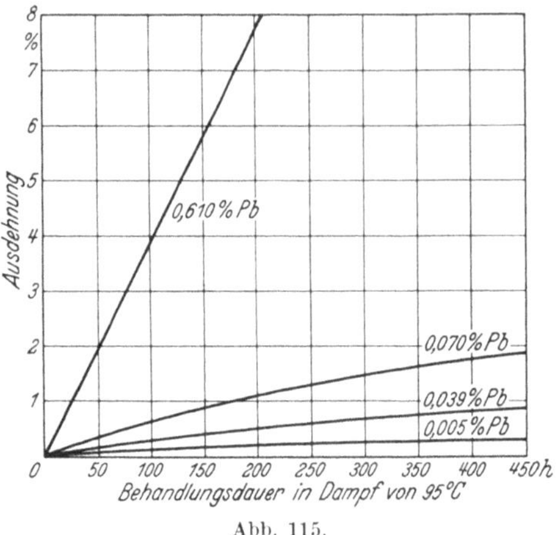

Abb. 115.

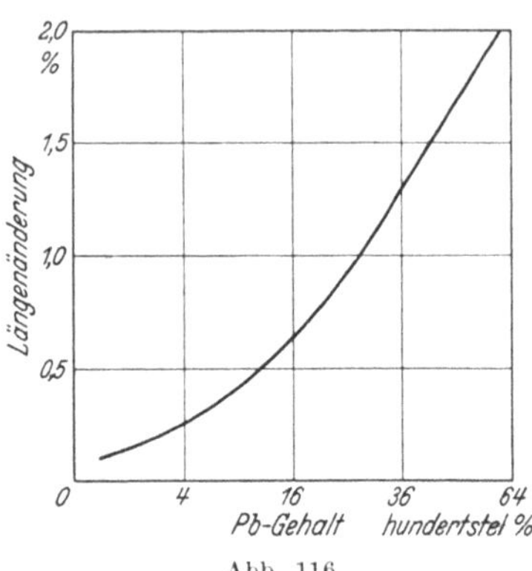

Abb. 116.

Abb. 115. Einfluß des Pb-Gehaltes verschiedener Zinksorten auf die Längenänderung von Zinkspritzguß mit 5% Al und 5% Cu.

Abb. 116. Einfluß des Pb-Gehaltes auf die Längenänderung einer Zinkspritzgußlegierung mit 12% Al, 3% Cu nach 50täg. Behandlung mit Dampf von 95° C.

Wie man sieht, sind die Eigenschaften in den verschiedenen Walzrichtungen ziemlich gleichmäßig.

b) Physikalische und chemische Eigenschaften.

α) Spritzguß.

Verschiedene physikalische Eigenschaften der Spritzgußlegierungen sind in Zahlentafel 10 zusammengestellt. Am wichtigsten von allen Eigenschaften sind aber die Maßänderungen, die bei der Lagerung oder anderen Behandlungen stattfinden[110]. Hierüber wurde bereits vorher ausführlich berichtet (z. B. Abb. 57).

Der Einfluß des Bleigehaltes auf die Maßänderungen von verschiedenen Spritzgußlegierungen geht aus den Abb. 115—117 hervor. Große

[110] Johnson, W. G.: Met. Ind., New York **23**, 322/323 (1925). — Ausschuß für Spritzgußlegierungen. D. G. f. M. Z. Metallkde. **18**, 359/364 (1926). — Russel, F., W. E. Goodrich, W. Cross u. N. P. Allen: J. Inst. Met., Lond. **40**, 239/253 (1928). — Lancaster, R. u. J. G. Berry: J. Inst. Met., Lond. **43**, 241/245 (1930). — Peirce, W. M.: Met. & Alloys **1**, 544/545 (1930). — Werley, G. L. u. E. A. Anderson: Met. & Alloys **5**, 97/99, 102 (1934). — Wright, L. u. F. Taylor: Met. Ind., Lond. **42**, 355/358, 405/406 (1933).

Änderungen rufen diese Maßänderungen im Aussehen hervor, wie Abb. 118 zeigt. Tiefe Risse, die bis ins Innere vordringen, spalten die Gußstücke auf. Der Angriff erfolgt entlang den Korngrenzen (Abb. 17). Auch andere Beimengungen wirken auf die Längenänderung mehr oder weniger stark ein (Abb. 119). Zinn ist noch schädlicher als Blei. Verunreinigungen über 0,001% machen sich schon durch eine größere Längenausdehnung bemerkbar. Ob Kadmium wirklich so schädlich wirkt, wie es in Abb. 119 dargestellt[111] ist, scheint nach Angaben von Davis[112] unsicher zu sein. Immerhin sollte aus Vorsicht der Kadmiumgehalt unter 0,005% gehalten werden. Eisen ist nicht schädlich, wenn es einen Gehalt von 0,075% nicht überschreitet, was kaum vorkommt, da sich bei höherem Eisengehalt der Schmelze ein eisenreicher Traß bildet, der nach oben schwimmt und mit der Krätze abgezogen wird. Wärmebehandlungen verringern die Maßänderungen sehr. Eintägiges Tempern bei 150° hat fast keine Änderungen der Zinklegierungen beim Lagern zur Folge[113].

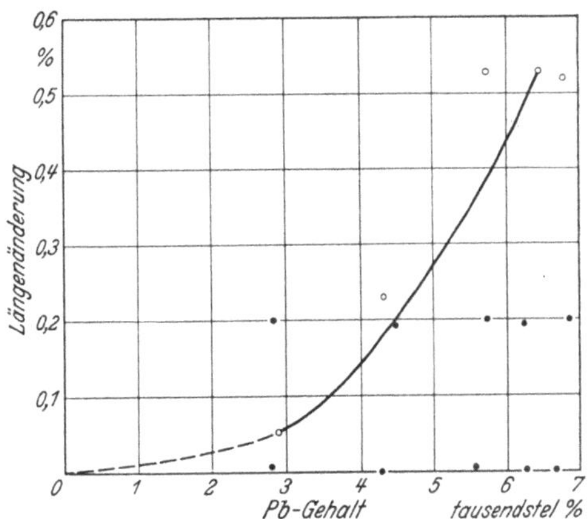

Abb. 117. Einfluß geringer Bleiverunreinigungen auf die interkristalline Korrosion einer Zinkspritzgußlegierung mit 4% Al, 1,25% Cu.

Zwischen den Gefügebildern von kupferreichen und kupferarmen Zinkspritzgußlegierungen besteht im frisch gespritzten Zustand kein wesentlicher Unterschied. Im gealterten Zustand sind in den Primärausscheidungen der kupferreichen Legierungen gröbere Ausscheidungen (Abb. 120) festzustellen als bei der kupferarmen Legierung (Abb. 121).

β) **Formguß.**

Die physikalischen Eigenschaften von Formguß stimmen vollständig mit denen von Spritzguß überein. Auch die Maßänderungen sind in beiden Fällen gleich. Ebenso besteht kein Unterschied im chemischen Verhalten der nach verschiedenen Gießverfahren hergestellten Gußstücke.

Generell kann gesagt werden, daß sich die Legierungen, die Kupfer[114] und Aluminium enthalten, korrosionschemisch etwas besser verhalten

---

111 Brauer, H. E. u. W. M. Peirce: Trans. Amer. Inst. min. metallurg. Engr., **68**, 796/832 (1923).
112 Davis, R. L.: Met. Ind., Lond. **44**, 190/191 (1934).
113 Turner, H.: Iron Age **128**, 1238/1240 (1931).
114 Zehnovizer, E. V.: Zhurnal Fizicheskoy khimii **5**, 607/616 (1934).

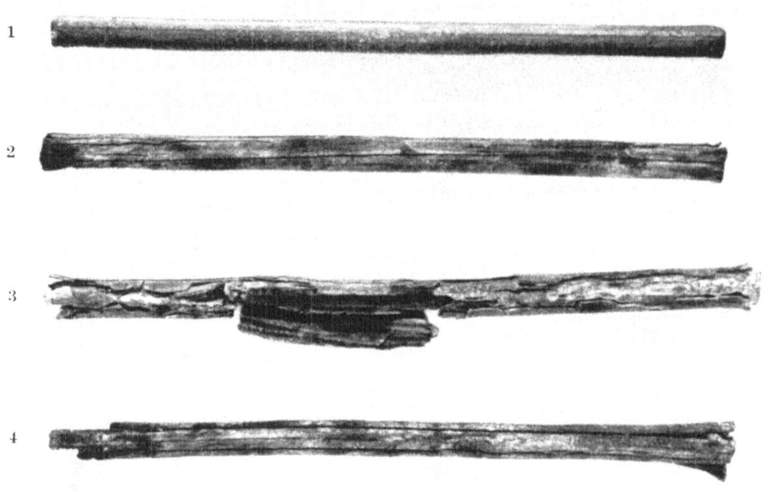

Abb. 118. Einfluß des Bleigehaltes auf das Aussehen von Spritzgußstäben nach 10täg. Dampfbehandlung. Vergr. $^1/_2$.

1 Zn + 4% Al + 1% Cu + 0,005% Pb
2 Zn + 4% Al + 1% Cu + 0,015% Pb
3 Zn + 4% Al + 1% Cu + 0,05% Pb
4 Zn + 4% Al + 1% Cu + 0,05% Pb + 0,1% Mg

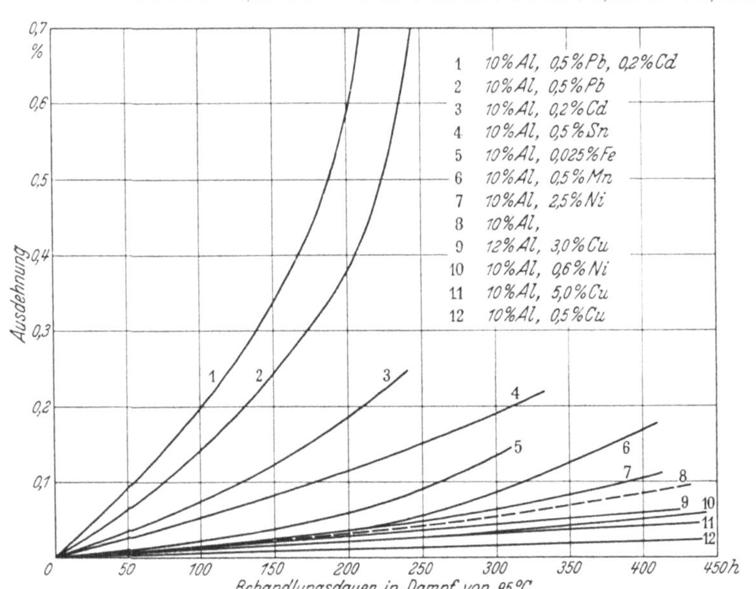

Abb. 119. Längenänderung einer Zinklegierung mit 10% Al und geringen Zusätzen.

als Zink[115]. Die infolge der Bildung von Schutzschichten gute Korrosionsbeständigkeit von Zink ist von seiner Verwendung für Bauzwecke

[115] Cazaud, R.: Aciers spéciaux **9**, 440/444 (1934).

und zur Verzinkung bekannt. Die Oberfläche wird zwar unansehnlich, grau mit weißen Punkten durchsetzt; die Korrosion bleibt aber auf die Oberfläche beschränkt.

γ) Knetwerkstoff.

Die Maßänderungen der technischen Legierungen stimmen im wesentlichen mit den früher geschilderten Änderungen der entsprechenden Dreistofflegierungen überein (Abb. 58—63). Ein wesentlicher Unterschied besteht lediglich bei den Legierungen, die keine oder nur geringe

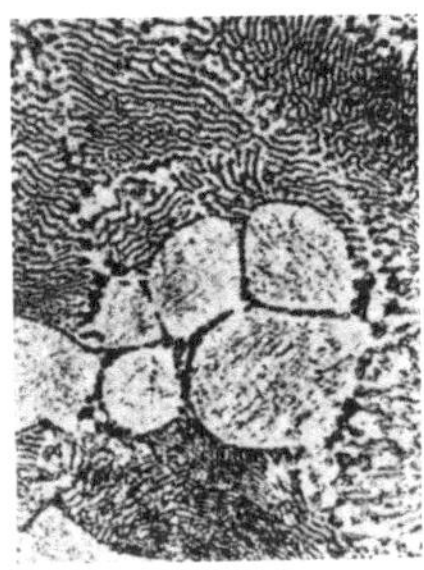

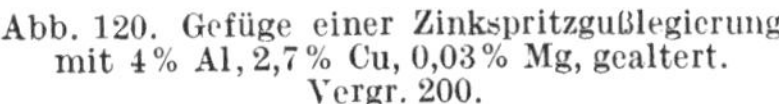

Abb. 120. Gefüge einer Zinkspritzgußlegierung mit 4% Al, 2,7% Cu, 0,03% Mg, gealtert. Vergr. 200.

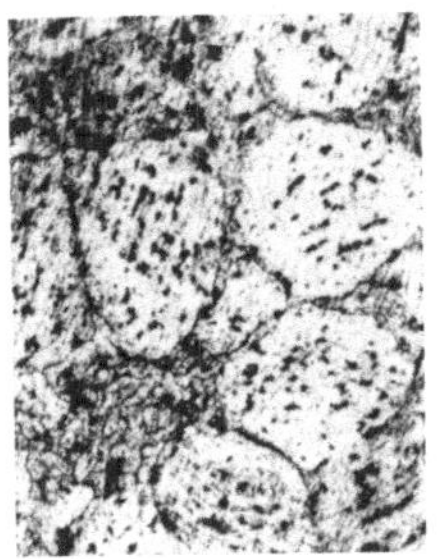

Abb. 121. Gefüge einer Zinkspritzgußlegierung mit 4% Al, 0,5% Cu, 0,03% Mg. Vergr. 200.

Maßänderungen (Abb. 68) erleben. Bei diesen Legierungen macht sich bereits ein geringer Magnesiumgehalt bemerkbar. Die Legierung mit 4% Kupfer und 0,2% Aluminium, die keine Maßänderung beim Lagern erfährt, dehnt sich bereits bei einem Gehalt von 0,02% Magnesium um 0,03% aus. Die „maßbeständige“ Legierung ist sehr empfindlich auf jede Änderung der Zusammensetzung. Vor allem muß das Verhältnis des Aluminium- zum Kupfergehalt genau 1 : 20 betragen. Bei Veränderung des Verhältnisses auf 1 : 18 weist die Legierung 0,03%, bei 1 : 17 schon 0,05%, bei 1 : 22 ungefähr 0,02% und bei 1 : 25 ebenfalls 0,05% Längenausdehnung auf. Überschreitungen des kritischen Verhältnisses 1:20 sind also weniger gefährlich als Unterschreitungen.

C. Formgebung.

I. Schmelzen und Gießen.

1. Schmelzen.

a) Allgemeines.

Die schmelztechnische Herstellung von Zinklegierungen erfordert Übung und eine genaue Überwachung. Um in eisernen Gefäßen arbeiten zu können, muß Zink mehr als 0,1% Aluminium enthalten. Deswegen ist man bemüht, den Zinklegierungen auch dann, wenn eine andere Legierungskomponente, z. B. Kupfer oder Zinn, vorherrscht, Aluminium zuzusetzen. Im allgemeinen hat man nur Zink-Aluminium-Kupferlegierungen herzustellen. Eine Beschreibung der Schmelztechnik von Zinklegierungen kann sich daher auf Legierungen dieses Dreistoffsystems beschränken.

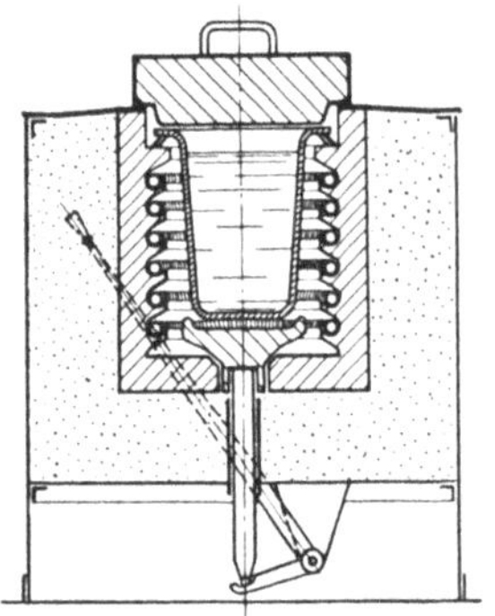

Abb. 122. Elektrischer Tiegelofen. (Nach v. Zerleeder.)

b) Öfen.

Die Ofenfrage ist noch nicht ganz geklärt. Während wohl am häufigsten mit gasbeheizten Tiegelöfen gearbeitet wird, wird auch von einer Seite[116] der Ajax-Wyatt-Ofen als vorteilhaft empfohlen. Beim elektrischen Induktionsofen hat man den Vorteil, daß durch die Wirbelströme eine gute Durchrührung des Schmelzgutes stattfindet, wodurch eine weitgehende Homogenisierung der Schmelze in bezug auf die Zusammensetzung erreicht wird. Andererseits werden aber Oxydhäutchen immer wieder ins Bad eingerührt, die bei ruhig stehender Schmelze an die Badoberfläche schwimmen. Der Induktionsofen ist demnach, bevor nicht weitere günstige Erfahrungen berichtet werden, mit Vorsicht anzuwenden.

Dagegen ist der elektrische Widerstandsofen mit Chrom-Nickel-Heizdrahtwicklungen empfehlenswert, da er eine verhältnismäßig günstige Ofenatmosphäre besitzt. Beim Bau von elektrischen Öfen ist vor allem darauf zu achten, daß die Heizspiralen nicht mit Spritzern der Zinkschmelze in Berührung kommen, da sie sonst

[116] Anon.: Brass Wld. **26**, 33 (1930).

durchbrennen infolge Bildung einer niedrigschmelzenden Zink-Chrom-Nickellegierung. Man bringt deshalb die Heizwicklungen seitlich an, entsprechend Abb. 122. Außerdem verbietet die Gefahr der Überhitzung die Heizwicklungen über dem Schmelzbad anzubringen. Die Temperaturregulierung geschieht bei elektrischen Öfen vorteilhaft automatisch, um eine Überhitzung der Schmelze, gegen die besonders Zinklegierungen sehr empfindlich sind, zu vermeiden.

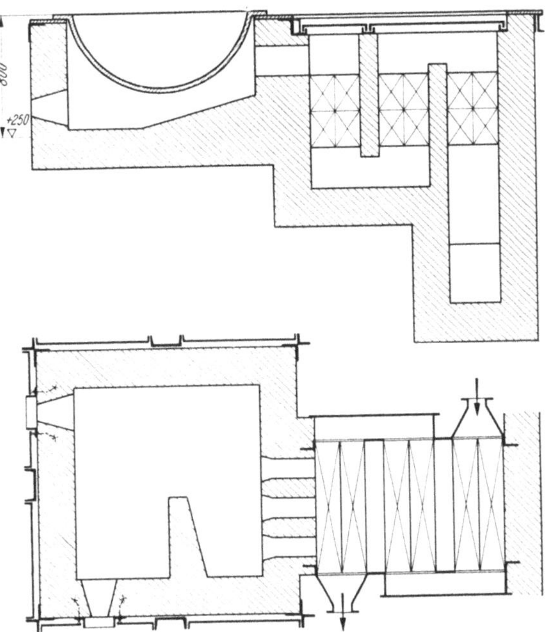

Abb. 123. Gasbeheizter Kesselofen mit Vorwärmer.

Im übrigen ist es eine Frage der Wirtschaftlichkeit, ob der elektrische Ofen am Platze ist.

Die meisten Erfahrungen liegen mit gas- bzw. ölbeheizten Öfen vor. Diese Öfen (Abb. 123) sind sauber und auch bei kleinen Aggregaten wirtschaftlich. Abzuraten ist von koksgefeuerten Tiegelöfen, die weder gut regulierbar noch sauber sind. Die Gefahr der Überhitzung, die Zinklegierungsschmelzen so verdirbt, daß sie dann nur schwer regeneriert werden können, ist in Koksöfen selbst bei großer Übung nicht zu umgehen. Außerdem besteht die Möglichkeit einer Gasaufnahme. Zinkschmelzen sind besonders empfindlich gegen Oxydation, vor allem durch Wasserdampf, der aus feuchtem Koks oder im Freien gelagertem Rohmetall stammen kann. Nach Kleinert[117] tritt der Oxydationsbeginn des Zinks

[117] Kleinert, R.: Ref. Z. Metallkde. 28, 242 (1936).

von den untersuchten Metallen nach folgender Zusammenstellung am frühesten ein:

Blei	950—1000°	Zinn	650—700°
Antimon	750— 800°	Kadmium	400—450°
Arsen	700— 800°	Zink	< 350°

Herdöfen sind, wenn sie nicht elektrisch betrieben werden, zu vermeiden, da bei ihnen die wärmeübertragenden Rauchgase direkt mit dem Schmelzgut in Berührung kommen und die Gefahr der Oxydation oder Gasaufnahme besteht.

Der Abbrand beträgt in gasbeheizten Öfen 1,3—1,8%. Da die Krätze kein reines Oxyd, sondern nur teilweise oxydiertes Metall enthält, stellt sie noch einen Wert dar, der zwischen 50—60% des Zinkpreises liegt.

Der Gasverbrauch beträgt für 1 t fertige Legierung vom 4/3 Typ 80—100 cbm. Es ist also eine Frage der Strom- und Gaspreise, ob Gas- oder elektrische Öfen angewandt werden sollen. Gasöfen empfehlen sich, wenn das Verhältnis zwischen den Preisen für 1 cbm Gas und 1 KWh Strom kleiner als 2,5 : 1 ist.

Die Herstellung der Kupfer-Aluminiumvorlegierung geschieht am besten im gasbeheizten, mit Magnesit ausgemauerten Tiegelofen (Bauart Debus, Ruß, Degussa). Der Tiegelofen braucht nicht kippbar zu sein, da es günstiger ist, den Tiegel aus dem Ofen zu nehmen und den höheren Tiegelverschleiß in Kauf zu nehmen, als bei kippbaren Öfen aus einer Gießschnauze zu gießen. Dieser Ausguß darf zur Vermeidung von Eisenaufnahme nicht aus Eisen bestehen, sondern muß ausgemauert sein. Hierbei ist es möglich, daß von der Ausfütterung kleine Partikelchen in die Schmelze fallen, die sich dann später bei der spanabhebenden Bearbeitung sehr unangenehm durch einen hohen Werkzeugverschleiß bemerkbar machen. Über den Einfluß der Kieselsäure auf die Bearbeitbarkeit von Zinkspritzgußlegierungen berichtet Maloney[118], der außer dem Werkzeugverschleiß auch noch eine schlechte Oberflächenbeschaffenheit feststellt; die Wandungen von Bohrungen werden rauh und aufgerissen.

c) Tiegelwerkstoff.

Als Tiegelwerkstoff werden für die Zinkschmelze bei Anwesenheit von Aluminium Eisentiegel verwendet. Die Möglichkeit, nicht in Graphittiegeln arbeiten zu müssen, ist in bezug auf die Billigkeit, hohe Lebensdauer und gute Wärmeleitfähigkeit der Gußeisentiegel sehr wertvoll. Die Gußeisentiegel, deren Inhalt zwischen 200 und 1500 kg, je nach Größe des Legierungsbetriebes, schwankt, werden am besten aus einer Mischung, die 30% Hämatit enthält, hergestellt. Im übrigen kann als Roheisensorte sowohl deutsches als auch Luxemburger Gießereiroheisen verwendet

[118] Maloney, Th. J.: Rev. of Rev. Worldsbook, Mai **1933**.

werden. Das Gezähe besteht ebenfalls aus derselben Gußeisenmischung. Schmiedeeisen ist tunlichst zu vermeiden, da es sich wesentlich schneller löst als Gußeisen.

Für die Vorlegierung müssen Graphittiegel verwendet werden. Die Lebensdauer dieser Tiegel kann erhöht werden, wenn sie mit Schutzschichten aus Wasserglas, Kaolin, Tonerde usw. überzogen werden. Von den im Handel befindlichen Schutzglasuren hat sich nach eigenen Erfahrungen eine unter der Bezeichnung „Ideal 311"[119] bewährt.

d) Arbeitsweise.

Bei der Herstellung einer Zink-Aluminium-Kupferlegierung geht man so vor, daß man im kontinuierlichen Betrieb Feinzink zu einer Restschmelze, die bereits Aluminium enthält, zusetzt. Während des Schmelzens des Zinks wird die Vorlegierung in der erforderlichen Zusammensetzung im Graphittiegel hergestellt. Am vorteilhaftesten ist es dabei, festes Aluminium in flüssiges Kupfer einzutragen, wobei sich das Aluminium rasch löst. Hierbei kann die Temperatur bis auf 650° sinken. Will man beide Metalle flüssig legieren, so darf die Kupferschmelze in die Aluminiumschmelze gegossen werden, aber nicht umgekehrt, da dann eine Überhitzung unvermeidlich ist und eine starke Oxydbildung eintritt. Festes Kupfer in flüssiges Aluminium einzutragen, ist nicht empfehlenswert, weil dabei das Aluminium auf 800° erhitzt werden muß.

Eine Neigung der Vorlegierungen zur Seigerung wurde bis jetzt kaum festgestellt, so daß auch ein Vergießen zu Masseln möglich wäre. Im allgemeinen wird die Vorlegierungsschmelze gleich in die Zinkschmelze gekippt und kräftig gerührt. Dann ist es günstig, die Schmelze ungefähr 15 Minuten ruhig stehen zu lassen. Während dieser Beruhigungsperiode schwimmen die vorhandenen Oxydhäutchen an die Badoberfläche und können mit einem Traßlöffel abgezogen werden. In derselben Zeit bildet sich auch eine Zink-Kupfer-Aluminium-Eisenverbindung, die als Traß auf der Schmelze schwimmt. In diesem Traß befindet sich fast das gesamte Eisen, das aus dem Rohaluminium oder bei unvorsichtigem Schmelzen etwa aus dem Kessel stammt. In der Schmelze, die nicht über 470° erhitzt werden darf, beträgt der maximale Eisengehalt 0,075%. Wird die Schmelze überhitzt, so kann der Eisengehalt stark zunehmen. Bei 550° sind bereits 0,3% Eisen in der Schmelze löslich.

Der Traß enthält ungefähr 90% Zink, 3% Eisen, 5% Aluminium und 2% Kupfer. Wie man sieht, entreißt das Eisen mehr als das 30fache seines Gehaltes der Schmelze an den wertvollen Metallen Aluminium, Kupfer und Zink. Wenn also z. B. eine Legierung vom 4/3 Typ hergestellt und statt 99,5%igem Aluminium unreineres Aluminium mit 1% Eisen verwendet wird, so werden durch das Aluminium 0,04% Eisen eingeschleppt:

[119] Hersteller: A. Fleischmann, Frankfurt a. M.

dadurch kann eine Erhöhung des Trasses um 1,2% (also von 1,3 auf 2,5%) stattfinden.

Nach sorgfältigem Abtrassen wird das Magnesium in einer durchlöcherten Tauchglocke unter die Badoberfläche eingeführt und unter kurzem Rühren gelöst. Nach Entfernung der Krätze kann mit dem Gießen begonnen werden, indem die Schmelze mit gußeisernen Kellen ausgeschöpft wird, ohne sie durch Hin- und Herrühren zu stark zu beunruhigen.

Abb. 124. Teilansicht einer Zinklegierungsanlage.

Für die Gießformen wird am besten möglichst feinkörniges, perlitisches Gußeisen verwendet.

Teilansicht und Grundriß einer Zinklegierungsanlage (Bergwerksgesellschaft Georg von Giesches Erben, Magdeburg) geben Abb. 124 und 125 wieder.

e) Überhitzung.

Den schädlichsten Einfluß bei der Herstellung von Zinklegierungen bringt eine Überhitzung mit sich. Dieser Einfluß ist so stark, daß durch keinen nachfolgenden Veredlungsvorgang die durch die Überhitzung verursachten Schäden gut zu machen sind.

Bei Spritzgußlegierungen äußert sich eine vorangegangene Überhitzung in mannigfaltiger Weise. Der Werkstoff wird kurzbrüchig; so brechen z. B. Reißverschlußschieber, die unter normalen Verhältnissen einen Zug von 18—20 kg aushalten, schon bei 12 kg Belastung. Die Spritzgußformen erhalten sehr bald einen oxydischen Belag, der häufigeres Polieren und Reinigen der Form nötig macht. Manche bisher ungeklärte Erscheinung kann auf vorschriftswidrige Überhitzung der Legierung bei der Herstellung zurückgeführt werden. Eine automatische Temperaturkontrolle ist daher unerläßlich.

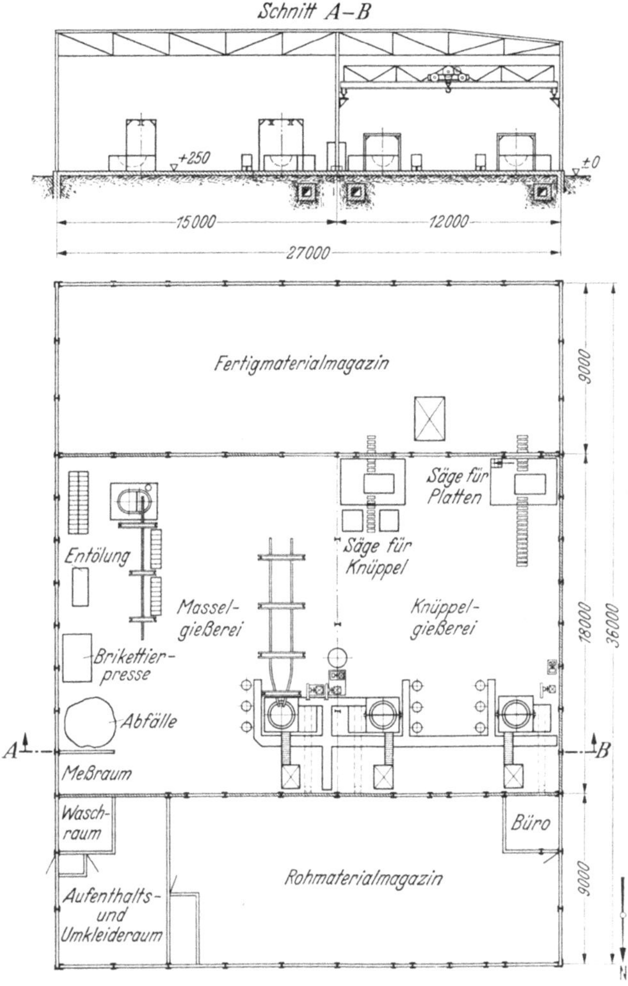

Abb. 125. Grundriß einer Zinklegierungsanlage.

Worauf die Wirkungen durch die Überhitzung zurückzuführen sind, ist nicht ganz klar. Es ist zu vermuten, daß sowohl der Oxyd- als auch Gasgehalt dafür verantwortlich zu machen sein wird. Wie schon vorher gezeigt wurde, ist die Oxydierbarkeit des Zinks besonders groß; dazu kommt, daß Aluminiumoxydhäutchen sehr zäh in der Schmelze festgehalten werden und ebenfalls störend wirken können.

Über die Gaslöslichkeit liegt noch keine einheitliche Auffassung vor. Während Sieverts[120] angibt, daß sich Wasserstoff nicht in Zink löst, gibt Jwase[121] das Gegenteil an. Nach Delachanal[122] können in 100 g Zink okkludiert sein: 18,2 ccm H_2, 16,5 ccm CO und 1,5 ccm CO_2. Röntgen und Möller[123] haben neuerdings die Widersprüche in den Angaben über die Löslichkeit des Wasserstoffes in Zink zu beseitigen versucht. Besondere Berücksichtigung fand dabei das Elektrolytzink. Es konnte zwar eindeutig festgestellt werden, daß sich Wasserstoff in Zink löst und auch in jeder Zinksorte vorhanden ist; der tatsächliche Gehalt konnte jedoch durch keine der angewandten Methoden bestimmt werden. Immerhin muß mit einer beträchtlichen Gaslöslichkeit gerechnet werden, die mit höherer Temperatur stark zunimmt und später bei der Verarbeitung Schwierigkeiten machen kann, indem das Gas wieder entbunden wird oder, im Zink als Mischkristall gelöst, die Eigenschaften verschlechtert.

Die Entgasung des Werkstoffes ist anscheinend sehr schwierig und ähnlich wie bei Aluminiumschmelzen[124] nur durch Stehenlassen bei Temperaturen knapp über dem Schmelzpunkt möglich. Die Gase treten am ehesten bei langsamer Erstarrung dicht über dem Schmelzpunkt aus.

f) Salzbehandlung.

Eine Reinigung von oxydhaltigen Zinklegierungsschmelzen durch Behandlung mit Flußmitteln ist möglich aber schwierig. Vor allem muß gesorgt werden, daß das Flußmittel keine schädlichen Bestandteile abgibt. Es kommen also nur Alkali- und Erdalkalisalze in Frage. Da Zinkoxyd nur von chloridhaltigen Salzen gelöst werden kann, sind die bei Aluminium üblichen fluoridhaltigen Flußmittel nicht verwendbar. Praktisch brauchen nur Ammonium- und Alkalichloride für die Reinigung von Zinklegierungsschmelzen in Betracht gezogen zu werden. Gegen die Verwendung dieser Flußmittel, die nach dem Schrifttum[125] eine ausgezeichnete oxydlösende Wirkung haben, sprechen folgende Umstände: Da Zinkchlorid, das durch Reaktion der Chloride mit dem flüssigen Zink entsteht, leicht flüchtig ist, ist der Metallverlust ziemlich hoch. Je nach der Behandlungsart kann der Verlust bis zu 5% des Einsatzes betragen. Weiterhin besteht die Möglichkeit, daß Spuren von Zinkchlorid beim Gießen und Erstarren in die Schmelze eingeschlossen werden, wodurch eine erhöhte Korrosionsgefahr in Kauf genommen werden muß. Es ist daher empfehlenswert,

[120] Sieverts, A.: Z. Elektrochem. **16**, 707/713 (1910).
[121] Jwase, K.: Sci. Rep. Tôhoku Univ. **15**, 531 (1927).
[122] Delachanal, B.: C. R. Acad. Sci., Paris **148**, 561 (1909).
[123] Röntgen, P. u. F. Möller: Metallwirtsch. **11**, 685/687, 697/699 (1932).
[124] Archbutt, S. L.: J. Inst. Met., Lond. **33**, 227/252 (1925). — Hanson, D. u. J. C. Slater: J. Inst. Met., Lond. **46**, 187/238 (1931).
[125] Muratch, N. N. u. G. K. Markarow: Zvetnye Metally **2**, 107/108 (1934).

von einer Salzreinigung grundsätzlich abzusehen. Es sollte vorwiegend nur Neumetall und vollständig trockenes, einwandfreies Altmetall in Prozentsätzen, über die nachher berichtet werden wird, in möglichst gasfreier Atmosphäre bei Temperaturen unter 450° eingeschmolzen werden. Erschmelzen von Legierungen aus Altmetall bei zu hohen Temperaturen in nicht einwandfreien Öfen liefert eine zweitklassige Ware, die für Qualitätsgüsse oder gar zur Herstellung von Knetwerkstoff nicht verwendbar ist.

g) Rohstoffe.

Für die Herstellung einer guten Zinklegierung sind die besten Rohstoffe gerade gut genug. Am wichtigsten ist die Reinheit des Zinks. Es kommt Feinzink mit einem garantierten Feingehalt von 99,99% in Betracht.

Aluminium sollte in Form von 99,5% Aluminium, DIN 1712, verwendet werden. Bei Benutzung von unreinerem Aluminium entsteht ein starker Traß, der größere Verluste bringt, als die Ersparnis durch das billigere Aluminium darstellt. Aluminiumabfälle bergen immer die Gefahr, daß sich Oxydnester in der Legierung bilden, die eine Versprödung und schlechte Bearbeitbarkeit (z. B. Polierfähigkeit) zur Folge haben.

Als Kupfer kann nur Elektrolytkupfer *E*, DIN 1708, mit einem Feingehalt von mindestens 99,96% verwendet werden. Raffinadekupfer ist wegen des etwaigen Wismut- oder Bleigehaltes gefährlich. Altkupfer ist an und für sich brauchbar, wenn es ausgesucht ist. Jedoch kann jedes weich gelötete Blech, jeder verzinnte Kupferdraht, die beim Aussortieren übersehen werden, die Legierung vollständig unbrauchbar machen. Auch Feuerbuchskupfer stellt eine Gefahr dar, da Nieten und Stehbolzen oft aus zinn- oder manganhaltigem Kupfer bestehen. Zweckmäßig wird deshalb auf die Verwendung von Altkupfer, die auch nur eine geringe Ersparnis bringt, verzichtet.

2. Gießen.

a) Allgemeines.

Zinklegierungen werden zu Masseln für Form- und Spritzguß und zu Blöcken für Preß- und Walzzwecke vergossen. Im allgemeinen werden diese Legierungen nur aus Hüttenmetallen hergestellt. Da der Erfolg der Weiterverarbeitung von einem gesunden Gefüge der Blocklegierung abhängt, ist auf die ersten Operationen, das Schmelzen und Gießen, besondere Sorgfalt zu verwenden. Denn mehr als die Hälfte aller Fehler ist auf unsachgemäße Ausführung dieser Operationen zurückzuführen. Alle Kunst und Erfahrung des Preß- und Walzwerksfachmannes sind erfolglos, wenn der Guß nicht gesund ist. Deshalb muß den Vorgängen beim Guß besondere Aufmerksamkeit geschenkt werden. Hierbei ist zu unterscheiden zwischen dem Blockguß (Walzbarren, Preßbolzen, Schmiedeblöcke, Masseln) und Formguß (Sand-, Kokillen-, Spritz- und Preßguß). Was den Barrenguß betrifft, so ist die Herstellung von Masseln, die beim nachfolgenden Formguß eine Umschmelzung erfahren, bereits behandelt worden. Einen größeren Rahmen erfordert jedoch der Blockguß für Preßbolzen und Walzbarren.

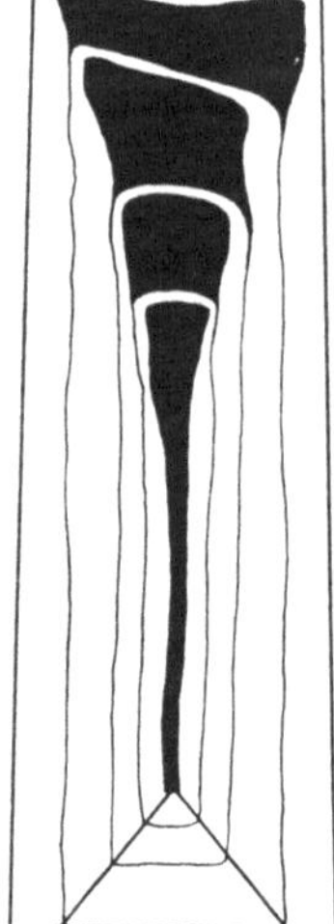
Abb. 126. Lunkerbildung in einem Gußblock. Die Linien zeigen den Fortschritt der Erstarrung nach gleichen Zeiträumen an. (Nach Sachs.)

b) Blockguß.

α) Liegender und stehender Guß.

Beim liegenden Guß sind obere und untere Oberfläche des Barrens in ihrer Beschaffenheit sehr verschieden, weshalb diese Gießart, die für Zink eben noch möglich ist, für die empfindlicheren Legierungen nicht in Frage kommt. Hierfür wird ausschließlich der stehende Guß angewandt. Allerdings hat dieser stehende Guß, bei dem die Schmelze aus größerer Höhe frei in die Kokille fällt, manchen Nachteil, den man dadurch zu umgehen sucht, daß man die Kokille schräg stellt und bei fortschreitender Füllung aufrichtet. Ein anderer Weg besteht darin, daß man durch einen seitlichen Einguß steigend gießt. Hierbei ist jedoch eine starke Überhitzung der Schmelze notwendig, damit die Form voll ausgefüllt wird. Man gießt deshalb lieber vorsichtig fallend und leitet besser die Erstarrung von unten nach oben. Das beste, besonders für Zinklegierungen geeignete Verfahren ist das Sauggußverfahren, über das nachher noch eingehend berichtet wird.

Beim Preßbolzenguß verwendet man Kokillen aus einem Stück, die nach unten eine bestimmte Konizität und einen abnehmbaren Boden besitzen, damit der Block nach dem Erstarren leicht herausfällt. Die Wandstärke der Kokille sollte nicht zu schwach sein; jedoch hat eine Überschreitung einer gewissen Wanddicke keinen wesentlichen Einfluß mehr auf die Ausbildung des Gefüges[126]. Im allgemeinen genügt es, wenn der Querschnitt der Kokille so groß ist wie der des zu gießenden Bolzens. Für Walzplatten werden geteilte Formen verwendet. Verwendbar sind hierfür auch wassergekühlte Kokillen nach Bauart Junker oder Erichsen. Grundsätzlich unterscheiden sich jedoch diese Blöcke nicht von den in ungekühlten Kokillen vergossenen Blöcken. Da die Vorgänge an Preßblöcken am eingehendsten untersucht wurden, sollen die Erscheinungen an ihnen näher beschrieben werden.

[126] Roth, W.: Diss. Aachen 1930. — Leitner, F.: Stahl u. Eisen **46**, 629/631 (1926).

β) Lunkerbildung.

Die Bolzen müssen vor allem dicht sein. Hohlräume können durch Schwindung, Gasgehalt und Schrumpfung entstehen. Der Schrumpfungshohlraum entsteht bei der Erstarrung; er stellt also die Volumen-

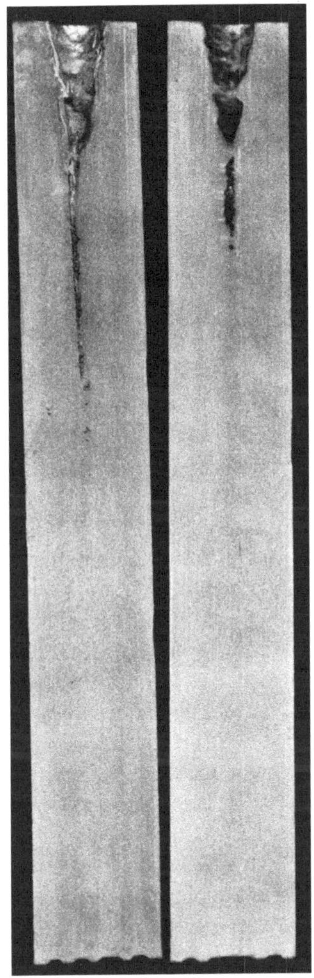

Abb. 127.

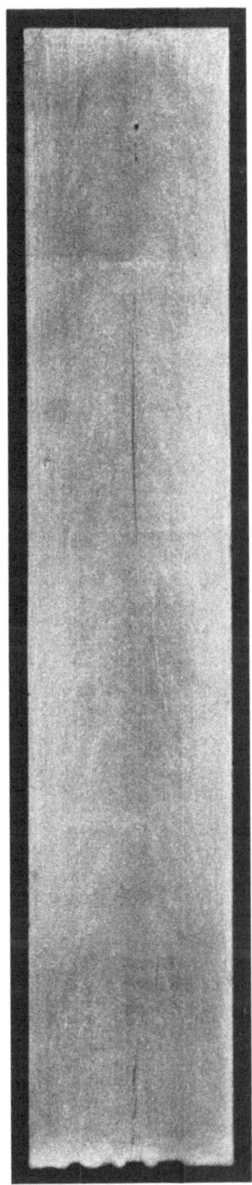

Abb. 128.

Abb. 127. Sauglunker im Preßbolzen aus einer Zinklegierung mit 4% Al, 0,5% Cu (100 mm ∅, 700 mm lang). Vergr. 1/6.

Abb. 128. Feine Fadenlunker im Preßbolzen derselben Legierung (145 mm ∅).

änderungen der Schmelze bis zur Erreichung der Erstarrungstemperatur und während der Erstarrung dar. Für die Zinklegierungen beträgt

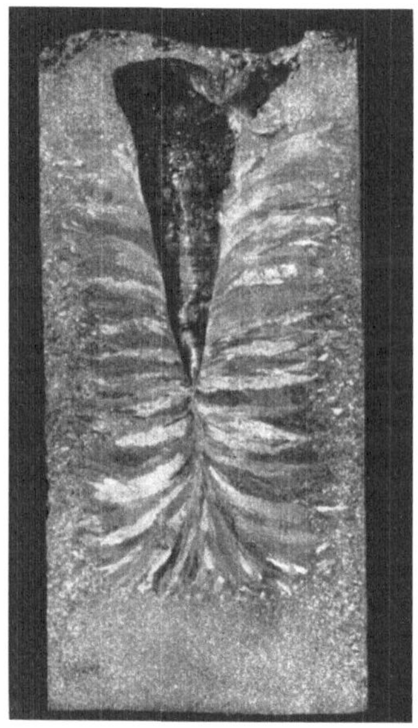

a

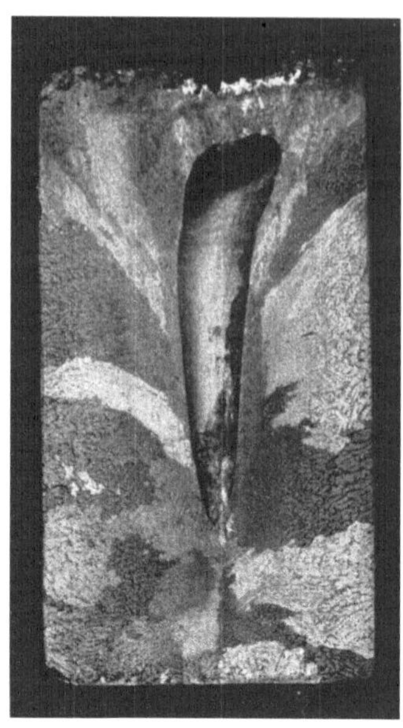

b

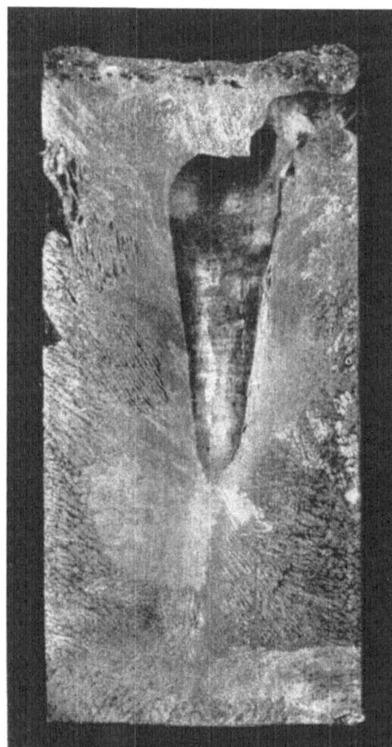

c

Abb. 129 a–c. Lunkerbildung von Zink bei verschiedenen Gießbedingungen.
a Steinkokille, Kokillentemperatur 20°; b Steinkokille, Kokillentemperatur 335°; c Steinkokille, Kokillentemperatur 410°. (Nach Bauer u. Zunker.)

die Erstarrungsschrumpfung rd. 3,5—3,7%, bei reinem Zink 4,5%. Die Erstarrung schreitet nach Abb. 126 in Zonen von den Wandungen und Boden der Kokille aus fort, so daß der Flüssigkeitsspiegel dauernd sinkt und schließlich einen Saugtrichter hinterläßt. Der Querschnitt von Bolzen mit einem großen Sauglunker zeigt Abb. 127. Um diesen Sauglunker zu verhindern, muß der Flüssigkeitsspiegel durch Nachgießen nimmer auf derselben Höhe gehalten werden. Wird das Nachgießen nicht gleichmäßig, sondern ruckweise vorgenommen, so saugt der Block nicht vollständig nach und hinterläßt in der Mitte versteckte Hohlräume (Abb. 128).

Auf die Größe und Ausbildung des Sauglunkers sind die Gießbedingungen, wie Gießgeschwindigkeit, Kokillenstärke, Kokillenwerkstoff und Gießtemperatur von Einfluß. Abb. 129 zeigt, daß sich bei Zink der Lunker um so tiefer in den Block hineinzieht, je höher Gießtemperatur, Kokillentemperatur oder Gießgeschwindigkeit sind[128].

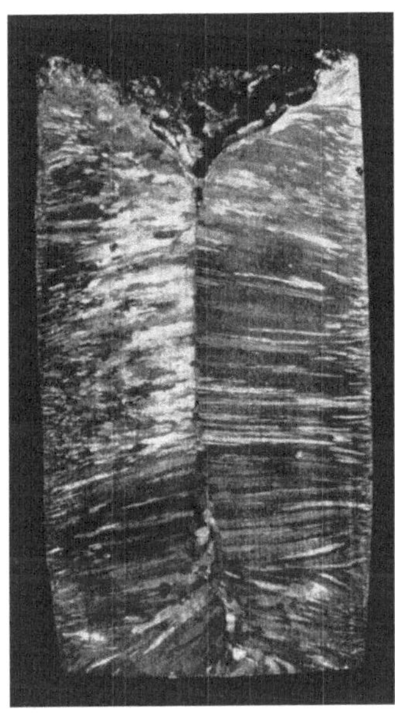

d e

Abb. 129 d u. e. Lunkerbildung von Zink bei verschiedenen Gießbedingungen. d dünnwandige Stahlkokille, Gießtemperatur 420°; e dünnwandige Stahlkokille, Gießtemperatur 580°. (Nach Bauer u. Zunker.)

Einen richtig nachgegossenen vollständig dichten Block zeigt Abb. 130 im Querschnitt. Die angeätzte Fläche zeigt auch die Kristallisationszonen, entsprechend der Temperaturverteilung in Block und Kokille. Von Schwarz[127] wurde diese Temperaturverteilung für Metallblöcke errechnet. Wie ein Vergleich mit Abb. 131 zeigt, sind die von ihm errechneten Linien sehr ähnlich den Streifen des angeätzten Blockes.

Schwindungshohlräume entstehen beim Schwinden des Gusses, das der Volumänderung vom Erstarrungspunkt bis zur Zimmertemperatur entspricht. Sie bilden sich gegen Ende der Erstarrung und sind durch

---

[127] Schwarz, C.: Arch. Eisenhüttenwes. 5, 139/148, 177/191 (1931/1932).

[128] Bauer, O. u. P. Zunker: Mitt. dtsch. Mat.-Prüf.-Anst. Sonderheft **10**, 3/26 (1930).

eine mehr zackige Ausbildung, entsprechend Abb. 132, gekennzeichnet. Zu umgehen ist die Bildung derartiger Hohlräume, indem man die Erstarrung von unten nach oben leitet. Dies kann dadurch erreicht werden, daß man am Fuß eine Wasserkühlung anbringt oder am Kopf eine Wärmeisolierung („warmer Umschlag“) vorsieht.

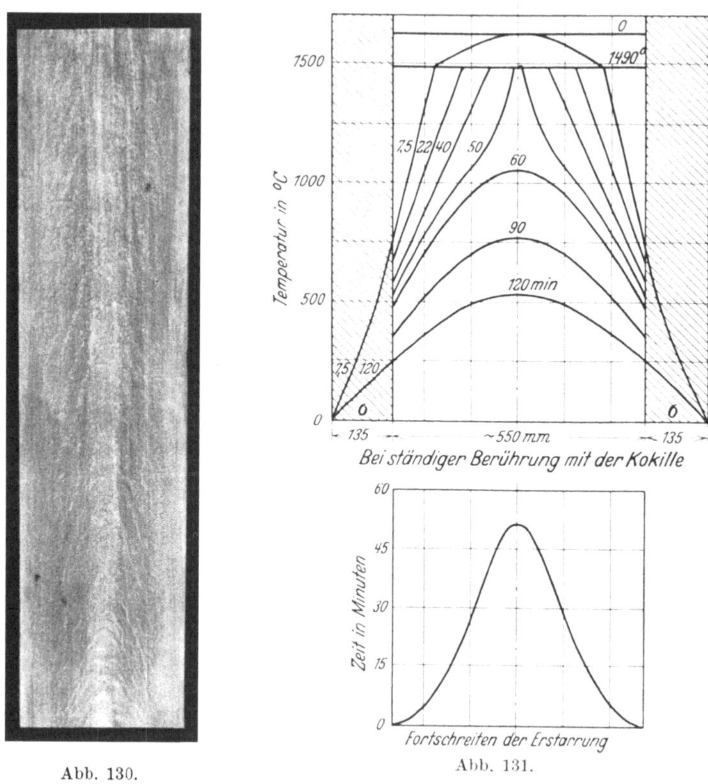

Abb. 130. Abb. 131.

Abb. 130. Dichter Block (135 mm ∅).
Abb. 131. Berechnete Temperaturverteilung in einem Stahlblock. (Nach Sachs.)

Runde Hohlräume, die meistens dicht unter der Oberfläche liegen, kommen von eingeschlossenem oder aus dem Metall ausgetretenen Gas her. Bei vorsichtigem Gießen, ohne zu plätschern, tritt diese Art von Hohlräumen bei Zinklegierungen kaum auf, da eine Gasabgabe des Metalles in der kurzen Zeit der Abkühlung kaum stattfindet.

Für die Weiterverarbeitung sind alle Hohlräume von größter Wichtigkeit, da sie zu Fehlstellen im Preßwerkstoff führen. Jeder Lunker und jede Blase werden beim Pressen lang gezogen und zusammengequetscht, ohne daß eine Verschweißung der Hohlraumwandungen stattfindet. Beim Biegen gibt sich dieser „Zweiwachs“ sehr rasch durch ein

Aufklaffen der Preßstange zu erkennen. Gashaltige Einschlüsse machen sich beim Pressen dadurch bemerkbar, daß sie den Werkstoff auftreiben. Die Preßstange erhält Knoten, die beim nachfolgenden Ziehen aufplatzen und zur Schieferbildung führen.

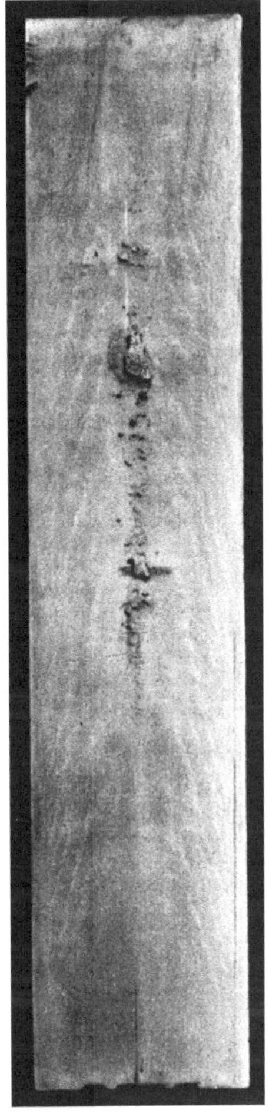

Abb. 132. Schwindungshohlräume.

γ) Seigerung.

An Aluminium-Zinklegierungen sind Seigerungserscheinungen nicht beobachtet worden. Trotz dem Unterschied im spezifischen Gewicht der einzelnen Komponenten findet eine Schwerkraftseigerung auch bei längerem Stehen der Schmelze nicht statt.

Dagegen wurden Blockseigerungen bei Kupfer-Zinklegierungen festgestellt[129], und zwar umgekehrte Blockseigerung. Sie findet im Gegensatz zur Schwerkraftseigerung, die besonders stark bei langsamer Erstarrung auftritt, in gut gekühlten Kokillen am ehesten statt. Während im allgemeinen bei der umgekehrten Blockseigerung der in geringerer Menge vorhandene Bestandteil in den Randschichten angereichert ist, wird bei den Kupfer-Zinklegierungen nicht das Kupfer, sondern das Zink in den Außenschichten angereichert, was dadurch erklärlich ist, daß der Schmelzpunkt von Zink durch geringe Kupferzusätze herauf- und nicht herabgesetzt wird. Wie man Abb. 133 entnehmen kann, zeigen Kupfer-Zinklegierungen mit Gehalten über 5 % umgekehrte Blockseigerung, während Legierungen mit kleinen Kupfergehalten kaum Verschiedenheiten in der Dichte und Zusammensetzung aufweisen.

An Preßbarren von 700 mm Länge und Durchmesser von 100, 130, 140, 160, 170, 180 und 190 mm aus einer Zinklegierung mit 4% Aluminium und 0,7% Kupfer liegen eine Reihe von Ergebnissen vor, die der Verfasser selbst festgestellt hat. In Abb. 134 ist das Ergebnis an einem Block mit 190 mm Durchmesser wiedergegeben. Wie man sieht, weist die Legierung keine Seigerungserscheinungen auf.

---

[129] Jokibe, K.: J. Inst. Met., Lond. **31**, 225/256 (1924). — Masing, G. u. C. Haase: Wiss. Veröff. Siemens-Konz. **4**, 112/123 (1925); **6**, 211/221 (1926). — Fraenkel, W. u. W. Goedecke: Z. Metallkde. **21**, 322/324 (1929). — Haase, C.: Z. Metallkde. **24**, 258/261 (1932). — Masing, G.: Z. Metallkde. **21**, 282/285 (1929).

Schwierigkeiten sind daher in bezug auf Blockseigerung in den üblichen Zinklegierungen nicht zu erwarten; lediglich in höher kupfer-

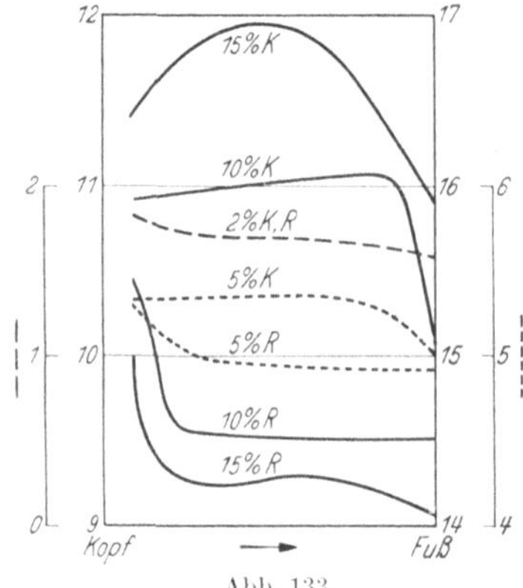

Abb. 133.

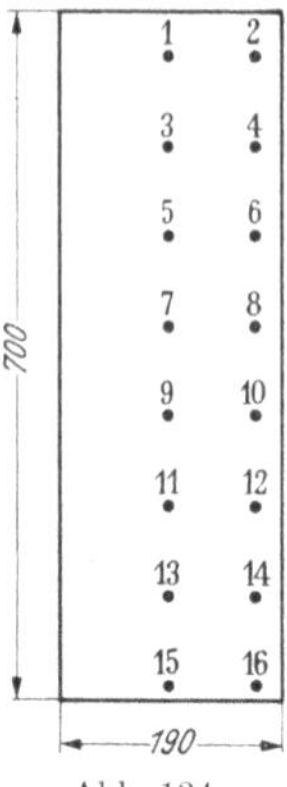

Abb. 134.

Abb. 133. Umgekehrte Blockseigerung in Cu-Zn-Legierungen (rd. 2, 5, 10 und 15% Cu). *K* Kernzone, *R* Randzone. (Nach Masing u. Haase.)

Abb. 134. Zusammensetzungsschwankung in einem Preßbolzen aus einer Zinklegierung mit 4% Al, 0,7% Cu.

haltigen Legierungen, bei denen das Kupfer 5% übersteigt, können Verschiedenheiten in der Zusammensetzung festgestellt werden. Da diese Legierungen aber schon viel spröder sind als die Zinklegierungen mit geringeren Kupfergehalten, werden sie im allgemeinen in der Praxis nicht angewandt. Besonders als Gußlegierungen sind sie nicht empfehlenswert.

Nr.	% Al	% Cu	Nr.	% Al	% Cu
1	3,90	0,70	9	3,90	0,72
2	3,90	0,68	10	3,90	0,67
3	3,93	0,70	11	3,89	0,75
4	3,92	0,66	12	3,88	0,67
5	3,94	0,70	13	3,90	0,75
6	3,94	0,66	14	3,90	0,66
7	3,90	0,71	15	3,91	0,69
8	3,90	0,67	16	3,90	0,66

d) Gefüge.

Im Querschnitt des Blockes wird fast immer eine verschiedene Ausbildungsform der Kristallite beobachtet. Es werden im allgemeinen 3 Zonen unterschieden: An der Kokillenwand, also in der Randschicht, treten kleine Kristalle auf, dann schließen sich senkrecht zur Kokillenwand liegende Stengelkristalle an, worauf sich in der Blockmitte wieder größere, aber nicht gerichtete Kristalle bilden (Abb. 135). Auf die Erklärungsversuche für die Ausbildung dieser 3 Zonen, insbesondere der Kernzone[130], soll nicht eingegangen werden.

[130] Genders, R.: J. Inst. Met., Lond. **35**, 259/293 (1926). — Papapetru, A.: Z. Kristallogr. **92**, 89/130 (1935). — Scheil, E.: Z. Metallkde. **21**, 121/124 (1929). — Matuschka, B.: Arch. Eisenhüttenwes. **5**, 335/354 (1931/1932).

Diese 3 Zonen sind beim Knüppelguß in Zinklegierungen im Gegensatz zum reinen Zink kaum festzustellen. Die Kristallite sind durchweg sehr feinkörnig und zeigen keine bevorzugte Wachstumsrichtung. Die zweite Zone scheint in einigen Fällen bei besonders hoher Erstarrungsdauer andeutungsweise vorhanden zu sein. Lediglich die Korngröße der Randkristalle ist etwas kleiner als die der Kernkristalle.

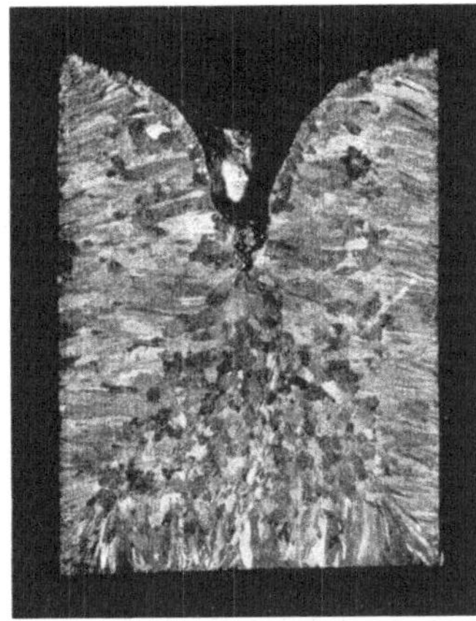

Abb. 135. Drei Erstarrungszonen in einem Block. (Nach Scheil.)

Auffallende Unterschiede zeigt dagegen das Mikrogefüge. In den Randzonen ist eine dendritische Form der Primärausscheidungen festzustellen (Abb. 136), während in der Kernzone runde Primärkristalle (Abb. 137) beobachtet werden. Die verschiedenen Gefügeausbildungen sind sehr wichtig für den Preßvorgang, da die Kristalle der einzelnen Zonen unterschiedliches Formänderungsvermögen besitzen. Probestücke, die aus den beiden Zonen herausgearbeitet wurden, zeigen folgende Eigenschaften: Ein Stab mit der aus Abb. 136 ersichtlichen Struktur hat 19 kg/mm² Festigkeit, 74 kg/mm²

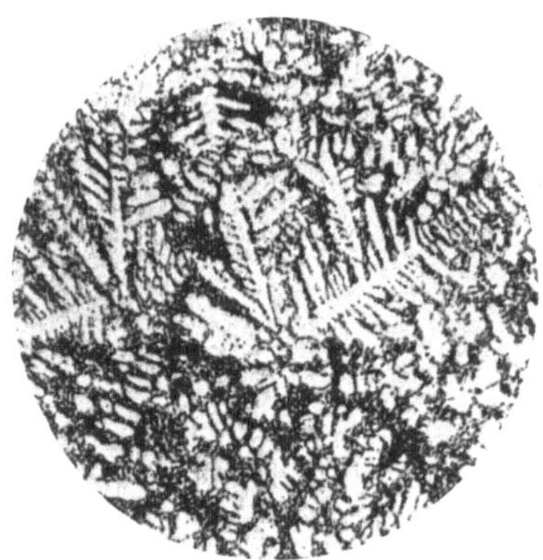

Abb. 136. Gefügebild der Randzone eines Preßbolzens. Vergr. 200.

Abb. 137. Gefügebild der Kernzone desselben Preßbolzens. Vergr. 200.

Brinellhärte und 80 cmkg/cm² Schlagbiegefestigkeit. Beim Stab mit der in Abb. 137 wiedergegebenen Struktur betragen jedoch die Festigkeit 17,5 kg/mm², die Härte 65 kg/mm² und die Schlagbiegefestigkeit 320 cmkg/cm². Wie man erkennt, unterscheiden sich die beiden Strukturen vor allem in der Schlagbiegefestigkeit, die ungefähr als ein Maß für das Formänderungsvermögen gelten kann.

Es wäre selbstverständlich wünschenswert, eine einheitliche Struktur im ganzen Knüppelquerschnitt zu erzeugen. Denn durch die zwei verschieden verformbaren Zonen können beim Pressen, wo, wie nachher gezeigt wird, die Kernzone der Randschicht vorauseilt, Mikrorisse entstehen, die im Schliffbild nicht sichtbar sind und sich doch in einigen technologischen Eigenschaften bemerkbar machen können. Wenn auch die Struktur mit den runden Primärausscheidungen günstiger erscheint, so wäre es zunächst bereits ein Fortschritt, wenn das Gefüge einheitlich über den ganzen Querschnitt die dentritische Struktur aufweisen würde. Von Scheil[131] liegt eine Untersuchung vor, wonach es durch Einhängen von Drähten aus demselben Werkstoff in die Gußform gelingt, Kristallkeime in der erstarrenden Metallschmelze zu erzeugen, die eine Kornverfeinerung über den ganzen Querschnitt des Blockes brachten. Wie aus Abb. 138—142 hervorgeht, ist z. B. bei Stahl unter bestimmten Bedingungen ein fast gleichmäßiges Korn vom Rand bis zum Kern zu erzielen. Werden zuviel oder zu dicke Drähte eingehängt, so nimmt die Korngröße wieder zu und eine schmale Stengelkristallzone stellt sich wieder ein (Abb. 142). Ausgedehnte Versuche an einer Zinklegierung mit 4% Aluminium, 0,6% Kupfer, 0,04% Magnesium haben aber nicht zu einem ähnlichen Ergebnis geführt. Es wurden bei einer Knüppelkokille von 100 mm Durchmesser und 700 mm Länge 4, 8 und 16 Drähte von 1, 3, 5 und 8 mm eingehängt. Unaufgeschmolzene Drahtreste wurden in den erstarrten Blöcken nicht mehr gefunden. Trotzdem wurden wieder die beiden Gefügebilder mit dendritischen und kugeligen Primärausscheidungen festgestellt. Es scheint demnach mit dieser Methode nicht zu gelingen, eine einheitliche Struktur in Preßblöcken zu erzeugen. Unsere Kenntnisse über den Blockguß von Zinklegierungen, die bekanntlich noch sehr jung sind, weisen hier also noch eine empfindliche Lücke auf, deren Schließung weiteren Untersuchungen vorbehalten bleiben muß.

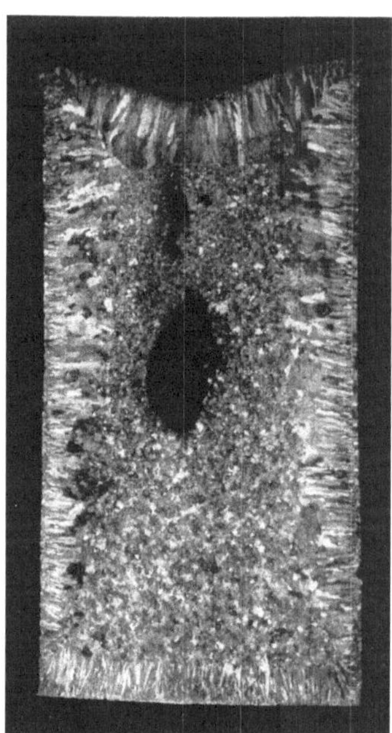

Abb. 138. Gußgefüge von Stählen mit 3% Si in Sandformen gegossen, in der sich 4 Drähte der gleichen Legierung mit verschiedenen Durchmessern befanden. Ohne Drähte. (Nach Scheil.)

[131] Scheil, E.: Z. Metallkde. 28, 228/229 (1936).

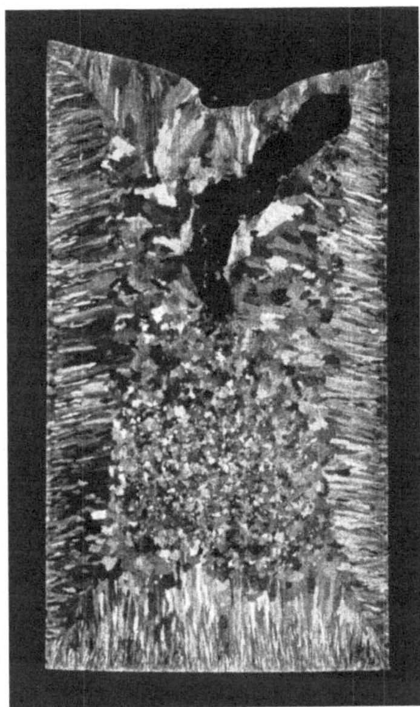

Abb. 139. Drähte von 1 mm Dicke.

Abb. 140. Drähte von 2 mm Dicke.

Abb. 141. Drähte von 3 mm Dicke.

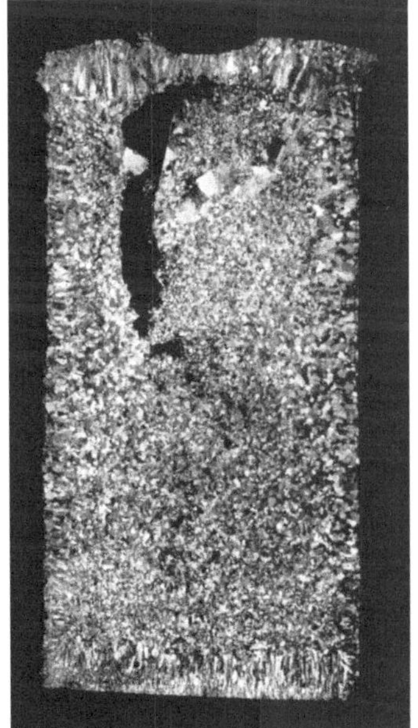

Abb. 142. Drähte von 5 mm Dicke.

Abb. 139—142. Gußgefüge von Stählen mit 3% Si in Sandformen gegossen, in der sich 4 Drähte der gleichen Legierung mit verschiedenen Durchmessern befanden. (Nach Scheil.)

ε) Oberflächenfehler.

Beim normalen Gießen von Bolzen oder Barren aus Zinklegierungen treten Unregelmäßigkeiten an der Oberfläche auf, die bei der Weiterverarbeitung zu mehr oder weniger großen Störungen führen können. Dies gilt besonders für Walzblöcke, die zu dünnen Blechen mit guter Polierfähigkeit verarbeitet werden sollen. Aber auch Preßbolzen, die zu Profilen (z. B. Deck- und Zierleisten für Automobile) verpreßt werden, dürfen weder auf, noch dicht unter der Oberfläche Fehler haben, die ein Polieren der Profile unmöglich machen. Dabei kann es vorkommen, daß sich Fehler, die im Gußblock nicht oder kaum auffallen, bei der Fertigverarbeitung sehr deutlich zu erkennen geben. Die Erzielung einer glatten Oberfläche ist deshalb beim Blockguß ebenso wichtig wie ein fehlerfreies Inneres. Bei schweren Walzblöcken ist es sogar ratsam, die Gußoberfläche abzuhobeln. Im übrigen ist aber bei Beobachtung richtiger Gießbedingungen eine saubere, glatte Oberfläche auch ohne Abhobeln zu erzielen.

Abb. 143. „Spritzer“ an der Oberfläche eines Preßknüppels. Vergr. $^1/_2$.

Die am meisten auftretenden Fehler, die bei den ersten Walzstichen schadhafte Stellen oder beim Pressen Oberflächenunregelmäßigkeiten ergeben, sind Narben und Spritzer im Gußblock.

Spritzer sind mehr oder weniger große Häutchen von Metall, die durch eine Oxydschicht vom übrigen Teil des Blockes getrennt sind (Abb. 143) und sich nach dem Pressen oder Walzen von der Stangen- bzw. Blechoberfläche abschälen lassen (Abb. 144). Spritzer werden an die Blockoberfläche gebracht, wenn man beim Füllen der Form nicht vorsichtig genug ist und das Metall in die Kokille „platscht“.

Blasen sind öfters sowohl an Preß- als auch Walzwerkstoff festzustellen. Besonders wenn die Stangen gebogen oder gestreckt werden, erscheinen die Blasen an der Oberfläche deutlicher. Abb. 145 zeigt derartige Blasen in einer 30 mm starken Preßstange, die aus einem 70 mm starken Preßknüppel einer Zinklegierung mit 4% Aluminium, 0,5% Kupfer hergestellt worden war. Die Blasen rühren meist von Fehlern dicht unter der Oberfläche der Gußknüppel her, die zunächst nicht sichtbar sind und erst bei der Verformung auffallen. Die Blasen werden im Innern beim Öffnen immer rein befunden. Eine Dunkelfärbung, wie sie von Kupferlegierungen beschrieben wird, ist noch nicht beobachtet worden. Die Blasen enthalten wahrscheinlich vorzüglich Wasserstoff; sie rühren also von Gaseinschlüssen des Gußblockes her.

Polierlinien rühren von nichtmetallischen Einschlüssen her. Es sind meistens sehr kleine, punktförmige Einschlüsse, die kaum sichtbar sind, auch im Preßstrang nicht auffallen und erst beim Polieren kometenschweifähnliche Streifen hinterlassen. Da die Einschlüsse sehr hart sind,

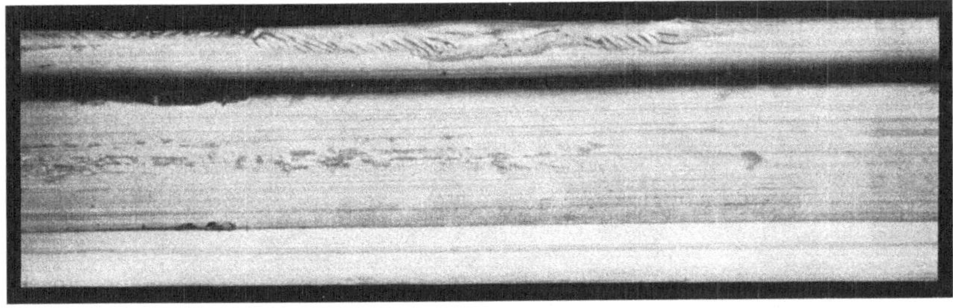

Abb. 144. Preßstange mit Schieferbildung, hergestellt aus einem Preßknüppel mit Spritzer. Vergr. 2/3.

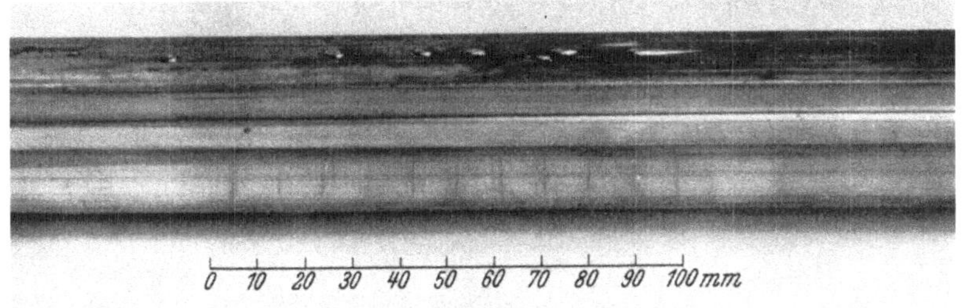

Abb. 145. Blasenbildung auf einer Preßstange infolge Gasgehaltes des Preßknüppels.

ist anzunehmen, daß es sich um Al_2O_3 in Form von Korund handelt. Nicht immer rühren diese Polierlinien von harten Einschlüssen her, sondern können, wie später gezeigt wird, auch vom falschen Polieren an zu großen und rasch laufenden Scheiben herkommen.

Da Zinklegierungen sehr empfindlich gegen Überhitzungen sind, wird gewöhnlich etwas zu kalt gegossen, wodurch die Blöcke oft mit Falten, Metallperlen und Überläufen (Abb. 146) an der Oberfläche behaftet sind. Sie rühren von Metallkugeln her, die an die Kokillenwand geplatscht worden sind, dort zurückprallen und mit der nachfolgenden Schmelze infolge der niedrigen Temperatur nicht vollständig verschmelzen, sondern nur kaltschweißen.

Eine andere Art von Oberflächenfehlern, die auch oft an Messingblöcken beobachtet wird, tritt beim fallenden Guß an der Eingußstelle auf. Dort, wo der Metallstrahl die Kokillenwand trifft, entstehen Oberflächenlöcher, die man beim Messing „Bläser" nennt.

ζ) Kokillenschlichten.

Bei Blockguß werden für Zinklegierungen keine Formenausstriche verwendet, während sie beim Formguß notwendiger sind. Da die Kokillenschlichte brennbar ist, gibt sie oft Anlaß zu Fehlstellen, indem sich unter der Oberfläche Hohlräume bilden. Aufgabe der Tünche soll nach Genders und Bailey[132] das Einschmieren, der Schutz der Form,

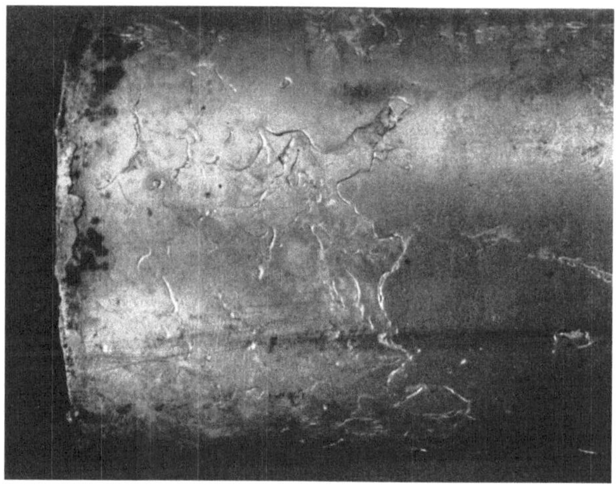

Abb. 146. Preßbolzen mit Oberflächenfehlern (Perlen, Falten). Vergr. $^{1}/_{3}$.

Wärmeabschirmung, Oxydationsschutz und Ausfüllen der porösen Formenoberfläche sein. Einschmieren, um eine gute Formfüllung zu erzielen, ist lediglich bei Formguß notwendig, bei dicken Knüppeln dagegen unnötig. Ein Schutz der Form erübrigt sich, da Gußeisen kaum von der Zinklegierungsschmelze angegriffen wird. Eine Preßknüppelkokille hält bis zu 10000 Güsse aus, ohne daß sie nachgearbeitet werden muß. Da auch eine Oxydation der Schmelze bei der üblichen niedrigen Gießtemperatur nicht zu befürchten ist, bringt ein Verzicht auf die Kokillenschlichte keine Nachteile. So entscheidend die Auswahl einer richtigen Formenauskleidung für den Messingblockguß ist, so wenig ausschlaggebend ist sie bei den Zinklegierungen. Da sie sogar, wie oben angegeben, zu Fehlern unter der Oberfläche führen kann, ist auf sie, zum mindesten beim Blockguß, zu verzichten.

[132] Genders, R. u. G. L. Bailey: Das Gießen von Messingblöcken, 216 Seiten. Berlin: Julius Springer 1936.

η) Gießverfahren.

Es sind verschiedene Block-Gießverfahren möglich und üblich. Das gebräuchlichste Verfahren ist der fallende Guß. Dabei gießt man, indem man die Kelle auf den Kokillenrand aufsetzt (Abb. 147), an die gegenüberliegende Wand, so daß es möglichst wenig plätschert. Ein Schiefstellen der Kokille ist nicht ratsam, da dann entstehende Gasblasen beim Aufsteigen an die obere Formwand gelangen, wo sie von den erstarrenden Metalloberflächen eingeschlossen werden können. Bei senkrechter Stellung haben die Gase Gelegenheit, durch die noch flüssige Blockmitte zu entweichen (Abb. 148). Die Gießzeit für einen 50 kg-Barren dauert ungefähr 40 Sekunden, für einen 150 kg-Barren annähernd 3 Minuten. Das Gewicht der Kokille beträgt im allgemeinen das Doppelte des Knüppelgewichtes. Die Kokillentemperatur beträgt ungefähr 250°.

Abb. 147. Fallender Knüppelguß mit Gießkelle.

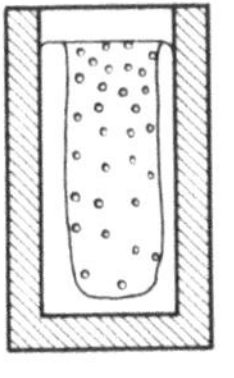

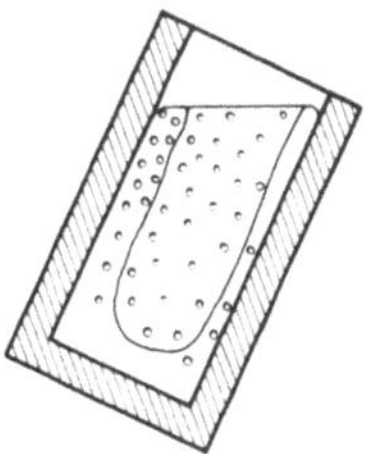

Abb. 148. Einfluß der Formenaufstellung auf die Einschlußgefahr mitgerissener Gase. (Nach Zerleeder.)

Für die Herstellung von Knüppeln zum Rohrpressen wird ein flußeiserner Kern verwendet. Der Dorn muß sofort nach der Erstarrung des Metalles gezogen werden, da er sonst aufschrumpft.

Nach erfolgter Erstarrung der Schmelze wird die Kokille, die auf einer Bodenplatte steht, hochgezogen, so daß der Knüppel infolge seines eigenen Gewichtes herausfällt. Man gibt hierzu der Kokille eine Konizität von 1—3 mm auf eine Länge von 700 mm je nach dem Durchmesser des Knüppels.

Steigender Guß kann bei der Herstellung von Walzplatten verwendet werden; hierbei ist die Kokille mit einem seitlichen, abgeschnürten

Einguß versehen. Dieser Teil muß nach dem Erstarren abgesägt werden. Der Nachteil des steigenden Gusses für Zinklegierungen liegt darin, daß man ziemlich heiß gießen muß, damit die Schmelze in der Einschnürung nicht einfriert. Noch schlimmer ist der Fall, wenn der seitliche Spalt bis auf einen schmalen unteren Zufluß geschlossen wird, so daß die

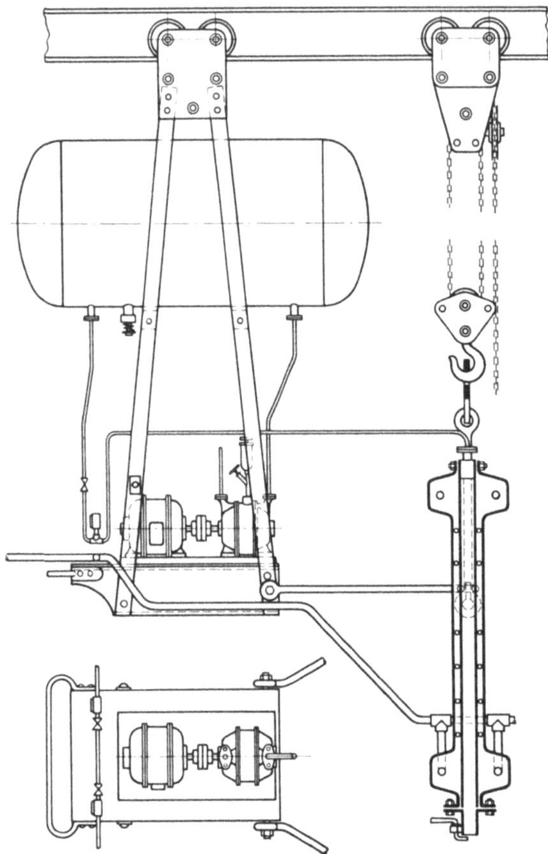

Abb. 149. Knüppelguß nach dem Saugußverfahren. (Nach DRP. 570614.)

Schmelze dem Block von unten sehr heiß zugeführt werden muß. Der Block ist gewöhnlich unten undicht.

Die Erstarrung muß von unten nach oben geleitet werden, damit der Block dicht wird. Dazu werden zwei Wege beschritten. Entweder geht man so vor, daß unten gekühlt wird und oben flüssig gehalten wird. Das Flüssighalten geschieht, indem entweder zusätzlich erwärmt wird, z. B. durch Induktionsheizung[133] oder durch eine gute Wärmeisolation in Form eines „warmen Umschlages" aus Schamotte. Ein zweiter Weg

[133] Hirsch-Kupfer- und Messingwerke, DRP. 570944, 1929.

beruht auf dem Prinzip des Einkristallofens, indem das Schmelzgefäß langsam aus einem Ofen gezogen wird[134], worauf die Erstarrung von unten nach oben erfolgt. In beiden Fällen muß aber zur Verhinderung eines Sauglunkers im Kopf, der zwar bei weitem nicht so groß ist, wie bei normaler Erstarrung ohne Vorsichtsmaßregeln, nachgegossen werden.

Gießverfahren, bei denen ein dichter Guß erhalten wird und nicht nachgegossen werden muß, bestehen darin, daß unter Druck oder Vakuum gegossen wird. Unter Druck zu gießen ist bereits vom Spritzguß bekannt. Der Vakuumguß wurde schon für Edelmetalle vorgeschlagen und für kleinere Blöckchen in Anwendung gebracht[135]. In technischem Maßstab werden Chromlegierungen im Vakuum geschmolzen und gegossen[136]. Dieses Verfahren kann auch auf den Blockguß von Zinklegierungen angewandt werden[137]. Der Vorteil besteht außer in der Erzielung eines dichten Gusses noch in Erreichung einer glatten Oberfläche. Die Arbeitsweise ist folgende: Nach Abb. 149 besteht das Arbeitsgerät aus den Vakuumquellen mit den erforderlichen Steuerorganen, den Regeldüsen für das Vakuum und Kühlwasser, Vakuumspeicher mit Belüftungsventil für die maximale Vakuumhöhe und der Kokille. Nachdem für die betreffende Schmelze die Saughöhe des Knüppels durch Einstellen des Belüftungsventils und durch Einsetzen der entsprechenden Düse die Sauggeschwindigkeit und damit die Gießgeschwindigkeit festgelegt wurde, besteht die Bedienung der Gießvorrichtung lediglich im An- und Abschalten der Vakuumleitung. So beträgt z. B. die Füllgeschwindigkeit einer Walzbarrenkokille mit den Abmessungen $300 \times 40 \times 1000$ mm für eine 500° heiße Zinkschmelze mit 4,8% Kupfer und 0,2% Aluminium bei einer Regeldüse von 1,2 mm Durchmesser und einem Vakuum von 450 mm Hg 90 Sekunden. Der Saugstutzen der Kokille wird 10—20 mm unter dem Schmelzspiegel eingesetzt und für die geschilderten Verhältnisse ungefähr 3 Minuten in der Schmelze belassen. Während dieser Erstarrungszeit wird die Schmelze nachgesaugt. Dann kann die Kokille aus der Schmelze gezogen werden; danach fällt die Platte beim Abstellen des Vakuums heraus. Man ist also nach diesem Verfahren in der Lage, unabhängig von der schwankenden Geschicklichkeit des Gießers und seinem Schätzungsvermögen, eine mechanisch beliebig einstellbare und wiederholbare Genauigkeit und Gleichmäßigkeit in der Formfüllung zu erreichen. Der Füllvorgang ist also jeglicher Beeinflussung durch das Bedienungspersonal entzogen. Gerade für Zinklegierungen, die nicht so sehr wie die Aluminiumlegierungen zur Oxydhautbildung neigen, ist dieses Saugverfahren besonders geeignet, da es gleichmäßig dichte Blöcke mit einer glatten Oberfläche und feinem Gefüge liefert.

---

[134] Heraeus, DRP. 575843, 1929.
[135] Reeve, T. H.: Met. & Alloys **2**, 184/185 (1931).
[136] Rohn, W.: Amer. Inst. min. metallurg. Engr. Techn. Publ. **1932**, Nr. 470, 1/8.
[137] Grillo, W.: DRP. 570614, 1931.

c) Formguß.

α) Sandguß.

§ 1. Allgemeines.

Sandguß ist bei fast allen anderen Werkstoffen die älteste und am meisten angewandte Gießart. Bei den Zinklegierungen ist dies nicht der Fall. Hier ist immer noch das Spritzgußverfahren vorherrschend. Auch chronologisch machten die Zinklegierungen die umgekehrte Entwicklung durch. Zunächst wurde das Gießverfahren, das die besten Eigenschaften im Gußstück liefert, angewandt, nämlich das Gießen unter Druck, der Spritz- und Preßguß. Während die ersten Zinkspritzgußlegierungen Festigkeiten von 20—25 kg/mm² bei 0—1% Dehnung und 0,5 bis 1,7 cmkg/mm² Schlagbiegefestigkeit[138] aufwiesen, wurden sie im Laufe von 10 Jahren durch Beherrschung der Spritztechnik und vor allem durch Verbesserung der Legierungstypen zu hochwertigen Werkstoffen mit 35—40 kg/mm² Festigkeit bei 4% Dehnung und 7—10 cmkg/mm² Schlagbiegefestigkeit[139] entwickelt. Nachdem man Legierungen mit derartig günstigen mechanischen Eigenschaften im Spritzguß gefunden hatte, konnte man daran gehen, geeignete Zinklegierungen auf Kokillenguß zu übertragen. Erst nachdem auf diesem Gebiet über Erwarten günstige Eigenschaften erzielt worden sind, dachte man daran, Zinklegierungen auch in Sand zu vergießen. Die Anwendung in der Praxis nimmt noch keinen großen Umfang ein, gewinnt aber immer mehr an Bedeutung, zumal diese Entwicklung in Deutschland durch behördliche Maßnahmen wie Verwendungsverbote für Buntmetalle, gefördert wird.

§ 2. Formsand.

Es kann sowohl Naßguß als auch Trockenguß ausgeführt werden. Für den Naßguß können magere Sande verwendet werden. Bei diesen Sorten handelt es sich um feinkörnigen tonhaltigen Quarzsand, dessen Kieselsäuregehalt 80—85%, Tonerdegehalt 5—8% und Wassergehalt 8—12% betragen. Ein Eisenoxydgehalt stört nicht, wie es z. B. beim Messing- oder Eisenguß der Fall ist. Durch den niedrigen Tonerdegehalt muß die Form feucht vergossen werden, da der Sand sonst die Bildsamkeit verliert. Die Korngröße soll zwischen 0,01—0,1 mm Durchmesser liegen. Ein Zusatz von gemahlener Steinkohle (bis zu 20%), der oft empfohlen wird, ist nicht notwendig. Die Körner sollen möglichst scharfkantig sein. Der frische, feinkörnige Modellsand braucht nur unmittelbar um das Holzmodell geschichtet zu werden, während der weiter außen liegende Füllsand gebrauchter, grobkörniger Sand sein kann. Der Füllsand ist

[138] Johnson, W. G.: Met. Ind., Lond. **23**, 322, 362 (1925).

[139] Werkstoffblätter der Firma Georg v. Giesches Erben, Magdeburg 1936. Merkblätter der Firma Metallgesellschaft A.G., Frankfurt a. M. 1935. Normblatt DIN 1743, 1936.

poröser und infolgedessen gasdurchlässiger. Für kompliziertere Formen nimmt man Formsande mit höherem Tongehalt; dadurch wird die Bildsamkeit zwar erhöht, die Gasdurchlässigkeit dagegen herabgesetzt. Da jedoch der Guß aus Zinklegierungen selten Gasporen zeigt, so können ohne weiteres fettere Sande verwendet werden. Daher ist es auch möglich, Zinklegierungen im Trockenguß herzustellen. Die Gußstücke erhalten dabei sogar ein glatteres, glänzenderes Aussehen, während sie im Naßguß eine matte, dunklere Oberfläche zeigen. Für den Naßguß eignet sich

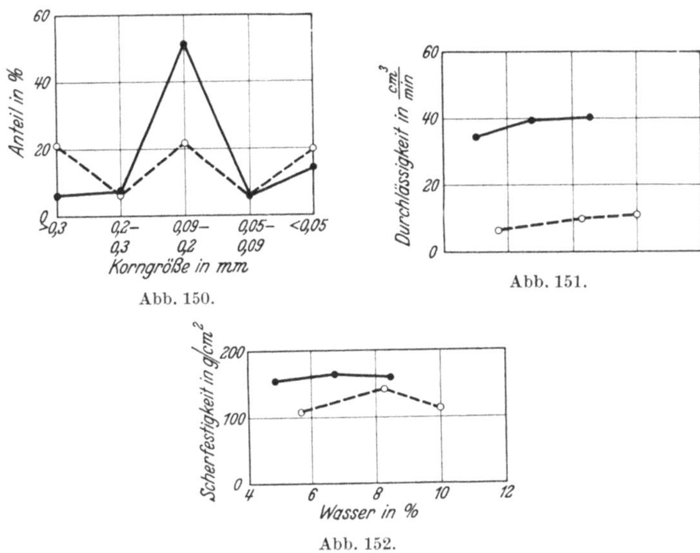

Abb. 150.

Abb. 151.

Abb. 152.

Abb. 150—152. Kennzeichnende Eigenschaften von gutem (•) und schlechtem (○) Formsand. (Nach Aulich.)

besonders der Kaiserslautener Formsand, während hierfür z. B. Hallescher Sand nicht empfehlenswert ist. Für Trockenguß sind die bekannten fetten Sandsorten aus Mitteldeutschland anwendbar. Formsandprüfungen, wie sie von Aulich[140] vorgeschlagen werden, bringen zwar nach Abb. 150—152 einen deutlichen Unterschied zwischen gutem und schlechtem Sand; einen wirklichen Aufschluß über die Eignung des Sandes geben sie jedoch nicht. Hier ist nach wie vor die Erfahrung für die Auswahl der richtigen Formsandzusammensetzung maßgebend. Für die Zinklegierungen sind am ehesten die mit Rotguß oder Bronzen gemachten Erfahrungen zu verwenden, während die Erkenntnisse an Aluminiumlegierungen trotz verschiedener Verwandtschaften (niedriger Schmelzpunkt) nicht übertragbar sind.

---

140 Aulich, P.: Gießerei **15**, 937/944 (1928).

§ 3. Kerne.

Einfachere Kerne können aus fettem Sand hergestellt werden, für festere Kerne gebraucht man tonarmen, alten Formsand mit Bindemitteln. Als Bindemittel eignen sich Mehl, Stärke, Dextrin, Melasse usw. Für nicht zu große Kerne ist besonders Melasse in einem Gehalt von 1% geeignet, da sie den Kernen eine gewisse Porosität gibt. Für dichte Kerne können Öle, z. B. Leinöl, nicht verwendet werden, wie es bei Schwermetallguß der Fall ist, da die niedrige Gießtemperatur der Zinklegierungen nicht genügt, um das Öl zu verbrennen, so daß der Kern festbleibt und nicht zerfällt. Um dichte, gut stehende Kerne für Zinklegierungen herzustellen, verwendet man die bekannten Drahtstützen, die auf Vorrichtungen entsprechend der Kernform gebogen werden. Diese Kerne sind nach dem Trocknen mit Graphitwasser anzustreichen und nachzutrocknen, damit der Kern eine glatte und feste Oberfläche hat. Auch Kunstharze und Revertexlösungen werden vielfach empfohlen. Nach eigenen Erfahrungen bringt jedoch die Verwendung von teurem Revertex (Kautschuklösung) keine Vorteile gegenüber Melasse oder Dextrin. Trockentemperaturen und Trockenzeiten sind nicht anzugeben, da sie je nach Zusammensetzung des Kernsandes wesentlich verschieden sind. Diese Größen müssen jeweils durch Versuche festgelegt werden. Als Anhaltspunkte können für die Temperatur ungefähr 150—200° gelten. Trocknen über Nacht genügt meistens bei nicht zu massigen Kernen. Der Trockenofen muß einen guten Zug haben. In den ersten 2 Stunden ist die Abzugsklappe offen zu halten und erst nachdem man erkennt, daß kein Wasserdampf mehr entsteht, kann man die Klappe schließen.

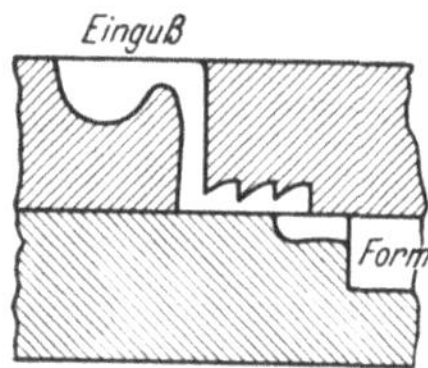

Abb. 153. Vorteilhafter Einguß in zackiger Form.

§ 4. Modelle.

Gegenüber den Erfahrungen bei Rot- und Gelbguß ist kaum etwas hinzuzufügen. Da die Zinklegierungen leichtflüssiger als Buntmetalle sind und infolgedessen Unebenheiten der Oberfläche schärfer wiedergeben, ist es oft ratsam, besonders wenn die Stückzahl etwas größer ist, Metallmodelle (aus einer Zinklegierung mit 4% Aluminium, 1% Kupfer) statt Holzmodelle herzustellen. Metallmodelle haben den Vorteil, sich nicht zu verziehen, mechanisch widerstandsfähiger zu sein und eine glatte Oberfläche zu besitzen.

§ 5. Ausführungsbeispiele.

Um die Eigenheiten der Zinklegierungen beim Sandguß kennenzulernen, sollen einige Beispiele aus der Praxis angeführt werden. Bis jetzt kam fast ausschließlich eine Zinklegierung mit 4% Aluminium, 1—1,5% Kupfer und 0,02—0,05% Magnesium (Giesche-ZL 2 oder Zamak 5) zur

Anwendung. Die sonstigen Eigenschaften dieser Legierung wurden schon berührt, so daß hier nur über Gießeigenheiten berichtet werden soll.

Abb. 154.

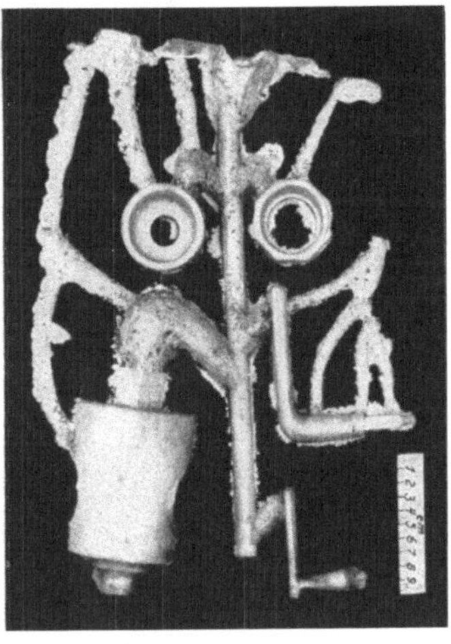

Abb. 155.

Abb. 154 u. 155. Sandgußstücke mit Eingüssen und Steigern aus einer Zinklegierung mit 4% Al, 1% Zn, 0,04% Mg. Vergr. 1/8.

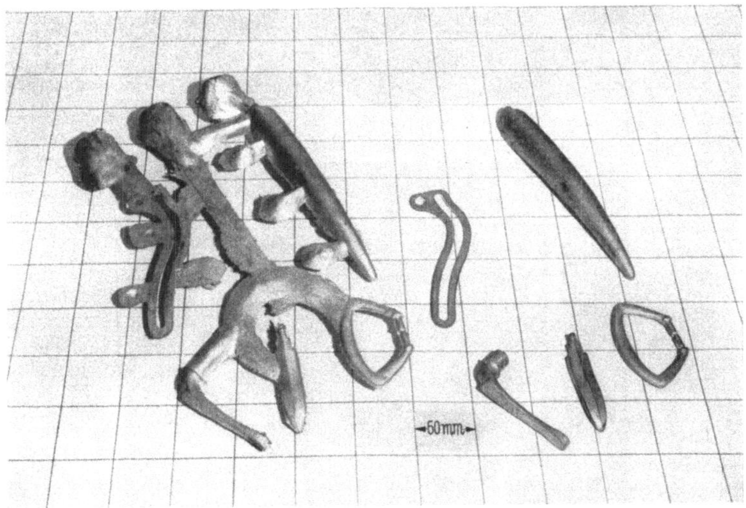

Abb. 156. Sandgußstücke mit Einguß und in geputztem Zustand einer Zinklegierung mit 4% Al, 1,1% Cu. (Nach Merkblatt der Metallgesellschaft.)

Das Wichtigste ist die Anlage des Anschnittes und der Steiger. Der Anschnitt muß so gelegt werden, daß die Schmelze ruhig und nicht

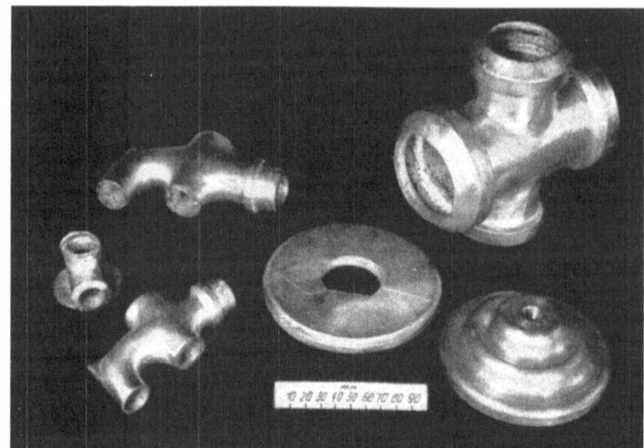

Abb. 157.

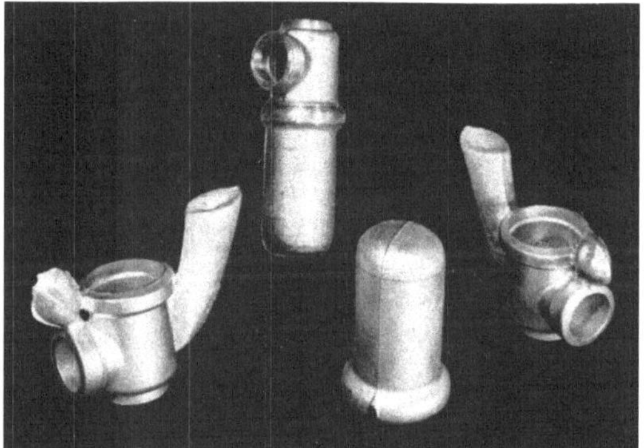

Abb. 158.

Abb. 159.

Abb. 157–159. Verschiedenartige Sandgußstücke einer Zinkformgußlegierung mit 4% Al, 1% Cu, 0,04% Mg.

strudelnd in die Form läuft; dabei soll trotzdem die Formfüllung möglichst rasch erfolgen, ohne daß Schlacken oder Oxydhäute mitgerissen werden. Man erreicht dies dadurch, daß man dem Anschnitt eine zackige Form gibt (Abb. 153), die die Schlacken zurückhält. Außerdem wechselt man

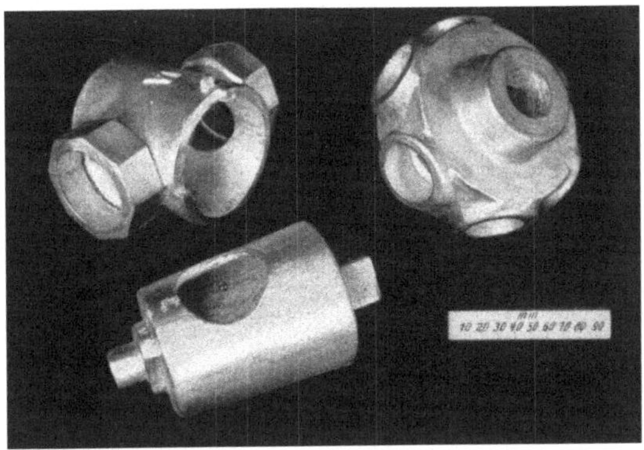

Abb. 160.

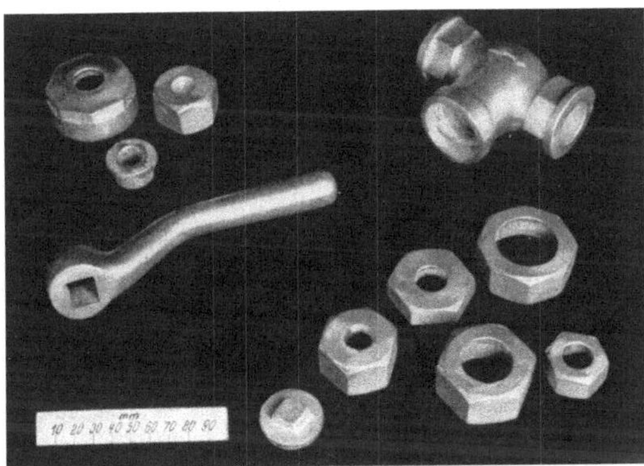

Abb. 161.

Abb. 160 u. 161. Verschiedenartige Sandgußstücke einer Zinkformgußlegierung mit 4% Al, 1% Cu, 0,04% Mg.

möglichst die Flußrichtung der Schmelze, ohne daß Wirbelungen auftreten. Ausführungsbeispiele in trockenem Sand bringen die Abb. 154 bis 161. Man gießt zunächst in einen Tümpel (Abb. 153), aus dem nach Abstreifen des gröbsten Schaumes das Metall in den Einlauf gelangt. Von hier fällt die Schmelze durch den Eingußtrichter und steigt dann schräg nach oben, wobei ein ruhiger, schlackenloser Fluß einsetzt (Abb. 154). Der Anschnitt wird dann am Gußstück etwas verjüngt, damit der Einguß beim Putzen leicht abbricht. Eine andere Möglichkeit besteht darin, das Gußstück mit einem Kanal (Fließleiste) zu umgeben, an den sich die Anschnitte entgegengesetzt zur Flußrichtung anschließen (Abb. 162). Hierbei werden mehrere Eingußtrichter vorgesehen. Ein derartig gegossenes Stück (Naßguß) zeigt Abb. 163. Wie man sieht, sind alle Rippen trotz der geringen Dicke gut ausgelaufen.

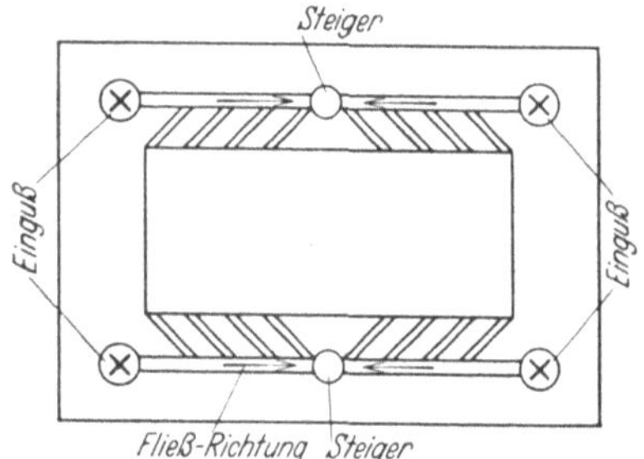

Abb. 162. Anschnitt des in Abb. 163 dargestellten Sandgußstückes mit Hilfe einer Fließleiste und Anschnitten entgegen der Fließrichtung. (Nach Dornauf.)

Wichtig ist weiterhin, daß genügend Steiger zum Entweichen der Luft und Hochsteigen der Schmelze vorgesehen werden. Sie brauchen nicht so hoch zu sein, wie man sie bei Aluminium und seinen Legierungen gewöhnt ist, da die Schwindung von Zinklegierungen kleiner ist. Mehrere kleine Steiger sind deshalb anzustreben, damit möglichst kalt gegossen werden kann, wodurch Einfallstellen vermieden werden. Die Steiger laufen oben in Saugballen aus, damit genügend flüssiges Metall in das Gußstück nachfließen kann. Sie sind möglichst an der obersten Stelle des Gußstückes anzuordnen, besonders an Stellen, wo bereits Werkstoffanhäufungen vorhanden sind. Damit die Schmelze aus den Steigern

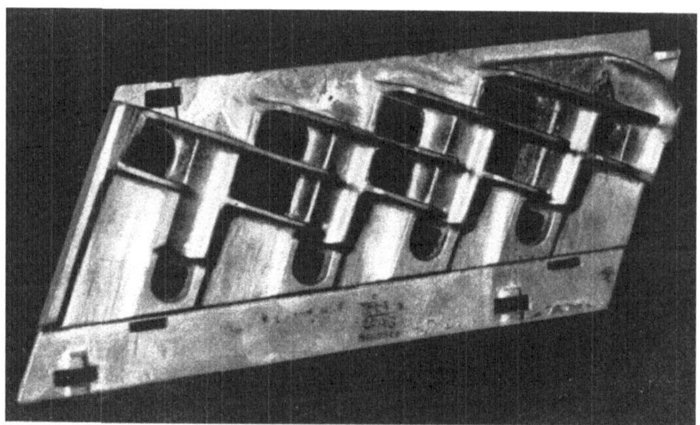

Abb. 163. Schwieriges Sandgußteil mit dünnen Rippen, im Naßguß hergestellt.

leicht nachfließen kann, sticht man bei dicken Querschnitten die Oberflächenkruste durch und gießt heißes Metall nach. Für Werkstoffanhäufungen gilt außerdem, daß schroffe Übergänge zu dünneren Wandstärken unbedingt vermieden werden müssen.

Ein bei Aluminiumlegierungen beliebtes Hilfsmittel sind Schreckplatten. Platten aus Eisen — nicht aus Kupfer — können an besonders dicke Querschnitte beim Vergießen von Zinklegierungen angelegt werden. Dadurch wird das Gefüge feinkörniger und die Festigkeitseigenschaften besser. Oft haben Schreckplatten aber auch den Nachteil, dem Gußstück an der betreffenden Stelle eine blumige, mit Fließlinien überzogenen Oberfläche zu verleihen. Auch können bei zu schroffer Abschreckung Warmrisse entstehen. Schreckplatten sind deshalb bei Zinklegierungen weniger oft anzubringen und nur als letztes Hilfsmittel zu benützen, wenn keine Möglichkeit besteht, Steiger oder Saugballen zu setzen.

Die Gießtemperatur ist für das Gelingen des Gusses ausschlaggebend. Sie darf 440° nicht überschreiten, soll aber am besten 410—420° betragen. Bei höherer Temperatur bilden sich Einfallstellen an Übergängen von dicken zu dünnen Stellen (Abb. 164). Eine Temperaturkontrolle ist unerläßlich; die meisten Fehlgüsse mit Zinklegierungen lassen sich auf Nichteinhaltung der richtigen Temperatur zurückführen. In Gießereien, wo die Temperatur nur geschätzt wird, können Zinklegierungen nicht verarbeitet werden.

Abb. 164. Einfallstelle an einem Sandgußstück, das zu heiß gegossen war.

Beobachtet man diese Regeln, so werden die Gußstücke ebenso einwandfrei wie bei Rotguß oder Bronze. Die Oberfläche der Gußstücke aus Zinklegierungen ist sogar glatter, als bei den Buntmetallen.

Die Schrumpfung, die bis zu 3,7% beträgt und ungefähr nur halb so groß ist wie bei Aluminium (6,5%), spielt für den Formguß keine große Rolle. Dagegen ist die Schwindung für die Gestaltung der Sandform wichtig. Die Schwindung, die experimentell nach verschiedenen Methoden erfaßt werden kann[141], beträgt für die fragliche Zinkformgußlegierung 1,1%, während Aluminium eine Schwindung von 2,1% aufweist. Dieses Schwindmaß gibt den Zuschlag an, den man dem Modell gegenüber dem Gußstück geben muß, damit die Fertigmaße des kalten Gußteils stimmen. Dieser Zuschlag ist demnach bei Zinklegierungen geringer als bei Aluminium, was eine gewisse Erleichterung bei der Herstellung von

---

141 Wüst, F.: Metallurgie **6**, 769/792 (1909). — Johnson, F. u. W. G. Jones: J. Inst. Met. Lond. **28**, 299/326 (1922). — Smith, C. J.: Proc. Roy. Soc., Lond. (A) **115**, 772 (1925). — Sauerwald, F., E. Nowak u. H. Juretzek: Z. Physik **45**, 650/662 (1927). — Sauerwald, F.: Z. Metallkde. **21**, 293/296 (1929). — Boehm, F. u. F. Sauerwald: Gießerei **35**, 841/849 (1930).

Zinkformguß darstellt. Gemessen wird die Gesamtschwindung, indem man einen horizontalen Stab in Sand gießt, dessen Länge im Schmelzfluß

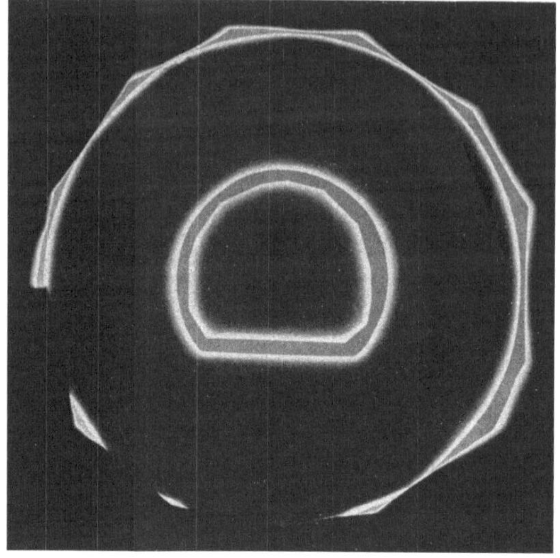

Abb. 165.

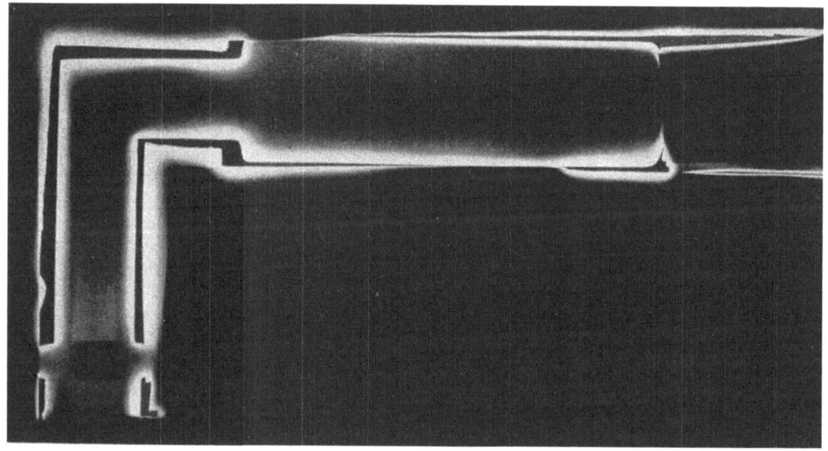

Abb. 166.

Abb. 165 u. 166. Durchleuchtungsbilder von verschiedenen Sandgußstücken. Richtig gegossen.

durch zwei Querbleche festgelegt wird, und den Abstand dieser Bleche von dem erkalteten Stabe als Schwindmaß mißt[142].

[142] Sachs, G.: Prakt. Metallkde., Bd. I, Berlin **1933**, 166.

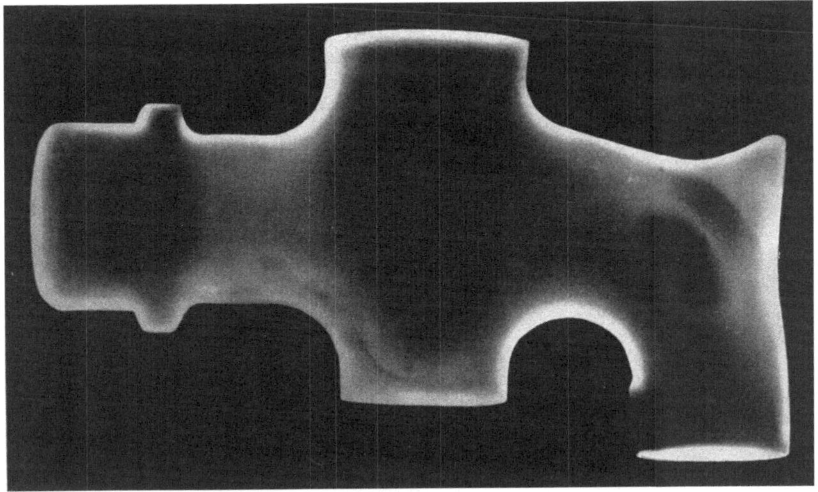

Abb. 167.

Abb. 168.

Abb. 167 u. 168. Durchleuchtungsbilder von verschiedenen Sandgußstücken. Zu heiß gegossen.

In Abb. 157—161 sind eine Reihe von Sandgußteilen aus einer Zinklegierung mit 4% Aluminium, 1% Kupfer und 0,04% Magnesium zusammengestellt. Es handelt sich hauptsächlich um Armaturenguß. Wie man sieht, zeigen die Gußstücke insbesondere eine schöne, helle Oberfläche und scharfe Konturen. Auch die mechanischen Eigenschaften sind so gut, daß der Zinklegierungssandguß mit voller Berechtigung mit Rot- oder Gelbguß konkurrieren kann. Aus dem in Abb. 160 veranschaulichten Küken und Hahngehäuse wurden Prüfstäbe parallel zur Mantellinie mit den Abmessungen 120 × 12 × 7 mm herausgearbeitet. Es wurden Festigkeitswerte von 21—24 kg/mm² bei einer Dehnung

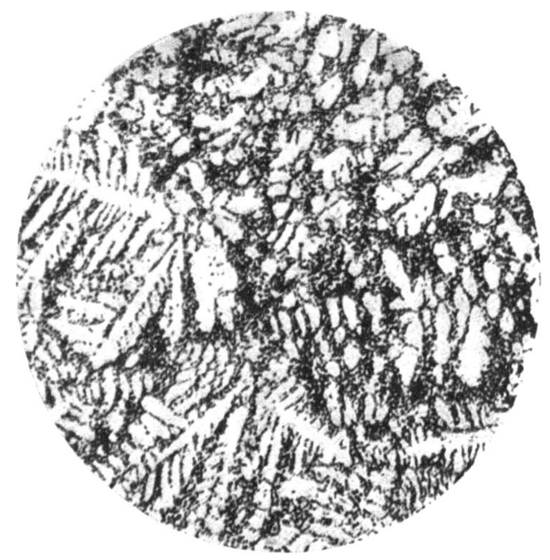

Abb. 169. Gefügebild eines normal gegossenen Sandgußstückes. Vergr. 200.

(Meßlänge 50 mm) von $^1/_2$—1% und eine Brinellhärte von 85—90 kg/mm² gemessen. An den in Abb. 154 sichtbaren Ringen, die in der Nähe des Eingusses sitzen und daher etwas heiß gegossen werden, konnten nur 19 kg/mm² Festigkeit und 75 kg/mm² Brinellhärte festgestellt werden. Werden Schreckplatten angebracht, so können sogar Festigkeitswerte von 25 kg/mm² beobachtet werden.

Die Sandgußstücke sind dicht, wenn nicht zu heiß gegossen wird und der Sand gasdurchlässig genug, also nicht zu fest ist. Die Abb. 165 und 166 bringen Durchleuchtungsbilder einiger Sandgußteile. Es sind kaum Undichtigkeiten festzustellen. Treten wirklich Undichtigkeiten infolge Überhitzung (Abb. 167 und 168) auf, so sind sie schon äußerlich durch Saugstellen erkennbar.

Im Gefüge unterscheiden sich die Sandgußteile wenig. Abb. 169 zeigt ein Schliffbild von richtig vergossenen Sandgußstücken.

Trotz der geringen Dehnung und Zähigkeit (Schlagbiegefestigkeit) sind Sandgußteile formänderungsfähig, wenn man das Biegen oder

Verdrehen bei höherer Temperatur vornimmt. Wie Abb. 170 zeigt, genügt meistens schon ein Anwärmen in kochendem Wasser; in Fällen, wo noch stärkere Formänderungen erwünscht sind, taucht man die Gußstücke in 150° warmes Öl.

β) Kokillenguß.

§ 1. Allgemeines.

Wie bereits in der Einleitung zum Sandguß gesagt wurde, stellt der Kokillenguß einen wesentlichen Fortschritt dar, da er Gußstücke

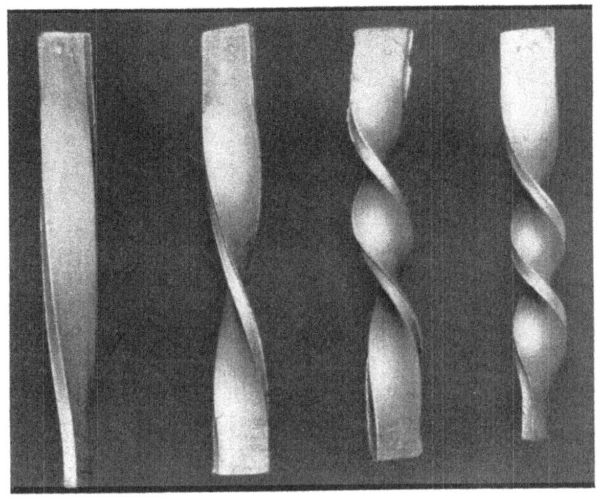

1 Unangewärmt verdreht. 2 Auf 100° angewärmt und verdreht. 3 Auf 150°, 4 auf 200° in Öl angewärmt und verdreht.

Abb. 170. Verdrehungsversuche an Zamak 5-Sandgußstäben (22 × 6 × 180 mm). (Nach Merkblatt der Metallgesellschaft A.G.)

mit größerer Genauigkeit, besserem Aussehen, geringeren Wandstärken und höheren Festigkeitseigenschaften liefert. Infolgedessen ist der Kokillenguß wegen des damit verbundenen Gewichtsvorteiles gegenüber Sandguß, der geringeren Bearbeitungskosten und der niedrigeren Gießaufwendungen trotz der höheren Formkosten schon bei Stückzahlen von 100—150 wirtschaftlicher.

In Zahlentafel 11 sind die Herstellungskosten eines serienmäßig hergestellten Gußstückes in einer Aluminiumlegierung (Silumin) und Gußeisen (nach Unterlagen von Zerleeder[143]) vergleichend zu den aus Erfahrungen an anderen Gußstücken aus Zinklegierungen geschätzten Kosten zusammengestellt. Wenn es sich bei den Zinklegierungsgußstücken zwar nicht um betriebsmäßig ermittelte Unterlagen am gleichen

[143] Zerleeder, A. v.: Technologie des Aluminiums. S. 109. Leipzig 1934.

Gußstück handelt, so sind die errechneten Kosten doch gut vergleichbar. Wie man sieht, kann der Zinkformguß in bezug auf die Kosten ohne weiteres mit gutem Leichtmetallguß aus Qualitätslegierungen wetteifern. Dagegen dürften die Zinklegierungen für die Herstellung weniger wichtiger und beanspruchter Gußstücke aus billigeren Abfalleichtmetalllegierungen (Preis RM 1,—/kg) kostenmäßig etwas ungünstiger (bis 10%) liegen.

§ 2. Einfluß der Gießbedingungen.

Die Gießbedingungen sind von großem Einfluß auf das gute Aussehen, die Dichtigkeit und mechanischen Eigenschaften von Zinkkokillenguß. Am wichtigsten für Zinklegierungen ist die Einhaltung

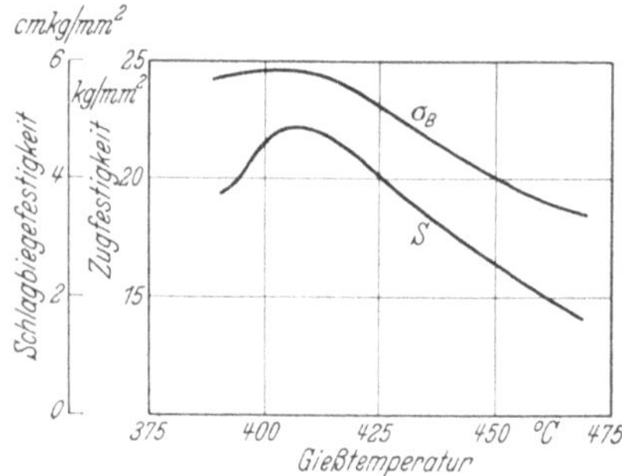

Abb. 171. Einfluß der Gießtemperatur von Kokillenguß (Zink mit 4% Al, 1% Cu, 0,04% Mg) auf Festigkeit und Schlagbiegefestigkeit.

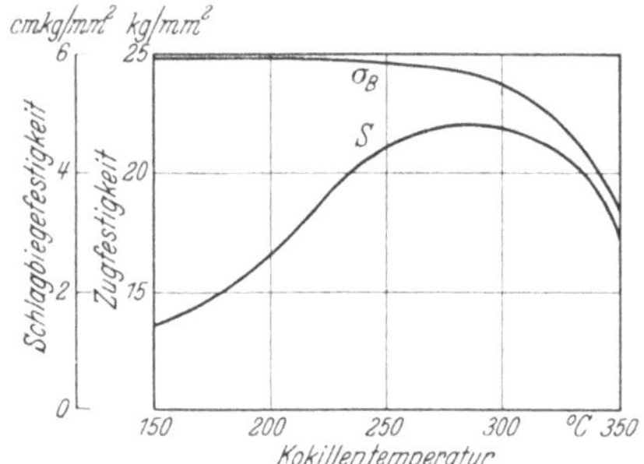

Abb. 172. Einfluß der Kokillentemperatur von Kokillenguß auf Festigkeit und Schlagbiegefestigkeit.

der richtigen Gießtemperatur, die bei allen Gießverfahren und auch bei den übrigen Formgebungsvorgängen eine größere Rolle spielt als bei anderen Legierungen. Überhitzungen von 30° machen den Guß bereits unbrauchbar. Der Gebrauch von Temperaturmeßgeräten ist deshalb auch beim Kokillenguß, ebenso wie beim Sandguß, unerläßlich. Fast alle anfänglichen Mißerfolge beim Übergang auf Zinkkokillenguß sind auf Nichtachtung der richtigen Gießtemperatur zurückzuführen.

Den Einfluß der Gießtemperatur auf die mechanischen Eigenschaften von gesondert gegossenen Prüfstäben (Kokille in Abb. 114 dargestellt) zeigt Abb. 171. Da der Schmelzpunkt der für Kokillenguß am besten geeigneten und am meisten angewandten Legierungen mit 4% Aluminium, 1% Kupfer zwischen 385° und 390° liegt, so genügt schon eine Überhitzung von 20°, um die besten Werte in den mechanischen Eigenschaften zu erhalten, aber bereits 10° höher (über 420°) ist ein Abfall der Zähigkeit und Festigkeit zu bemerken.

Die Kokillentemperatur soll 250° betragen. In kälteren Kokillen wird nicht nur die Gußoberfläche blumig, sondern auch die Zähigkeit schlechter, wie aus Abb. 172 hervorgeht.

Im Gefügebild ist der Einfluß der Gieß- und Kokillentemperatur besonders deutlich festzustellen. Wie bei keiner anderen Legierung

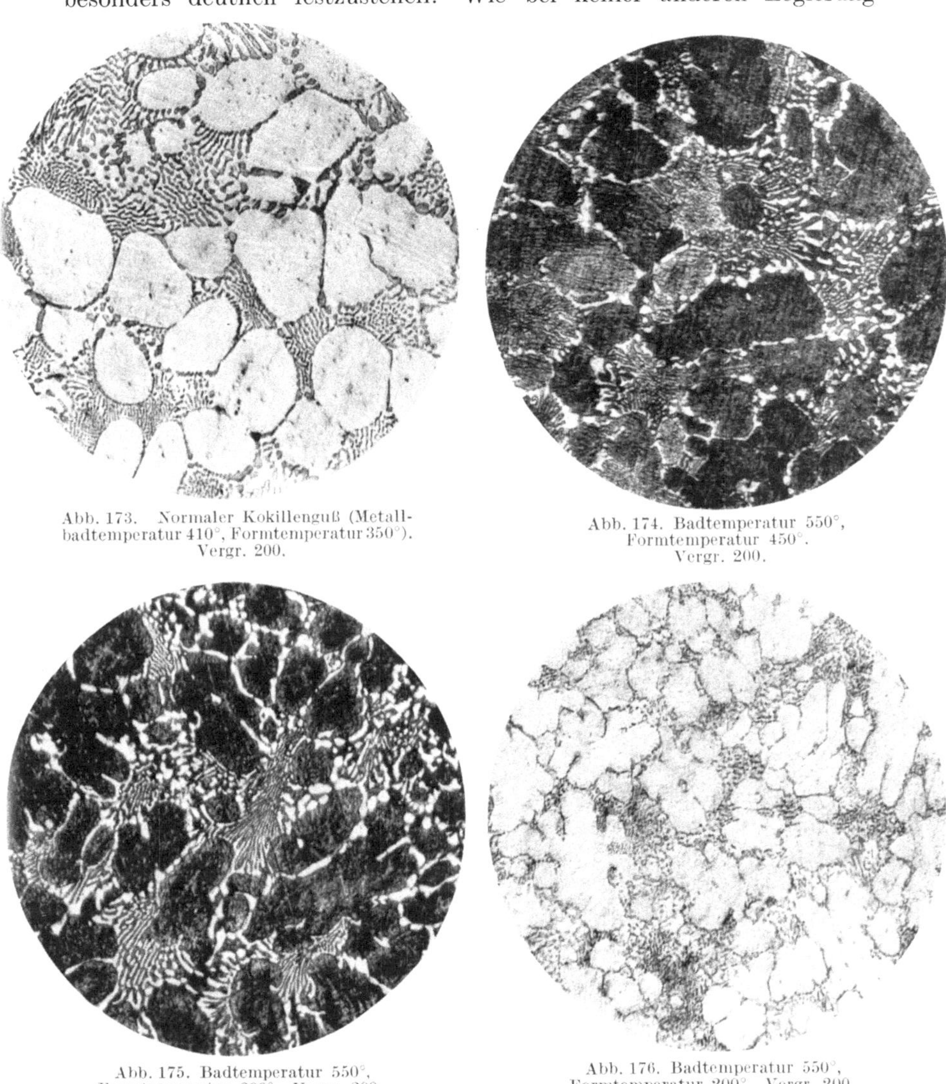

Abb. 173. Normaler Kokillenguß (Metallbadtemperatur 410°, Formtemperatur 350°). Vergr. 200.

Abb. 174. Badtemperatur 550°, Formtemperatur 450°. Vergr. 200.

Abb. 175. Badtemperatur 550°, Formtemperatur 300°. Vergr. 200.

Abb. 176. Badtemperatur 550°, Formtemperatur 200°. Vergr. 200.

Abb. 173—176. Gefügebilder von Kokillenguß (Zink + 4% Al + 1% Cu + 0,04% Mg).

hat man es hier in der Hand, aus dem Schliffbild zwingende Rückschlüsse auf die Richtigkeit der Gießbedingungen zu ziehen. Dabei unterscheiden sich die Gefügebilder nicht wenig, sondern haben teilweise einen ganz anderen Charakter. Abb. 173 zeigt das charakteristische Kokillengußgefüge, wie man es erhält, wenn die vorgeschriebenen

Temperaturen eingehalten werden. Große primär sich ausscheidende Kristalle liegen in der feinkristallinen Masse eingebettet. Der Primär-

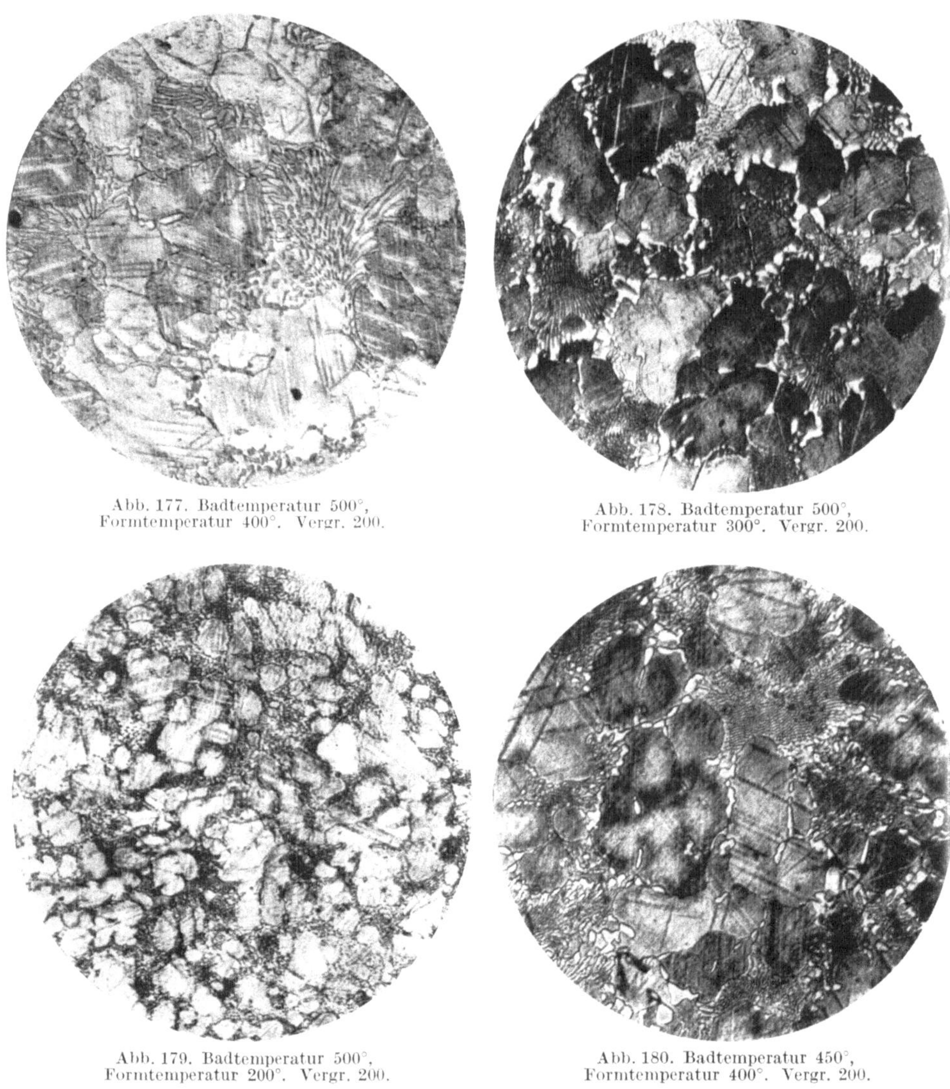

Abb. 177. Badtemperatur 500°, Formtemperatur 400°. Vergr. 200.

Abb. 178. Badtemperatur 500°, Formtemperatur 300°. Vergr. 200.

Abb. 179. Badtemperatur 500°, Formtemperatur 200°. Vergr. 200.

Abb. 180. Badtemperatur 450°, Formtemperatur 400°. Vergr. 200.

Abb. 177–180. Gefügebilder von Kokillenguß (Zink + 4% Al + 1% Cu + 0,04% Mg).

kristall ist der Zinkmischkristall, der Aluminium und Kupfer in fester Lösung enthält. Innerhalb dieser Kristalle sieht man eine feine Ausscheidung von Kupfer. Die Form der Primärkristalle und die Stärke der Kupferausscheidung wird durch die Abkühlungsbedingungen, also durch Metallbad- und Formtemperatur, beeinflußt. In Abb. 174—176 ist der Einfluß der Kokillentemperatur bei sehr hoher Metallbad-

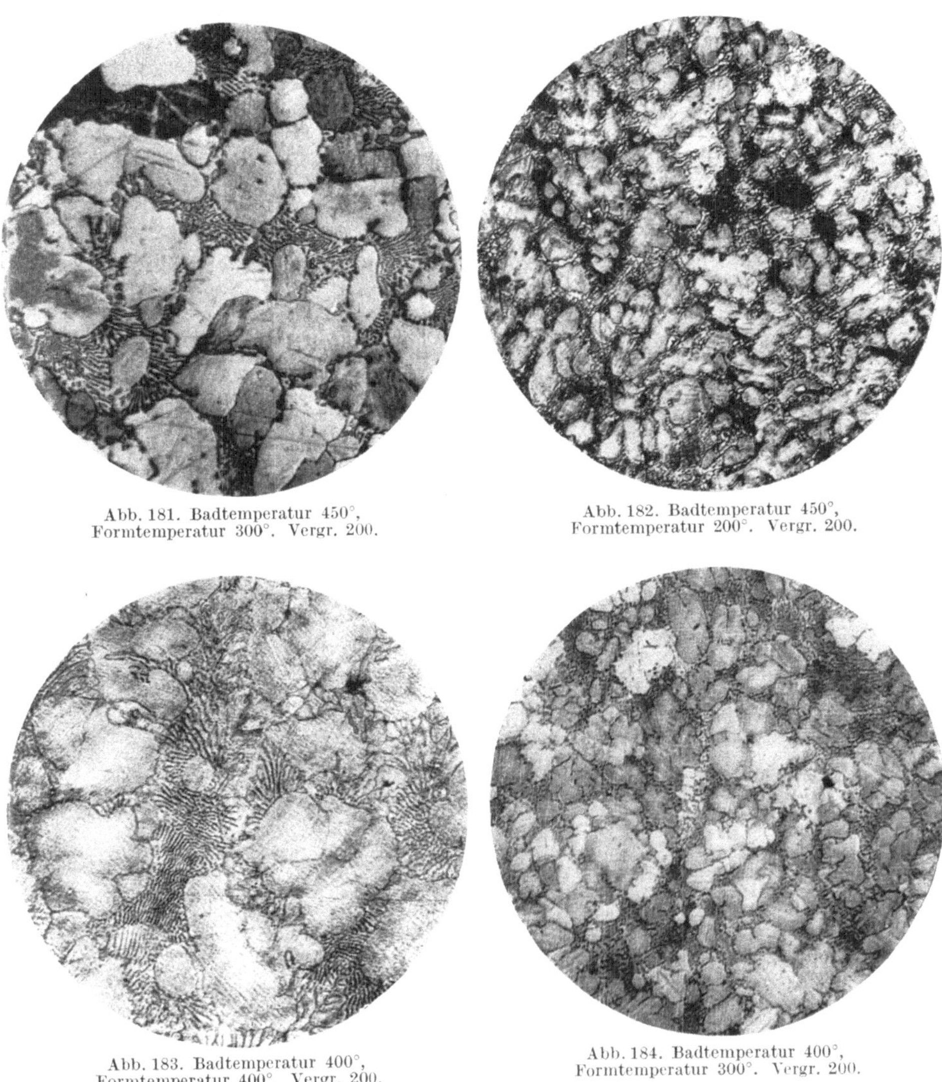

Abb. 181. Badtemperatur 450°, Formtemperatur 300°. Vergr. 200.

Abb. 182. Badtemperatur 450°, Formtemperatur 200°. Vergr. 200.

Abb. 183. Badtemperatur 400°, Formtemperatur 400°. Vergr. 200.

Abb. 184. Badtemperatur 400°, Formtemperatur 300°. Vergr. 200.

Abb. 181—184. Gefügebilder von Kokillenguß (Zink + 4% Al + 1% Cu + 0,04% Mg).

temperatur wiedergegeben. Wie man sieht, nimmt die Größe der Primärkristalle mit fallender Kokillentemperatur ab. Wenn die Schmelze langsam abkühlt, so hat der Mischkristall Zeit, in größeren Verbänden zu erstarren. Außerdem fällt auf, daß in Abb. 174 und 175 die Primärkristalle stark gedunkelt sind, während sie bei niedrigerer Kokillentemperatur wieder hell erscheinen. Während der durch die hohe Temperatur bedingten langsamen Abkühlung erfolgt eine starke Kupferausscheidung, die eine Schwärzung der Kristalle verursacht. Auch bei niedrigerer Metallbadtemperatur werden dieselben Gefügeausbildungen, nämlich die verschiedene Größe und Anfärbung der Primärkristalle beobachtet, wie Abb. 177—179 beweisen. Auffallend sind dabei lediglich Streifen, bei denen es sich nicht um Schleif- oder Polierkratzer handelt. Diese Erscheinung im Gußgefüge konnte bis jetzt noch nicht

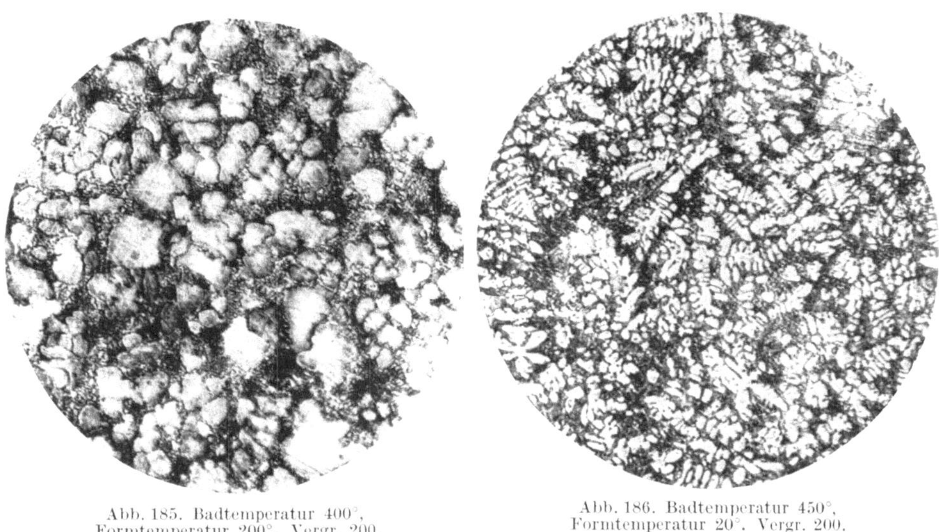

Abb. 185. Badtemperatur 400°, Formtemperatur 200°. Vergr. 200.

Abb. 186. Badtemperatur 450°, Formtemperatur 20°. Vergr. 200.

Abb. 185 u. 186. Gefügebilder von Kokillenguß (Zink + 4% Al + 1% Cu + 0,04% Mg).

eindeutig erklärt werden. Die Erklärung, daß es sich um Zwillingsstreifung handelt, die von geringen Deformationen bei der Herstellung der Schliffe herrührt, ist noch nicht bewiesen. Die gleichen Gesetzmäßigkeiten gelten für die in Abb. 180—185 wiedergegebenen Gefügebilder, die bei Badtemperaturen von 450° und 400° erhalten werden.

Wie man sieht, ergeben die verschiedenen Form- und Metallbadtemperaturen sehr unterschiedliche Gefügebilder, mit deren Hilfe demnach Rückschlüsse auf die richtigen Erstarrungs- und Abkühlungsbedingungen gezogen werden können. In Abb. 186 ist das Gefügebild einer unter extremen Verhältnissen gegossenen Kokillengußlegierung dargestellt. Durch eine zu niedrige Formtemperatur bilden sich infolge der raschen Erstarrung nur kleine scharfkantige Primärkristalle, die dendritisch wachsen. Das strahlige Aussehen des Gefügebildes deutet also immer auf eine zu kalte Kokille hin und ist immer ein Beweis für falsche Gießbedingungen. Gesunder Kokillenguß soll immer das in

Abb. 173 dargestellten Gefüge zeigen. Unter allen Umständen sind Kokillengußteile, die das aus Abb. 186 hervorgehende Gefüge haben, zu verwerfen, da sie sehr spröde sind und schon bei geringen Stoß- und Schlagbeanspruchungen brechen können.

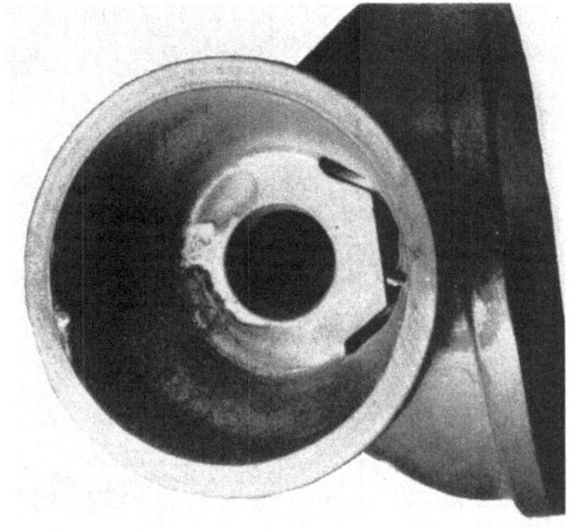

Abb. 187. Einfallstelle in einem Kokillengußteil infolge zu hoher Metallbadtemperatur.

Zu hohe Gießtemperaturen geben sich schon äußerlich durch Einfallstellen am Gußstück, entsprechend Abb. 187, zu erkennen. Derartige Gußstücke sind meistens auch im Innern undicht, wie die Röntgendurchleuchtung eines Türwinkels in Abb. 188 beweist. Leider läßt sich diese Prüfmethode, auf die früher sehr große Hoffnungen gesetzt wurden, in den seltensten Fällen in der Praxis anwenden. Meist ist eine unmittelbare Beobachtung auf dem Leuchtschirm nicht möglich, so daß kostspielige und zeitraubende photographische Aufnahmen gemacht werden müssen. Aber auch photographische Bilder sind oft sehr schwer zu beurteilen,

Abb. 188. Röntgendurchleuchtung eines in Kokille bei zu hoher Temperatur vergossenen Türwinkels.

wenn die Gußstücke verschiedene Stärken aufweisen, da dann Überstrahlungen an der einen Stelle und Unterbelichtung an der anderen Stelle nicht zu vermeiden sind. Die Anschaffung einer Röntgenapparatur zu Durchleuchtungszwecken ist für eine normale Gießerei nicht lohnend; in Laboratorien kann sie bei Entwicklungsarbeiten dagegen wertvolle Dienste leisten.

Eine weniger wichtige Rolle als die Gießtemperaturen spielt der Anschnitt. An den Festigkeitseigenschaften ändern die Anschnittsverhältnisse wenig. Es ist einerlei, ob der Prüfstab seitlich auf der ganzen Länge oder nur am oberen Kopf angeschnitten wird. Die Zinklegierung ist also in Beziehung auf den Einfluß der Anschnittsverhältnisse gewissen Leichtmetalllegierungen, z. B. Deutscher Legierung oder den *R-R*-Legierungen, überlegen.

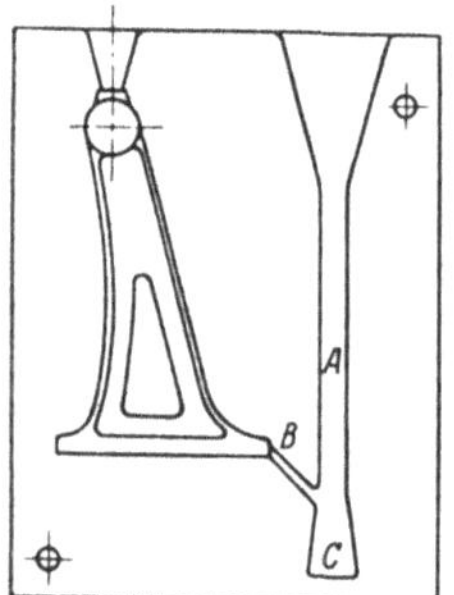

Abb. 189. Anschnitt eines Kokillengußstückes. (Nach Zerleeder.)

Im übrigen gelten für die Anlage des Anschnittes dieselben Regeln wie beim Sandguß. Es wird möglichst immer die tiefste Stelle angeschnitten; dabei sollte, wie die schematische Skizze der Abb. 189 zeigt, ein Schaumsack angebracht werden, von dem aus die Fließleiste nach oben ansteigt. Ebenso wie beim Sandguß ist es vorteilhafter, mit mehreren kleinen Eingüssen zu arbeiten, als einen großen Anschnitt zu verwenden, wie aus Abb. 190 hervorgeht. Für die Kontraktion des erstarrten Gußteiles während der Abkühlung müssen ungefähr 0,5—0,6% seiner Ausmaße gerechnet werden. Die Kerne sollen einen Anzug von 0,8% gegen die Mittelachse besitzen und das Spiel zwischen Kern und Kernmarke rund 0,1 mm betragen. Für die Entlüftungskanäle muß eine Tiefe von 0,1 mm vorgesehen werden. Die Entlüftungsmöglichkeiten sollen möglichst gut sein, da ja eine Gasdurchlässigkeit der Form wie beim Sandguß voll-

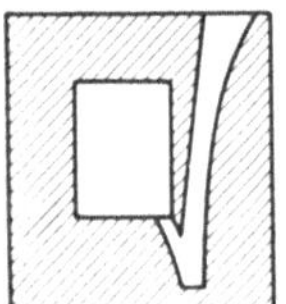
Unvorteilhaft.

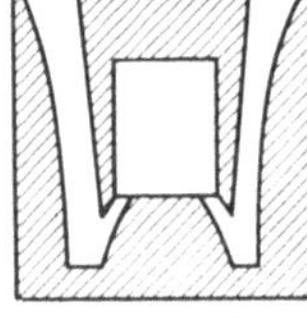
Vorteilhaft.

Abb. 190. Vorteilhafter Anschnitt von mehreren Seiten. (Nach Zerleeder.)

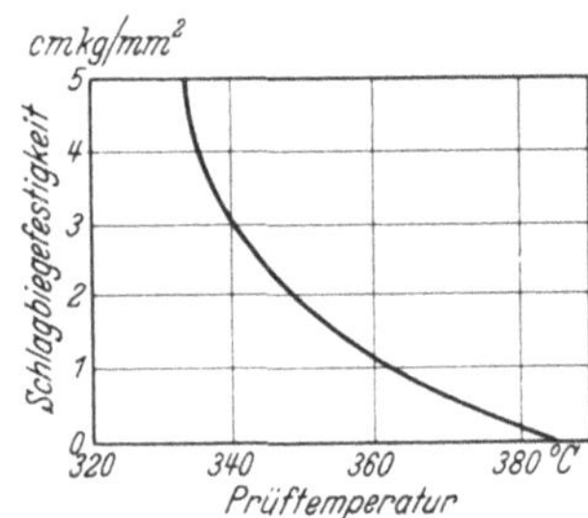

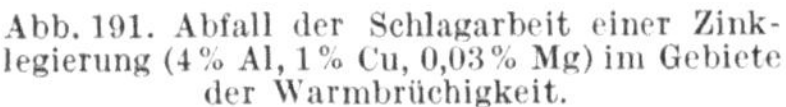

Abb. 191. Abfall der Schlagarbeit einer Zinklegierung (4% Al, 1% Cu, 0,03% Mg) im Gebiete der Warmbrüchigkeit.

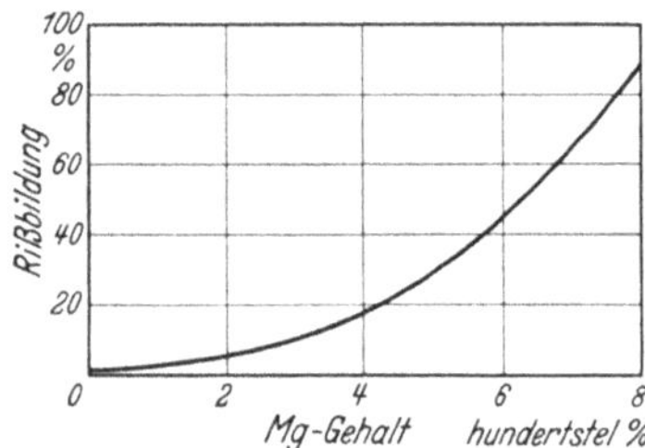

Abb. 192. Einfluß des Mg auf die Warmbrüchigkeit der Zinkformgußlegierung (Rißbildung in der Kokille der Abb. 114).

ständig fehlt. Immerhin spielt die Entlüftung nicht eine derartig große Rolle wie beim Leichtmetallguß, da die Gaslöslichkeit der Zinkschmelzen geringer ist als bei Aluminiumschmelzen.

Im allgemeinen neigen die Zinkkokillengußlegierungen nicht zur Rißbildung. Warmrisse entstehen immer bei zu raschem Öffnen der

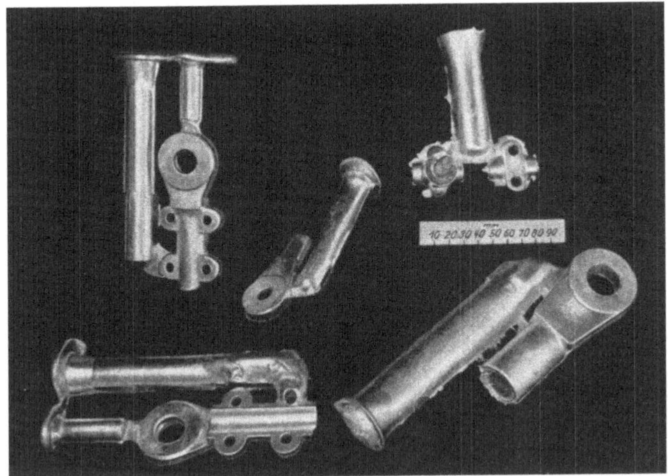

Abb. 193.

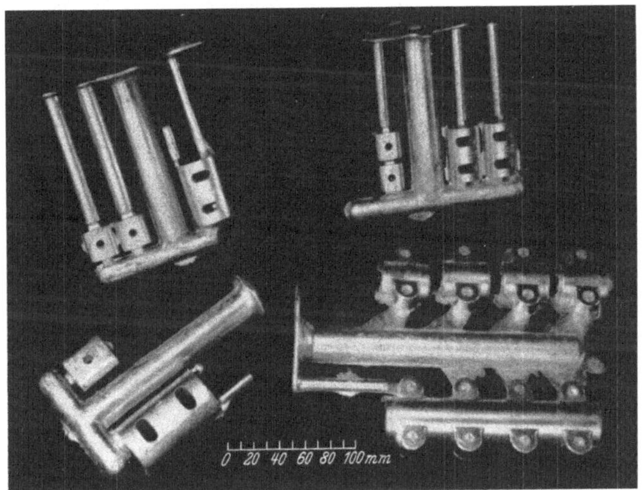

Abb. 194.

Abb. 193 u. 194. Kokillengußteile aus einer Zinklegierung mit 4% Al, 1% Cu und 0,03% Mg.

Form oder bei zu hohem Magnesiumgehalt. Bei zu raschem Öffnen der Form hat das Gußstück noch eine Temperatur, die im Bereich der Warmbrüchigkeit liegt. Als Probe auf Warmbrüchigkeit werden Schlagversuche bei hohen Temperaturen vorgeschlagen[144]. Derartige Versuche

[144] Archbutt, S. L., J. D. Grogan u. J. W. Jenkin: J. Inst. Met., Lond. **40**, 219/237 (1928).

zeigen nach Abb. 191, daß eine Zinkformgußlegierung mit 4% Aluminium, 1% Kupfer und 0,03% Magnesium, die einen Schmelzpunkt von 384° hat, bis 335° warmbrüchig ist. Wenn die Kokille also bei Temperaturen über 330° geöffnet wird, so ist das Auftreten von Rissen

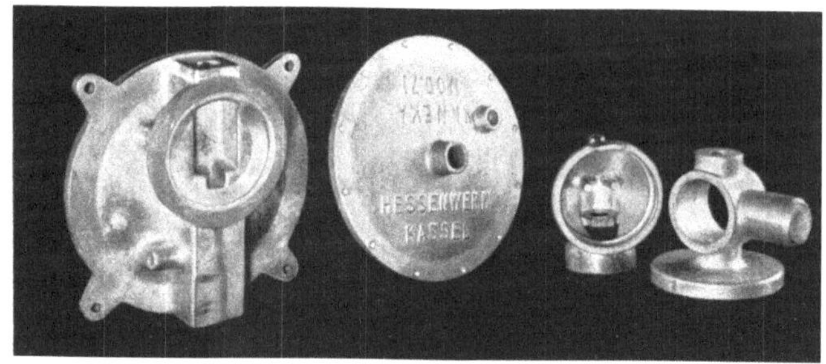

Abb. 195.

Abb. 196.

Abb. 195 u. 196. Kokillengußteile aus einer Zinklegierung mit 4% Al, 1% Cu und 0,03% Mg. (Nach Merkblatt der Metallgesellschaft A.G.)

im Gußstück unvermeidlich. Noch wesentlicher ist der Einfluß des Magnesiums. Zur Prüfung wurden Stäbe in der in Abb. 114 dargestellten Kokille gegossen. Hierbei tritt bei der Neigung zu Warmrissen an den Anschnitten oder in der Nähe des Eingusses die Rißbildung auf. Die Rißbildung nimmt mit steigendem Magnesiumgehalt, wie aus Abb. 192 hervorgeht, zu. Gehalte über 0,04% Magnesium sollten daher vermieden werden. Wegen der mehrfach beschriebenen Gefahr der interkristallinen Korrosion kann auf das Magnesium nicht ganz verzichtet werden.

§ 3. Ausführungsbeispiele.

In Abb. 193—196 sind einige Kokillengußbilder wiedergegeben. Sie zeigen, daß die Anwendung von Zinklegierungen für Kokillenguß so vielseitig sein kann wie für Leichtmetallkokillenguß. Vor allem ist die Oberfläche der Gußstücke aus der Zinklegierung sehr glatt; allerdings muß darauf geachtet werden, daß die Kokille sehr sauber ist, da die Zinklegierung die geringsten Unebenheiten der Form wiedergibt. Wie man den Abb. 193 und 194 entnehmen kann, sind die Anschnitte ganz ähnlich wie bei den Aluminiumgußlegierungen. Lediglich sollten noch mehr Steiger gesetzt werden. In Fällen, wo nicht in vorhandene Kokillen

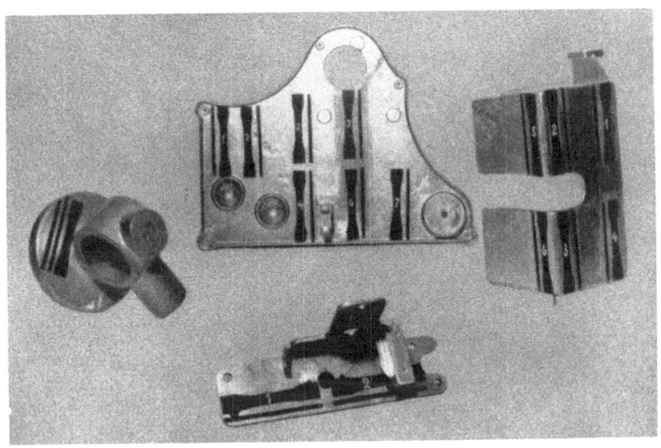

Abb. 197. Mechanische Eigenschaften einer Zinkformgußlegierung (4% Al, 1% Cu, 0,04% Mg) in Kokillengußstücken.

gegossen werden soll, sondern eine neue Form hergestellt wird, müssen mehrere kleine Steiger zum Nachsaugen angebracht werden, wenn man Einfallstellen vermeiden will.

Die mechanischen Eigenschaften in derartigen Gußstücken sind ungefähr so gut wie an gesondert gegossenen Prüfstäben. Aus einer Reihe von Gußstücken wurden die in Abb. 197 ersichtlichen Proben herausgearbeitet, die bei der Prüfung die in Zahlentafel 12 zusammengestellten Werte gaben. Die Streuung in den Proben der einzelnen Gußstücke ist auffallend gering. Soweit aus den geringen Unterschieden Rückschlüsse gezogen werden können, besitzen die Prüfstäbe in der Nähe des Eingusses etwas geringere Festigkeit und Schlagbiegefestigkeit. Dies deutet auf eine geringe Überhitzung am Einguß hin.

γ) Spritzguß.

§ 1. Allgemeines.

Das Spritzgußverfahren ist das am meisten angewandte Gießverfahren für Zinklegierungen. Der Zinkspritzguß hat sich bereits auf allen Gebieten durchgesetzt. Besonders Amerika ist in der Verarbeitungsart führend, weil gerade dort die Massenanfertigung einen viel größeren Rahmen einnimmt als in Deutschland. Wenn man bedenkt, daß Amerika bereits im Jahre 1935 über 40000 t Zinkspritzguß herstellte[145], so ist die heutige Spritzgußproduktion von 5000 t in Deutschland noch sehr gering. Eine Steigerung des Spritzgusses ist deshalb zu erwarten, insbesondere, da der Spritzguß häufig im Austausch gegen Formguß aus Sondermessingen oder gegen Warmpreßteile aus Buntmetallen verwendet werden kann.

Eine Abart des Spritzgusses, der sog. Preßguß, bedeutet für Zinklegierungen keinen Fortschritt. Es sollte deshalb auch kein Unterschied zwischen den Spritzgußverfahren mit „warmer" und „kalter" Druckkammer gemacht werden. Im Nachfolgenden werden beide Verfahren unter einheitlichen Gesichtspunkten betrachtet.

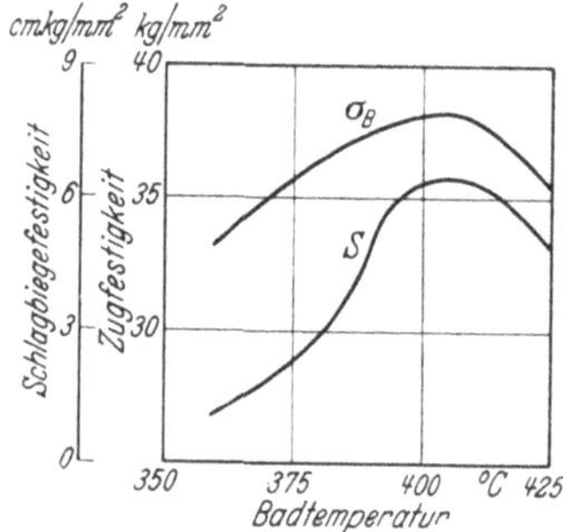

Abb. 198. Einfluß der Badtemperatur auf die mechanischen Eigenschaften einer Zinkspritzgußlegierung mit 5% Al, 4,0% Cu.

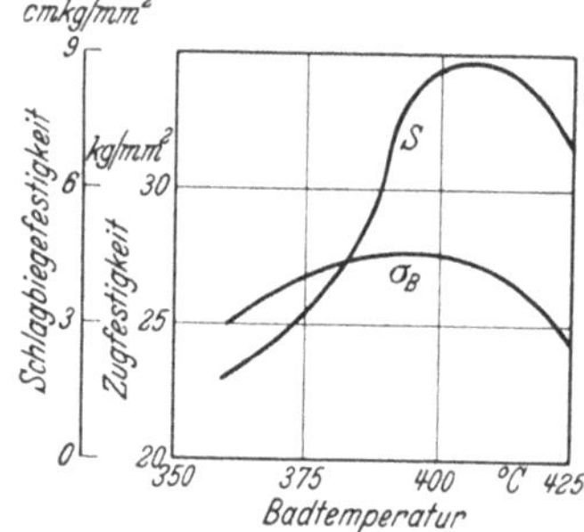

Abb. 199. Einfluß der Badtemperatur auf die mechanischen Eigenschaften einer Zinkspritzgußlegierung mit 4% Al, 0,5% Cu.

§ 2. Einfluß der Gießbedingungen.

Von entscheidendem Einfluß auf die Güte des Spritzgusses sind die Gießbedingungen. Die beste Zinkspritzgußlegierung ist nutzlos, wenn die Spritzbedingungen unrichtig gewählt werden. Andererseits hilft selbstverständlich die beste Spritzkunst nichts, wenn keine einwandfreie Legierung zur Anwendung kommt. Auswahl der richtigen Legierung und Anwendung der besten Spritzgußtechnik sind daher für das Gelingen guter Gußstücke untrennbar verbunden.

Metallbadtemperatur. Von den Gießbedingungen sind wieder die Temperaturen wie bei allen Gießverfahren für Zinklegierungen am wichtigsten. Zunächst soll der Einfluß der Metallbadtemperatur betrachtet werden. Hierzu ist generell zu sagen, daß sie bis vor kurzem in Spritzgußmaschinen zu hoch und in Warmpreßgußmaschinen (Polakmaschine) zu niedrig gewählt wurde.

---

[145] Chase, H.: Met. Ind., Lond. 48, 529/531 (1936).

Das günstigste Temperaturbereich liegt für alle gängigen Zinkspritzgußlegierungen, deren Schmelzpunkte zwischen 384 und 391° schwanken, zwischen 395° und 410°. Am besten wird diese Temperatur durch eine automatische Temperaturregelung erreicht, die sowohl für Gasanschluß[146] als auch elektrische Heizungen beschrieben ist. Dabei ist zu sorgen, daß nicht nur die Badtemperatur genau eingehalten wird, sondern daß auch die Temperatur, mit der das flüssige Metall aus dem Spritzmundstück in den Einguß der Form einströmt, innerhalb desselben Bereiches liegt. Daß höhere Temperaturen schädlich sind, ist in den letzten Jahren Erfahrungsgut jeder besseren Spritzgießerei geworden. Überhitzungen über 410° machen sich in verschiedener Richtung bemerkbar. Betriebsmäßig bringt ein längeres Halten bei höheren Temperaturen eine Undichtigkeit der Kolbenpassung, so daß geldraubende Störungen entstehen können. Weiterhin wird die eiserne Gießapparatur, vor allem die Spritzgußform, bei höherer Temperatur bereits angefressen, während bei der vorgeschriebenen Temperatur praktisch kein Angriff beobachtet wird.

Abb. 200. Reißverschlußschieber.

Als drittes Übel kann bei Überhitzungen eine Oxydation der Schmelze eintreten, die ein Einschwemmen des in der Schmelze unlöslichen Zinkoxyds ins Badinnere zur Folge haben kann. Dadurch erhalten die Gußstücke mechanisch und chemisch gefährdete Zonen an Stellen, wo derartige Einschlüsse sitzen.

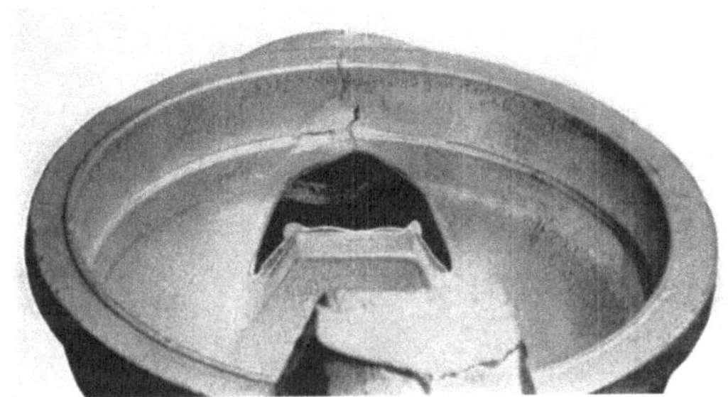
Abb. 201. Warmrißbildung durch zu hohe Metallbadtemperatur an einer Saugstelle.

Am stärksten prägt sich aber eine Überhitzung auf die Qualität des Spritzgusses aus, indem sie sowohl Lunkerbildung und Warmrissigkeit fördert, als auch die mechanischen Eigenschaften infolge Kornvergröberung und Gasaufnahme vermindert. Die Änderung der mechanischen Eigenschaften mit steigender Badtemperatur geht aus Abb. 198 und 199 hervor. Wie man sieht, sind beide Legierungstypen gleich empfindlich

[146] Schmitt, R.: Techn. Z. Metallbearbtg. **45**, 617/620 (1935).

gegen eine Überschreitung der Badtemperatur von 410°. Vor allem spricht die Schlagbiegefestigkeit sehr rasch an. Ob die Abnahme der mechanischen Eigenschaften allein mit einer durch die langsamere Abkühlung bedingten Kornvergröberung zu erklären ist, bleibt noch offen. Dagegen spricht der merkwürdige, aber durch viele Betriebsversuche bewiesene Befund, daß eine einmal überhitzte Schmelze kaum regeneriert werden kann. Wenn beispielsweise die Zinklegierung bereits in der Legierungsanlage bei der Herstellung überhitzt worden war, so wird die Qualität des Spritzgusses selbst bei Einhaltung der Badtemperatur

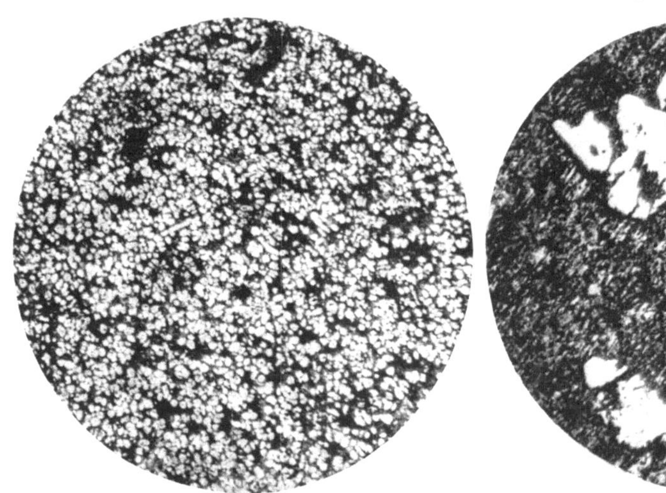

Abb. 202. Gefügebild von normalem Spritzguß einer Zinklegierung mit 4% Al, 0,7% Cu und 0,03% Mg. Vergr. 200.

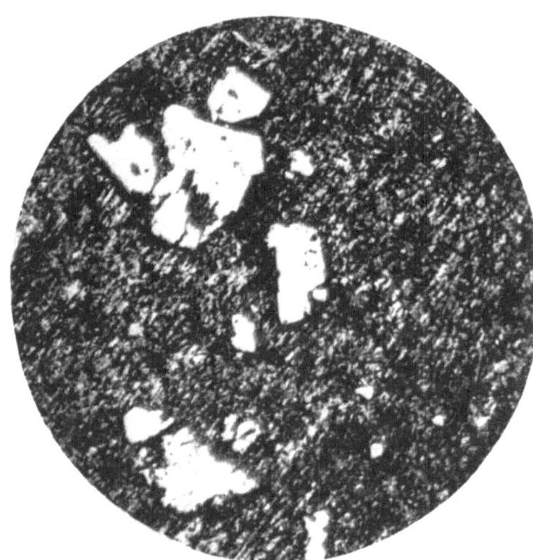

Abb. 203. Gefügebild einer breiig verspritzten Zinklegierung mit 4% Al, 0,7% Cu und 0,03% Mg. Vergr. 200.

von 410° ebenso minderwertig, wie wenn bei zu hoher Metallbadtemperatur gearbeitet worden wäre. Dies deutet darauf hin, daß die Schmelze bei der ersten Überhitzung Gase oder Oxyde aufnimmt, die sie auch beim nachmaligen Aufschmelzen nicht mehr abgibt. Ein Spritzgußteil, das sehr empfindlich auf diese Vorgänge anspricht, ist der bekannte Reißverschlußschieber (Abb. 200), dessen Güte durch einen Zerreißversuch geprüft wird, wobei die Last gemessen wird, die zum Bruch im „Herz" des Schiebers führt. Wenn die Bruchlast eines Schiebers von bestimmter Form aus einer Zinklegierung mit 5% Aluminium und 4% Kupfer 19 kg beträgt, so hält ein Schieber, der aus der überhitzten Legierung gespritzt wird, nur 14 kg. Derselbe Wert wird erhalten, wenn einwandfrei hergestellte Legierung bei 450° verspritzt wird.

Die Bildung von Schwindungsrissen wird durch Überhitzungen gefördert. Oft ist für eine starke Erhöhung des Ausschusses lediglich eine geringe Überhitzung des Metallbades verantwortlich zu machen. Es entstehen Lunker im Innern, die bei unvermittelten Querschnittsänderungen im Gußstück die Rißbildung infolge Kerbwirkung begünstigen.

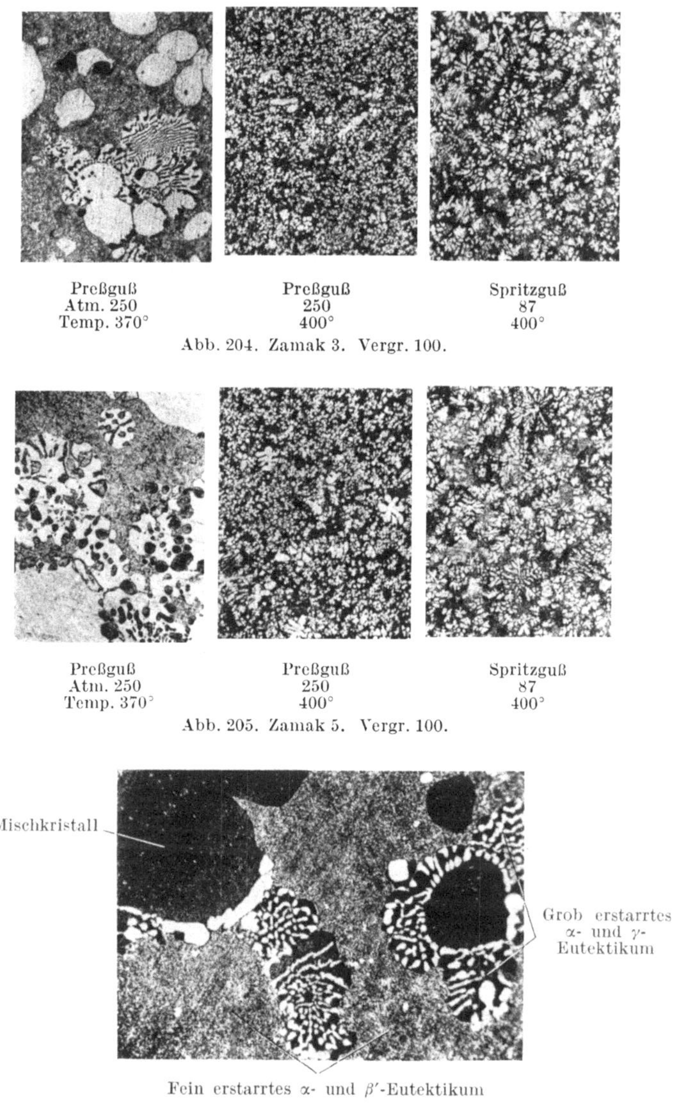

Preßguß Atm. 250 Temp. 370° — Preßguß 250 400° — Spritzguß 87 400°

Abb. 204. Zamak 3. Vergr. 100.

Preßguß Atm. 250 Temp. 370° — Preßguß 250 400° — Spritzguß 87 400°

Abb. 205. Zamak 5. Vergr. 100.

Abb. 206. Zamak 5-Preßguß. Vergr. 200.

Abb. 204—206. Gefügebilder von Zinkspritzguß, der bei verschiedenen Metallbadtemperaturen hergestellt wurde. (Nach Dornauf.)

Wie Abb. 201 zeigt, laufen daher derartige Warmrisse besonders gerne durch Einfallstellen.

Kommt eine Überhitzung des Metallbades in Spritzgußmaschinen öfters vor, so ist eine Verarbeitung bei zu tiefer Temperatur seltener. Dagegen wurde in den Preßgußmaschinen mit kalter Druckkammer (System Polak) bis vor kurzem im breiigen Zustand gearbeitet. Dieses Arbeiten bei Temperaturen, die zwischen Liquidus- und Soliduspunkt der Legierung liegen, ist zwar für Messing richtig, für Zinklegierungen aber nicht empfehlenswert. Der Guß ist meistens sehr viel spröder als bei flüssig verarbeiteter Legierung. Einwandfreien Spritzguß zeigt das in Abb. 202 wiedergegebene Gefügebild. Es ist grundsätzlich das beim Kokillenguß besprochene Gefüge zu erkennen, nur ist der Primärkristall bei gleicher mikroskopischer Auflösung wesentlich kleiner und das Eutektikum so feinkristallin ausgebildet, daß es nur noch als dunkle einheitliche Grundmasse erscheint. Wird die Legierung im breiigen Zustand in einer Polakmaschine verarbeitet, so beobachtet man meistens Gefügebilder, wie sie Abb. 203 wiedergibt. Im Guß sind große, bereits im Metallbad vorhandene feste Kristalltrümmer eingeschlossen. An den Stellen, wo sich diese Kristalle anhäufen, ist eine Versprödung des Werkstoffes infolge Kerbwirkung der scharfkantigen Kristalle festzustellen. Auch beim Schleifen und Polieren machen derartige grobe Kristalle Schwierigkeiten, indem sie wegen ihrer Sprödigkeit an rasch rotierenden Scheiben herausgerissen werden und bis zu 0,1 mm große Löcher hinterlassen.

Abb. 207. Blumiger Spritzguß infolge zu niedriger Formtemperatur.

Außer diesen Kristalltrümmern können beim teigigen Verarbeiten die in Abb. 204 und 205 wiedergegebenen Gefügebilder, neben denen auch zum Vergleich Schliffbilder von flüssig verarbeiteten Legierungen gezeigt sind, beobachtet werden. Nach Dornauf[147] lassen sich im Gefüge einer teigig verpreßten Zamak 5-Legierung die aus Abb. 206 ersichtlichen Bestandteile erkennen. Der α-Mischkristall von ganz besonderer Größe ist von grobkörnigem α- und β'-Eutektikum umgeben; dann erst tritt das normale, feinkörnige Eutektikum auf. Es bilden sich schon in der Schmelze vor dem Verpressen grobe Körner, um die dann beim Preßgießen die flüssige Phase als feinkörniges Eutektikum erstarrt.

Formtemperatur. Ebenso wichtig wie die Badtemperatur ist die Temperatur der Spritzgußform. Bei zu kalter Form wird der Spritzguß „blumig“; die Oberfläche ist nach Abb. 207 von vielen Fließlinien

[147] Dornauf, J.: Z. Metallkde. **29**, 53/60 (1937).

(Kaltschweißstellen) überzogen, die bei der Fertigbearbeitung kostspielige Schleifarbeit erfordern. Diese Schlieren, Falten, Schuppen und Blumen ergeben im Querschnitt sehr häufig das in Abb. 208 gezeigte Aussehen. Nach Dornauf[147] beeinflussen derartige Fehler weniger die mechanischen als vielmehr die Korrosionseigenschaften. Die Spalten saugen sich beim Angriff eines Lösungsmittels infolge Kapillarwirkung mit der Flüssigkeit voll, so daß sie sehr schnell ins Innere vordringen kann.

Um eine glatte Oberfläche zu erhalten, muß die Formtemperatur über 180° betragen. Selbstverständlich muß bei dieser Formtemperatur der Arbeitsrhythmus etwas verlangsamt werden gegenüber dem Arbeiten mit kälterer, wassergekühlter Form, da sonst eine Erhöhung des Aus-

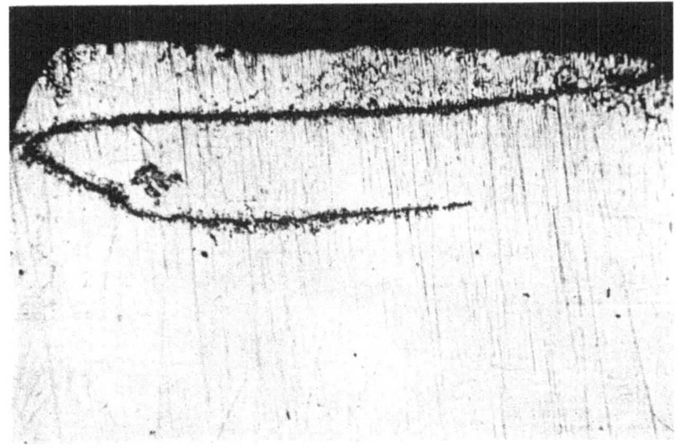

Abb. 208. Querschnitt durch eine „Falte" an der Spritzgußoberfläche. (Nach Dornauf.)

schusses durch Warmrißbildung eintreten kann. Auch die Lebensdauer der Form ist bei der höheren Temperatur geringer; außerdem bildet sich der oxydische Ansatz, der beim Verspritzen aller Zinklegierungen in der Form auftritt, in weit stärkerem Maße. Alle diese Nachteile sind aber gering zu achten für den Vorteil einer glatten, leicht polierbaren Oberfläche. Es ist daher eine Formtemperatur über 180°, wenn es irgendwie möglich ist, anzustreben. Nur bei besonders komplizierten Gußstücken mit vielen Kernen kann eine niedrigere Formtemperatur zu Ungunsten der Oberflächenbeschaffenheit gewählt werden. In Abb. 209 ist ein Schließkeil dargestellt, der einmal in zu kalter Form verspritzt, und dann in 200° warmer Form mit glatter Oberfläche verarbeitet war. Der Unterschied in der Oberflächenbeschaffenheit ist in Wirklichkeit viel größer als ihn die photographische Wiedergabe herausbringen konnte. Diese Wirkung ist lediglich durch die Einhaltung der richtigen Formtemperatur erzielt worden, ohne daß schwierige andere Handgriffe geändert wurden.

Als obere Begrenzung der Formtemperatur gilt 220°. Bei höherer Temperatur nimmt die Zähigkeit nach Abb. 210 wieder ab. Es wird deshalb verlangt, daß die Formtemperatur zwischen 180 und 220° liegt. Tiefere Temperaturen bringen außer der schlechten Oberfläche auch noch erhöhte Rißbildungsgefahr mit sich, die ebenfalls Abb. 210 zeigt. Gegen die Anwendung höherer Temperatur spricht außer dem Abfall der mechanischen Eigenschaften noch die Verminderung der Lebensdauer der Formen.

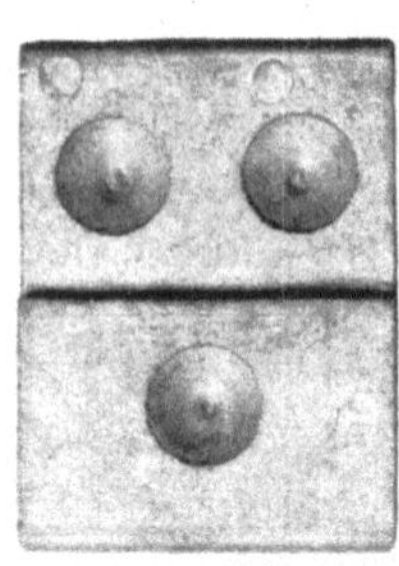

Abb. 209. Schließkeil 100° (links) und 200° (rechts) warme Form verspritzt.

Spritzdruck. Nach der Einhaltung der richtigen Bad- und Formtemperaturen ist die Erreichung des optimalen Spritzdruckes für die Herstellung von einwandfreien Spritzgußteilen wichtig. Die Dichtigkeit des Spritzgusses hängt im wesentlichen von der Einströmungsgeschwindigkeit der flüssigen Legierung in die Form

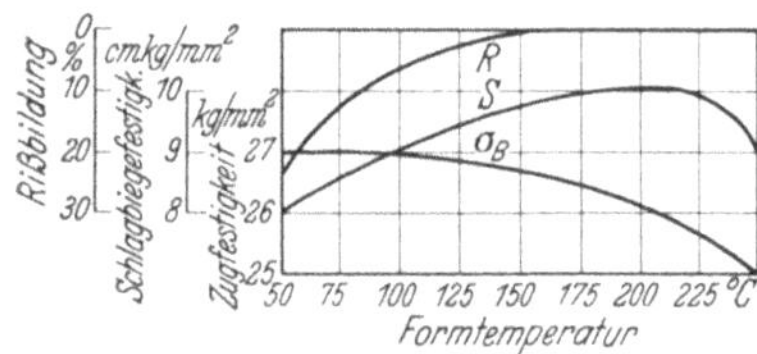

Abb. 210. Einfluß der Formtemperatur auf die mechanischen Eigenschaften und Rißbildung einer Spritzgußlegierung mit 4% Al, 0,05% Mg.

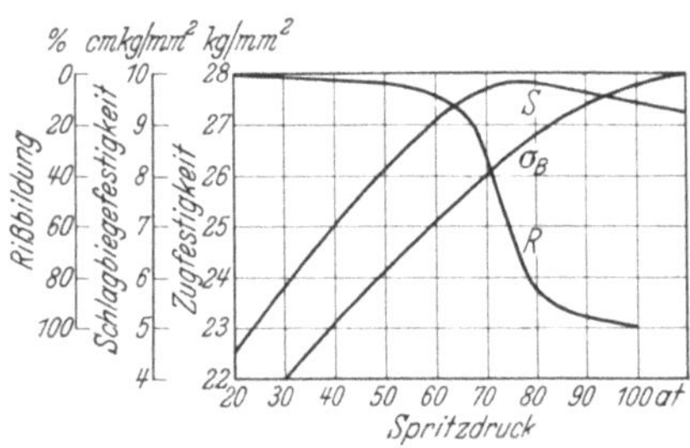

Abb. 211. Einfluß des Spritzdruckes auf die mechanischen Eigenschaften und Rißbildung einer Spritzgußlegierung mit 4% Al + 0,5% Cu, 0,05% Mg (Formtemperatur 200° C, Badtemperatur 410° C).

ab. Die Einströmungsgeschwindigkeit wird vom Arbeitsdruck auf den Spritzkolben, der Kolbengeschwindigkeit, dem Anschnitt und den Gießtemperaturen maßgebend beeinflußt. Der Betriebsdruck auf den Kolben prägt sich am stärksten aus.

Im allgemeinen waren bisher die angewandten Kolbendrücke zu niedrig. Es wurde mit 20—40 Atm. gespritzt. Daher war es verständlich, daß man zunächst auf den Warmpreßgußmaschinen (Polak, Gebr. Eckert, Thieslack) mit den hohen Drücken von 200—500 Atm. bessere Ergebnisse erzielte, als auf der einfachen Spritzgußmaschine. An und für sich ist aber die Spritzgußmaschine für Zinklegierungen geeigneter als die Warmpreßgußmaschine, die eigentlich für Messing konstruiert wurde. Es muß deshalb angestrebt werden, den Druck in Spritzgußmaschinen durch hydraulischen Antrieb zu erhöhen. Wie stark sich der Arbeitsdruck auf die mechanische Beschaffenheit des Spritzgusses aus-

Abb. 212. 30 Atm.

Abb. 213. 50 Atm.

Abb. 212 u. 213. Einfluß des Spritzdruckes auf die mechanische Dichtigkeit von Spritzgußstäben aus einer Zinklegierung mit 4% Al, 2,7% Cu, 0,03% Mg.

wirkt, zeigt Abb. 211. Die größte Zähigkeit wird erst bei Drücken von 70 Atm. erreicht. Eine weitere Steigerung des Druckes bringt bereits wieder eine Abnahme der Zähigkeit und nur eine schwache Erhöhung der Festigkeit. Vor allem nimmt aber die Neigung zur Rißbildung bei rißempfindlichen Spritzgußstücken bei höheren Drücken sprunghaft zu. Es ist daher nicht nur zwecklos, sondern nicht ratsam, mit Spritzdrücken über 70—80 Atm. zu arbeiten. Man ist deswegen auch bestrebt, schon zur Schonung der Formen in Warmpreßgußmaschinen die bisher üblichen hohen Drücke zu verlassen und auf 80—120 Atm. zu senken. Abb. 211 zeigt aber vor allem deutlich, daß niedrige Drücke die mechanischen

Eigenschaften des Spritzgusses erheblich herabsetzen. So sinkt die Schlagbiegefestigkeit, die bei 70 Atm. Spritzdruck rund 10 cmkg/mm² beträgt, auf 6 cmkg/mm² bei 30 Atm. Betriebsdruck. Die Zugfestigkeit fällt bei denselben Verhältnissen von 26 auf 22 kg/mm².

Abb. 214. 70 Atm.

Abb. 215. 90 Atm.

Abb. 214 u. 215. Einfluß des Spritzdruckes auf die mechanische Dichtigkeit von Spritzgußstäben aus einer Zinklegierung mit 4% Al, 2,7% Cu, 0,03% Mg.

Die schlechteren mechanischen Eigenschaften der mit niedrigen Drücken gespritzten Gußstücke sind durch eine große Undichtigkeit zu erklären. Wie aus den Abb. 212—215 hervorgeht, sind erst die Gußstücke, die mit Drücken über 70 Atm. hergestellt wurden, einigermaßen dicht. Eine absolute Dichtigkeit ist bei Spritzguß nie zu erreichen. Es darf also nicht verwundern, wenn Spritzgußstücke bei der Röntgendurchleuchtung immer porös erscheinen. Abb. 216 und 217 zeigen derartige Bilder von Zahnrädern und einem Deckel für eine Büromaschine. Das große Zahnrad ist als einwandfrei zu bezeichnen, während das kleine Zahnrad zu undicht ist. Das kleine Zahnrad wurde auf einer von Hand

Abb. 216. Röntgendurchleuchtung von gespritzten Zahnrädern.

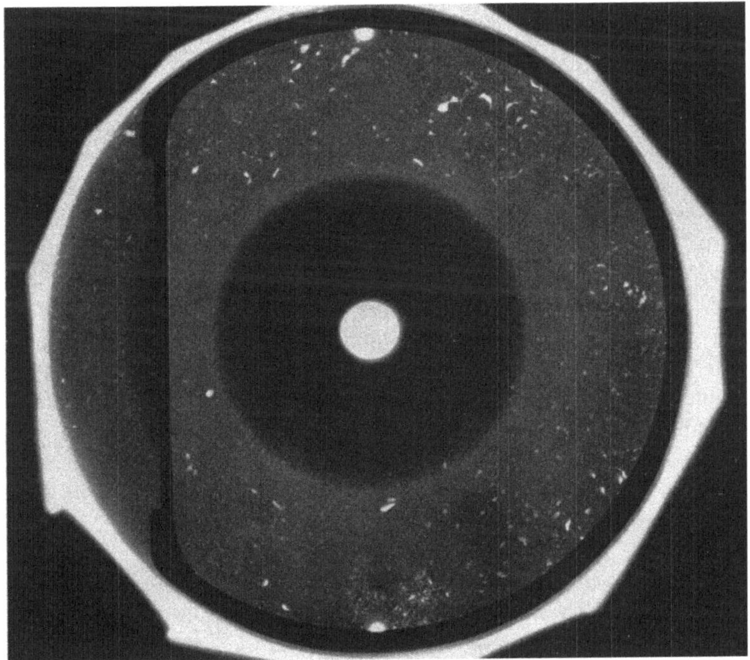

Abb. 217. Röntgendurchleuchtung eines gespritzten Deckels für eine Büromaschine.

betriebenen Spritzgußmaschine mit einem Kolbendurchmesser von 46 mm gespritzt. Der Druck konnte zu 25 Atm. bei einem kräftigen Gießer berechnet werden. Das größere Zahnrad wurde auf einer Spritzgußmaschine hergestellt, die einen hydraulischen Kolbenantrieb mit 70 atm. Druck besaß. Der Deckel in Abb. 217, der ebenfalls keine gefährlichen Undichtigkeiten zeigt, wurde auf einer Polakmaschine mit 220 Atm. Druck gespritzt. Wie man sieht, bringt die Druckerhöhung von 70 auf 220 Atm. keine Verminderung der Poren mehr. Wie später gezeigt wird, sind die mechanischen Eigenschaften derartiger Spritzgußstücke trotz der kleinen Lunker vollständig einwandfrei. Sie liegen sogar größtenteils auf derselben Höhe, wie sie in Normblatt DIN 1743 für gesondert hergestellte Zerreißstäbe verlangt werden. Auch im Gefügebild sind Spritzgußteile, die mit zu geringem Druck hergestellt wurden, von normalem Spritzguß zu unterscheiden. Die Primärkristalle sind nach Abb. 218 gröber als beim Spritzguß, der mit 70—80 Atm. Kolbendruck hergestellt wurde, wie der Vergleich mit Abb. 202 zeigt.

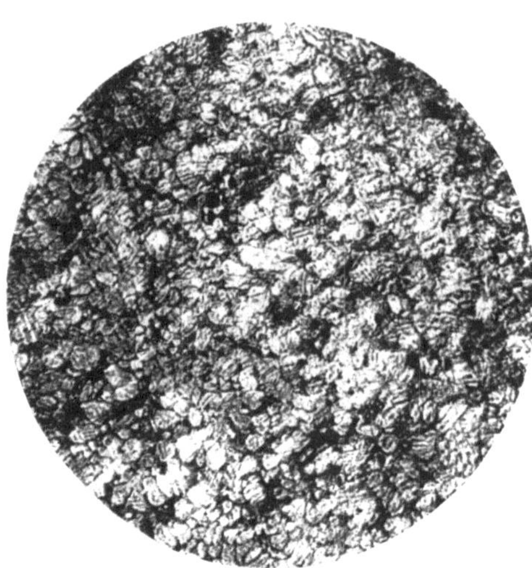

Abb. 218. Gefüge von Spritzguß, der mit niedrigem Kolbendruck hergestellt wurde. Vergr. 200.

Kolbengeschwindigkeit. Von geringerem, aber immerhin merklichem Einfluß ist die Geschwindigkeit des Kolbens. Im allgemeinen wird der Kolben sehr rasch herunterbewegt. Beim Handbetrieb wird mit „Schiebedruck" gearbeitet, d. h., man drückt zunächst mit normaler Kraft und verdichtet kurz vor der Endstellung des Kolbens durch den größtmöglichen Druck auf den Kolben nach. Bei mechanisch bewegtem Kolben, der mit höheren spezifischen Drücken arbeitet, hat sich die Nachahmung dieses Schiebedruckes nicht als vorteilhaft erwiesen, so daß hierbei eine gleichförmige Kolbenbewegung vorgezogen wird. Damit der Druck über den ganzen Kolbenweg gleich bleibt, ist ein hydraulischer Antrieb unbedingt dem Antrieb durch Federkraft und Nockenwelle vorzuziehen.

Bei hoher Kolbengeschwindigkeit erhält man Spritzgußstücke mit guten mechanischen Werten, aber leicht blumiger Oberfläche; außerdem besteht erhöhte Gefahr von Rißbildung. Bei niedriger Kolbengeschwindigkeit werden die Gußteile an der Oberfläche glatt und glänzend; die mechanischen Werte sind aber schlechter. Es ist deshalb empfehlenswert, mit einer mittleren Kolbengeschwindigkeit von 30 cm/sec zu arbeiten.

Anschnitt. Im allgemeinen wird ein ungeteilter Einguß verwendet, wobei der Eingußzapfen als Kegelstumpf ausgebildet wird. Der Eingußzapfen wird innen hohl gestaltet, so daß das flüssige Metall über einen konischen Verteilerkern möglichst wirbelungsfrei in die Form gelangt. Das Metall kann entweder direkt in die Form geführt werden oder vorher eine Umlenkung um 90° erfahren, wie es Abb. 219 zeigt. Dieser indirekte Einguß wird häufiger angewandt.

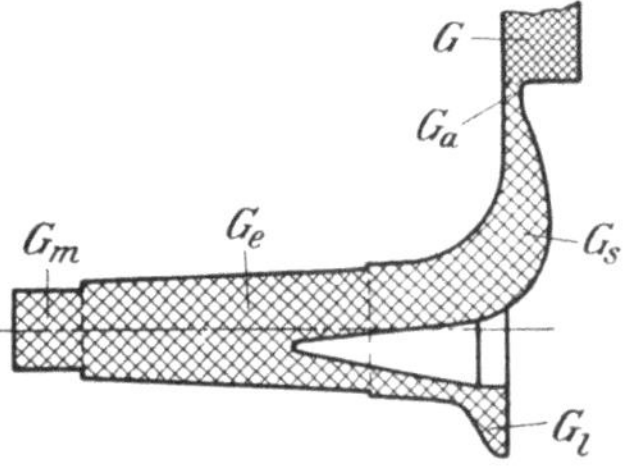

Abb. 219. Einguß und Anschnitt eines Spritzgußstückes. (Nach Frommer.)

Spielen die Abmessungen des Eingußzapfens keine so wesentliche Rolle, so kommt der Ausbildung des Anschnittes (G_a) eine große Bedeutung zu. Hierbei ist wiederum die Anschnittbreite weniger wichtig; sie muß so groß gewählt werden, daß eine reibungslose Füllung der Form erfolgt. Die Anschnittstärke ist jedoch für die Güte des Spritzgußteiles ausschlaggebend. Da es nicht Zweck dieses Buches ist, die Spritzgußtechnik in allen Einzelheiten zu behandeln, so soll nicht die Technik des Anschneidens bei den verschiedensten Gußstücken, sondern nur der Einfluß der Anschnittstärke auf die mechanischen und physikalischen Eigenschaften des Spritzgusses geschildert werden. Für die Wiedergabe der Grundlagen über den Entwurf von Spritzgußformen sei auf die ausführlichen vorzüglichen Darstellungen von Frommer[148] verwiesen.

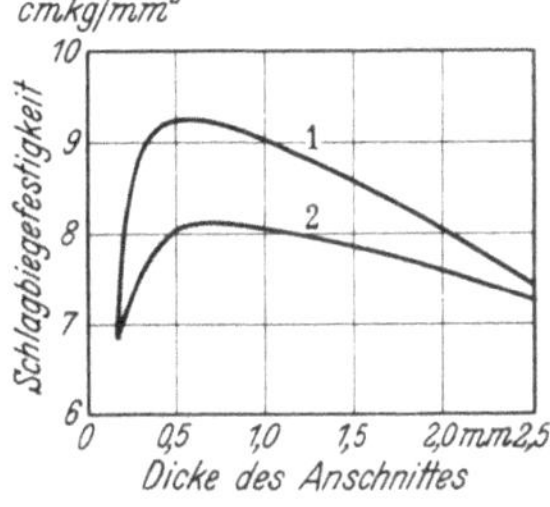

Abb. 220. Einfluß der Anschnittstärke auf die Schlagbiegefestigkeit von Spritzgußstäben (Formtemperatur 180°, Badtemperatur 400°, Spritzdruck 80 Atm). 1 = Zink + 4% Al + 0,4% Cu + 0,04% Mg; 2 = Zink + 4% Al + 2,8% Cu + 0,03% Mg.

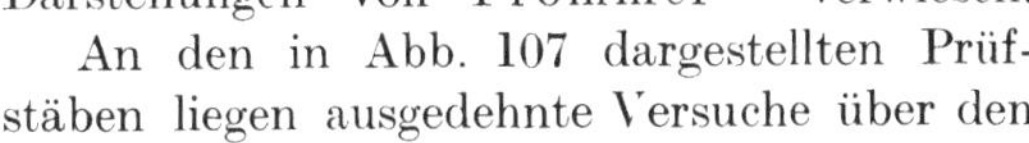

An den in Abb. 107 dargestellten Prüfstäben liegen ausgedehnte Versuche über den Einfluß der Anschnittstärke vor. Die einzelnen Legierungen verhalten sich ganz verschieden bei der Änderung des Anschnittes (Abb. 220).

Die kupferhaltigen Legierungen sind unempfindlicher gegen die Auswahl der Anschnittstärke, während bei den kupferarmen oder kupferfreien Legierungen ein ausgeprägtes Optimum bei einer Dicke des Anschnittes von 0,4—0,7 mm liegt. Dies allein ist jedoch nicht ausschlaggebend. Auffallend ist, daß auch die Alterungsbeständigkeit von der Anschnittstärke abhängt. Bei den kupferhaltigen Legierungen wirkt sich dies merkwürdigerweise nicht aus. Dagegen verliert die kupferfreie

[148] Frommer, L.: Handbuch der Spritzgußtechnik, 686 Seiten. Berlin 1933.

Legierung mit 4% Aluminium nur dann ihre Schlagbiegefestigkeit nicht, wenn die Anschnittdicke unter einem bestimmten Betrag liegt. Für die zu den Versuchen herangezogenen Prüfstäbe liegt diese Anschnittstärke bei 0,5 mm. Wie Abb. 221 zeigt, altern Stäbe, die mit dünneren Anschnitten gespritzt wurden, praktisch nicht, während Stäbe mit dickeren Anschnitten eine auffallend hohe Abnahme der Schlagbiegefestigkeit aufweisen. Erklärlich ist dieser Befund vorläufig nicht, da im Gefüge kein Unterschied zwischen den verschieden angeschnittenen Stäben festzustellen ist. Lediglich in der Dichtigkeit besteht ein merklicher Unterschied. Daß also die Alterung durch die Lunkerbildung gefördert wird, ist denkbar, jedoch nicht erwiesen.

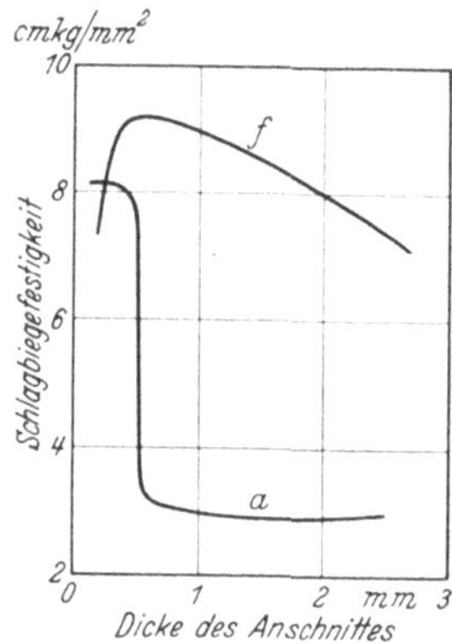

Abb. 221. Einfluß der Anschnittstärke auf die Alterung einer Zinkspritzgußlegierung mit 4% Al, 0,06% Mg (*f* frisch gespritzt, *a* nach 10tägiger Alterung bei 95° C).

Die Untersuchungen haben also gezeigt, daß eine kritische Anschnittstärke existiert, unterhalb deren Prüfstäbe aus einer Zink-Aluminiumlegierung alterungsbeständig sind und oberhalb deren eine starke Alterung einsetzt. Diese kritische Anschnittstärke ist zwar für die sehr einfache Prüfstabform bekannt, jedoch nicht für kompliziertere Gußstücke. Es kann jedoch gesagt werden, daß im allgemeinen bei einer Anschnittstärke unter 0,6 mm der Spritzguß von kupferfreien Zinklegierungen alterungsbeständig wird. Eine genaue Kenntnis der kritischen Anschnittstärke müßte bei jedem Gußstück durch systematische Änderung des Anschnittes erworben werden. Immerhin kann man rasch ermitteln, ob der gewählte Anschnitt unter oder über der kritischen Dicke liegt, indem man Vierkantstäbchen aus dem Gußstück herausarbeitet und die Schlagfestigkeit in frisch gespritztem Zustand und nach zweitägiger Lagerung bei 95° C bestimmt. Unterscheiden sich die Werte wesentlich voneinander, so ist die Anschnittstärke zu groß.

Entlüftung. Ebenso wichtig wie der Anschnitt ist die Entlüftung der Form für die Herstellung eines gesunden Spritzgusses. Während der kurzen Zeit der Einströmung des Metalles muß die Luft aus Einguß, Anschnitt und Form entweichen können. Es werden deswegen Kanäle von 10—40 mm Breite und 0,1—0,15 mm Tiefe in die Formplatte eingelassen. Werden die Entlüftungskanäle stärker als 0,15 mm gemacht, so hält die Form den Druck nicht, und man erhält ebenso schlechten Spritzguß, wie wenn man mit zu niedrigem Druck arbeitet. Ist die Entlüftung zu schwach, liegt also die Stärke unter 0,1 mm, so wird der Guß porig. Wie sich die Tiefe der Entlüftungskanäle auf die Schlagbiegefestigkeit auswirkt, geht aus Abb. 222 hervor. Auffallend ist auch hier, daß die kupferhaltige Legierung nicht so empfindlich ist, wie die kupferfreie Legierung.

Sehr oft genügen die Entlüftungskanäle nicht, da das zuerst in die Form einströmende Metall schaumig ausfällt und daher niedrige mechanische Werte aufweist. Man drückt deshalb diesen Schaum über ein anschnittartiges Gitter, das dieselbe Tiefe wie der Anschnitt hat, in sog. Überlaufsäcke. Der dadurch bedingte höhere Werkstoffaufwand lohnt sich nur bei Teilen, an die höchste Anforderungen gestellt werden.

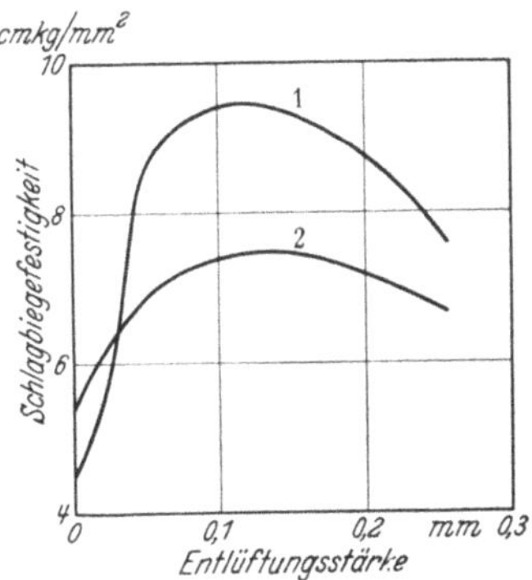

Abb. 222. Einfluß der Stärke der Entlüftungskanäle auf die Schlagbiegefestigkeit von Zn-Spritzgußlegierungen mit 4% Al, 0,04% Mg ohne Cu (1) und mit 2,7% Cu (2).

§ 3. Erstarrung und Abkühlung.

Die bei der Erstarrung und Abkühlung erfolgende Volumänderung drückt sich beim Spritzguß anders aus als beim Kokillen- und Sandguß. Die Volumenänderung des flüssigen Metalles bis zum Erstarrungspunkt und die weitere Kontraktion während der Erstarrung, also die Erstarrungsschrumpfung, die bei den angewandten Zinklegierungen zwischen 3,5 und 3,7% liegt, verursacht die bei Spritzguß bekannte Lunkerung. Die Schrumpfung des festen Metalles während der Abkühlung bis zur Zimmertemperatur, also die Schwindung, die für Zinklegierungen um 1,1% liegt, ist für die Maßabweichungen des Gußstückes von der Gießform und für das Auftreten von Gußspannungen verantwortlich zu machen.

Lunkerung, Schwindung und Gußspannungen sollen kurz in ihrer Abhängigkeit von den physikalischen Eigenschaften und den Abkühlungsverhältnissen behandelt werden. Der Abkühlungsvorgang geht in der Spritzgußform nicht gleichmäßig vonstatten. Die Abkühlung schreitet vielmehr in Schichten von den Formwandungen aus fort. Je niedriger daher die Formtemperatur ist, um so stärker ist das Temperaturgefälle und um so mehr prägt sich die Schichtenerstarrung aus. Da beim Spritzguß nicht wie beim Sand- und Kokillenguß Steiger vorhanden sind, aus denen Werkstoff nachgesaugt werden kann, so besteht als einzige Speisemöglichkeit, um die starke Lunkerung von 3,5% herabzusetzen, der Nachfluß durch den Anschnitt. Da aber sehr bald die Erstarrung im Anschnitt einsetzt, so sind Feinlunker in den zuletzt erstarrenden Teilen des Spritzgusses, also an Stellen von Werkstoffanhäufungen, unvermeidbar. Die Herstellung vollständig dichter, lunkerloser Spritzgußteile ist also unter praktischen Bedingungen unmöglich. Es wird Kunst des Spritzgießers bzw. des Konstrukteurs der Form sein, die Lunker an weniger wichtige und beanspruchte Stellen zu verlegen. Je heißer das Metall ist, um so stärker wird die Lunkerung, da außer der Erstarrungsschrumpfung auch noch die Volumänderung von der Gießtemperatur bis zur Erstarrungstemperatur zur Hohlraumbildung im Innern des Gußstückes beiträgt. Wenn die Form an einer Stelle zu heiß ist, so daß das Metall auch an der Außenhaut flüssig bleibt, so hat der Lunker Gelegenheit, sich dort zu bilden. Man erhält dann nicht den üblichen, im allgemeinen ungefährlichen Innenlunker, sondern den Außenlunker, die sog. Saug- oder Einfallstelle.

Um die Lunkerbildung möglichst gering zu halten, muß das Metall so kalt wie möglich verspritzt werden und der „Nachdruck" auf dem Gießkolben möglichst hoch sein, damit noch flüssiges Metall durch den Anschnitt in das Innere des Gußstückes nachgepreßt werden kann.

Die Schwindung ergibt sich aus dem Ausdehnungskoeffizienten der angewandten Legierung und dem Temperaturbereich, das die Außenhaut des Gußstückes durchläuft. Sie ist also um so geringer, je höher die Formtemperatur ist.

In der Technik wird weniger von der Schwindung gesprochen, als vielmehr vom Schwindmaß, unter dem die prozentuale Maßabweichung des kalten Gußstückes von den Maßen der kalten Spritzgußform verstanden wird. In der Schwindung ist also noch der Betrag der Wärmeausdehnung der Form bei der Formtemperatur enthalten. Das richtige Ansetzen für die Schwindmaße beim Entwurf der Spritzgußform ist entscheidend dafür, ob später das Gußstück die richtigen Sollmaße hat. Das Schwindmaß hängt zwar zum größten Teil von der Zusammensetzung der Legierung ab, wird aber auch maßgebend von der Gestalt des Gußstückes beeinflußt. Da die Form mehr oder weniger nachgiebig ist und das Spritzgußstück je nach seiner Gestaltung in einzelnen Richtungen freie Beweglichkeit besitzt und in anderen nur bedingt beweglich ist, so ist das Schwindmaß in den verschiedenen Richtungen des Gußstückes ganz unterschiedlich, und es kann sein, daß gewisse Teile des Gußstückes eine negative Toleranz, während andere Teile gar keine oder eine positive Toleranz aufweisen. Im Normblatt DIN 1743 sind Richtlinien für diese gießtechnischen Angaben gegeben. Die erreichbare Genauigkeit des Sollmaßes beträgt für Abmessungen bis 13,5 mm ungefähr $\pm$ 0,15%. Auch über die Konizität der Kerne, die ebenfalls von der Schwindung abhängt, wird eine Angabe gemacht, wonach die Verjüngung mindestens 0,3% betragen soll.

Durch die ungleichmäßige Abkühlung des Gußstückes in isothermen Schichten und durch Behinderungen bei der Schwindung entstehen Gußspannungen, die entweder zu Rißbildungen oder zum Verziehen des Gußstückes Anlaß geben. Die Gußspannungen führen zu Warmrissen, wenn der Werkstoff innerhalb eines Temperaturbereiches in der Nähe des Soliduspunktes nicht plastisch genug, also warmbrüchig, ist. Diese Warmbrüchigkeit tritt hauptsächlich durch Zusatz von Magnesium auf. Da der Magnesiumzusatz andererseits zur Verhinderung der interkristallinen Korrosion in aluminiumhaltigen Zinkspritzgußlegierungen notwendig ist, so muß er auf das kleinste Maß herabgedrückt werden. Auch wenn der Werkstoff am Schwinden behindert wird, indem er in der Länge an zwei Stellen festgehalten wird, können bei empfindlichen Legierungen Warmrisse entstehen. Im allgemeinen tritt aber bei den neueren Legierungen, die einen wohldosierten Magnesiumzusatz aufweisen, weniger Warmrißbildung auf. Das Gußstück nimmt vielmehr die entstehenden Spannungen auf und behält seine Abmessungen bei, wenn die Spannungen unterhalb der Streckgrenze liegen oder verzieht sich, wenn sie größer sind.

§ 4. Fehler.

Wenn fehlerhaft gespritzt wird oder keine einwandfreie Zinklegierung vorliegt, so können Mängel auftreten, die sich in unsauberer Oberfläche, Undichtigkeiten, Rissen, Einschlüssen oder Seigerungen auswirken.

Eine unsaubere Oberfläche kann durch Bildung von Kaltschweißstellen, Klecksen und Schieferungen entstehen[149]. Kaltschweißstellen sind immer ein Zeichen von ungenügender Formtemperatur oder zu geringem Druck. Abb. 207 u. 209 zeigten schon derartige „blumige" Stücke.

Klecksbildung tritt ein, wenn der Gießstrahl zerstäubt, wenn also der Anschnitt zu ungünstig ist; oft hilft dagegen die Anbringung eines großen Verteilerkernes im Einguß.

Die Schieferung ist durch zungenartige Überlappungen gekennzeichnet. Sie hat als Ursache eine zu starke Voreilung des Metalles entlang den Formwänden. Meistens sind derartige Fehlstellen durch Vergrößern der Entlüftungskanäle zu beheben.

Sind für die Entstehung der bis jetzt geschilderten Fehlstellen in der Oberfläche unrichtige Spritzbedingungen verantwortlich zu machen, so kann ein unsauberes Aussehen auch durch Unsauberkeiten der Formwände aufkommen. Namentlich die Haarrisse der Form zeichnen sich in feinen Äderchen sehr genau auf dem Gußstück ab („Elefantenhaut"). Auch besteht die Möglichkeit, daß die Legierung an den Stahl ansetzt und dadurch der Wandung eine rauhe Oberfläche verleiht. Zinklegierungen mit genügend hohem Aluminiumgehalt setzen nicht an, wenn sie richtig hergestellt wurden und nicht zu heiß verspritzt werden. Wurden sie allerdings bei der Herstellung stark überhitzt, so setzen sie an, so daß die Formen oft nachpoliert werden müssen. Schließlich seien noch Freßmarken erwähnt, die beim Kernziehen oder Auswerfen entstehen können.

Man sieht, wieviel Schwierigkeiten allein bei der Erzielung einer einwandfreien Oberfläche auftreten können. Ein in jeder Beziehung fehlerloses Spritzgußteil wird es deshalb in der Praxis kaum geben.

---

149 Schmitt, R.: Techn. Z. Metallbearbtg. **45**, 401/402 (1935).

Überspitzte Anforderungen der Spritzgußverbraucher sind daher unter wirtschaftlichen Fabrikationsbedingungen nicht zu erfüllen.

Undichtigkeiten sind im Spritzguß unvermeidlich, da durch den Erstarrungsvorgang Lunker bedingt sind, die auch durch die größte Spritzkunst nicht zu umgehen sind. Eine scharfe Grenze, welcher Undichtigkeitsgrad noch in Kauf zu nehmen ist, existiert nicht. Grobe Undichtigkeiten, die die mechanischen Eigenschaften wesentlich herabsetzen, sind natürlich unzulässig. Viele kleine Hohlstellen sind selbstverständlich weniger gefährlich als wenige große Lunker. Auch die Gestalt der Lunker ist maßgebend. Während runde Hohlstellen nur soweit die

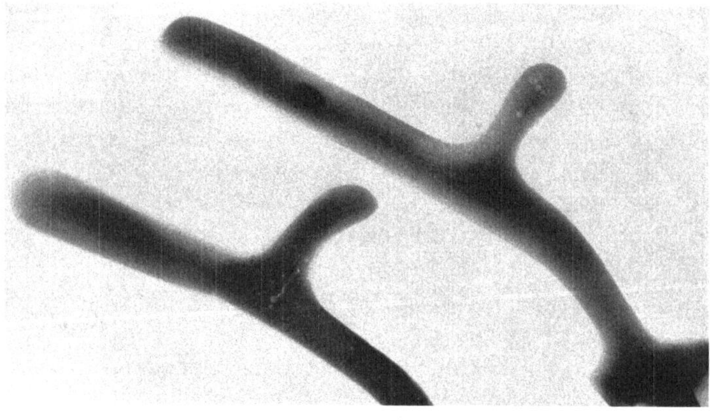

Abb. 223. Schenkel von Haarschneidemaschinen mit Lufteinschlüssen (a brauchbar, b unbrauchbar).

Festigkeit herabsetzen, als sie den Querschnitt vermindern, wirken zackige Lunker als Kerbe, die die Zähigkeit merklich beeinflussen. So zeigt z. B. Abb. 223 die Schenkel einer Haarschneidemaschine, von denen der eine, der die Blasen an der äußersten Stelle des Griffes hat, gut ist, während der andere bereits bei kleinen Biegebeanspruchungen bricht.

Zu Undichtigkeiten sind auch schwammige Stellen und Einfallstellen zu rechnen. Schwammige oder schaumige Stellen sind sehr unangenehm, da die Schlagbiegefestigkeit an derartigen Stellen auf einen Bruchteil der normalen Zähigkeit herabsinkt. Sie entstehen durch Gaseinschlüsse, die durch falsches Schmelzen der Legierung oder durch Verdampfen von Fett und Öl, mit dem man die Kerne schmiert, verursacht werden. Gußstücke mit schaumigen Stellen sind unter allen Umständen zu verwerfen.

Einfallstellen entstehen entweder durch Einsinken über Vakuolen dicht unter der Oberfläche oder durch ungenügenden Metallzufluß oder durch Lufteinschlüsse zwischen Formwand und Gußstück. Für den letzteren Fall müssen die Entlüftungskanäle stärker gestaltet, für die anderen Fälle der Anschnitt geändert werden.

Für Schwindungsrisse sind in den wenigsten Fällen die Zinklegierungen verantwortlich zu machen, da ihre Zusammensetzung bei unserer fortgeschrittenen Legierungskenntnis so gewählt ist, daß sie genügende Warmfestigkeit besitzen. Meistens liegt es daher in der Formgestaltung, sei es, daß scharf vorspringende Ecken, sei es, daß Bohrungen mit zu geringer Konizität vorhanden sind. Außerdem wird die Ausschußziffer durch Schwindungsbildung auch dadurch vermindert, daß man die richtige Formtemperatur, nämlich 180—220°, wählt.

Fremdeinschlüsse harter Natur machen sich bei nachfolgender Bearbeitung durch einen hohen Werkzeugverschleiß bemerkbar. Die Einschlüsse sind weniger Oxyde, wie oft irrtümlich angenommen wird, als vielmehr Silikate, die meist aus der Ofenmauerung oder aus dem

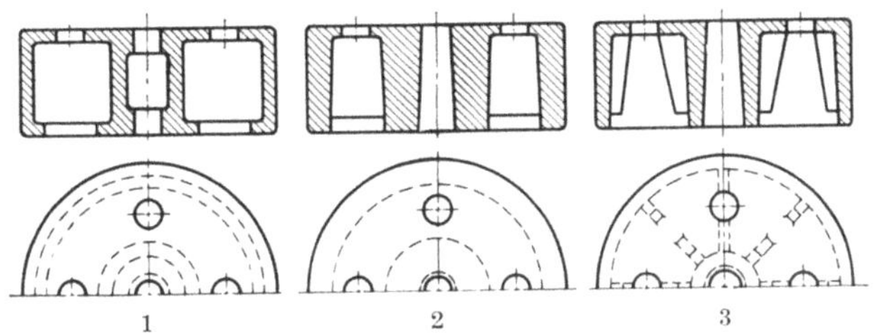

Abb. 224. Unterschneidungen.
1 falsch, 2 richtig, aber Werkstoffanhäufung,
3 besser, gleichmäßige Wandstärken, stabilisiert durch Verrippung.

Tiegelwerkstoff stammen. Bei sauberer Herstellung im Werk des Legierungslieferanten sind derartige Fehler im allgemeinen nicht zu erwarten. Im Spritzgußbetrieb kann lediglich beim Einfahren neuer Maschinen, die eventuell noch durch Kernsand verunreinigt sind, eine Gefahr für den Einschluß harter Stellen entstehen.

Seigerungserscheinungen wurden an den gängigen Zinkspritzgußlegierungen nicht festgestellt. Wie bereits früher mitgeteilt wurde, treten Seigerungen erst bei Legierungen mit Kupfergehalten über 5% auf. Aluminium seigert in den Gehalten, in denen es in Zinklegierungen enthalten ist, nicht.

§ 5. Ausführungsbeispiele.

Im Schrifttum werden nur wenige ausführliche Angaben über die Konstruktion von Spritzgußformen gemacht. Es liegen nur einige brauchbare Veröffentlichungen von ausländischer Seite [150] vor, über die eingehender berichtet werden soll. Als Ausführungsbeispiele dienen

---

[150] Heller, E.: Machinery, New York **37**, 829/831, 945; **38**, 825/826 (1931). — Herb, Ch. O.: Machinery, New York **36**, 665/671; **37**, 40/43, 109, 12 (1930). — Stevan, E.: The Machinist, Lond. **79**, 420/421 (1935). — Anon.: Machinery, Lond. **46**, 153/156, 197, 65/69 (1935). — Machinery Publishing, Co., Lond., Machinerys Yellow Back, Series Nr. 4.

die Konstruktionen für Vergasergehäuse, Wagenräder, Schwimmerventil und Türgriff eines Kraftwagens.

Bevor die Einzelkonstruktionen besprochen werden, sollen einige allgemeine Hinweise, wie sie Frommer[148] ausführlich bringt, gestreift werden.

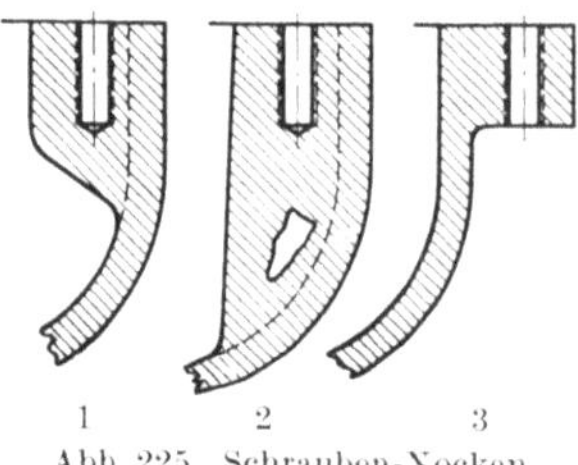

Abb. 225. Schrauben-Nocken. 1 falsch, 2 richtiger, aber Lunker, 3 besser, verlangt aber Ausgleich der Durchmessermaße.

Unterschneidungen (Abb. 224), Augen und Ansätze sind möglichst zu umgehen, um die Kerne einfach zu gestalten.

Kerne müssen eine geringe Konizität besitzen und zwar der bewegliche Kern etwas stärker als der feststehende. Als Anhaltswert seien Verjüngungen von 0,2—0,5% genannt.

Werkstoffanhäufungen müssen vermieden werden, um die Entstehung von Lunkern, Schwindungsrissen und Spannungen zu verhindern (Abb. 225 und 226). Die Unterschiede in den Wanddicken dürfen nicht zu groß sein. Als kleinste Wandstärke gelten 1,2 mm. Durch Aussparungen und Verrippungen können Werkstoffanhäufungen vermieden werden.

Abb. 226. Werkstoffanhäufung.

Mitgegossene Bohrungen sollten einen Mindestdurchmesser von 1 mm besitzen, mitgegossene Gewinde eine Mindestganghöhe von 1 mm und einen äußeren Mindestdurchmesser von 8 mm.

Scharfe Ecken sollen durch Anordnung von Hohlkehlen ersetzt werden. Wie Einspritzteile zu behandeln sind, zeigt Abb. 227. Ein Vorschlag, wie komplizierte Unterschneidungen, die konstruktionstechnisch nicht zu umgehen sind, durch kombiniertes Spritzen herzustellen sind, zeigt Abb. 228. Man sieht, daß zunächst der Hals gespritzt wird, der dann in die zweite Form eingelegt wird; der Kopf wird um den Hals herumgespritzt.

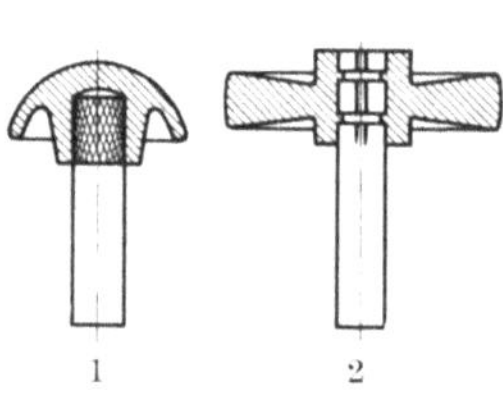

Abb. 227. Einspritzteile. 1 Kordeln, 2 Sicherung gegen Längsverschiebung und Verdrehung durch Ring- und Längsnuten.

Nach diesen kurzen Hinweisen sollen die obengenannten Beispiele näher behandelt werden.

Abb. 229 stellt ein englisches Vergasergehäuse dar, das ziemlich kompliziert ist. In Abb. 230 ist das Mittelteil wiedergegeben, das zum Aufbau des Vergasers dient. Die Spritzgußform öffnet sich nach Abb. 229 nach oben und seitlich. Die Form besteht aus zwei Haupthälften, die parallel zur oberen Fläche geteilt sind. Die Hälfte der Form, die mit dem beweglichen Spritzmundstück der Maschine verbunden ist, besitzt zwei Schlitten, die sich seitwärts öffnen. Die Kerne, die die Formen besitzen, werden beim

Öffnen über Kurven gezogen. In Abb. 232 ist die Ansicht der beiden Formenhälften wiedergegeben. Bemerkenswert ist die Herstellung der Töpfe W und X (Abb. 230), da sie nur 0,063 mm stark sind. Alle anderen Einzelheiten ergeben sich aus der Zeichnung (Abb. 231). Mit der Form werden 80 Schuß pro Stunde ausgeführt.

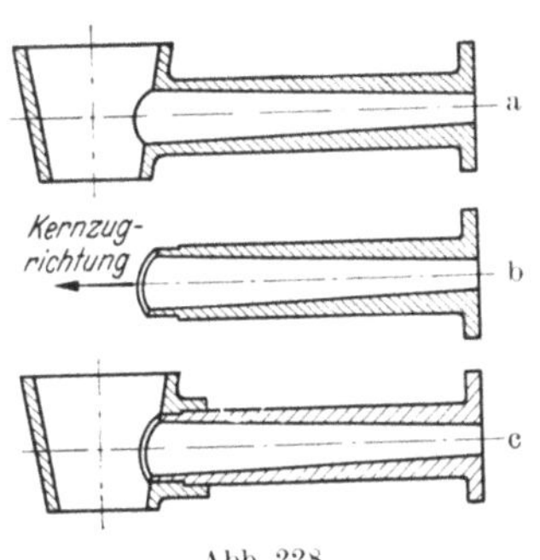

Abb. 228.

Abb. 229.

Abb. 228. Spritzen von Unterschneidungen durch kombiniertes Spritzen. a Anforderung. b Spritzen des Halses. c Spritzen des Kopfes um den nach b hergestellten Hals, der bei Arbeit nach a vorher in die Form eingelegt wird.

Abb. 229. Vergasergehäuse aus Spritzguß.

Ein einfacheres Teil ist ein gummibereiftes Wagenrad für kleine Fördergeräte. Eine Formkonstruktion für ein Rad von 100 mm Durchmesser zeigt Abb. 233. Das Rad wird aus zwei Spritzgußhälften nach Abb. 234 zusammengenietet. Bei diesem Spritzgußstück handelt es sich

a

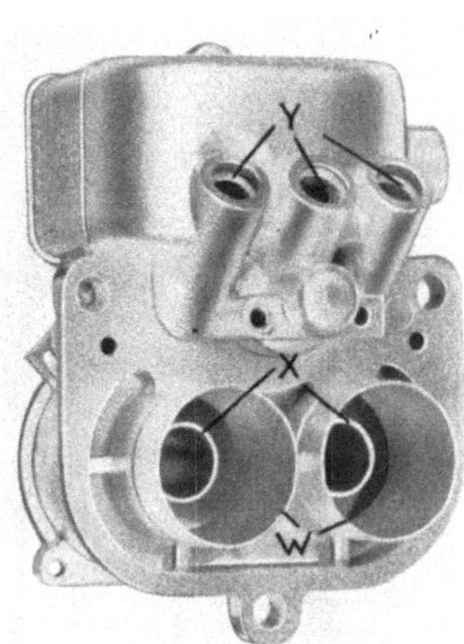

b

Abb. 230. Mittlerer Teil des Vergasergehäuses.

um ein Teil, das früher aus Blech von 0,56 mm Dicke (Abb. 235) hergestellt worden war und nun wirtschaftlicher in Spritzguß angefertigt

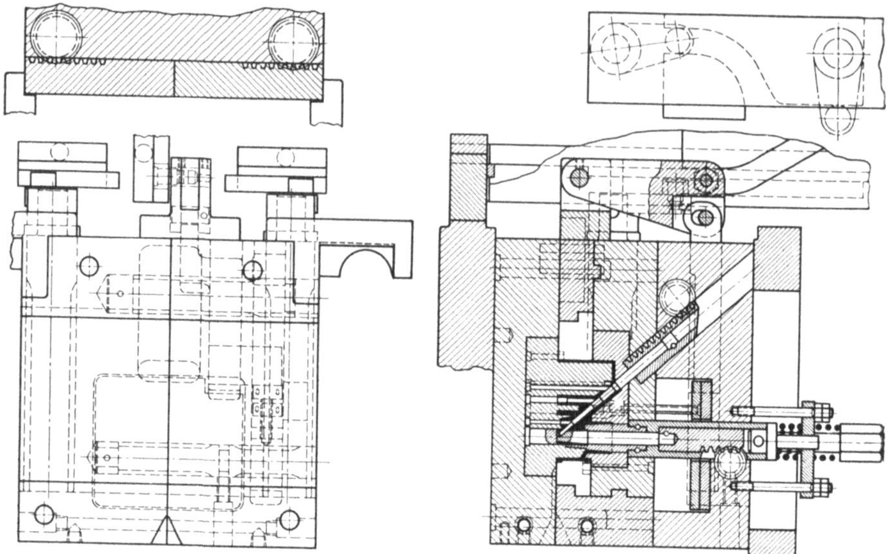

Abb. 231. Aufbau der Spritzgußform des Vergasergehäuses.

Abb. 232. Ansicht der Spritzgußform für das Vergasergehäuse; links: feste Formhälfte; rechts: bewegliche Formhälfte in geschlossener Stellung.

wird. Gegenüber der früher bedingten großen Anzahl Preßwerkzeuge und den vielen Arbeitsgängen sind durch den Übergang zu Spritzguß beträchtliche Ersparnisse in den Kosten und der Herstellungszeit erzielt worden. Es handelt sich um ein typisches Beispiel, wie man sinngemäß durch Spritzguß bisherige Konstruktionen wirtschaftlicher ersetzen kann.

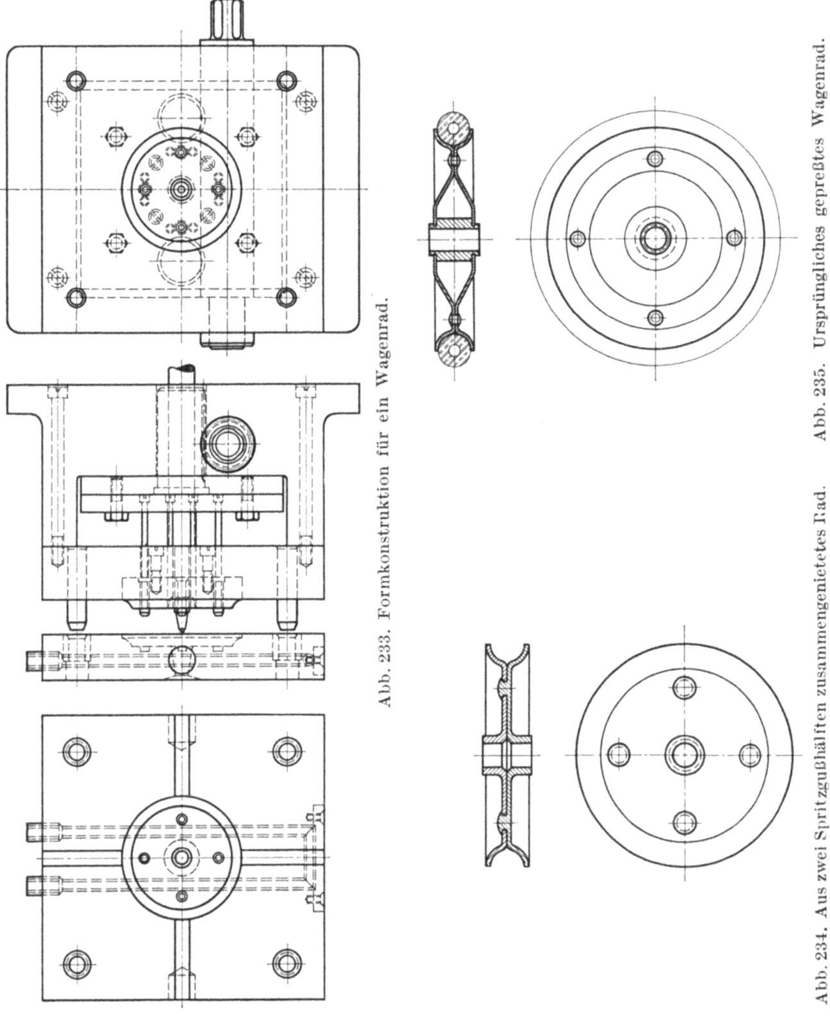

Abb. 233. Formkonstruktion für ein Wagenrad.

Abb. 234. Aus zwei Spritzgußhälften zusammengenietetes Rad.

Abb. 235. Ursprüngliches gepreßtes Wagenrad.

Ebenso sind Beispiele für den Austausch von Teilen aus Buntmetallen durch Zinkspritzguß zu finden.

Ein komplizierteres Teil stellt das in Abb. 236 gebrachte Schwimmerventil eines Ölbrenners dar. Die entsprechende Spritzgußform ist in Abb. 237 skizziert. Dieses Beispiel wurde gewählt, weil es sich bei dem Gußteil um ein Werkstück mit besonders dünnen Wandungen handelt.

Die durchschnittliche Wanddicke beträgt nur 1,6 mm trotz der Länge von 143 mm und einer Höhe von 63,5 mm.

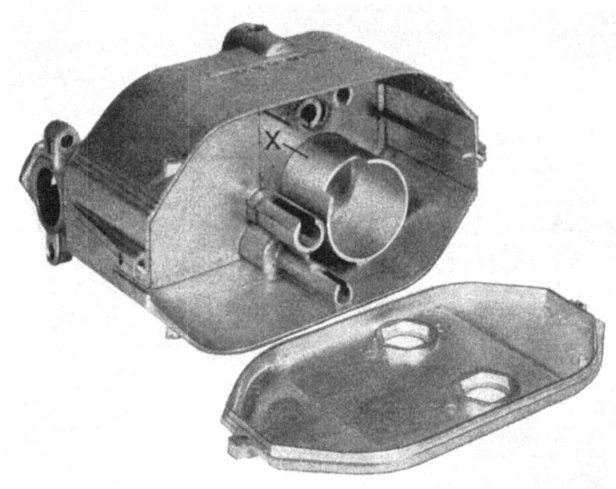

Abb. 236. Schwimmerventil eines Ölbrenners.

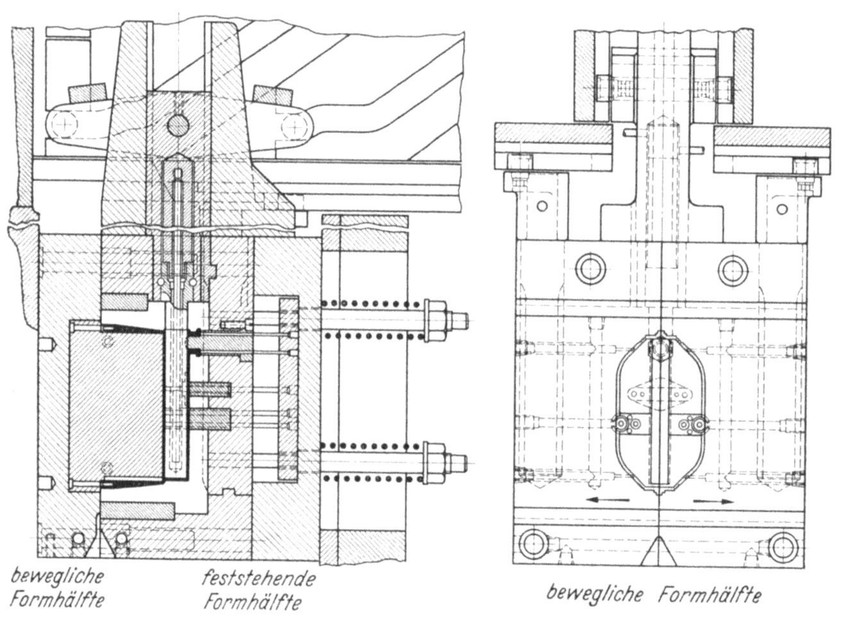

Abb. 237. Formkonstruktion für das Schwimmerventil eines Ölbrenners.

Zum Schluß sei noch ein Automobiltürgriff mit einem Stahlstift als Einlage gebracht. Abb. 238 gibt die Ansicht des Spritzgußteiles und die Form in verschiedenen Schnitten wieder. Es handelt sich um

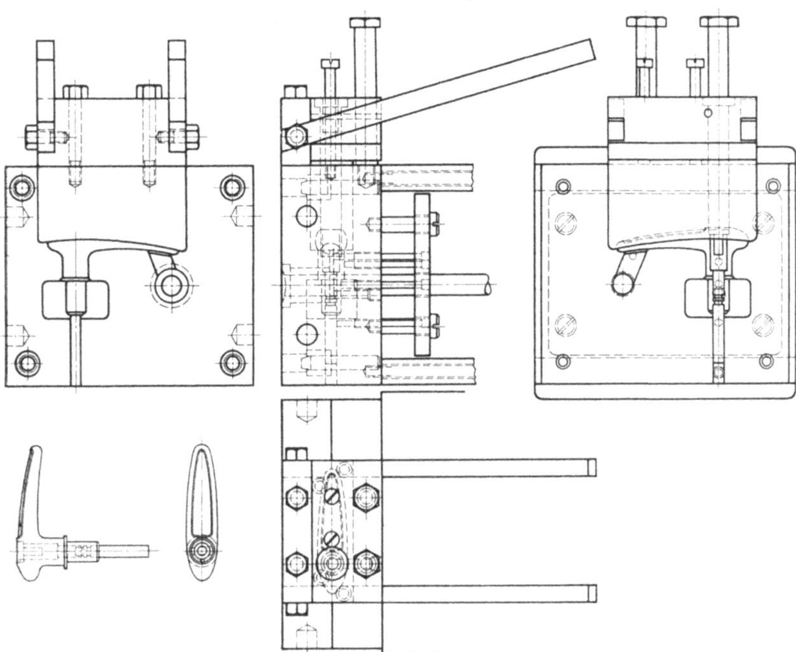

Abb. 238. Formkonstruktion für einen Kraftwagentürgriff.

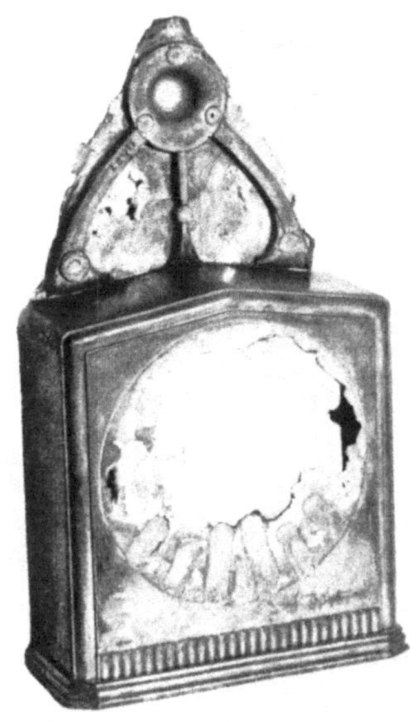

ein Spritzgußstück, das auch in Deutschland in Hunderttausenden von Exemplaren hergestellt wird, so daß die zeichnerische Wiedergabe einer derartigen Form auch an dieser Stelle gerechtfertigt erscheint.

Abb. 239. Uhrengehäuse aus Zamak 5. (Nach Dornauf.)

Abb. 240. Heftmaschinenteile aus Zamak 3. (Nach Dornauf.)

Einige interessante Beispiele aus der amerikanischen Praxis gibt Dornauf[147]. Das Uhrengehäuse der Abb. 239 zeigt, daß auch größere

Flächen blumenfrei herzustellen sind. Die Stückzahl wird an einer Maschine pro Schicht zu 2000 angegeben. Bei kleineren Teilen wird

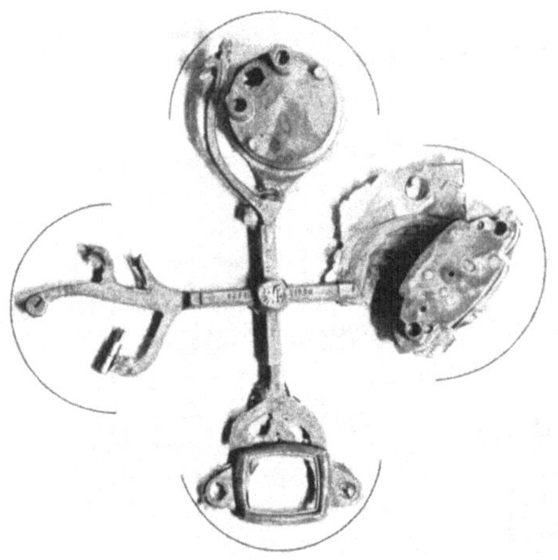

Abb. 241. Einsatzkokille. Anordnung von 4 Formen in einer Einsatzplatte. (Nach Dornauf.)

Abb. 242. Autozubehörteile aus Zinkspritzguß.

die Stückzahl noch dadurch erhöht, daß man viele Teile in eine Form spritzt. Abb. 240 zeigt 5 Heftmaschinengriffe an einem Anguß, wobei der sechste Einguß verschlossen wurde, um einen höheren Druck im Metallfluß zu erzielen. Daß sich auch einmal verschiedenartige Teile in einer

Form vereinigen lassen, zeigt Abb. 241. Es handelt sich um eine Sammelkokille, die für kleinere Gußstücke gebraucht wird.

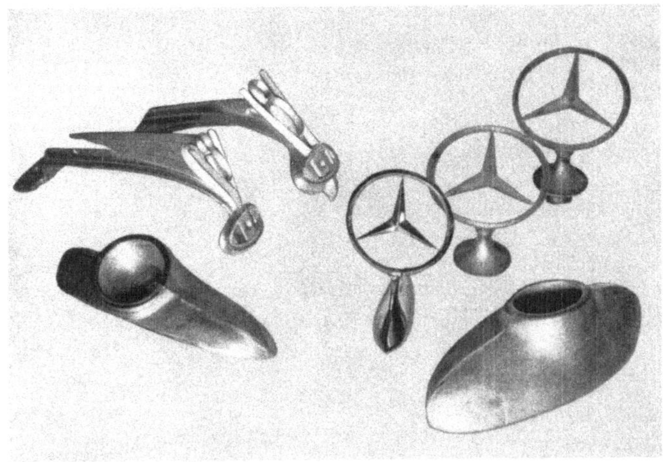

Abb. 243. Autozubehörteile aus Zinkspritzguß.

Abb. 244. Anwendungsbeispiele aus der Spielzeugindustrie.

Die wenigen Beispiele haben gezeigt, wie kompliziert und kostspielig der Formenbau ist. Es ist deshalb wissenswert, von einem Betriebsmann[151] den Formkostenanteil kritisch betrachtet zu sehen. Es handelte

[151] Janßen, Fr.: Techn. Z. Metallbearbtg. **46**, 129/132 (1936).

sich um einen Bügel aus Spritzguß, der in der 4/3-Zinklegierung 180 g wiegen würde. Die Kalkulation ergab folgende Kosten:

300 Formbauerstunden	461,—
85 Dreherstunden	119,—
47 Hobler- und Fräserstunden	74,—
43 Schlosserstunden	41,—
	695,—
Werkstoff	139,—
Kosten für Härten	50,—
	884,—
Betriebsunkosten (100%)	695,—
	1579,—

Wenn man berücksichtigt, daß für 100 Bügel in Zinkspritzguß ein Preis von 54 Mk./100 Stück zu erzielen ist und der Spritzgießer ungefähr

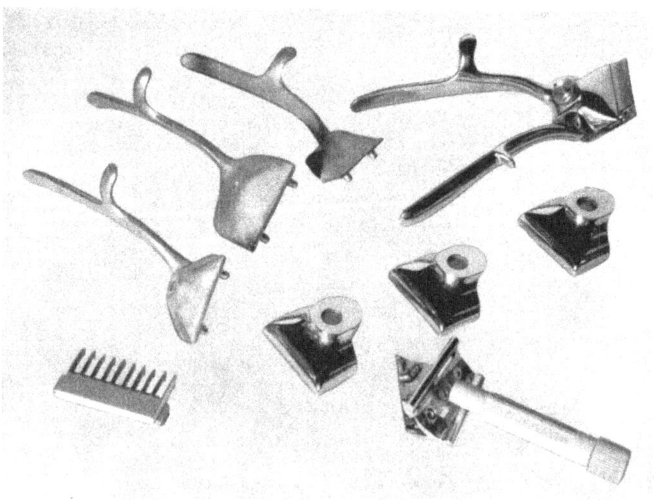

Abb. 245. Spritzgußteile der Solinger Industrie.

350 Schuß pro Stunde leistet, so kann man daraus berechnen, daß die Form erst bei Stückzahlen um 20000 tragbar ist, falls sich der Verbraucher nicht an den Formkosten beteiligt.

Ansichten von Spritzgußstücken, nach einzelnen Anwendungsgebieten geordnet, sind in den Abb. 242—248 zusammengestellt.

§ 6. Eigenschaften.

Die Eigenschaften der einzelnen Legierungstypen in gesondert gespritzten Prüfstäben wurden bereits in einem früheren Kapitel ausführlich behandelt. Für den Praktiker ist es jedoch wichtiger, zu wissen, was tatsächlich im komplizierteren Gußstück erreicht wird, als die

Grenzwerte zu kennen, die im einfachsten Fall zu erreichen sind. Im Schrifttum ist mit einer Ausnahme nichts zu finden. Es muß deswegen auf eigene Versuche zurückgegriffen werden.

Abb. 246. Spritzgußteile der Solinger Industrie.

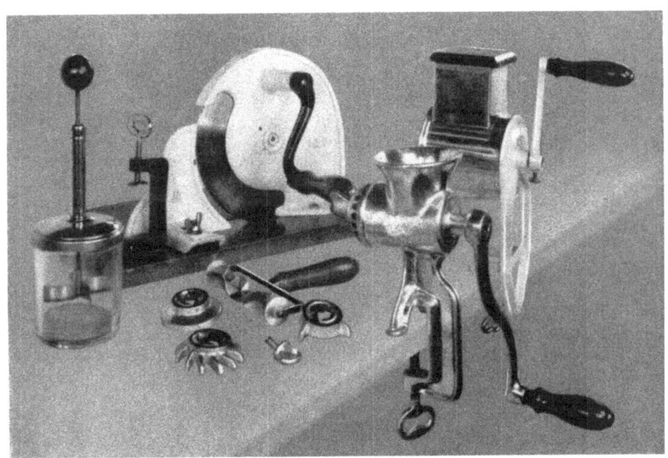

Abb. 247. Anwendungsmöglichkeiten für Spritzguß in der Haushaltsindustrie.

Für eine große Anzahl von Verbrauchern von Zinkspritzguß ist es wichtig, die Maßänderungen beim Lagern und Gebrauch zu kennen.

Abb. 248. Anwendungsmöglichkeiten für Spritzguß in der Uhrenindustrie.

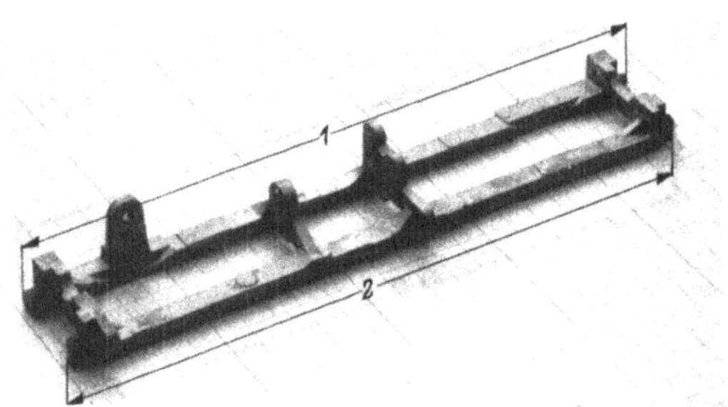

Abb. 249. Schreibmaschinenwagen. Meßlängen 1 und 2: 235 mm.

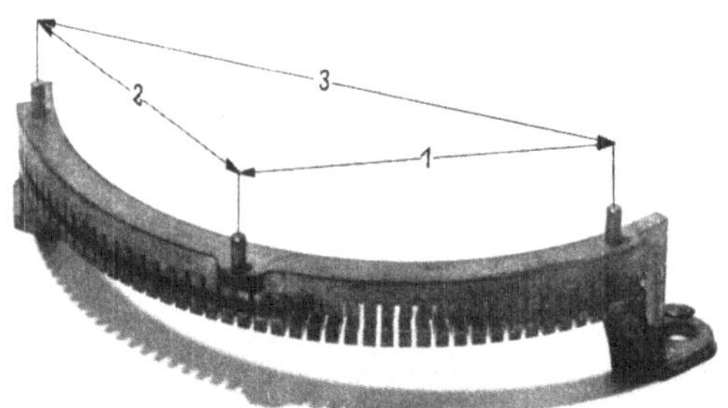

Abb. 250. Typenkorb. Meßlänge 1 97 mm, 2 97 mm, 3 164 mm.

Abb. 251. Ringe. Meßlänge 63 mm.
Abb. 249–251 nach Merkblatt der Metallgesellschaft A.G.)

Von der Legierung mit 4% Aluminium, 0,03—0,06% Magnesium ist bekannt, daß sie Längenänderungen bis zu 0,05% erlebt. Es hat sich jedoch gezeigt, daß die Alterungskurzprüfung bei 95° in gutem Einklang mit den Erfahrungen der Praxis steht und daß eine 10tägige Behandlung ungefähr den Endpunkt der Alterung erreichen läßt. Während dieser 10tägigen Alterung erfährt ein Probestab (Schlagbiegestab) eine Längenschrumpfung von 0,05%. An einem Schreibmaschinenwagen (Abb. 249), Typenkorb (Abb. 250) und an Ringen (Abb. 251) wurden in verschiedenen Richtungen Längenmessungen ausgeführt[152], deren Ergebnisse in Zahlentafel 13 zusammengestellt sind. Wie man sieht, schwankt die Schrumpfung zwischen 0,02—0,08% ; durchschnittlich ist die Längenänderung also nicht größer als im gesondert gespritzten Prüfstab. Noch deutlicher zeigt Abb. 252 die Längenänderung in den einzelnen Meßstrecken. Die eingetragenen Zahlen in

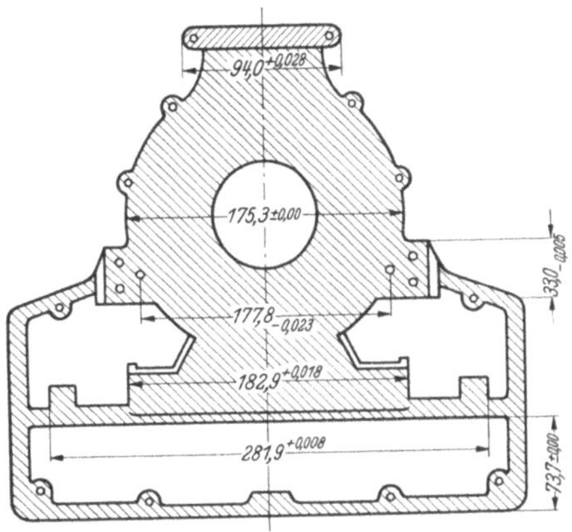

Abb. 252. Längenänderung eines Büromaschinenteiles nach 10tägiger Dampfbehandlung bei 95°. (Nach Merkblatt der Metallgesellschaft A.G.)

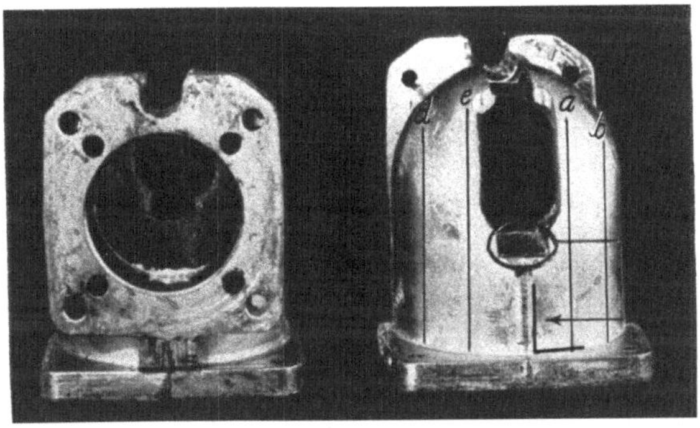

Abb. 253.

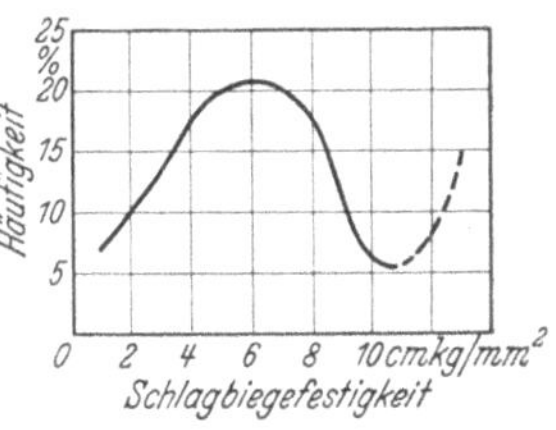

Abb. 254.

Abb. 253. Probeentnahme an einem Krümmer.
Abb. 254. Häufigkeitswerte der Schlagarbeiten an 525 Spritzgußstäben.

der Zeichnung des Büromaschinenteiles aus Zamak 3 (4% Aluminium, 0,03—0,06% Magnesium) sind Fertigmaße in Millimeter nach dem Guß[153]. Die in Klammern gesetzten Zahlen geben die jeweiligen Längenänderungen nach 10tägiger Dampfbehandlung. Wie man erkennt, vergrößern sich manche Meßstrecken, während andere schrumpfen oder überhaupt keine Maßänderungen mitmachen.

152 Metallgesellschaft A.G., Frankfurt a. M., Zamak-Merkblatt 9a und b, 1936.
153 Metallgesellschaft A.G., Frankfurt a. M., Merkblatt 9, 1935.

Verhalten sich also die Gußstücke im allgemeinen ganz ähnlich wie die Prüfstäbe, so ist ungefähr dasselbe in bezug auf die mechanischen Eigenschaften zu sagen. Selbstverständlich muß trotz Einhaltung aller

Abb. 255. Probeentnahme an Pumpenkörper.

Bedingungen immer mit einer Streuung gerechnet werden. Da, wie Abb. 253 beweist, bereits in Probestäben größere Streuungen auftreten, so müssen ähnliche Verhältnisse in Gußstücken erwartet werden. In

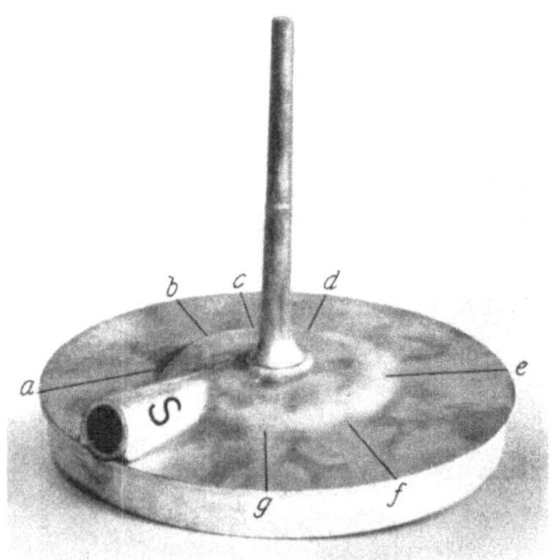

Abb. 256. Probeentnahme an einem Trommeldeckel.

Abb. 253 sind die Häufigkeitswerte der Schlagarbeiten, die an 525 in Amerika gespritzten Prüfstäben ermittelt wurden, dargestellt[154].

Untersuchungen an Gußstücken machen insofern erhebliche Schwierigkeiten, als das Herausarbeiten von geeigneten Prüfstäben entweder nicht oder kaum möglich ist. Immerhin lassen sich oft kleine Stäbchen

[154] Anderson, E. u. G. L. Werley: Proc. Amer. Soc. Test. Mat. **34**, 1/6 (1934).

quadratischen Querschnittes herausschneiden. Große Serienuntersuchungen liegen an Krümmern (Abb. 254), Pumpenkörpern (Abb. 255) und Trommeldeckeln (Abb. 256) vor. Die Probenahme ist aus den Abb. 254—256 ersichtlich. Die Stäbchen wurden in einem Pendelschlagwerk von 60 cmkg Arbeitsinhalt bei einer Auflageentfernung von 40 mm auf ihre Schlagbiegefestigkeit geprüft. Um die Werte mit den Ergebnissen an Normalstäben vom Querschnitt 6,35 × 6,35 mm vergleichen zu können, wurden die experimentell erhaltenen Schlagarbeiten mit einem Faktor auf diesen hypothetischen Querschnitt mit Hilfe des Widerstandsmomentes, das der Stab dem Schlag entgegensetzt, umgerechnet.

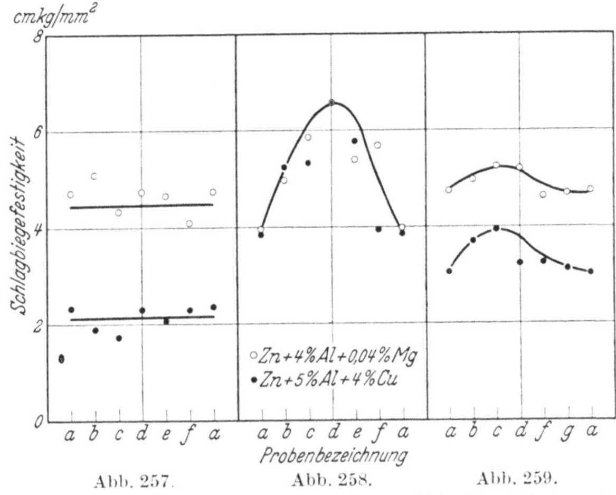

Abb. 257—259. Schlagbiegefestigkeiten der aus den in Abb. 254—256 dargestellten Teilen herausgearbeiteten Proben.

In Abb. 257—259 sind die Ergebnisse graphisch verwertet. Der Vergleich von Abb. 258 mit Abb. 255 ergibt, daß bei den Pumpenkörpern die Werte in der Nähe des Eingusses schlechter sind als an den davon entferntesten Stellen. Die Werte liegen etwas tiefer als sie im gesondert gespritzten Prüfstab zu erreichen sind. Während die Schlagbiegefestigkeit im Prüfstab 7—9 cmkg/mm² beträgt, ergibt der umgerechnete Wert aus dem Befund an den aus dem Gußstück herausgearbeiteten Stäben ein Mittel von 5 cmkg/mm². Die Zugfestigkeit beträgt im Mittel 28 kg/mm² bei 1% Dehnung. Auch diese Werte liegen unter den in Prüfstäben erhaltenen Festigkeiten von 35—40 kg/mm² bei 2% Dehnung. Ein Unterschied zwischen den beiden Legierungen ist bei diesem Gußstück nicht festzustellen.

Im Krümmer (Abb. 253 und 257) sind die Eigenschaften gleichmäßiger aber noch tiefer, weil der Anschnitt anders liegt. Die Schlagfestigkeit beträgt nur 2,1 cmkg/mm² bei der Legierung mit 4% Kupfer und 4,5 cmkg/mm² bei der Legierung ohne Kupfer.

Der Trommeldeckel (Abb. 256 und 259) liegt in seinen mechanischen Werten etwa in der Mitte zwischen den beiden anderen Gußstücken. Die mittlere Schlagfestigkeit beträgt 3,5 bzw. 5 cmkg/mm² für die beiden Legierungen. In der Nähe des Kernes *S* ist die Schlagfestigkeit etwas niedriger, weil an dieser Stelle infolge von Wirbelungen Undichtigkeiten entstanden sind.

Auch die Spritzgußeinrichtung macht sich in der Höhe der mechanischen Werte in den Gußstücken bemerkbar. So zeigt Abb. 260, daß ein in einer Kolbenmaschine mit Handbetrieb gespritztes Gußstück infolge Ermüdung des Arbeiters im Laufe der Schicht immer schlechter wird, während ein auf einer Warmpreßgußmaschine mit hydraulischem Kolbenantrieb hergestelltes Gußstück ziemlich gleichmäßig während der Arbeitszeit ausfällt.

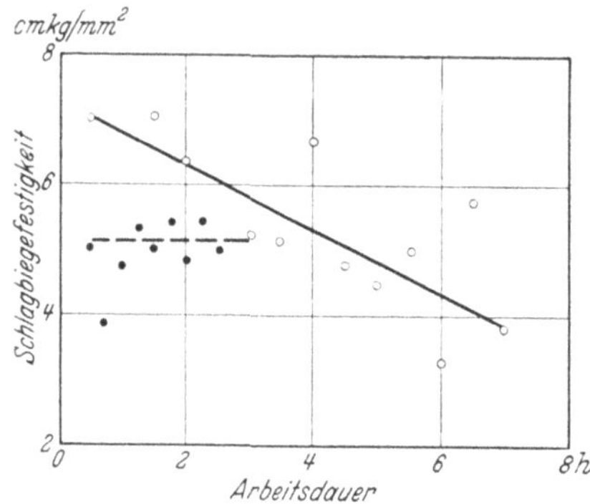

Abb. 260. Schlagbiegefestigkeiten von Proben aus Gußstücken, die auf einer Spritzgußmaschine (○) und auf einer Polakmaschine (•) hergestellt wurden.

§ 7. Spritzgußeinrichtungen.

Die Spritzgußeinrichtung zerfällt in die Spritzgußmaschine und die Spritzgußform. Von vereinzelten Angaben im Schrifttum[155] über Maschinenkonstruktionen im Ausland sei abgesehen; wegen ausführlicher Unterlagen sei wieder das Handbuch von Frommer[148] empfohlen. Im Rahmen dieses Buches sollen nur die einzelnen Konstruktionselemente der Spritzgußeinrichtung im Zusammenhang mit den Eigenarten der Zinkspritzgußlegierungen kurz behandelt werden.

Die Spritzgußmaschine. Die Spritzgußmaschinen sind trotz der Mannigfaltigkeit ihrer Einzelkonstruktionen in wenige Typen zu trennen. Sie werden unterteilt in Maschinen mit warmer Druckkammer, die allgemein unter dem Namen Spritzgußmaschine bekannt sind, und in Maschinen mit kalter Druckkammer, die neuerdings als Warmpreßgußmaschinen bezeichnet werden.

Es sei gleich vorausgeschickt, daß sich die Unterschiede der beiden Typen für Zinkspritzguß mehr und mehr verwischen. Während man früher in den normalen Spritzgußmaschinen mit zu hoher Badtemperatur (über 450°) und zu niedrigem Druck (unter 30 Atm.), andererseits in den Warmpreßgußmaschinen mit zu tiefer Badtemperatur (in breiigem Zustand) und zu hohem Druck (bis 600 Atm.) gearbeitet hat, sind die Arbeitsweisen einander mehr angeglichen worden. Die Praxis hat gezeigt,

[155] Stevan, E.: Met. Ind., Lond. **45**, 363/365 (1934). — Chase, H.: Met. Ind., Lond. **48**, 481/484 (1936). — Lich, O.: Masch.-Konstr. **64**, 114/117 (1931).

daß die hohe Badtemperatur und der niedrige Druck der Spritzgußmaschine porösen Guß liefert, und daß die richtigen Bedingungen bei Temperaturen von 390—410° und bei Drücken von 70—90 Atm. liegen.

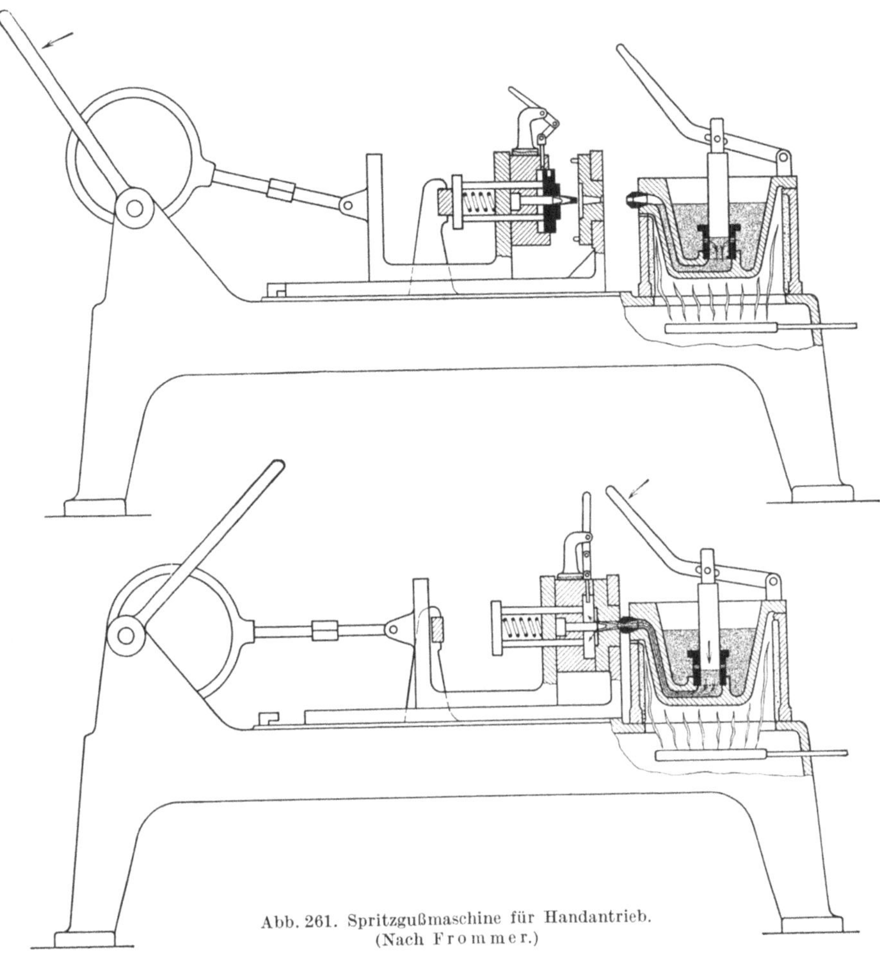

Abb. 261. Spritzgußmaschine für Handantrieb. (Nach Frommer.)

Ebenso hat sich erwiesen, daß das Arbeiten in breiigem Zustand in der Warmpreßgußmaschine Gefahren in sich birgt, indem bereits erstarrte Kristalltrümmer im Gußstück durch ihre Ausbildung kerbwirkend die Zähigkeit wesentlich vermindern. Außerdem mußte man einsehen, daß für die Zinklegierungen ein höherer Druck als 80 Atm. keine Verbesserung bringt, so daß die unnötig hohen Drücke lediglich zu einer raschen Formabnützung führen. Man arbeitet daher auch in Warmpreßgußmaschinen bei Temperaturen von 390—400° und bei Drücken unter

200 Atm. Die Warmpreßgußmaschine bringt also bei Zinklegierungen keinen Vorteil gegenüber der Spritzgußmaschine. Es sind demnach nur betriebstechnische Gesichtspunkte für die Auswahl der Spritzgußmaschine oder Warmpreßgußmaschine maßgebend.

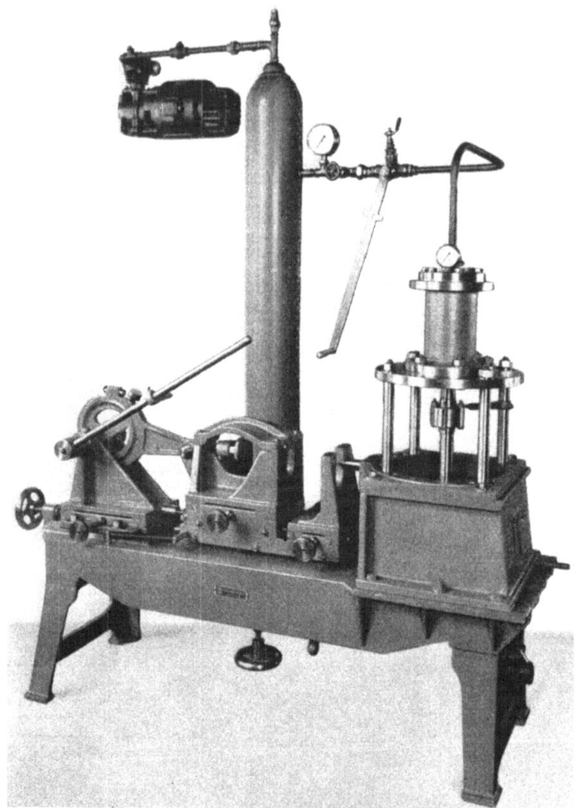

Abb. 262. Kolbenspritzgußmaschine mit Kraftzylinder betrieben (Riwo-Berlin).

Die Spritzgußmaschinen teilt man nach ihrer Druckbetätigung in Kolbenspritzpumpen und in Druckluftgießmaschinen ein. Die letzteren Maschinen sind fast durchweg für Zinklegierungen ungeeignet, da die Druckluft die Zinkschmelzen durch Oxydation verschlechtert[156]. Bei den Kolbenspritzpumpen wurde die Kolbenbewegung früher fast ausnahmslos von Hand betrieben. Allmählich setzen sich aber die durch Kraftzylinder betätigten Pumpen durch, da sie einen höheren und gleichmäßigeren Druck liefern. Der Antrieb des Kolbens durch Nocken und

[156] Peredelsky, K. W.: Liteinoe Delo **6**, 17/20 (1931).

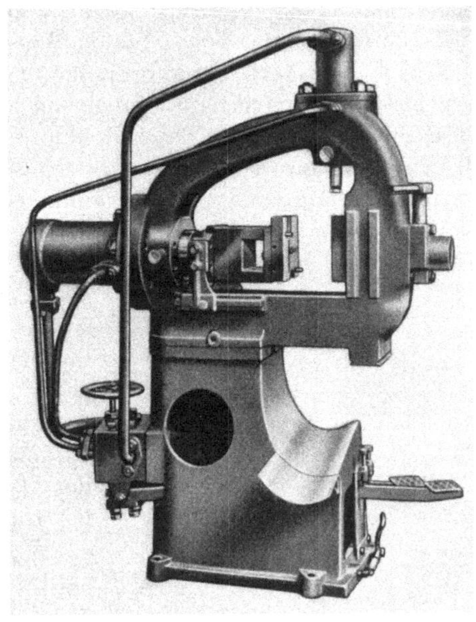

Abb. 263. Preßgußmaschine Type 408 (Hahn & Kolb, Stuttgart).

Feder ist nicht vorteilhaft, weil der Federdruck in der Endstellung des Kolbens nachläßt, so daß die für Zinklegierungen so wichtige Nachverdichtung fehlt. Der Druckverlauf des Spritzkolbens bei hand- oder mechanisch betätigten und bei Federdruck-Maschinen ist also ganz verschieden. Das günstigste Schaubild zeigt die mechanisch betriebene Kolbenpumpe, da bei ihr weder ein Nachlassen des Druckes gegen Ende des Erstarrungsvorganges noch eine überflüssige Drucksteigerung eintritt. Es bleiben demnach zur Eignung für Zinklegierungen nur die durch Kraftzylinder betätigten Kolbenspritzpumpen und für einfachere und kleinere Teile die handbetätigte Maschine. Abb. 261 bringt eine Handkolbenpumpe (Gebr. Eckert-Nürnberg), wie sie heute noch

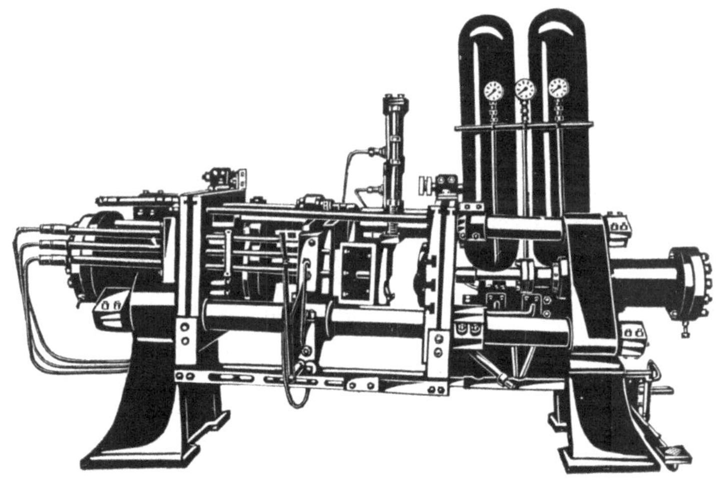

Abb. 264. „Preguß" von Gebr. Eckert-Nürnberg.

üblich ist. In Abb. 262 ist eine durch Kraftzylinder betätigte Kolbenspritzpumpe (Riwo-Berlin) dargestellt. Bei beiden Maschinen sind der

Schmelzkessel und die Druckkammer starr aus einem Stück. Als Baustoff ist Gußeisen zu verwenden. Stahlguß oder irgendwelche Zuschläge haben sich nicht bewährt. Das Spritzmundstück muß besonders sorgfältig angefertigt und eingebaut werden, da es die Dichtung gegen die Form auszuführen hat. Eine Beschädigung der Dichtungsflächen kann durch das unter hohem Druck herausspritzende Metall Menschen und Maschinen ernstlich gefährden. Das Spritzmundstück muß deshalb leicht auswechselbar und aus hochlegiertem Stahl sein. Sowohl Ni-Cr-, als auch Cr-W-Stähle eignen sich hierfür. Die Beheizung kann durch Gas oder elektrischen Strom erfolgen. Die elektrische Beheizung macht allerdings oft Schwierigkeiten, wenn die Heizspiralen gegen Zinklegierungsspritzer nicht gut geschützt sind; andererseits ist eine automatische Temperaturregelung bei der elektrischen Heizung einfacher als bei Gasbeheizung.

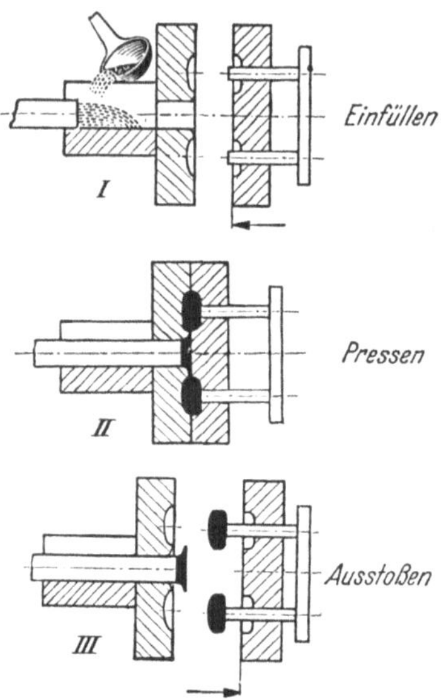

Abb. 265. Arbeitsvorgang in der „Preguß“.

Während für das einwandfreie Verspritzen von Aluminium- oder Kupferlegierungen Warmpreßgußmaschinen erforderlich sind, bringen sie bei Zinklegierungen keine technischen Verbesserungen gegenüber der Kolbenmaschine (Abb. 261), sondern geben lediglich eine größere Leistung sowohl in der Stückzahl als auch in der Größe der Gußstücke.

Von den Warmpreßgußmaschinen sind zwei Typen nennenswert. Bei der in Abb. 263 dargestellten Preßgußmaschine Type 408 (Hahn & Kolb-Stuttgart) befindet sich der Einguß seitlich in der Trennfuge. Es werden bei einem Betriebsdruck von 150 Atm. bis zu 8 Schuß in der Minute geleistet. Alle Bewegungen geschehen hydraulisch und werden durch einen Fußhebel gesteuert. Die Maschine ist verhältnismäßig einfach, sehr elegant und leistungsfähig. Eine schwerere Hochleistungsmaschine stellt die in Abb. 264 wiedergegebene Preguß (Gebr. Eckert-Nürnberg) dar. Die flüssige Zinklegierung wird unmittelbar vor die Form auf eine Gleitbahn geschöpft und von dort in der Kolbenrichtung in die Form gepreßt. Der Arbeitsvorgang ist aus Abb. 265 ersichtlich. Die Schmelze wird auf die Gleitrinne gebracht (*I*), vom Preßkolben in die Formenbohrung geschoben, verdichtet und durch den Anschnitt in die eigentliche Form gedrückt (*II*). Dann wird die Form geöffnet, der Preßling ausgestoßen und der Eingußrückstand aus der Preßzylinderbohrung ausgeräumt.

Die Spritzgußform. Die Spritzgußform ist, wie eine früher gebrachte Kostenaufstellung gezeigt hat, das Teuerste am ganzen Spritzgußverfahren. Auf eine solide Ausführung der Form ist deshalb besonders zu achten. Die Ansichten über die richtige Stahlsorte für die Form gehen stark auseinander[157]. Eindeutig ist, daß ein Stahl mit hoher Elastizitätsgrenze notwendig ist, damit er nicht „thermisch ermüdet". Ein schlechter Stahl zeigt sehr rasch feine Haarrisse, die ein Zeichen für schnelle thermische Ermüdbarkeit sind. Ein brauchbarer Sonderstahl zeigte folgende Zusammensetzung: 2,1% Cr, 0,35% V, 0,4% C, 0,65% Mn und 0,1% Si. Besser ist ein höher legierter Stahl mit 10% W, 2,5% Cr oder 2,5% W und 10% Cr. Stähle für Kerne sollten noch höher legiert sein und bis zu 22% W, gegebenenfalls mit etwas Co, enthalten. Formen aus derartigen Sonderstählen halten, besonders wenn sie gehärtet sind, je nach der Gestalt des Gußstückes und den Spritzbedingungen, 90000 bis 120000 Schuß aus, bis Nacharbeiten erforderlich werden. Die Lebensdauer derartiger Formen ist schwer abzuschätzen, da es in Deutschland kaum Stückzahlen gibt, die die Form bis an die Grenze ihrer Lebensfähigkeit beanspruchen. Es können aus den üblichen Zinklegierungen noch Stückzahlen bis zu 400000 in einer Form hergestellt werden, ohne daß die Form unbrauchbar wird.

II. Spanlose Formung.

1. Pressen.

a) Allgemeines.

Von allen Knetprozessen ist das Pressen für die Zinklegierungen der wichtigste, da er nicht nur der wirtschaftlichste, sondern auch betriebstechnisch einfachste Vorgang ist. Die Umformung geht trotz der geringen Preßgeschwindigkeit, die bei Zinklegierungen notwendig ist, rasch vonstatten, jedenfalls schneller als beim Walzen. Außerdem können recht verwickelte Profile hergestellt werden. Stangen und Rohre werden vorgepreßt und nur noch wenig nachgezogen.

b) Strangpressen.

Beim Strangpressen wird der warme Preßknüppel in einem Rezipienten durch eine Matrize mit bestimmter Düsenform durchgepreßt. Dabei sind zwei Wege möglich. Entweder wird die Legierung durch die dem Preßstempel gegenüberliegende Matrize mit Hilfe einer zwischen Stempel und Knüppel liegenden Preßscheibe gepreßt, oder durch

[157] Peredelsky, K. W.: Liteinoe Delo **7**, 19 (1931). — Tour, S.: Met. Technol. **1934**, Nr. 568, 1/16.

Abb. 266. Horizontale Strangpresse (Hydraulik-Duisburg).

Abb. 267. Vertikale Strangpresse (Hydraulik-Duisburg).

die dem hohlen Preßstempel anliegende Matrize, wobei der Rezipient auf der Gegenseite geschlossen ist, gedrückt. Der erste Vorgang, das direkte Pressen, ist das übliche Verfahren. Der Rezipient muß beim Arbeiten mit Zinklegierungen heizbar sein, um die verhältnismäßig eng begrenzten Preßtemperaturen einhalten zu können. Die Preßscheibe soll beim Verpressen von Zinklegierungen sehr satt sitzen und keine „Schale“ stehen lassen. Eine Schmierung des Blockes zur Verringerung der Reibung ist nicht notwendig, da das Metall nicht so sehr am Rezipienten hängen bleibt, wie dies z. B. bei Aluminiumlegierungen der Fall ist.

Zur Stangenherstellung werden vorteilhaft Horizontalpressen, wie sie Abb. 266 darstellt, verwendet. Die Preßkraft wird hydraulisch erzeugt, weil hierbei Druck und Preßgeschwindigkeit besonders gut geregelt werden können. Für Rohre und verwickelte Profile sind Vertikalpressen entsprechend Abb. 267 günstiger, da der Preßwerkstoff hierbei weniger einfällt. Infolge ihres Eigengewichtes werden die Rohre und Profile verhältnismäßig gerade und behalten ihre Querschnittsgestalt gut bei.

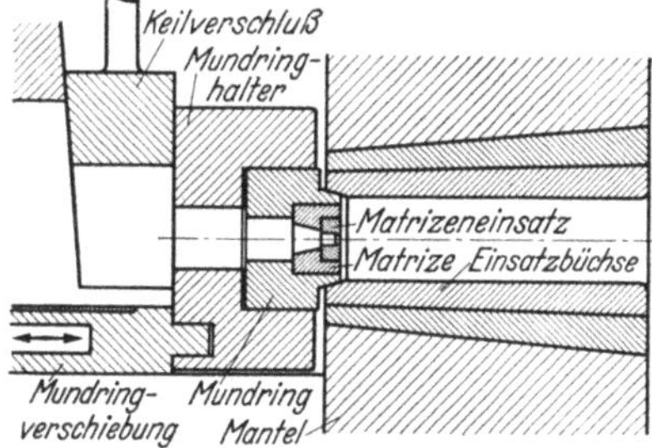

Abb. 268. Einzelteile einer Strangpresse.

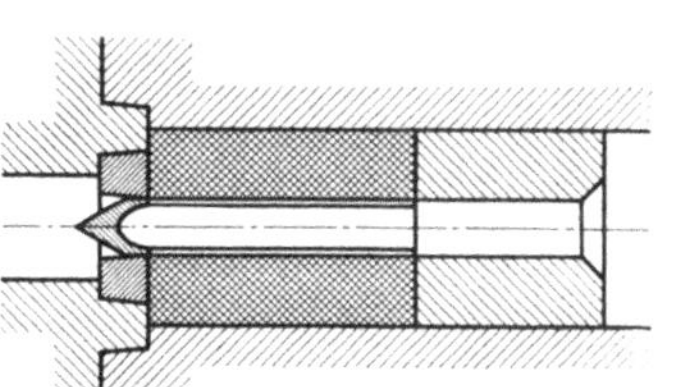
Abb. 269. Preßdorne für Rohrpressen.

Als Werkstoff für den Rezipienten wird Chrom-Nickelstahl verwendet. Infolge der hohen Drücke, die beim Pressen von Zinklegierungen auftreten, ist es ratsam, entsprechend Abb. 268, eine Einsatzbüchse aus einem hochlegierten Chrom-Wolframstahl bis 14% W zu verwenden. Auch für die Matrize muß ein hochlegierter Stahl (z. B. „Spezial W“ der Deutschen Edelstahlwerke, Krefeld) verwendet werden. Um die Stahlkosten zu vermindern, kann auch hierfür nach Abb. 268 ein Einsatz verwendet werden. Für das Rohrpressen werden Preßdorne auf die Druckscheibe aufgesetzt. Diese Preßdorne müssen besonders hohe Warmfestigkeiten besitzen. Für dünne Dorne werden Stähle mit 0,25% C, 3% Cr, 5% Ni, 5% W, 0,8% Mn und Mo mit einer Festigkeit bis zu 170 kg/mm^2 empfohlen. Für den Preßstempel genügt ein Chrom-Nickelstahl mit 0,3% C, 1,5% Cr und 4% Ni. Beim Lochen des Preßbolzens in der Presse setzt man entsprechend Abb. 269 eine Kappe auf, damit das Schmiermittel nicht abgestreift wird.

c) Fließvorgang.

Zur Erklärung, woher Fehler in den einzelnen Bezirken einer Preßstange stammen, ist es notwendig, daß man den Fließvorgang beim Pressen kennt. Zur Untersuchung der Fließvorgänge werden, wie es Tresca[158] wohl zum erstenmal tat, Versuchskörper mit Netzteilung nach Abb. 270 verwendet. In die halbierten Blöcke wird mit dem Hobel eine Netzteilung eingerissen und die Riefen mit Graphit ausgerieben. Damit die Blöcke nicht verschweißen, wird zwischen die Halbzylinder graphitierte Pappe eingelegt. Während beim Zinn und Blei der Fließvorgang (Abb. 271) ähnlich dem Ausfließen einer Flüssigkeit aus einem Gefäß verläuft[159], ist er beim Hartmessing (Ms 58) und ganz gleichartig bei den Zinklegierungen verwickelter, da sich die Stange den Werkstoff ganz hinten aus dem Block holt. Aber nicht allein der Werkstoff ist für die Art des Fließvorganges verantwortlich, auch die Beschaffenheit der Rezipientwandung spielt nach Abb. 272 und 273 eine wesentliche Rolle[160]. Auch die Düsenform der Matrize ist maßgebend, wie Abb. 274 zeigt. Bei einem Neigungswinkel von 67,5% wird der Fließvorgang stationär; die Stange hat in jedem Teil ihrer Länge gleiche Struktur.

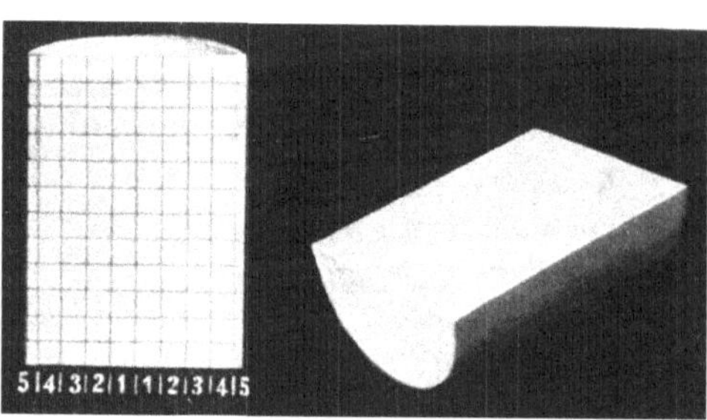

Abb. 270. Versuchskörper mit Netzeinteilung zur Verfolgung der Fließvorgänge. (Nach Eisbein und Sachs.)

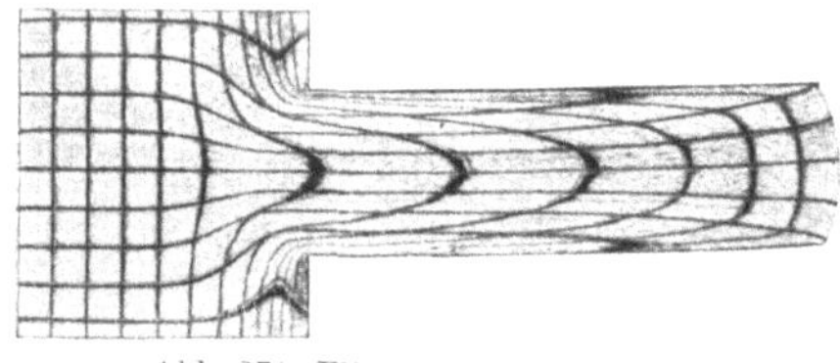
Abb. 271. Fließvorgang bei Zinn.

Wie angedeutet, ist der Fließvorgang in Blöcken aus Zinklegierungen verwickelter und ganz gleichartig wie in Elektron[161] und Hartmessing. Es kann daher die ausgezeichnete Untersuchung von Bernhoeft[162] zur Kenntnis des Werkstofflusses beim Strangpressen herangezogen werden. In einer direkt angetriebenen 1500-t-Strangpresse wurden Barren von 150 mm Durchmesser und 50 mm Länge aus Elektrolytkupfer und Ms 64 abwechselnd bis zu einer Gesamtlänge von 700 mm aneinandergereiht

[158] Tresca, H.: C. R. Acad. Sci., Paris **59**, 754/758 (1864); **64**, 809/812 (1867).
[159] Eisbein, W. u. G. Sachs: Mitt. dtsch. Mat.-Prüf.-Anst. Sonderheft **16**, 67/96 (1931).
[160] Masing, G.: Handbuch der Metallphysik Bd. III, 1. Lieferung (G. Sachs), 67 (1937). — [161] Schmidt, W.: Z. Metallkde. **19**, 378/384 (1927).
[162] Bernhoeft, Ch.: Z. Metallkde. **24**, 210/213, 261/263 (1932); **25**, 315/316 (1933).

(Abb. 275), angepreßt (Abb. 276) und zu 100 mm starken Stangen ausgepreßt. Nach Abb. 277 hat sich schon bei geringem Anpressen der Fließvorgang fortgepflanzt. Die Preßbarrenmitte eilt dem Barrenumfang voran, da der Barren in der Mitte

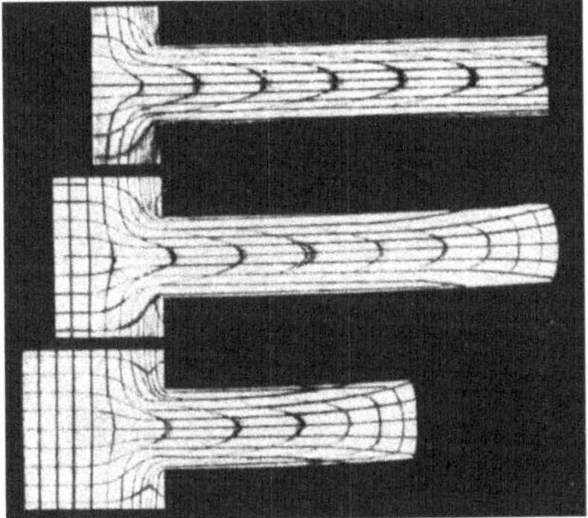

Abb. 272. Pressen bei gut poliertem Rezipienten. (Nach Sachs.)

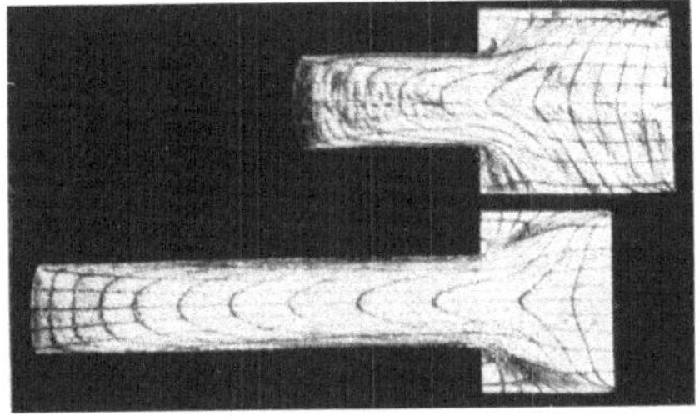

Abb. 273. Pressen mit rauher Rezipientenwandung. (Nach Sachs.)

noch wärmer ist, die Düse in der Achse des Barrens liegt und die Wandreibung im Rezipienten am Barrenmantel sich bemerkbar macht. Während auch das Preßknüppelende bereits voreilt, hat sich an der Matrizenseite eine tote Ecke gebildet. Wie Abb. 278 zeigt, hat sich bei weiterem Vorrücken des Preßstempels die Voreilung der Preßmitte gegen den Barrenumfang vergrößert. Die Voreilung der Barrenmitte wird durch ein Zurückfließen des Werkstoffes vom Barrenumfang ausgeglichen. Wie aus den Abb. 279 und 280 hervorgeht, wird diese Beobachtung beim Weiterpressen bestätigt. Die Erscheinung wird immer stärker; auch die tote Ecke vergrößert sich. Dieser tote Preßwinkel, der bei der Stange von 100 mm Durchmesser am Anfang 19—26° beträgt, nimmt bei kleineren Stangendurchmessern auf 31—46° zu (Abb. 281). Im übrigen wird der Fließvorgang nicht beeinflußt; er ist also unabhängig vom austretenden Strangquerschnitt. Auch bei mehrstrangigem Pressen bleiben die Fließvorgänge nach Abb. 282 (Stempelweg 60 mm) und 283 (Stempelvorschub 182 mm) ähnlich.

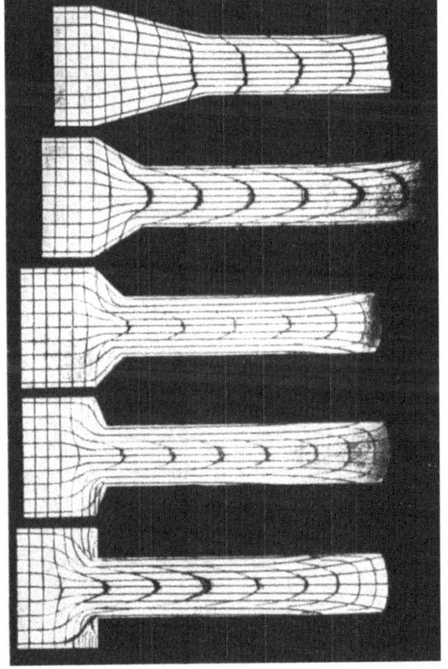

Abb. 274. Einfluß verschiedener Düsenwinkel. (Nach Sachs.)

Durch diesen Fließvorgang ist es erklärlich, daß die weniger gute Oberflächenschicht des Preßbarrens in den letzten Teil der Stange ein-

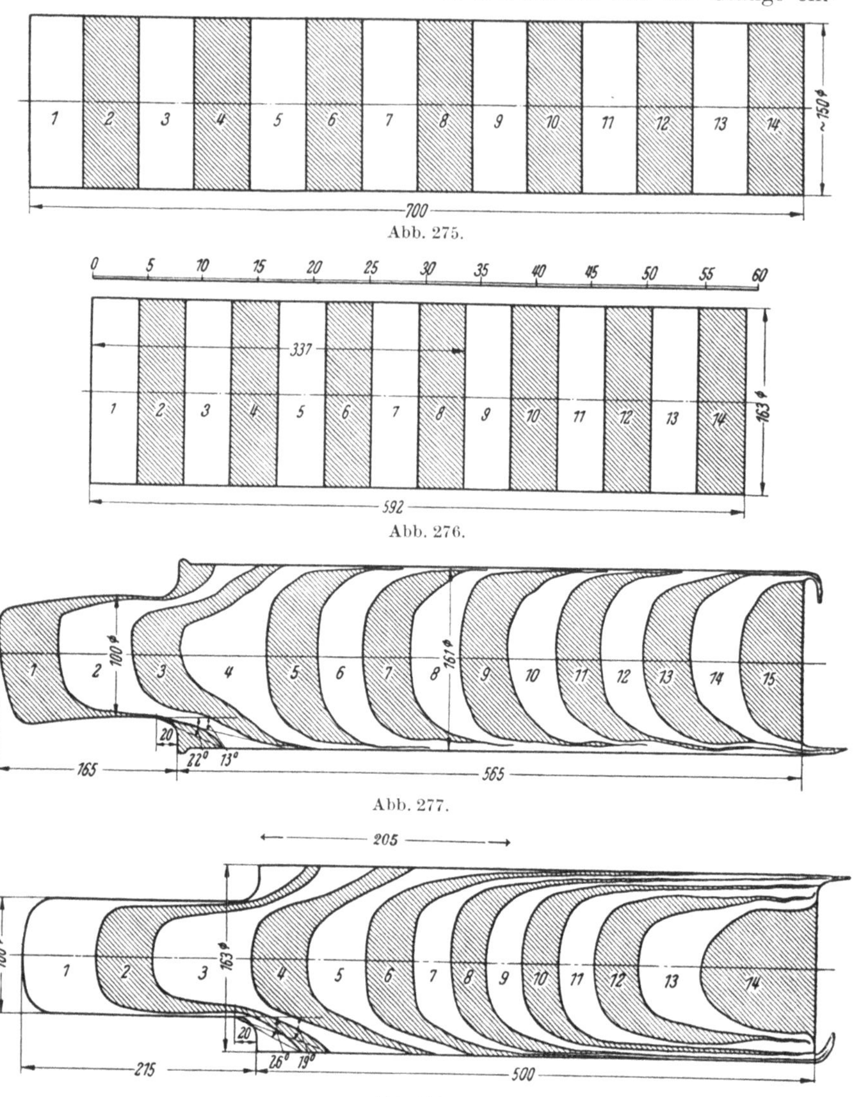

Abb. 275.

Abb. 276.

Abb. 277.

Abb. 278.

bricht und zu Fehlern führt, die sich oft in einer Dopplung oder Zweiwachs äußern. Es ist deshalb wichtigste Aufgabe, die Oberfläche des Preßknüppels so sauber wie möglich zu halten.

Wenn zu stark ausgepreßt wird, so kann eine Trichterbildung nach Abb. 284 eintreten, die oft mit Zweiwachs verwechselt wird.

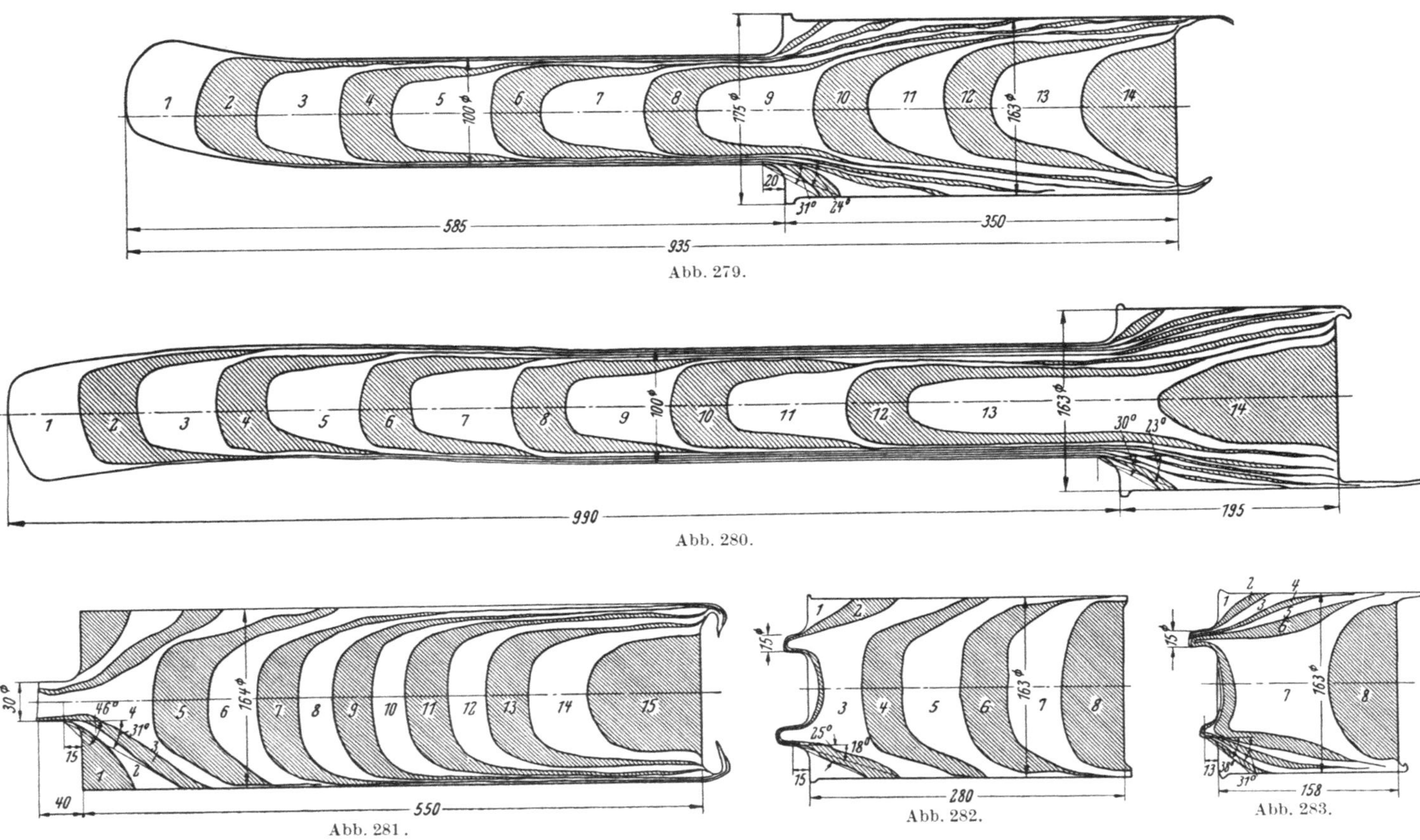

Abb. 279.

Abb. 280.

Abb. 281.

Abb. 282.

Abb. 283.

d) Einfluß der Preßbedingungen.

α) Preßgeschwindigkeit.

Während man beim Messingpressen ziemlich große Freiheiten in der Preßgeschwindigkeit und der Preßtemperatur hat, muß man sie bei den Zinklegierungen sehr genau einhalten. Je nach der Zusammensetzung ist die Zinklegierung mehr oder weniger empfindlich. Im allgemeinen darf die Preßgeschwindigkeit hinter der Düse nicht mehr als 2 m/min betragen. Bei höheren Geschwindigkeiten findet sofort ein Aufreißen statt. In Abb. 285 ist eine Preßstange aus einer Zinklegierung mit 4% Aluminium, 0,5% Kupfer und 0,03% Magnesium wiedergegeben, die mit einer Geschwindigkeit von 2,7 m/min gepreßt worden war. Bei einer Geschwindigkeit von 2,5 m/min treten bereits Anrisse auf (Abb. 286), die bei geringer Geschwindigkeitssteigerung zu Brüchen führen. Bei einer Preßgeschwindigkeit von 2,3 m/min ist die Stange einwandfrei glatt.

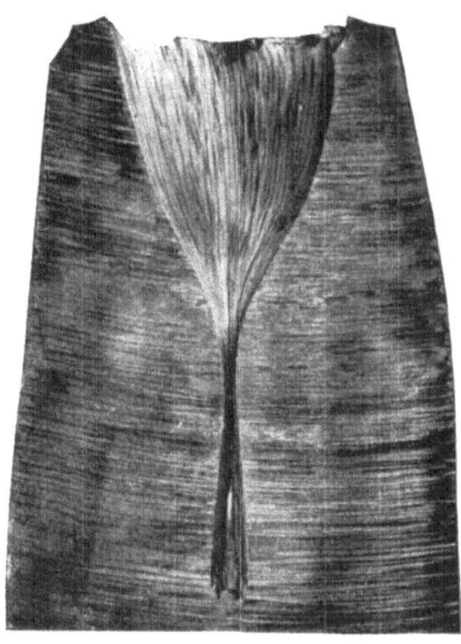
Abb. 284. Trichterbildung beim Pressen.

Je langsamer man preßt, um so besser werden die mechanischen Eigenschaften der Preßstangen; jedoch sind diesem Streben wirtschaftliche Grenzen gezogen, selbst wenn man durch mehrstrangiges Pressen einen Ausgleich sucht.

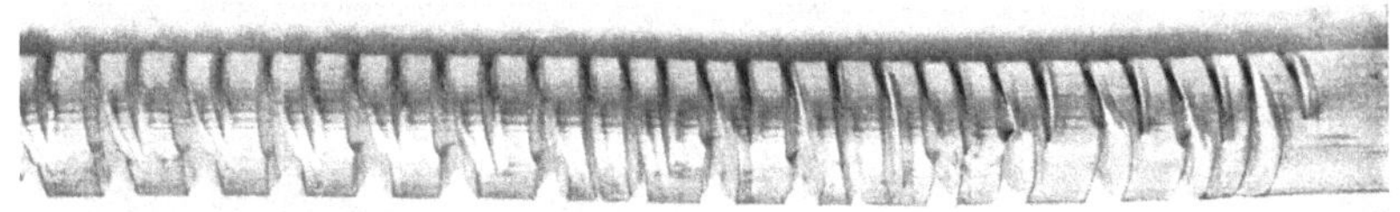
Abb. 285. Zu schnell gepreßte Zinklegierungsstange.

Abb. 286. Preßstange mit Anrissen.

Legierungen mit weniger Aluminium, z. B. eine Legierung mit 0,5% Aluminium und 0,5% Kupfer mit niedriger Streckgrenze, muß bei praktisch kaum wirtschaftlichen Geschwindigkeiten verformt werden, um nach Abb. 287 eine hohe Biegefähigkeit zu erhalten.

β) Preßtemperatur.

In der Wahl der richtigen Preßtemperatur sind Zinklegierungen besonders empfindlich. Während man z. B. bei Hartmessing ein über 100° weites Temperaturbereich hat, innerhalb dessen gepreßt werden kann, schrumpft dieses bei Zinklegierungen praktisch

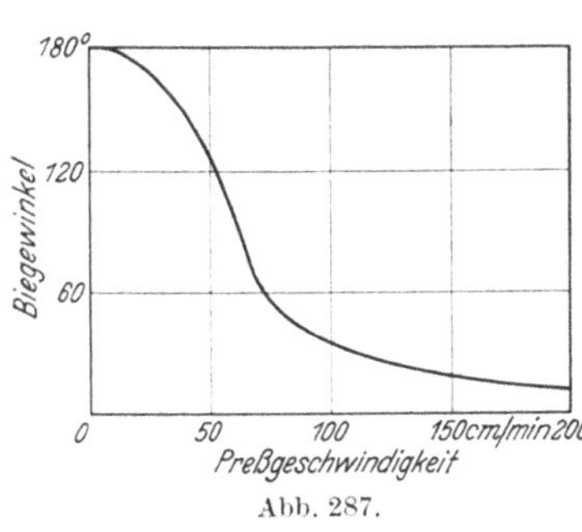

Abb. 287.

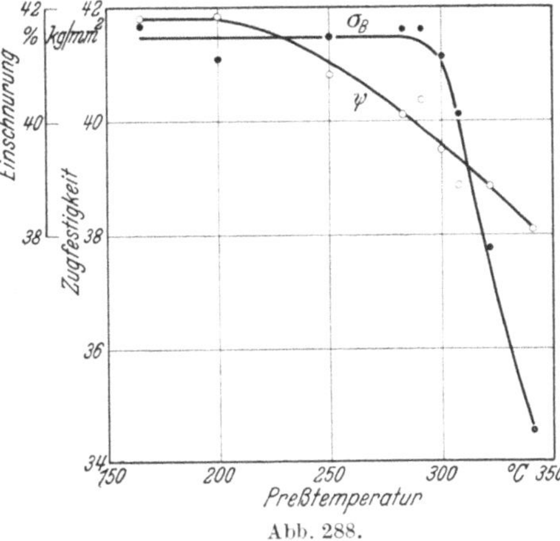

Abb. 288.

Abb. 287. Abhängigkeit der Biegefähigkeit einer Zinkpreßlegierung mit je $^1/_2$% Al und Cu von der Preßgeschwindigkeit.

Abb. 288. Einfluß der Preßtemperatur auf Festigkeit (•) und Einschnürung (○) einer Zinkpreßlegierung mit 4% Al, 0,5% Cu und 0,03% Mg. (Preßgeschwindigkeit 2 m/min; Knüppelgröße 70 mm ∅, 300 mm Länge; Stangenstärke 7 mm.)

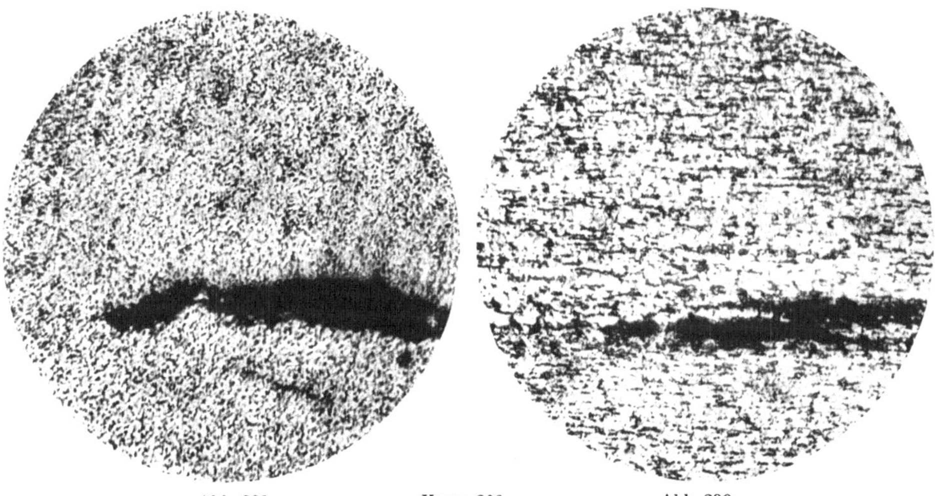

Abb. 289. Vergr. 200. Abb. 290.

Abb. 289 u. 290. Quer- und Längsschliff einer zu heiß verpreßten Zinkpreßstange (Giesche-ZL 3 mit 4% Al, 0,5% Cu, 0,03% Mg).

auf 20—30° zusammen. Die günstigste Preßtemperatur liegt bei 270—280°. Bereits bei Temperaturen über 300° findet nach Abb. 288 ein rascher Abfall der mechanischen Eigenschaften statt. Die auf dem Gußgebiet bekannte Empfindlichkeit der Zinklegierungen gegen Überschreitungen einer kritischen Temperatur ist auch auf dem Knetgebiet zu beobachten. Bei der großen Gefahr geringster Überschreitungen der kritischen Temperatur, die für die aluminiumhaltigen Zinklegierungen bei 300° liegt, sollte die Preßtemperatur nicht höher als 280° angesetzt werden. Man wird daher die Temperatur so niedrig wie möglich wählen. Eine untere Grenze wird durch die Leistung der Strangpresse gezogen, da die erforderliche Preßspannung bei niedriger Preßtemperatur sehr hoch liegt.

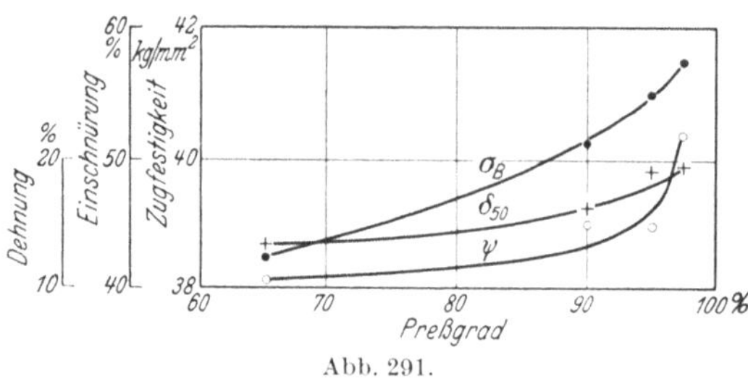

Abb. 291.

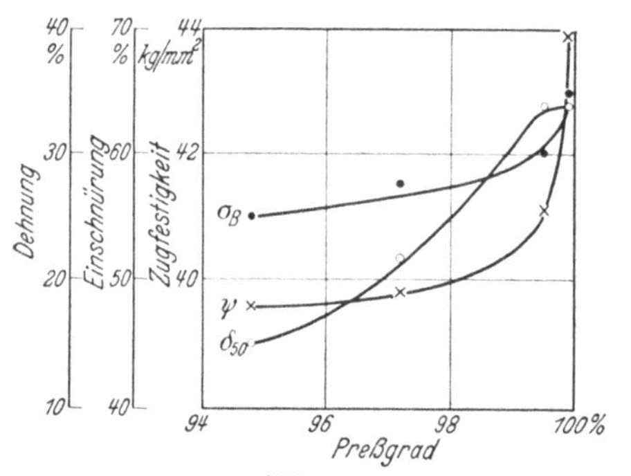

Abb. 292.

Abb. 291 u. 292. Einfluß der Durchknetung auf die mechanischen Eigenschaften einer Zinkpreßlegierung mit 4% Al, 0,5% Cu, 0,03% Mg (2 m/min; 70 ∅, 300, Preßtemperatur 270° C).

Eine Überhitzung des Preßknüppels im Vorwärmeofen oder ein Verpressen bei zu hoher Temperatur gibt sich bereits im Schliffbild zu erkennen. Die Primärkristalle sind nicht mehr wie im normalen Preßgefüge (Abb. 293—298) zu erkennen, sondern sind zertrümmert und kaum noch vom umgebenden Eutektikum (Abb. 289 und 290) zu unterscheiden. Außerdem ist auf den Bildern eine Fehlstelle zu erkennen, die von einem Gießlunker herrührt.

Bei den aluminiumfreien, kupferhaltigen Legierungen (z. B. Giesche-ZL 6 mit 4% Kupfer, 0,5% Wismut, 0,5% Mangan) hat man größere Freiheiten in der Preßtemperatur. Sie können noch bei 350° gepreßt werden, ohne daß die mechanischen Werte abnehmen. Relativ gilt aber sonst derselbe Verlauf wie bei den aluminiumhaltigen Legierungen.

γ) Verformungsgrad.

Die Querschnittsänderung in der Preßmatrize ist von Einfluß auf den Kraftbedarf und die mechanischen Eigenschaften in der Preßstange. Je stärker die Durchknetung ist, um so besser werden die Eigenschaften. In dieser Beziehung unterscheiden sich die Zinklegierungen wesentlich von den regulär kristallisierenden Metallen, die bei einer stärkeren Durchknetung eine Erhöhung der Zugfestigkeit, dafür aber eine Erniedrigung der Dehnung erfahren. Bei Zinklegierungen nehmen dagegen alle Eigenschaften zu. Besonders stark ausgeprägt ist dieses Verhalten bei der Kaltverformung, weshalb bei der Behandlung des Ziehvorganges hierauf näher eingegangen werden soll.

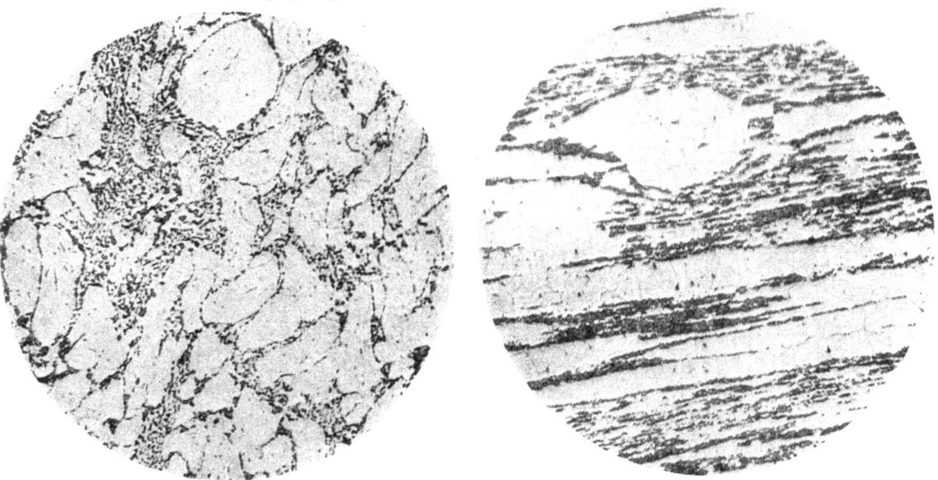

Abb. 293. Vergr. 200. Abb. 294.

Abb. 293 u. 294. Quer- und Längsschliffe einer um 82% verformten Zinkpreßstange (Giesche-ZL 3).

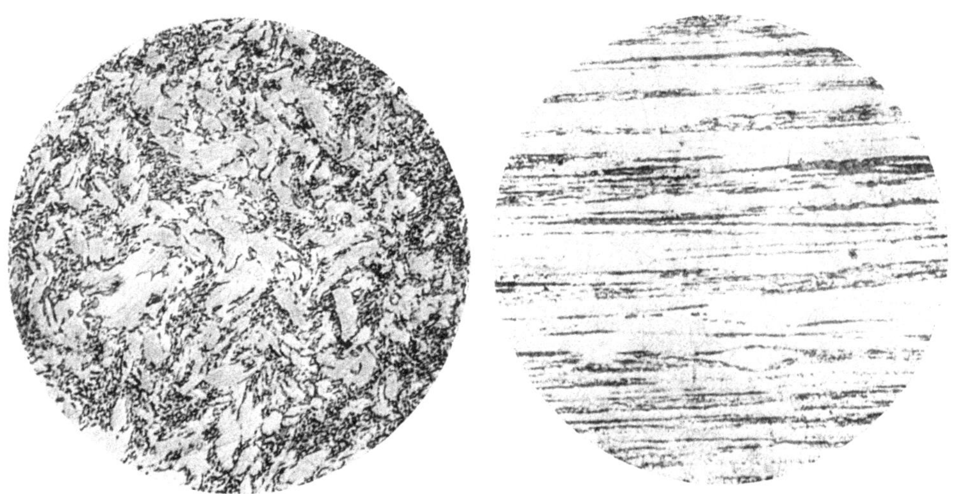

Abb. 295. Vergr. 200. Abb. 296.

Abb. 295 u. 296. Quer- und Längsschliffe einer um 96% verformten Zinkpreßstange.

Den Einfluß der Querschnittsänderung, des Preßgrades, bei einer Zinklegierung mit 4% Aluminium, 0,5% Kupfer und 0,03% Magnesium zeigen Abb. 291 und 292. Insbesondere Abb. 291 zeigt deutlich, wie auffallend groß die Verbesserung der mechanischen Eigenschaften, vor allem der Zähigkeit, bei extrem hohen Preßgraden (über 99%) ist.

Auch im Preßgefüge ist der Einfluß der Durchknetung deutlich zu erkennen. Abb. 293 und 294 stellen den Längs- und Querschliff einer

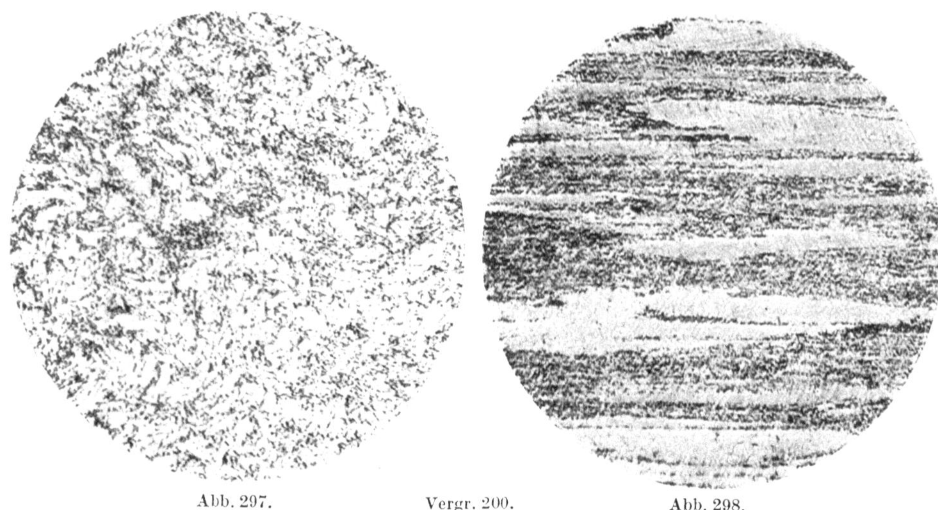

Abb. 297. Vergr. 200. Abb. 298.
Abb. 297 u. 298. Quer- und Längsschliff einer um 98,7% verformten Zinkpreßstange.

nur um 82% verformten Stange dar. Man erkennt schon eine deutliche Deformation der Zinkmischkristalle. Bei stärkerer Knetung (Abb. 295 und 296 bei 96%; Abb. 297 und 298 bei 98,7%) sind die Körner noch stärker gequetscht.

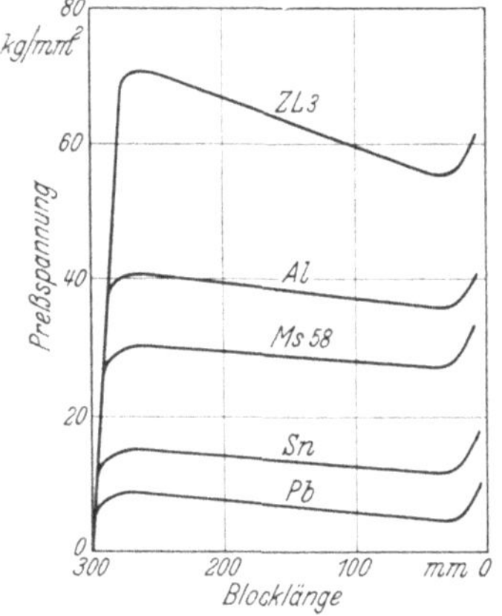

Abb. 299. Preßschaubild für verschiedene Metalle und Legierungen im Vergleich zu einer Zinklegierung mit 4% Al, 0,5% Cu, 0,03% Mg (Giesche-ZL 3).

δ) Matrizenwinkel.

Für aluminiumhaltige Zinklegierungen eignen sich möglichst scharfkantige Matrizen (Wandneigung 90°). Bei Verwendung konischer Matrizen werden die mechanischen Eigenschaften schlechter, was bei der aus Abb. 274 ersichtlichen geringeren Durchknetung erklärlich ist. Der Kraftbedarf wird allerdings geringer. Am geringsten scheint er bei einem Winkel von 45° zu sein; bei kleineren Winkeln wird der Kraftbedarf aber wieder sehr viel größer, da der Reibungsanteil in der schlanken Düse steigt. Die scharfkantige Matrizenform ist für kupferhaltige Zinklegierungen (z. B. Giesche-ZL 6) ungeeignet, da Unebenheiten und feine Risse auf der Oberfläche der Preßstange entstehen. Es hat sich gezeigt, daß die Verwendung einer trompetenförmigen und abgerundeten Matrize Abhilfe schafft.

Die Länge des zylindrischen Auslaufes der Matrize ist ebenfalls für den Kraftbedarf maßgebend. Jedoch ist sie ohne Einfluß auf die Qualität der Stange. Bei verwickelten Profilen wird man durch einen längeren Auslauf dem Werkstoff eine bessere Führung geben, soweit die Leistung der Strangpresse die dadurch bedingte höhere Preßspannung aufbringt.

ε) Kraftbedarf.

Die verschiedenen Preßbedingungen sind von mehr oder weniger starkem Einfluß auf den Kraftbedarf. Wie die vergleichenden Verformungsbilder der Abb. 299 zeigen, erfordern die Zinklegierungen einen besonders hohen Kraftbedarf. Die Reibung zwischen Block und Rezipient scheint bei den Zinklegierungen größer zu sein als bei den anderen Legierungen, da der Kraftbedarf mit abnehmender Blocklänge, also mit fortschreitendem Pressen, stärker fällt.

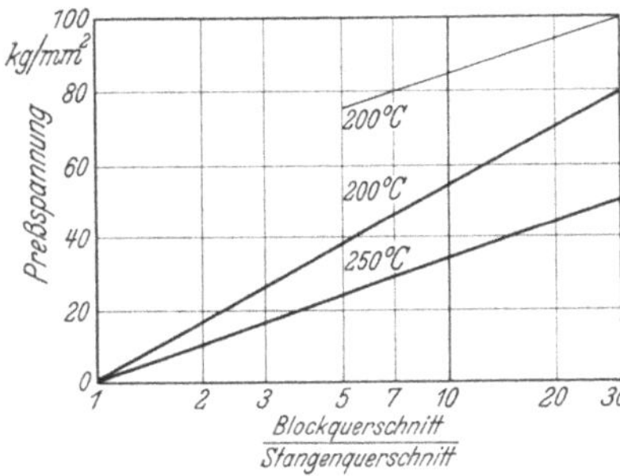

Abb. 300. Kraftbedarf zum Auspressen von Zinklegierungsstangen (Giesche-ZL3) (dick ausgezogen: Mindestwerte gegen Ende der Pressung, dünn ausgezogen: Anfangswerte).

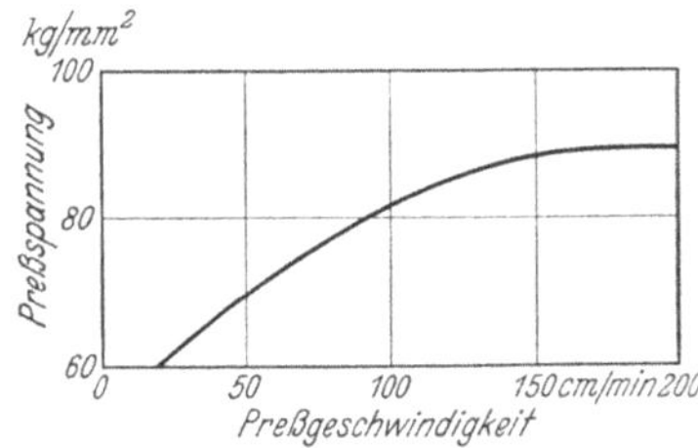

Abb. 301. Einfluß der Preßgeschwindigkeit auf den Kraftbedarf.

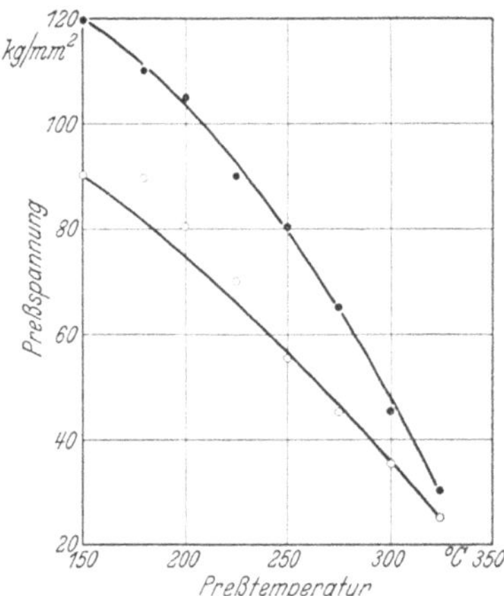

Abb. 302. Einfluß der Preßtemperatur auf den Kraftbedarf.

Wie bei allen Verformungen spielt die Querschnittsänderung eine wesentliche Rolle für den Arbeitsbedarf. Wie Abb. 300 zeigt, ist der Mindestwert gegen Ende des Pressens einer logarithmischen Funktion der Querschnittsänderung unterworfen. Weniger übersichtlich ist der Anfangswert der Preßspannung, da hierbei die Wandreibung eine erhebliche Rolle einnimmt. Es scheint für den Kraftbedarf ziemlich gleichgültig zu sein, ob mehr- oder einsträngig gepreßt wird; es ist nur der Gesamtquerschnitt der Stränge maßgebend.

Auch die Preßgeschwindigkeit beeinflußt den Kraftbedarf. Da aber die Preßgeschwindigkeit aus anderen Gründen bei Zinklegierungen

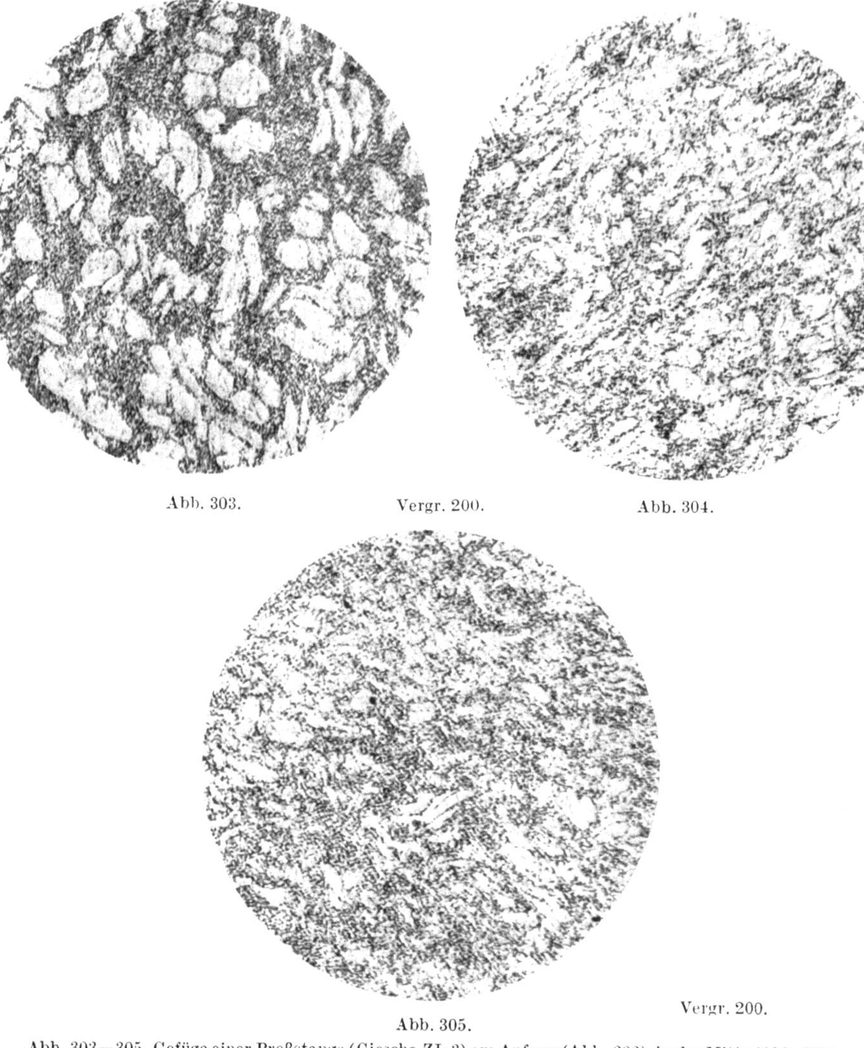

Abb. 303. Vergr. 200. Abb. 304.

Abb. 305. Vergr. 200.

Abb. 303—305. Gefüge einer Preßstange (Giesche-ZL 3) am Anfang (Abb. 303), in der Mitte (Abb. 304) und am Ende (Abb. 305).

innerhalb enger Grenzen liegt, ist ihr Einfluß im Streubereich wirtschaftlicher Preßgeschwindigkeiten nicht größer als 10%, wie aus Abb. 301 hervorgeht.

Weitaus am stärksten hängt der Kraftbedarf von der Preßtemperatur ab. Man ist daher in der Lage, gemäß Abb. 302, Zinklegierungen auch in schwächer dimensionierten Strangpressen zu verarbeiten, wenn man sich mit der Preßtemperatur in der Nähe der kritischen Temperatur von 300° hält. Die Einhaltung der Temperatur muß dann allerdings sehr scharf sein, da schon eine Überhitzung von 20° Schädigungen des Werkstoffes bedingt.

ζ) Eigenschaften von Preßstangen.

Sowohl über die Länge als auch über den Querschnitt einer Preßstange fallen die mechanischen Eigenschaften verschieden aus.

In der Regel ist der Werkstoff am Stangenanfang grobkörniger (Abb. 303), um gegen die Mitte (Abb. 304) und das Ende (Abb. 305) feinkörniger zu werden. Dementsprechend sind auch die mechanischen Eigenschaften (Abb. 306) in der Mitte und gegen das Ende zu besser. Das letzte Stangenende fällt allerdings meist wieder etwas ab, da es Verunreinigungen aus der Gußhaut des Preßbarrens enthält.

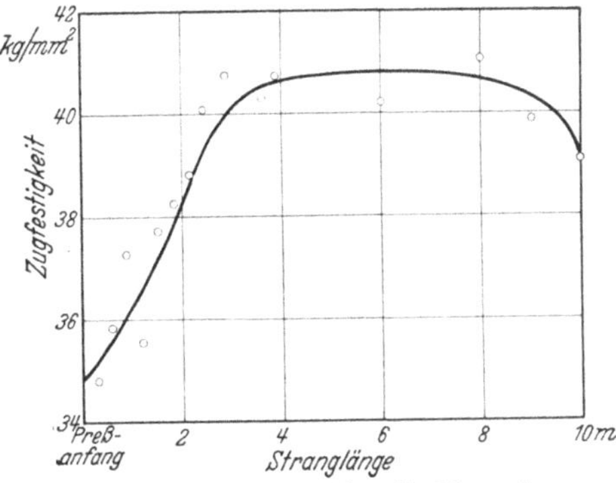

Abb. 306. Zugfestigkeit über die Länge einer Preßstange.

Über den Querschnitt sind die Eigenschaften ebenfalls verschieden. Der Kern der Stange ist meistens etwas weicher als die Randzone.

In nicht nachgezogenem Werkstoff beobachtet man daher beim Abdrehen geringere Festigkeitswerte. Darauf ist bei der Festlegung von Abnahmebedingungen zu achten, da abgedrehte Zerreißstäbe immer schlechtere Werte geben als unbearbeitete Preßstangen.

e) Einfluß der Wärmebehandlung.

Nachträgliche Wärmebehandlungen sind für die aluminiumhaltigen Zinklegierungen meistens schädlich. Bei den aluminiumfreien Legierungen (z. B. Giesche-ZL 6) können sie härtende Wirkungen haben.

Wie aus Abb. 307 und 308 hervorgeht, entfestigt sich Preßwerkstoff aus einer Zinklegierung mit 4% Aluminium, 0,5% Kupfer und 0,03% Magnesium schon bei recht niedrigen Temperaturen. Dementsprechend nimmt die Dehnung zu. Bei Temperaturen über 200° sinkt aber nur noch die Festigkeit ab, ohne daß sich die Dehnung verbessert. Temperaturen über 200° sind also für Zinklegierungen dieser Art schädlich. Aluminiumhaltige Zinkpreßlegierungen sollten deshalb nicht mit Lacken behandelt werden, die Einbrenntemperaturen über 180° verlangen. Oberhalb von 320° setzt dann eine Grobkristallisation ein, die sowohl Festigkeit als auch Dehnung auf ein Mindestmaß herunterdrückt.

Ganz anders sind die Verhältnisse bei aluminiumfreien kupferhaltigen Zinkpreßlegierungen. Wie Abb. 309 für eine Legierung mit 4% Kupfer zeigt, bringt das Tempern eine Verfestigung ohne wesentliche Änderung der Dehnung. Es handelt sich nicht etwa um einen Vergütungsvorgang;

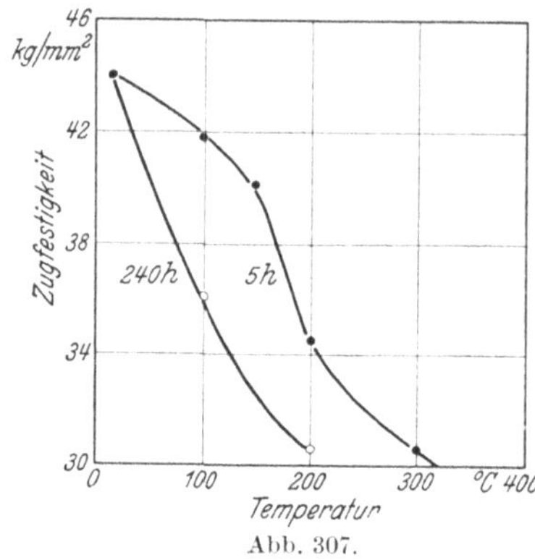

Abb. 307.

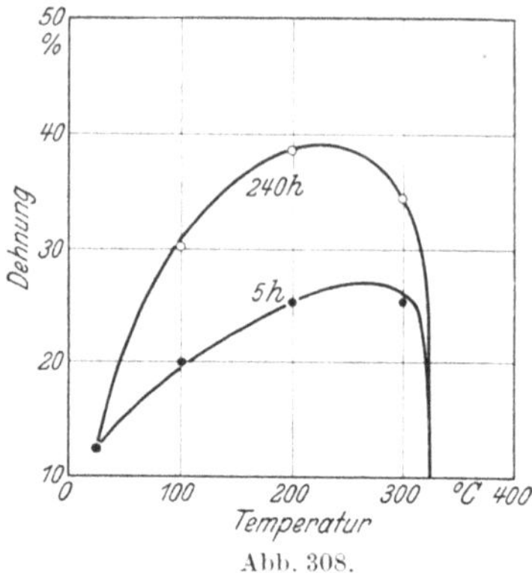

Abb. 308.

Abb. 307 u. 308. Mechanische Eigenschaften von wärmebehandelten Preßstangen aus einer Zinklegierung mit 4% Al, 0,5% Cu und 0,03% Mg.

vielmehr ist die Härte und Festigkeit sofort nach dem Abschrecken vorhanden. Je mehr Kupfer also im Zinkmischkristall in Lösung gebracht wird, um so fester wird die Legierung.

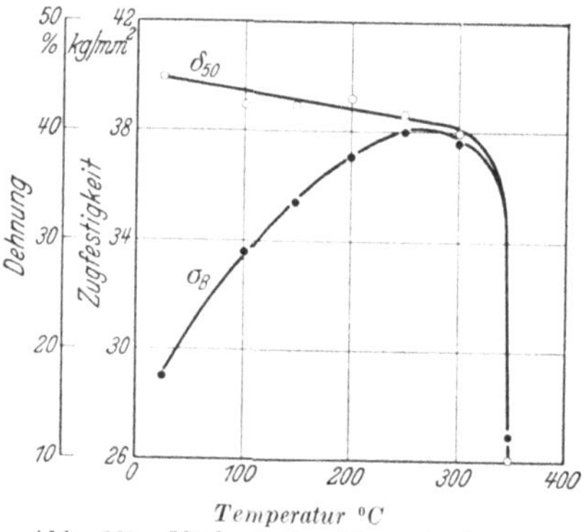

Abb. 309. Mechanische Eigenschaften von wärmebehandelten Preßstangen aus einer Zinklegierung mit 4% Cu.

Bei der großen Beweglichkeit der Atome im Gitter geht die Sättigung bei 150° schon in 15 Minuten vor sich. Es genügen daher kurze Anlaßzeiten, um Preßwerkstoff dieser Zusammensetzung nachträglich zu verfestigen. Allerdings geht im Laufe der Zeit mit fortschreitender Kupferausscheidung aus dem bei Zimmertemperatur übersättigten Mischkristall eine Entfestigung vor sich. Die Entfestigung geht aber sehr langsam vonstatten. Der vor der Wärmebehandlung festgestellte Festigkeitswert scheint erst nach jahrelangem Lagern wieder erreicht zu werden.

Oberhalb von Temperaturen von 320° tritt ebenfalls wie bei den aluminiumhaltigen Legierungen eine Grobkristallisation mit einer sprunghaften Erniedrigung der mechanischen Eigenschaften ein. Bei Temperaturen von 380° können Einkristalle von 7 mm Durchmesser bis zu 30 mm Länge erhalten werden.

Die Empfindlichkeit der Zinkpreßlegierungen gegen Temperaturen über 300° ist bei ihrer Verwendung sorgsam zu beachten. Überwurfmuttern und andere Konstruktionselemente, die an Auspuffrohren sitzen, Kessel- und Radiatorenteile, Stehbolzen, bestimmte Ofenarmaturen und allgemein Teile, die beim Gebrauch auch nur kürzere Zeit Temperaturen über 300° ausgesetzt sind, können nicht aus Zinkpreßwerkstoff hergestellt werden.

f) Großzahlversuche.

Über die Zinkpreßlegierung mit 4% Aluminium, 0,5% Kupfer, 0,03% Magnesium (Giesche-ZL 3), die schon längere Zeit am Markt ist, liegt bereits größeres Zahlenmaterial vor, das über Streuungen im Preßwerkstoff Auskunft gibt.

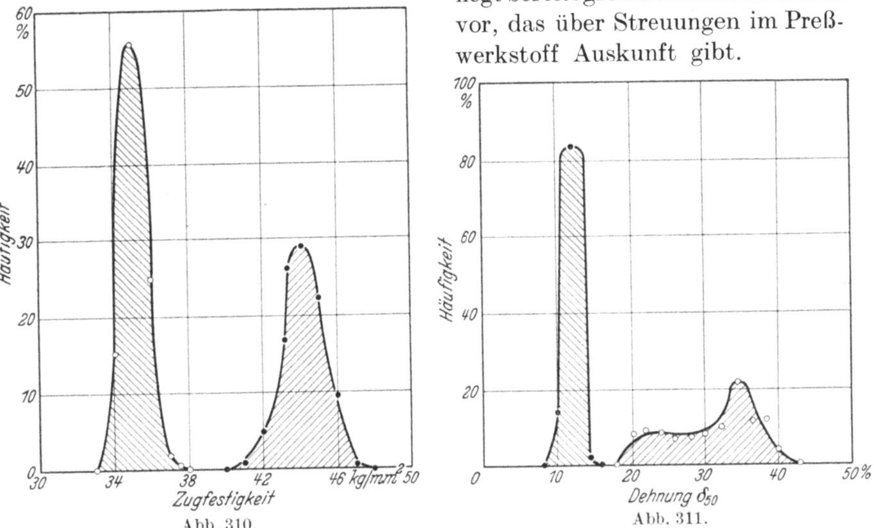

Abb. 310 u. 311. Häufigkeitskurven der mechanischen Eigenschaften einer Zinkpreßlegierung mit 4% Al, 0,5% Cu, 0,03% Mg, an 4000 Prüfstäben ermittelt. (• Anlieferung, ○ nach 10täg. Alterung bei 95° C.)

Aus 17 verschiedenen Chargen wurden Knüppel zu 7 mm starken Rundstangen verpreßt (2 m/min Preßgeschwindigkeit, 240—270° Preßtemperatur). Die Chargen waren in verschiedenen Zeiträumen sowohl vergossen als auch gepreßt worden. Von jeder Charge wurden 300 kurze Stücke von 150 mm Länge zur Untersuchung der mechanischen Eigenschaften herangezogen, so daß insgesamt rund 4000 Festigkeitsprüfungen vorgenommen werden konnten.

In Abb. 310 und 311 ist das Gesamtergebnis dieser Untersuchungen in Form von Häufigkeitskurven wiedergegeben. Die Anlieferungswerte schwanken nur um ± 10%. Die mittlere Zugfestigkeit liegt bei 44 kg/mm², der niedrigste Wert bei 40 kg/mm² und der beste Wert bei 48 kg/mm². Annähernd 80% aller Werte liegen zwischen 43 und 45 kg/mm². Die Dehnung schwankt zwischen 8 und 16%. Mehr als 80% der Werte liegen zwischen 11 und 13%. Der Werkstoff ist also so gleichmäßig, wie man es von anderen Konstruktionswerkstoffen verlangt.

Ein Teil des Werkstoffes wurde zu Alterungsversuchen verwendet. Es wurde die bei Spritzgußversuchen übliche Kurzprüfung bei 95° vorgenommen. Diese Prüfung ist für Gußwerkstoff brauchbar; bei Knetwerkstoff findet jedoch schon eine Entfestigung statt, die nicht durch die Alterung bei Raumtemperatur hervorgerufen, sondern nur durch den Ausgleich von Reckspannungen bewirkt wird. Wie man aus Abb. 310

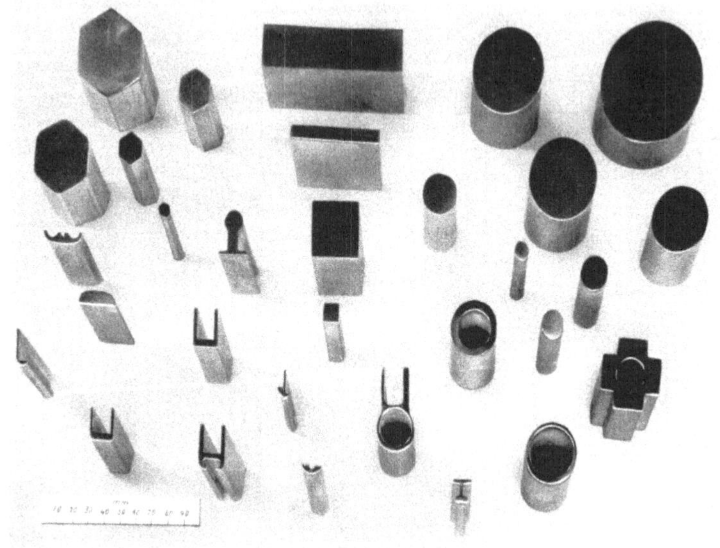

Abb. 312. Profile und Stangen aus Giesche-ZL 3 (4% Al, 0,5% Cu, 0,03% Mg).

sieht, nimmt die Festigkeit auf 35 kg/mm² ab. Die Streuung ist nicht viel größer als im Anlieferungszustand. Mehr als 80% der Werte liegen zwischen 34 und 36 kg/mm². Auffallend ist dagegen, daß die Dehnungswerte nach der Alterungsprüfung sehr stark streuen. Die Werte liegen zwischen 18 und 42%. Wenn auch ungefähr die Hälfte aller 2000 Dehnungswerte zwischen 32 und 38% liegt, so fallen doch noch viele Werte unter 30%. Dieser Befund ist wohl dadurch zu erklären, daß der Preßwerkstoff nicht in allen Teilen dieselbe Eigenspannung besitzt. Je nach dem Fließvorgang und den Knüppelabschnitten, aus denen das Stangenteil stammt, hat es mehr oder weniger Eigen- oder Reckspannungen.

Wenn eine Rundstange der Länge nach aufgeschnitten wird, so kann aus der Stärke der Ausbiegung nach Sachs[163] die Reckspannung errechnet

[163] Linicus, W. u. G. Sachs: Mitt. dtsch. Mat.-Prüf.-Anst.Sonderheft **16**, 38/67 (1931). — Jung-König, W., W. Linicus u. G. Sachs: Metallwirtsch. **11**, 395/401 (1932).

werden. Wie bei Messing, wenn auch nicht in so ausgeprägtem Maße, schwankt die Ausbiegung, je nach den Preßbedingungen und den Preßabschnitten, zwischen 0,2 und 1 mm. Dementsprechend ist die Entspannung durch die Alterungsbehandlung bei 95° mehr oder weniger groß, so daß die Ungleichmäßigkeit der Dehnung einigermaßen zu erklären ist, wenn auch noch immer unklar bleibt, warum die Festigkeit nicht so stark streut.

g) Anwendungsbeispiele.

In Zinklegierungen können fast alle Profile, die in Messing hergestellt werden, ausgeführt werden. Infolge der erforderlichen höheren Preßspannung ist man lediglich nicht in der Lage, besonders dünne Profile zu verpressen. Die untere Wandstärke liegt bei 1,5 mm. Dünnere Profile werden besser aus Blech hergestellt.

Abb. 312 zeigt einige Profilmuster, die bereits in der Praxis laufend angewandt werden. Fehler, die an derartigen Profilen auftreten können, wurden bereits bei der Behandlung der Gußherstellung von Preßknüppeln, des Einflusses von Preßtemperatur, Preßgeschwindigkeit und der Matrizengestaltung besprochen. Es sei in diesem Zusammenhang noch einmal auf die Abb. 144, 145, 285, 286, 289 und 290 verwiesen.

2. Schmieden.

a) Freiform.

Das Schmieden ist ein auch bei Zinklegierungen in steigendem Maße beliebter Formgebungsvorgang. Das Freiformschmieden wird zwar noch sehr wenig angewandt, da größere Stücke nur selten vorkommen, während das Gesenkpressen für Massenartikel schon in beträchtlichem Umfang ausgeführt wird. Prinzipiell sind beide Verfahren nicht streng voneinander unterschieden. Für das Schmieden gilt ungefähr dasselbe wie für Leichtmetalle. Der Kraftbedarf beträgt 30 Atm. mehr als beim Messingschmieden[164].

Als Schmiedetemperatur gelten dieselben Temperaturen, wie sie beim Pressen angewandt werden. Man bewegt sich also zwischen 220 und 280°. Bei unzulänglichem Hammergewicht kann die Temperatur noch auf 300° gesteigert werden, um eine bessere Verformung zu erzielen. Nicht angängig ist es jedoch, die Energie durch Vergrößern der Fallhöhe zu vermehren.

b) Gesenkpressen.

Beim Gesenkpressen werden Gesenke so aufeinander gepreßt, daß der Werkstoff nur in einem schmalen Grat an den Seiten austreten

[164] Zerleeder, A. v.: Technologie des Aluminiums, S. 161. Leipzig 1934.

kann. Der hohe Druck, der hierbei auf den Werkstoff einwirkt, macht das Preßstück vollständig dicht, wie die in Abb. 313 wiedergegebene Röntgenaufnahme zeigt.

Abb. 313. Röntgenaufnahme eines Warmpreßteiles aus Giesche-ZL 3.

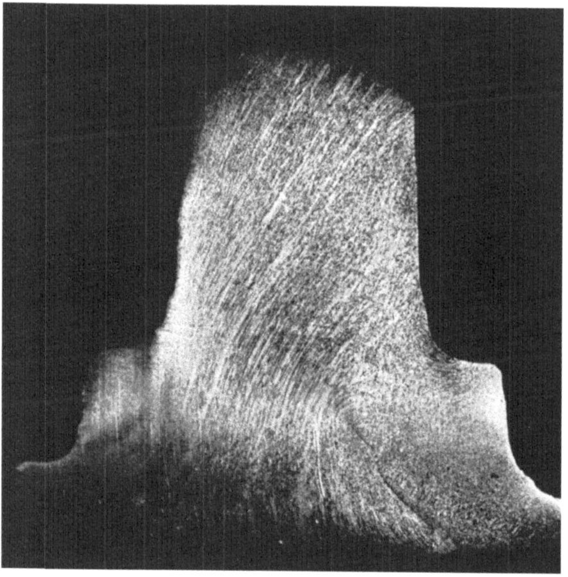

Abb. 314. Faserstruktur im Anschliff eines Warmpreßteiles aus Giesche-ZL 3.

Die richtige Lage des zum Pressen in das Unterteil eingelegten Rohlings (Sackstück, Butzen) ist für die Erzielung der besten Faserrichtung wichtig.

Wie aus Abb. 314 hervorgeht, ist die Faserstruktur eines Warmpreßteiles im Querschliff gut zu erkennen. Man sollte, wenn es auch für die Konstruktion der Werkzeuge schwieriger ist, immer in der Faserrichtung pressen. Abb. 315 zeigt z. B. ein Gesenk, in dem der Rohling in der Achsenrichtung der Rundstange zu einem Ventilkegel gepreßt

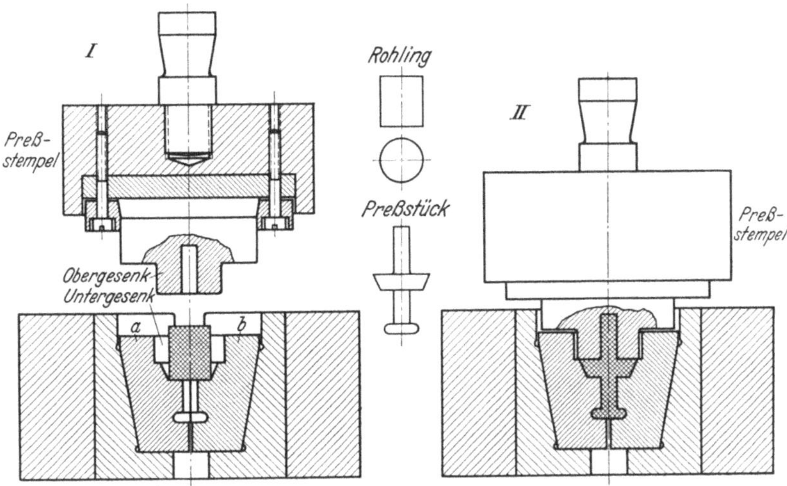

Abb. 315. Gesenk für einen Ventilkegel. (Nach Meyer.)

wird. In Abb. 316 und 317 dagegen sind Gesenke dargestellt, in denen die Sackstücke senkrecht zu der Richtung, in der sie aus der Rundstange entnommen wurden, warmgepreßt werden. Die Arbeitsweise ist am Warmpreßteil nachträglich im Schliffbild zu erkennen,

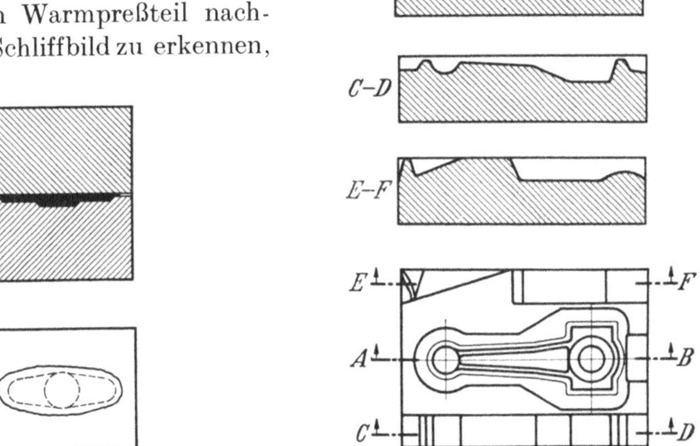

Abb. 316. Gesenk mit horizontal eingelegtem Rohling. (Nach Meyer.)

Abb. 317. Gesenk zum Schmieden von Preßstangen. (Nach Zerleeder.)

je nachdem der Querschliff das in Abb. 295 oder 296 wiedergegebene Aussehen aufweist. Im übrigen unterscheidet sich die Struktur nicht vom Schliffbild einer Preßstange. Auch überhitzte Warmpreßteile geben sich im Mikrogefüge, ebenso wie in der Rundstange, in den in Abb. 289 und 290 gezeigten Bildern zu erkennen.

Warmpressen rechtfertigt sich nur bei höheren Stückzahlen, da mehr als 60% der Gesamtunkosten auf Werkzeuge entfallen. Auch die Maschinenanlagen (Abb. 318) erfordern hohe Investierungen. Roh gegossene Teile sind etwa 40%, aus dem Vollen gearbeitete etwa 160% teuerer als Warmpreßteile, während Spritzguß etwas billiger kommt.

Für die Gesenke verwendet man Nickel-Chromstahl mit 1,5% Chrom und 5% Nickel (140 kg/mm² Festigkeit). Ein pfleglich behandeltes Gesenk sollte mehr als 50000 Pressungen aushalten. Bei der Konstruktion des Gesenkes ist darauf zu achten, daß das Werkstück heiß gepreßt wird, daß deshalb die Abmessungen etwas größer sein müssen als sie die Sollmaße verlangen. Es genügt ein Zuschlag von 0,5%. Außerdem müssen alle schroffen Übergänge vermieden und starke Abrundungen angelegt werden. Auch der Anzug sollte etwas größer sein als bei Messing. Er sollte im allgemeinen 20% betragen.

Abb. 318. Warmpresse für Teile mittlerer Größe (Schuler, Göppingen).

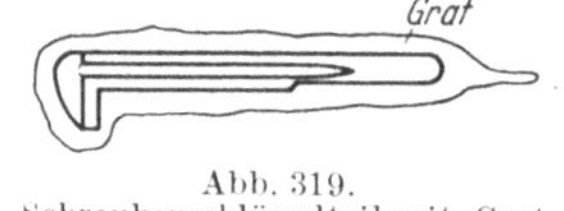

Abb. 319. Schraubenschlüsselteil mit Grat.

Der Überschuß der Werkstoffmenge gegenüber dem genauen Gewicht des Warmpreßteiles, sollte mehr als 10% betragen. Dann drückt sich dieser Überschuß, wie Abb. 319 für ein Schraubenschlüsselteil beispielsweise zeigt, als Grat heraus. Im zugehörigen Gesenk (Abb. 320) wird am besten eine schmale Überschußrinne vorgesehen. Das Abgraten geschieht in den bekannten Abgratgesenken (Abb. 321). Entgratete, noch nicht oberflächenbehandelte Warmpreßteile für verschiedene Industriezweige sind in Abb. 322 zusammengestellt. Das Manometergehäusenteil, wird beispielsweise aus einem Sackstück von 12 mm Durchmesser hergestellt, während man bei der Fabrikation in Ms 58 nur Rohlinge von 11 mm Durchmesser verwendet.

In derartigen Warmpreßteilen aus einer Zinklegierung mit 4% Aluminium, 0,5% Kupfer, 0,03% Magnesium (Giesche-ZL 3) werden Festigkeiten von mindestens 44 kg/mm² bis zu 58 kg/mm² festgestellt. Die

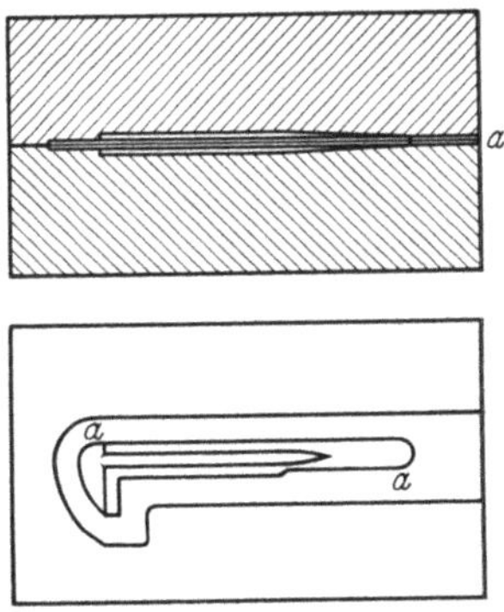

Abb. 320. Gesenk für Schraubenschlüsselteil mit Überschußrinne (*a*). (Nach Meyer.)

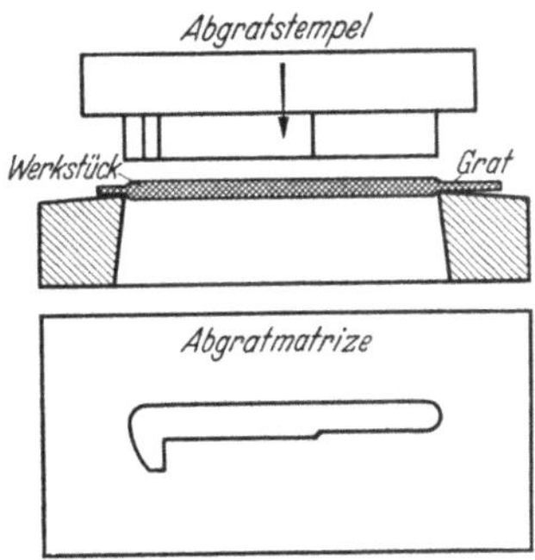

Abb. 321. Abgratgesenk für Schraubenschlüsselteil. (Nach Meyer.)

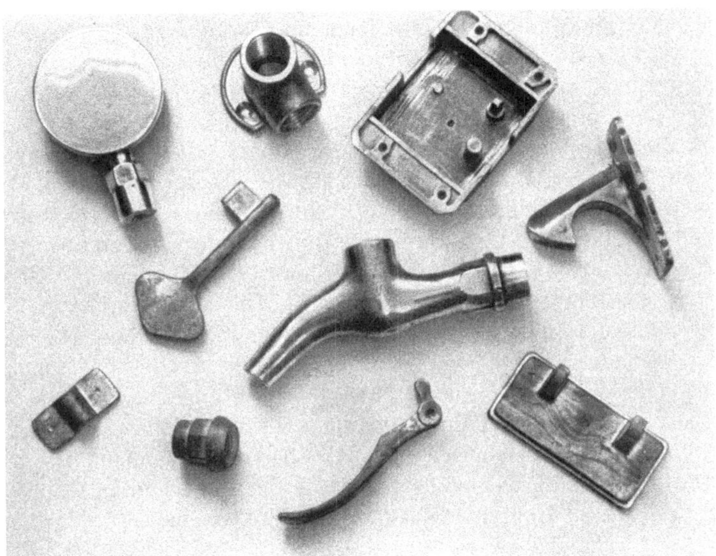

Abb. 322. Warmpreßteile aus Giesche-ZL 3.

Härte schwankt zwischen 90 und 110 kg/mm². Fehler treten an Warmpreßteilen aus Zinklegierungen nur auf, wenn zu heiß gepreßt wurde. Derartige Überhitzungen zeigen sich, wie bereits ausgeführt, im Schliffbild und geben sich durch Risse, zuerst im Grat, dann auch im Warmpreßteil selbst zu erkennen.

Für hochbeanspruchte Teile, z. B. Radmuttern für Lastkraftwagen, wo eine Mindestfestigkeit von 50 kg/mm² verlangt wird, hat sich eine Zinklegierung mit 4% Aluminium, 2,7% Kupfer, 0,05% Magnesium und 0,05% Lithium (Giesche-ZL 5) eingeführt. Die Preßtemperatur ist genau dieselbe wie bei Giesche-ZL 3. Die Legierung fließt trotz ihrer größeren Härte (120—130 kg/mm²) und Festigkeit (50—55 kg/mm²) besser als Giesche-ZL 3, wahrscheinlich infolge des Lithiumgehaltes. Sie hat aber, wie bereits früher im legierungskundlichen Teil behandelt wurde, den Nachteil, während des Lagerns und dem Gebrauch nicht maßbeständig zu bleiben. Es können Längenänderungen bis zu 0,2% eintreten. Diese geringe Maßbeständigkeit läßt eine vielseitige Anwendbarkeit, wie sie die weichere Zinklegierung mit 4% Aluminium, 0,5% Kupfer, 0,03% Magnesium besitzt, nicht erwarten.

3. Ziehen.

a) Allgemeines.

Fast alle gepreßten Rund- und Profilstangen oder Rohre werden nachgezogen, um eine bessere Oberflächenbeschaffenheit, geringere Toleranzen und besonders geringe Querschnittsabmessungen zu erzielen. Lediglich zur Verarbeitung auf Warmpressen vorgesehene Rundstangen werden nur gepreßt angeliefert.

Das Ziehen erfolgt in der Kälte, wie bei fast allen Werkstoffen. Es sind zwei Arten von Zinklegierungen zu unterscheiden. Zur ersteren Art gehören die aluminiumhaltigen Legierungen (Giesche-ZL 3, Zamak Alpha), zur zweiten Art die praktisch aluminiumfreien, kupferhaltigen Legierungen (Giesche-ZL 6 mit 4% Kupfer, 0,5% Wismut, 0,5% Mangan und Giesche-ZL 7 mit 4% Kupfer, 0,2% Aluminium). Die aluminiumhaltigen Legierungen lassen sich verhältnismäßig gut ziehen, während die aluminiumfreien Legierungen nur wenig Zug vertragen. Sie werden nicht mehr als 10% nachgezogen, nur um den roh gepreßten Stangen die für die Automatenbearbeitung notwendige Genauigkeit im Durchmesser zu geben. Die aluminiumfreien Legierungen werden vorläufig nicht zur Rohr- oder Drahtherstellung verwendet, während die aluminiumhaltigen Legierungen sowohl zu Rohren, als auch zu Draht gezogen werden können.

b) Ziehbedingungen.

α) Düse.

Beim Stangenziehen wird das angespitzte Stangenende durch die gegen den Zieheisenhalter gedrückte Düse gesteckt und von der Zange des „Frosches“ mit Hilfe einer endlosen Schleppkette durchgezogen. Die Stange kann daher nur bis zur Länge der Ziehbank gezogen werden.

Die Düsen werden aus Matrizenstahl mit 3% Wolfram hergestellt und hochglanzpoliert. Als vorteilhafte Form hat sich die konische (Abb. 323) und nicht die trompetenförmige (Abb. 324) Düse bewährt.

Der Düsenwinkel ist sehr wichtig für das Ziehen. Er ist entscheidend für die Oberflächengüte, den Kraftbedarf und die mechanischen Eigenschaften.

Die Oberfläche wird um so glatter, je schlanker der Düsenwinkel ist. Bei zu steilem Düsenwinkel (z. B. über 25°) können kleine Oberflächenrisse auftreten. Abgesehen davon kann der Werkstoff auch im Innern verdorben sein, wie es von anderen Werkstoffen ebenfalls bekannt ist.

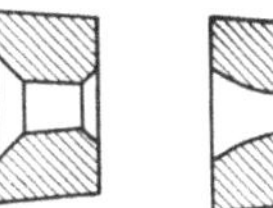

Abb. 323. Konische Düse. Abb. 324. Trompetenförmige Düse. (Nach Sachs.)

Der Kraftbedarf nimmt mit der schlankeren Düsenform infolge Vergrößerung der Reibung zu. Bei einem Düsenwinkel von 10° scheint der geringste Kraftverbrauch notwendig zu sein. Mit steigendem Düsenwinkel wird der Kraftverbrauch wieder größer. In Abb. 325 ist das Kurvenbild über die jeweils erforderliche Ziehspannung für die einzelnen Düsenwinkel nach orientierenden Versuchen in der Zerreißmaschine und Erfahrungen an der Ziehbank etwas frei wiedergegeben.

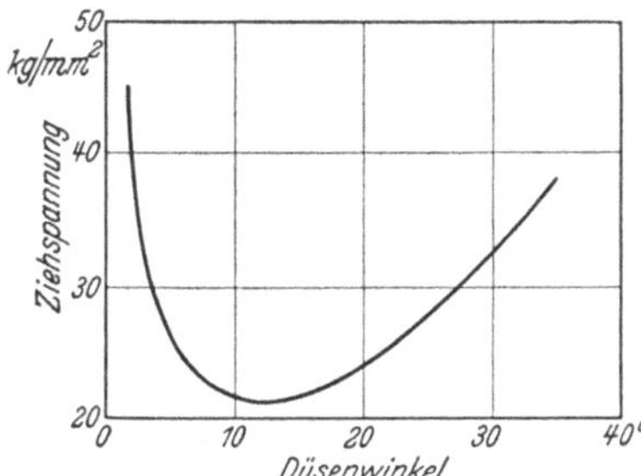

Abb. 325. Einfluß des Düsenwinkels einer Ziehmatrize für Stangen von 11 an 9 mm ∅ auf den Kraftbedarf.

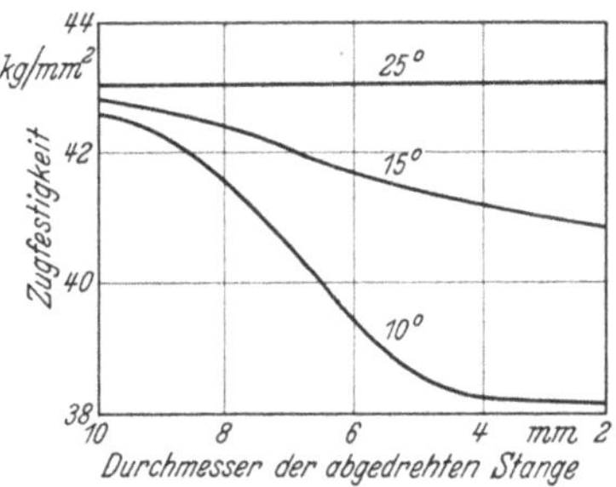

Abb. 326. Einfluß des Düsenwinkels auf die Durchknetung einer gezogenen Stange aus Giesche-ZL 3.

Die mechanischen Eigenschaften von nicht abgedrehten Stangen sind unabhängig vom Düsenwinkel und werden nur von der Querschnittsabnahme beeinflußt. Für die Knetung über den ganzen Querschnitt sind jedoch die Düsenwinkel sehr wichtig. Wie Abb. 326 zeigt, haben Stangen, die durch Ziehmatrizen mit steilen Düsenwinkeln gezogen wurden, gleich hohe Festigkeit bis in den Kern, während in schlanken Düsen nur die Mantelzonen durchknetet werden. Werkstoff, der stark abgedreht wird und auch im Innern gute Festigkeitseigenschaften (z. B. hohe Torsionsfestigkeit bei Holzschrauben) besitzen soll, wird deshalb vorteilhaft in Ziehdüsen mit einem Winkel von 25° hergestellt. Starke Abzüge sind allerdings bei diesem steilen Düsenwinkel nicht mehr möglich. Wie aus Abb. 327 hervorgeht, liegt bei einem Abzug um 15% die Ziehspannung für einen Düsenwinkel von 30° bereits bei der Zerreißfestigkeit der Zinklegierung. Maßgebend für den Kraftbedarf ist auch noch der Matrizenwerkstoff. Die Ziehspannung in Stahldüsen liegt im allgemeinen ungefähr doppelt so hoch wie in Wolfram-Karbiddüsen.

β) Ziehgeschwindigkeit.

Während die Preßgeschwindigkeit eine große Rolle bei den üblichen Zinklegierungen spielt, hat die Ziehgeschwindigkeit keinen Einfluß. Weder der Kraftbedarf, noch die Oberflächengüte, noch die mechanischen Eigenschaften scheinen durch die Ziehgeschwindigkeit beeinflußt zu werden. Bereits verformte Zinklegierungen sind also weitgehend unempfindlich gegen die Geschwindigkeit weiterer Verformungsvorgänge. Es kann daher mit denselben Geschwindigkeiten gezogen werden wie bei Ms 58. Auch die Toleranzen in den Durchmessern werden nicht beeinflußt. Bei den aluminiumhaltigen Zinklegierungen kann mit einer Toleranz von 0,5% des Durchmessers gerechnet werden.

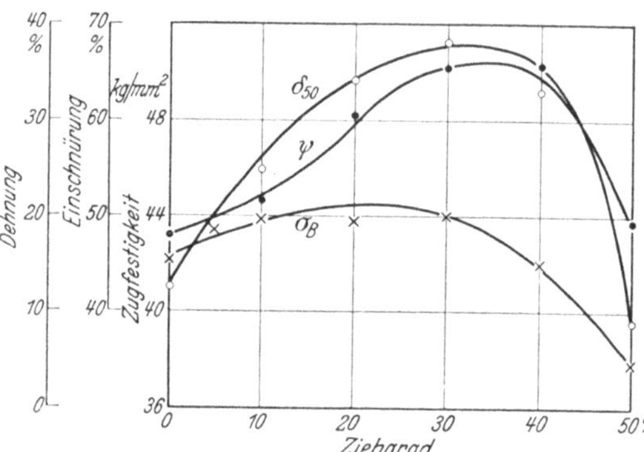

Abb. 327. Einfluß der Querschnittsverminderung beim Ziehen einer Zinklegierung (4% Al, 0,5% Cu, 0,03% Mg) auf die mechanischen Eigenschaften.

γ) Kaltverformungsgrad.

Der Kraftbedarf steigt mit der Größe der Querschnittsänderung. Bei aluminiumhaltigen Zinklegierungen sollte die Querschnittsabnahme nicht mehr als 15% betragen, bei aluminiumfreien Legierungen höchstens 10%. Bei stärkeren Abzügen rückt die Ziehspannung in die Nähe der Zerreißfestigkeit, so daß die Stange in der Matrize reißt.

Im allgemeinen wählt man für aluminiumhaltige Zinklegierungen die Querschnittsabnahme zwischen 7 und 10% und macht lieber mehrere Züge. Jedoch ist auch der Verformung in mehreren kleinen Zügen eine Grenze gesetzt, da sich bei starker Kaltverformung die mechanischen Eigenschaften ungünstig ändern, wie Abb. 327 zeigt. Mehr als 30% Gesamtverformung sollte Preßwerkstoff aus Giesche-ZL 3 nicht erfahren.

Wie man Abb. 327 weiterhin entnehmen kann, unterscheidet sich das Verformungsbild der Zinklegierungen bei Kaltknetung grundsätzlich von den gewohnten Bildern der regulär kristallisierenden Metalle und Legierungen. Während beim kubischen Metall mit steigendem Kaltverformungsgrad die Zugfestigkeit, Streckgrenze, Härte zunehmen, fallen dementsprechend Dehnung, Einschnürung, Kerbzähigkeit. Bei den hexagonal kristallisierenden Zinklegierungen dagegen nehmen sowohl die Festigkeitseigenschaften, als auch Dehnung, Einschnürung und Kerbzähigkeit mit dem Kaltverformungsgrad zu. Ist jedoch die Gleitmöglichkeit und Zwillingsbildung zum größten Teil erschöpft, so bringt eine weitere Kaltverformung eine allgemeine Abnahme aller mechanischen Eigenschaften des gezogenen Werkstoffes. Da im hexagonalen System nur eine Translationsmöglichkeit, nämlich die Basisgleitung, beziehungsweise -schiebung, besteht, so ist verständlich, daß das Maß der Kaltverformung bald erschöpft ist, nämlich nach 30% gesamter Kaltverformung.

δ) Zwischenglühung.

Das gewonnene Bild verschiebt sich auch durch Vornahme von Zwischenglühungen nicht. Es wurde versucht, durch $^1/_2$stündige Zwischenglühungen bei 250 und 300° nach je 10% Querschnittsabnahme die mechanischen Eigenschaften des gezogenen Werkstoffes zu verbessern. Es trat jedoch weder eine Verschlechterung noch eine Verbesserung ein. Auch die Möglichkeit, stärker herunterziehen zu können, bestand bei den aluminiumhaltigen Zinklegierungen nicht.

ε) Schmierung.

Von den gebräuchlichen Schmiermitteln hat sich nach bisher vorliegenden Erfahrungen aus der Praxis Öl oder Schmierseife bewährt. Von den Ölsorten hat sich eine Mischung von Zylinderöl und Rüböl als geeignet erwiesen.

c) Drahtzug.

Der Drahtzug stellt grundsätzlich denselben Vorgang wie das Stangenziehen dar. Es können lediglich infolge der leichten Biegefähigkeit endlose Längen auf eine Zugtrommel aufgewickelt werden.

Bei Zinklegierungen ist die Drahtherstellung stark eingeschränkt, da keine großen Querschnittsabnahmen möglich sind. Immerhin können Drähte unterhalb 4 mm Durchmesser größere Kaltverformungen mitmachen als dickere Stangen. Es kann bis zu 80% Querschnittsabnahme erzielt werden, ohne daß die Gefahr des Überziehens besteht. Um Zinklegierungsdrähte zu erhalten, müssen von vornherein dünne Stangen gepreßt werden. Man wird also vieladrig pressen. Es wurden bereits in der Praxis in einer 16adrigen Preßmatrize 3 mm starke Drähte gepreßt, die zu Drähten von 1 mm Durchmesser gezogen werden können. Dabei ist das Schmieren noch viel wichtiger als beim Stangenzug.

Für die Herstellung dickerer endloser Drähte (8—10 mm starke Trolleydrähte für elektrische Nebenstrecken) schweißt man 12 mm starke Stangen zusammen und schickt sie durch einen Drahtzug über eine Trommel großen Durchmessers (1500 mm). Die Schweißstelle verfestigt sich beim Ziehen derart, daß sie sich nicht mehr vom vorgepreßten Werkstoff unterscheidet. Die Festigkeit an der Schweißstelle liegt über 43 kg/mm².

d) Rohrziehen.

Zinklegierungen kann man nur mit Wandstärken über 2 mm pressen, da bei geringeren Wandstärken infolge Verlaufens des Dornes Schwierigkeiten auftreten. Will man Rohre mit geringeren Wandstärken, so muß man nachziehen. Hohlzug ist nicht empfehlenswert, da die Innenfläche sehr unansehnlich, die Wandstärke ungleichmäßig wird und kaum eine Abnahme der Wand erfolgt. Man wendet deshalb den Stopfen- oder Dornzug an. Am vorteilhaftesten ist für Zinklegierungen das Ziehen über den Dorn, wo nach Abb. 328 eine Stange mitläuft. Das Ziehen über die Nuß (Stopfen, Mandrill), wie es Abb. 329 veranschaulicht, scheint nicht oder nur für geringe Innendurchmesser geeignet zu sein.

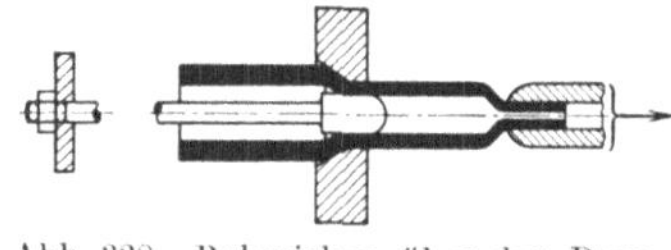

Abb. 328. Rohrziehen über den Dorn. (Nach Sachs.)

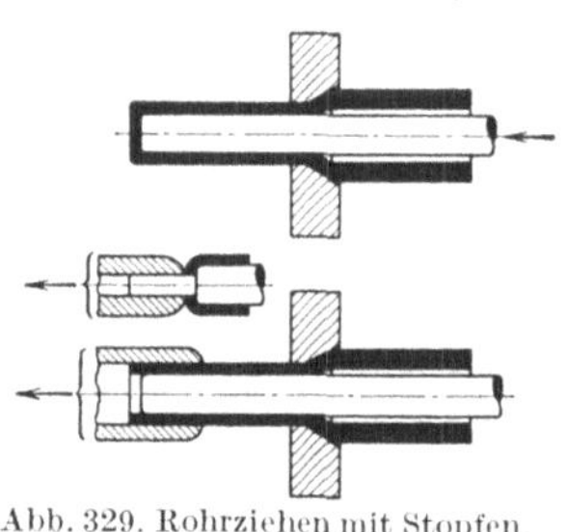

Abb. 329. Rohrziehen mit Stopfen. (Nach Sachs.)

e) Profilziehen.

Profile, an die besondere Ansprüche in bezug auf Oberflächenbeschaffenheit und Maßhaltigkeit gestellt werden, müssen schwach nachgezogen werden. Das Ziehen von Profilen ist jedoch sehr teuer, da außer den hohen Werkzeugkosten bei verwickelten Profilen das Anspitzen erhebliche Handarbeit erfordert. Es wird entweder gefräst oder gefeilt. Abbeizen ist nicht empfehlenswert, da die Beizung so ungleichmäßig erfolgt, daß der Anspitz leicht in der Zange bricht. Im allgemeinen wird man daher mit nur gepreßten und gerichteten Profilen vorliebnehmen, um unnötige Kosten zu vermeiden.

4. Walzen.

a) Allgemeines.

Da sich die Zinkwalzlegierungen zur Zeit der Drucklegung des Buches gerade in der Entwicklung befinden und eben die ersten größeren Betriebsversuche laufen, müssen die nachfolgenden Angaben mit gewisser Zurückhaltung und Einschränkung gebracht werden. Es besteht die Möglichkeit, daß die Einflüsse der einzelnen Walzbedingungen noch nicht ganz eindeutig erkannt sind und in der weiteren Verfolgung der Praxis noch Abwandlungen erfahren können.

Wie schon im legierungskundlichen Teil behandelt wurde, haben sich bei der systematischen Erforschung des Dreistoffsystems Zink-Aluminium-Kupfer zwei Legierungen herausgeschält, von denen die erste gute Tiefziehfähigkeit und die zweite gute Biegefähigkeit besitzt. Besonders wichtig ist die Zinklegierung in Tiefziehqualität mit 4,8% Kupfer und 0,2% Aluminium, deren Verformbarkeit durch Walzen dargestellt werden soll.

Die Schwierigkeit der Beurteilung von Blechen liegt darin, daß die Prüfung auf Eignung für die Blechbearbeitung umstritten ist. Als bestes Prüfverfahren hat sich das Arbeiten mit dem Erichsen-Tiefungsprüfer mit Näpfchenzusatzgerät erwiesen. Die Ergebnisse dieses Verfahrens wurden zur Festlegung der einzelnen Einflüsse ausgenützt. Die Unsicherheiten der Untersuchung übertragen sich deshalb auf die Beurteilung der einzelnen Faktoren. In den Grundzügen werden die daraus gemachten Folgerungen jedoch richtig sein.

b) Frühere Untersuchungen.

Von früheren Untersuchungen zur Schaffung einer Zinkwalzlegierung sind die Versuche der Amerikaner zu nennen. Es wurde eine Legierung mit 1% Kupfer und 0,01% Magnesium herausgestellt[165], die für Wellblech und zu Tiefziehblechen verwendet werden sollte. Diese Bleche haben zwar gegenüber Zink eine größere Festigkeit (30 kg/mm²), höhere Elastizitätsgrenze (9,5 gegen 3,9 kg/mm²) und bessere Dauerstandsfestigkeit (bei einer Belastung von 8,5 kg/mm² tritt nach 60 Stunden eine Dehnung von 10% ein, gegenüber 7 Stunden beim Zink[166]), dagegen keine gute Tiefziehfähigkeit[167]. Die Bleche leiden unter dem Mangel, verschiedene Biegefähigkeit zu besitzen. Dies wird durch das Auftreten verschiedener Strukturen[168] erklärt. Es wurde beim Walzen einmal die durch Gleitung auch beim Zink bekannte Basislage gefunden, danach tritt Zwillingsbildung entlang der 102-Ebene auf. Als dritter beim Zink unbekannter Typ stellt sich die Basisebene senkrecht zur Walzrichtung. Die Orientierungsänderungen durch Kaltwalzen gehen aus den in Abb. 330 bis 333 wiedergegebenen Polfiguren der drei verschiedenen Texturtypen hervor[169].

---

165 New Jersey Zinc Co., USA. Pat. 1716599, 1930.

166 Anderson, E. A.: Trans. Amer. Inst. min. metallurg. Engr., Inst. Met. Div. **87**, 481/489 (1930).

167 Kelton, E. H. u. G. Edmunds: Met. Technol. **1934**, Nr. 545, 1/8.

168 Edmunds, G. u. M. L. Fuller: Trans. Amer. Inst. min. metallurg. Engr., Inst. Met. Div. **111**, 146/153 (1934).

169 Edmunds, G. u. M. L. Fuller: Trans. Amer. Inst. min. metallurg. Engr., Inst. Met. Div. **99**, 175/189 (1932).

Die ungleichmäßige Biegefähigkeit wurde bei Blechen festgestellt, in denen die ungünstig orientierte Oberflächenschicht zu stark (mehr als 0,01 mm) ist. Bei gutem Blech ist dagegen diese Oberflächenschicht sehr dünn.

Über die laboratoriumsmäßigen Ansätze scheinen die Amerikaner nicht hinausgekommen zu sein. Nicht einmal eine geringe Bedeutung nahmen die Zinklegierungsbleche am Markt ein.

Wie Abb. 88 zeigt, hat die in neuerer Zeit entwickelten Walzlegierung mit 4,8% Kupfer viel bessere Tiefziehfähigkeit, weshalb ihr

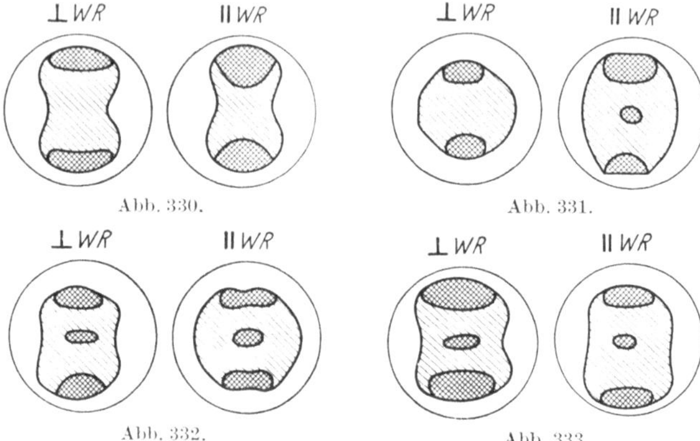

Abb. 330—333. Basis-Polfiguren von verschiedenen kaltgewalzten Zinklegierungsblechen mit 1% Cu und 0,01% Mg. Abb. 330 geglüht. Abb. 331 30% Höhenabnahme, Abb. 332 50% Höhenabnahme, Abb. 333 80% Höhenabnahme. (Nach Edmunds u. Fuller.)

eine bessere Einführung am Markt vorauszusagen ist. Beobachtungen, die beim Walzen mit dieser Legierung gemacht worden sind, sollen nachfolgend mitgeteilt werden.

c) Einfluß der Walzbedingungen.

α) Walzart.

Wenn einsinnig gewalzt wird, so erhält man Bleche mit ausgeprägt anisotropem Verhalten. Derartiger Werkstoff unterscheidet sich nicht nur in den Eigenschaften quer und parallel zur Walzrichtung, sondern hat auch recht niedrige mechanische Werte. Beim Tiefziehen zu Näpfchen stellt sich starke Zipfelbildung ein. Wird dagegen kreuzweise gewalzt, also nach jedem Stich die Richtung gewechselt, so hat das Blech in allen Richtungen gleiche Eigenschaften, die beträchtlich höher liegen als beim einsinnig gewalzten Werkstoff. Ein unter sonst gleichen Bedingungen einsinnig gewalztes Blech zeigt im Näpfchentiefziehapparat von Erichsen nur 10 mm Tiefung gegenüber 18 mm bei kreuzweiser Walzung.

Da für die Praxis ein fortwährendes Wechseln der Walzrichtung nicht möglich ist, wurde die Walzart geändert, indem immer weniger

Richtungswechsel vorgenommen wurden. Beim Walzen von 60 mm starken Walzplatten an 0,7 mm genügt ein zweimaliger Richtungswechsel. Dabei ist maßgebend, in welchem Zeitpunkt der Richtungswechsel vorgenommen wird. Es ist empfehlenswert, nach 60—70% Höhenabnahme das erstemal und nach weiteren 80% Abwalzung zum zweitenmal die Richtung zu wechseln. Der Werkstoff wird dann nicht nur in allen Richtungen gleichmäßig, sondern weist auch größere Dehnbarkeit, Biegefähigkeit und Tiefziehfähigkeit auf. Beim Walzen beträgt die Festigkeit in der Walzrichtung 37 kg/mm², die Dehnung 30% und die Tiefung 15,0 mm; quer zur Walzrichtung entsprechend 42 kg/mm² und 15%. Bei kreuzweisem Walzen unter sonst gleichen Bedingungen findet man die Eigenschaften in allen Richtungen zu: 28 kg/mm² Festigkeit, 65% Dehnung und 19 mm Tiefung.

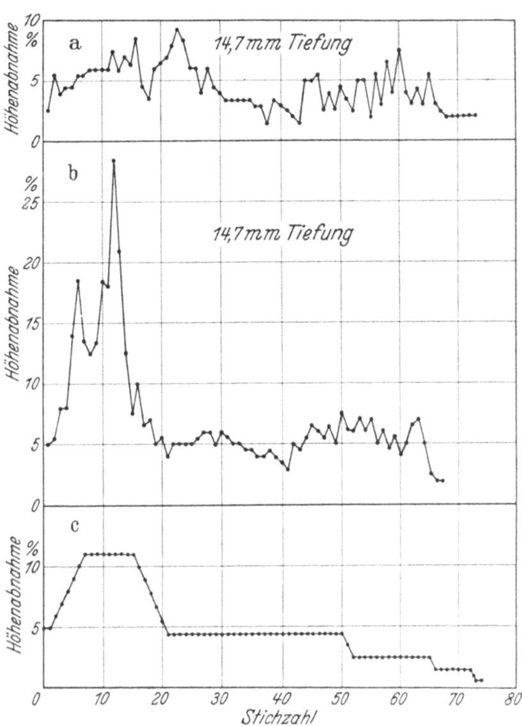

Abb. 334. Verformungsschaubilder einer Zinkwalzlegierung mit 4,8% Cu, 0,2% Al (a zu kleine Stiche, b zu große Stiche am Anfang, c ideales Bild).

Weniger wichtig als das kreuzweise Walzen ist die Stichzahl. Wie Abb. 334 zeigt, ist es einerlei, ob mit großer oder kleiner Stichzahl gewalzt wird. Im allgemeinen wird man jedoch, um den Kraftbedarf nicht zu sehr zu vergrößern, die Walzlager zu schonen und eine bessere Oberfläche zu erzielen, die jeweilige Höhenabnahme von Stich zu Stich anfangs nicht größer als 10% und dann um 15—20% wählen.

β) Walztemperatur.

Die Walztemperatur ist zwar von einigem Einfluß auf die Beschaffenheit des Walzgutes, kann aber unter wirtschaftlichen Bedingungen nicht in zu weiten Grenzen geändert werden. Beim Warmwalzen sind die Temperaturen nach unten begrenzt, weil die Walzdrücke so sehr ansteigen, daß sie zum Bruch des Walzgerüstes führen können. Vorwalztemperaturen unter 150° verbieten sich auch deshalb, weil die Bleche am Rand einreißen und die Dehnung und Tiefziehfähigkeit zu gering wird. Walztemperaturen über 300° machen die Bleche so grobkörnig, daß die mechanischen Eigenschaften schlechter werden. Praktisch bleibt nur ein Temperaturbereich zwischen 180 und 270° für das Vorwalzen übrig. Das Vorwalzen geschieht bis zu einer Höhenabnahme von 60—70%. Danach wird die Walzrichtung gewechselt und bei niedriger Temperatur fertiggewalzt. Beim Fertigwalzen darf die Temperatur 100° nicht über-

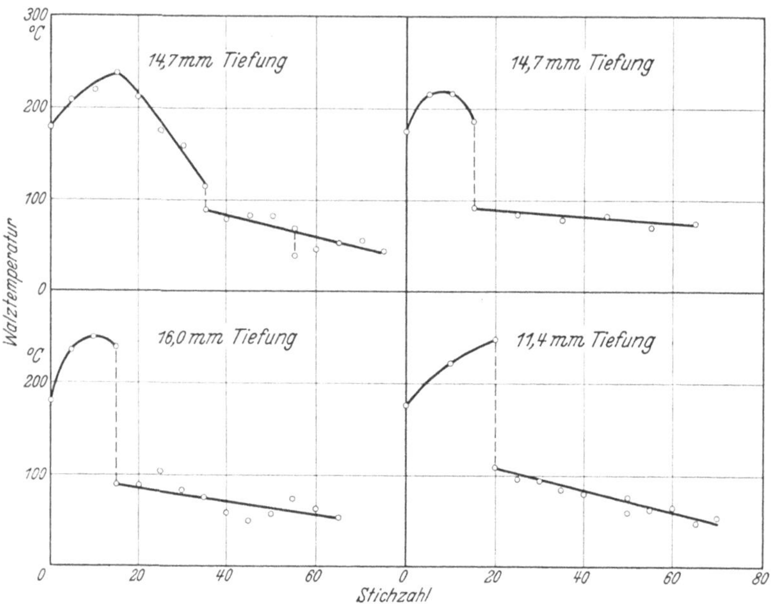

Abb. 335. Temperaturverlauf beim Walzen von 40 mm starken, 50—100 kg schweren Blöcken an 0,7 mm.

schreiten, da sonst die Bearbeitung der Bleche ungünstiger wird. Der Temperaturverlauf beim Walzen verschiedener Zinklegierungsbarren von 50—100 kg Gewicht geht aus Abb. 335 hervor.

Wie man sieht, hängt die Tiefung nicht von der Walztemperatur innerhalb der angegebenen Temperaturbereiche ab. Die Unterschiede in den Tiefungswerten weisen darauf hin, daß, ähnlich wie bei Aluminiumlegierungen, ein beträchtliches Streubereich vorhanden ist.

γ) Walzgeschwindigkeit.

Die Geschwindigkeit der Walzenumdrehung ist innerhalb des untersuchten Bereiches vollständig ohne Einfluß auf die Qualität des Zinklegierungsbleches. Die höchste Walzengeschwindigkeit betrug 1 m/sec, die niedrigste 0,1 m/sec. Dieser Befund ist auffällig, weil im allgemeinen die Verformungsgeschwindigkeit bei allen Knetvorgängen mit Zinklegierungen eine wesentliche Rolle spielt. Besonders augenfällig war dies beim Pressen. Immerhin besteht die Möglichkeit, daß sich bei größeren Geschwindigkeiten als 1 m/sec doch Nachteile für das Walzblech einstellen können. Es ist daher empfehlenswert, nicht mit höheren Geschwindigkeiten zu arbeiten, solange der Beweis für die Ungefährlichkeit hoher Verformungsgeschwindigkeiten nicht erbracht ist.

d) Wärmebehandlung.

Sehr verwickelt ist der Einfluß von Wärmebehandlungen. Es sind dabei 3 Arten von Wärmebehandlungen zu unterscheiden, nämlich am fertiggewalzten Blech, während des Walzens und am Gußbarren.

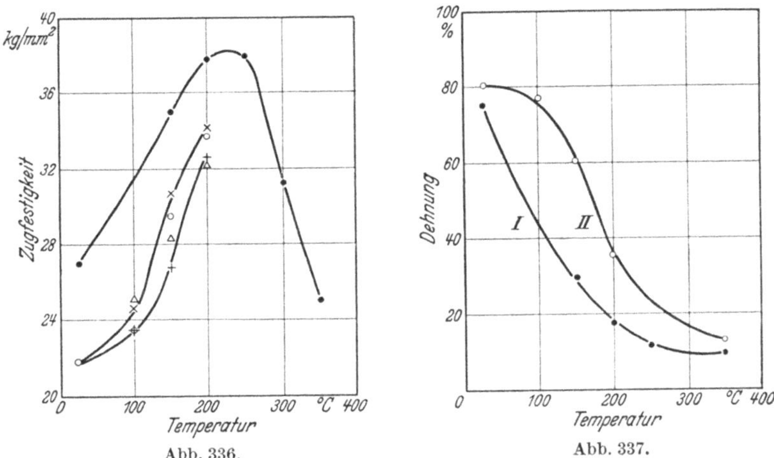

Abb. 336. Abb. 337.

Abb. 336 u. 337. Einfluß der Wärmebehandlung auf Festigkeit und Dehnung von fertiggewalztem, 0,4 mm starkem Zinklegierungsblech mit 4,8% Cu, 0,2% Al. • 2 Std. Glühzeit, Blech I; ○ 2 Std. Glühzeit, abgekühlt, Blech II; + 2 Std. Glühzeit, gelagert, Blech II; × 15 Std. Glühzeit, abgeschreckt, Blech II; △ 10 Min. Glühzeit, abgeschreckt, Blech II.

Am übersichtlichsten sind die Verhältnisse beim fertiggewalzten Blech. Durch Behandlung bei höherer Temperatur wird die Festigkeit gesteigert, während die Dehnung erheblich absinkt. Wie Abb. 336 und 337 zeigen, ist es einerlei, ob abgeschreckt wird oder langsamer abgekühlt wird und wie lange getempert wird. Maßgeblich ist lediglich die Temperatur, bei der wärmebehandelt wird.

Die Verfestigung ist durch den Einbau ungelöster Kupferatome in den Zinkmischkristall zu erklären. Dieser Einbau geht sehr rasch vor sich; er ist schon nach 10 Minuten fast vollständig beendigt. Sehr langsam scheint dagegen wieder die Kupferausscheidung aus dem bei Raumtemperatur übersättigten Mischkristall zu erfolgen, da die Entfestigung nur wenig fortschreitet und auch nach größerer Lagerdauer nicht die

Werte des unbehandelten Bleches erhalten werden. Andererseits besteht auch die Möglichkeit, daß die Ausscheidung in einem anderen Dispersionsgrad erfolgt.

Jedenfalls hat man es durch die Wärmebehandlung in der Hand, Blechwerkstoff auf wesentlich höhere Festigkeitswerte zu treiben, als sie der Anlieferungszustand aufweist. Es ist anstrebenswert, die Bleche mit möglichst geringer Festigkeit zur Verarbeitung zu bringen, da dann der geringste Formänderungswiderstand, die größte Dehnung und nach Abb. 338 die beste Tiefziehfähigkeit vorhanden sind. Erst nach beendigter Verarbeitung wird man den aus dem Blech verfertigten Gegenstand einige Minuten bei 200° tempern, um eine Festigkeitssteigerung von 24 kg/mm² auf mehr als 36 kg/mm² erzielen zu können.

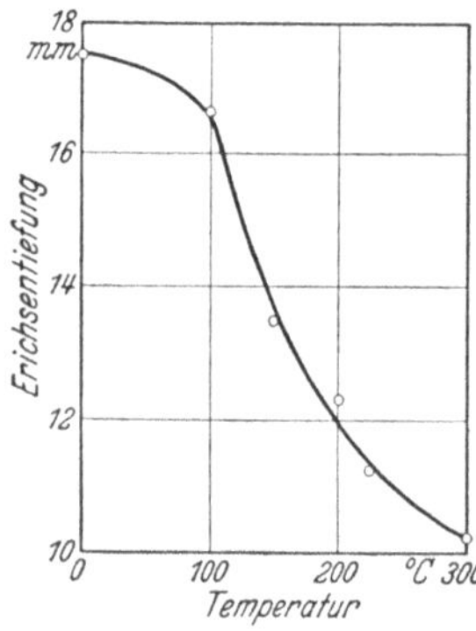

Abb. 338. Einfluß der Wärmebehandlung auf die Tiefung.

Eine Wärmebehandlung während des Walzens, also Zwischenglühungen, bringen im allgemeinen keine Verbesserung. Meist wird nur eine geringe Festigkeitssteigerung bei gleichzeitiger Abnahme der Dehnung und Tiefungswerte erreicht. Unter allen Umständen ist die Wärmebehandlung beim Fertigwalzen zu vermeiden, da sie sich hierbei genau so auswirkt, wie wenn man erst nach dem Walzen tempern würde, also wie in den Abb. 336—338 veranschaulicht wurde.

Eine Zwischenglühung bei 200° nach dem ersten Richtungswechsel ist vollständig ohne Einfluß auf alle mechanischen Eigenschaften. Eine Zwischenglühung nach den ersten 5 Stichen (nach ungefähr 50% Höhenabnahme) kann eine geringe Verbesserung bringen. Wurde das Blech ohne Zwischenglühung gewalzt, so erhielt man im 0,7 mm starken Blech einen Tiefungswert von 14 mm; bei Vornahme der Zwischenglühung betrug die Tiefung schließlich 16 mm.

Zusammenfassend ist also zu sagen, daß Zwischenglühungen gegen Ende des Walzprozesses schädlich sind, in der Mitte ohne Einfluß und am Anfang eine geringe Verbesserung bringen. Wärmebehandlungen sind demnach während des Walzens nicht zu empfehlen.

Die Abkühlungs- und Erstarrungsbedingungen, sowie die Behandlung der Gußbarren spielen auch eine Rolle.

Am stärksten prägt sich der Einfluß der Gießtemperatur auf die Eigenschaften des fertiggewalzten Bleches aus. In Abb. 339 sind die Tiefungswerte nach der Erichsen-Dornprüfung von Blechen wiedergegeben, die aus verschieden gegossenen Walzplatten unter gleichen Walzbedingungen hergestellt worden waren. Wie man sieht, ist es vorteilhaft, wenn man die Gießtemperatur so tief wie möglich wählt. Aber auch die Kokillentemperatur ist von Einfluß, wenn auch nicht so ausgeprägt wie die Gießtemperatur. Die Kokille darf nach Abb. 339 nicht zu kalt sein; insbesondere bei der richtigen niedrigen Gießtemperatur macht sich eine zu tiefe Kokillentemperatur unvorteilhaft bemerkbar. Als beste Kokillentemperatur kann 300—400° gelten.

Eine nachträgliche Wärmebehandlung des Gußbarrens ist ohne wesentlichen Einfluß. Zwar nimmt die Festigkeit eines Walzbarrens durch Glühen bei 250° von 18 auf 21 kg/mm² zu. Jedoch verhält sich ein derartiger wärmebehandelter Barren beim Walzen ebenso wie der frisch gegossene Block.

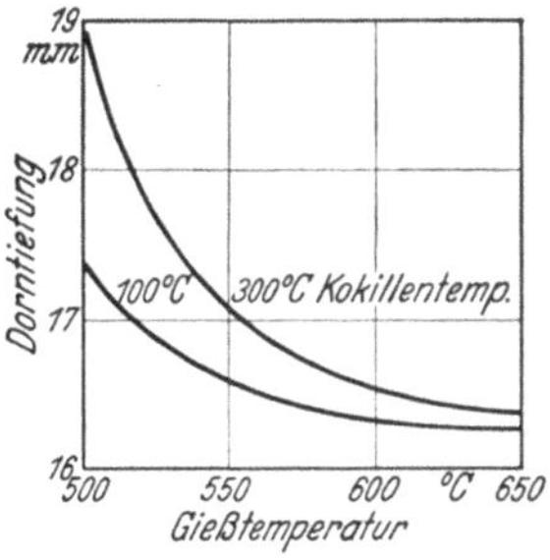

Da die Zinklegierung mit Kupfer ohne Aluminium sehr schlecht gießbar ist und zu starker Lunkerbildung neigt, ist auch auf eine vorzügliche Dichtigkeit des Barrens zu achten. Undichtigkeiten haben eine starke Streuung der Werte im Blech zur Folge.

Abb. 339. Einfluß der Gußbehandlung auf die Tiefung von daraus hergestellten Bleche.

d) Arbeitsweise.

Aus dem Befund über den Einfluß der Walzbedingungen ergibt sich folgende Arbeitsweise:

Das Wichtigste ist der *Gußzustand*, in dem die Walzbarren angeliefert werden. Kleine Fehler können zu Blasen, Rissen, Schiefern, Falten und anderen Unebenheiten der Blechoberfläche führen. Die Barren müssen daher vollständig dicht und an der Oberfläche glatt sein. Sind sie das nicht, so müssen sie überschabt oder abgefräst werden. Die Form der Blöcke darf nicht prismatisch sein, da sonst durch die Voreilung der Blechoberfläche nach Abb. 340 eine Überlappung, die sog. Doppelung oder Zweiwachs, eintritt.

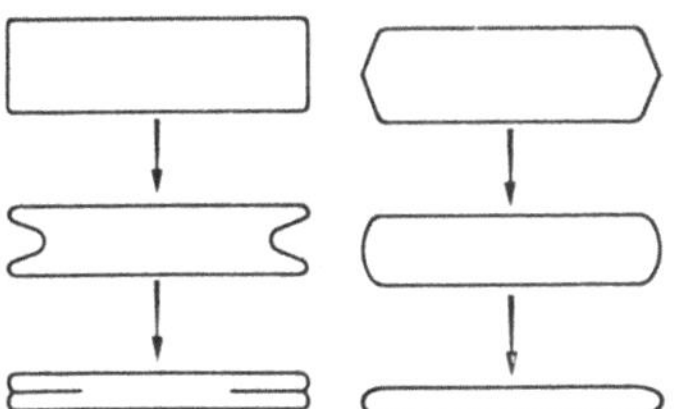

Abb. 340. Einfluß der Barrenform beim Walzen. (Nach Zerleeder.)

Beim *Warmwalzen* werden zunächst zwei Stiche mit Abnahmen von 5—10% gemacht, an die sich dann kräftigere Stiche bis zu 25% Abnahme anschließen. Die kräftigen Stiche bringen eine gute Durchknetung. Das Warmwalzen wird so vorgenommen, daß man den Barren mit 160—180° in die Walze schickt. Der weitere Temperaturverlauf wird durch die Stichgröße und die Arbeitsgeschwindigkeit geregelt; dabei ist zu achten, daß die Temperatur nicht über 250—270° steigt. Besser ist es, wenn die Walztemperatur gegen Ende des Vorwalzens etwas abfällt. Wenn eine Gesamtabnahme von 60—70% gegenüber dem Block erzielt worden ist, so wird das Blech etwas abgekühlt (bis 80°). Die Walzgeschwindigkeit beträgt ähnlich wie bei Aluminiumlegierungen 0,8 bis 1 m/sec. Die Walzen müssen geschmiert werden, am besten mit Zylinderöl oder mit Petroleum. Ganz abzuraten ist von Verwendung von Bohrwasser, das nur 5% Öl enthält, da hierbei das Blech eine unschöne Oberfläche erhält.

Nachdem das Warmwalzen bei einer Vorwalzplattenstärke von 6 bis 15 mm beendigt ist, wird das Blech beschnitten und quer zur bisherigen Walzrichtung weitergewalzt. Das Zwischenwalzen erfolgt bei 80 bis 90°. Dabei wird um 70—80 % gewalzt. Danach erfolgt ein weiterer Richtungswechsel. Das Kaltwalzen erfolgt bis zur Fertigstärke so kalt wie möglich. Im allgemeinen wird man dabei nicht unter 50—60° gehen können. Es empfiehlt sich, zwischen Warm-, Zwischen- und

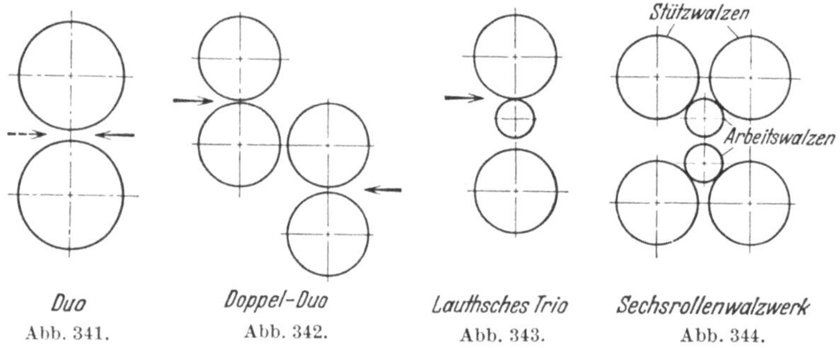

Abb. 341. Abb. 342. Abb. 343. Abb. 344.

Abb. 341—344. Walzenanordnung in Walzwerken. (Nach Sachs.)

Kaltwalzen die Oberfläche auf Fehler zu untersuchen und diese durch Schaben oder Bürsten möglicherweise zu entfernen.

Die Bombierung der Walzen wird ähnlich gehalten wie bei Duralumin. Je nach Durchmesser und Ballenlänge der Walzen kann sie bis zu 0,5 mm betragen. Die Bombierung darf nicht zu stark sein, da sonst die Bleche in der Mitte wellig werden; ist sie zu schwach, so kann das „Flattern" an den Rändern auftreten.

Wie man der Beschreibung entnehmen kann, sind die bisherigen Zinkwalzlegierungen nicht zu sehr langen endlosen Bändern zu verarbeiten, wenn man nicht auf eine gewisse Qualität verzichten will. Bei einsinnigem Walzen würden die Eigenschaften sehr viel ungünstiger liegen und beim Weiterverarbeiten infolge ausgeprägter Anisotropie starke Zipfelbildung eintreten. Es können daher nur Bänder beschränkter Länge hergestellt werden.

Ob es überhaupt möglich sein wird, Zinklegierungen durch einsinniges Walzen in einwandfreier Qualität herzustellen, ist sehr zweifelhaft, da die Zinklegierungen infolge ihrer hexagonalen Struktur immer stark anisotrop sein werden. Diese Anisotropie kann auch nicht, wie bei regulären Metallen, durch Glühen beseitigt werden, da Rekristallisations- und Walztextur weitgehend übereinstimmen. Eine Umorientierung in den regellos verteilten Zustand tritt erst bei hohen Temperaturen im Gebiet der Grobkristallisation ein.

Zum Schluß seien noch einige Bemerkungen über die Walzwerkseinrichtungen gemacht. Im allgemeinen können dieselben Walzen wie für Messing oder Kupfer benützt werden. Das Warmwalzen geschieht auf gewöhnlichem Duo (Abb. 341), also zwei gleich großen Walzen oder im Reversierduo, bei dem nach jedem Stich die Drehrichtung der Walzen gewechselt wird. Das Zwischen- und Kaltwalzen kann entweder auf einem Doppelduo (Abb. 342) oder dem Lauthschen Trio (Abb. 343) oder einem Mehrrollenwalzwerk (Abb. 344), das jedoch für Zinklegierungen kaum notwendig ist, vorgenommen werden. Beim Trio wird eine Arbeitswalze zur Verminderung der Reibung schwächer und die dritte Walze als Stützwalze ausgeführt. Bei kleinen Walzen darf der Stich nicht zu stark sein, da sonst die Walzen nicht mehr angreifen. Der Winkel zwischen Walzoberfläche und Walze, der Greifwinkel, muß ungefähr dem Reibungswinkel (arc tg α) sein. Über Einzelheiten der Walzwerkseinrichtungen sei auf das einschlägige Schrifttum verwiesen, da im Rahmen dieses Buches nur über die mit den Zinklegierungen zusammenhängenden Eigenheiten berichtet werden soll.

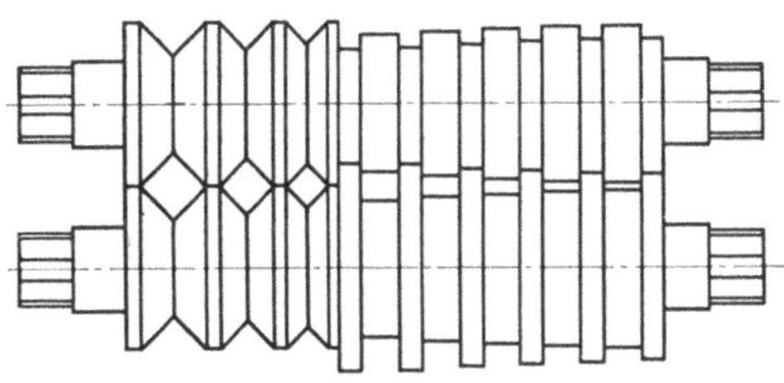

Abb. 345. Kaliberwalze. (Nach Meyer.)

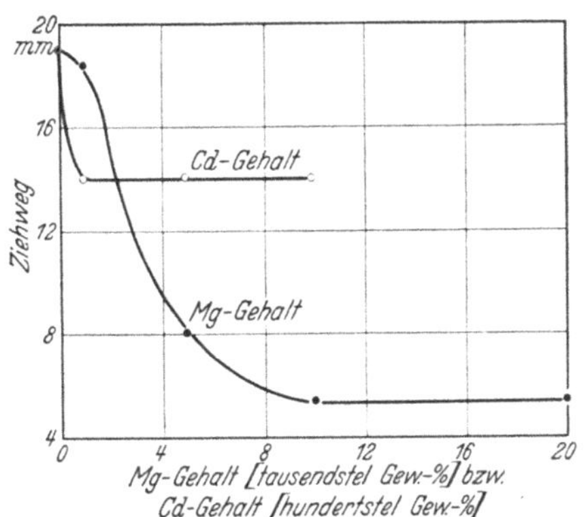

Abb. 346. Einfluß von Mg und Cd auf die Tiefziehfähigkeit einer Zinkwalzlegierung mit 4,8% Cu und 0,2% Al.

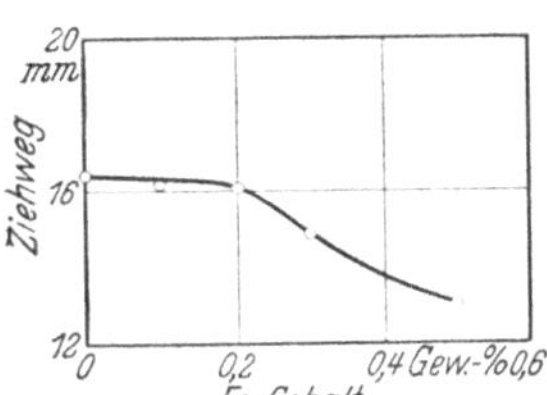

Abb. 347. Einfluß von Fe auf die Tiefziehfähigkeit einer Zinkwalzlegierung.

Außer dem Blechwalzen wird auch in bescheidenem Umfange das Kaliberwalzen, das aber durch das Strangpressen vertrieben wird, angewandt. Bei den Kaliberwalzen sind, entsprechend Abb. 345 Furchen eingearbeitet, deren Gestalt vom Profil des Fertigwerkstoffes abhängt. Im übrigen gelten für das Kaliberwalzen ähnliche Gesetze wie für das Blechwalzen.

e) Einfluß von Beimengungen.

Die Qualität der Bleche wird maßgebend von der Zusammensetzung der verwendeten Legierungen beeinflußt. Spuren von Magnesium und Kadmium oder kleinere Mengen von Eisen setzen vor allem die Tiefziehfähigkeit des Bleches wesentlich herab. Wie Abb. 346 und 347 zeigen,

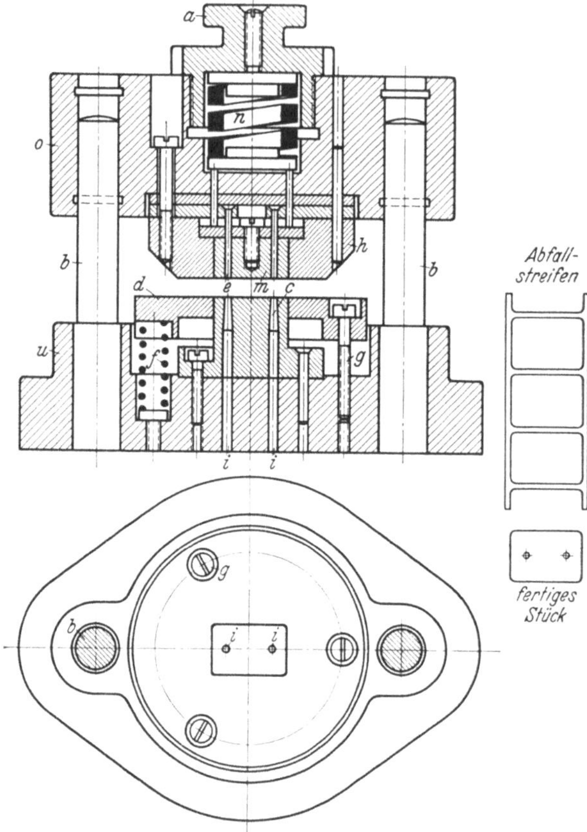

Abb. 348. Vereinigtes Schnittwerkzeug. (Nach Meyer.)

nimmt der Tiefungswert der reinen Legierung um mehr als 15% ab bei einem Magnesiumgehalt von 0,002% oder einem Kadmiumgehalt von 0,005% oder einem Eisengehalt von 0,4%. Die Walzlegierung darf demnach nicht mehr als 0,002% Magnesium, 0,005% Kadmium oder 0,4% Eisen enthalten. Blei ist schädlich, weil es interkristalline Korrosion verursacht, wenn auch nicht in dem Maße wie bei den Legierungen mit 4% Aluminium. Wegen der Schädlichkeit des Kadmiums ist aber unbedingt als Legierungsbasis Feinzink vom Reinheitsgrad 99,99% zu wählen.

5. Blechverarbeitung.

a) Stanzen.

Unter Stanzen wird im allgemeinen die Massenfertigung von Teilen aus Blechen oder Bändern verstanden. Die Formgebungsarbeiten zerfallen in die Werkstofftrennung (Lochen, Schneiden, Stechen), und die Umformung (im engeren Sinn Stanzen, Pressen, Tiefziehen, Drücken). Das Schneiden, Stechen, Stanzen und Pressen sind einfache Vorgänge, die an der Zinklegierung genau so vorgenommen werden wie an Druckmessing Ms 63. Die vorhandenen Erfahrungen können ohne weiteres auf die Zinkblechlegierungen übertragen werden, so daß Einzelheiten nicht beschrieben werden müssen. Es seien nur in Abb. 348 ein Schnittwerkzeug, in dem das Lochen und Schneiden vereinigt ist, in Abb. 349 das Stanzen durch Biegen eines Blechstreifens und in Abb. 350 das Pressen eines Tellers veranschaulicht. Es gibt noch viele Abarten des Stanzens, wie Rollen, Formstanzen, Prägen, Flachstanzen, die aber nur namentlich erwähnt seien. Wegen Einzelheiten sei auf das einschlägige Schrifttum[170] verwiesen.

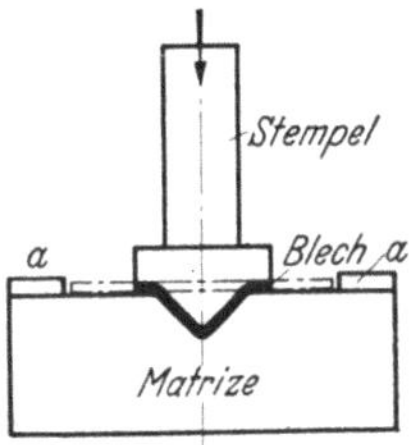

Abb. 349. Biegen eines Blechstreifens.

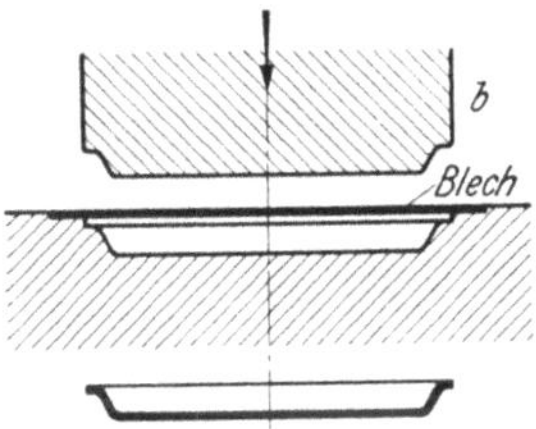

Abb. 350. Pressen eines Blechtellers. (Nach Meyer.)

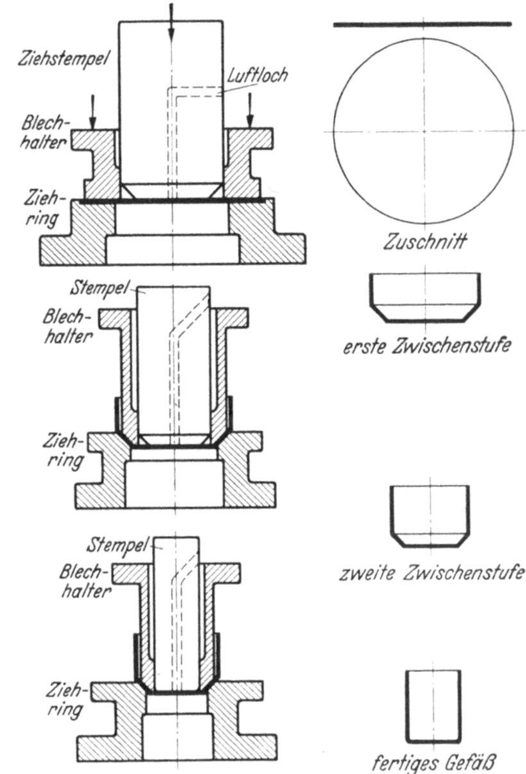

Abb. 351. Ziehen eines Gefäßes. (Nach Meyer.)

170 Sellin, W.: Die Ziehtechnik in der Blechbearbeitung. Berlin 1936.

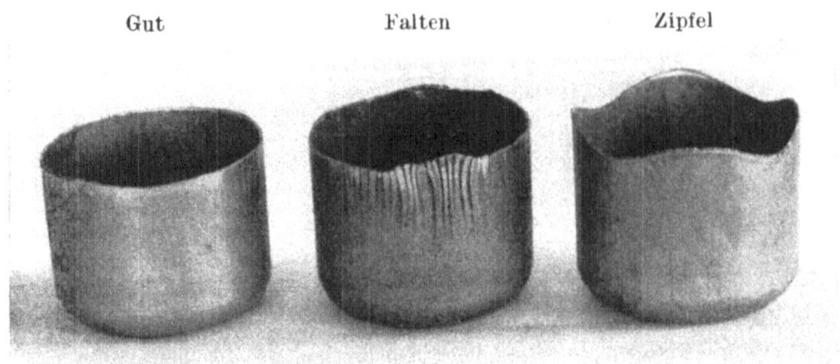

Abb. 352. Fehler an Hohlgefäßen aus Zinklegierung mit 4,8% Cu, 0,2% Al.

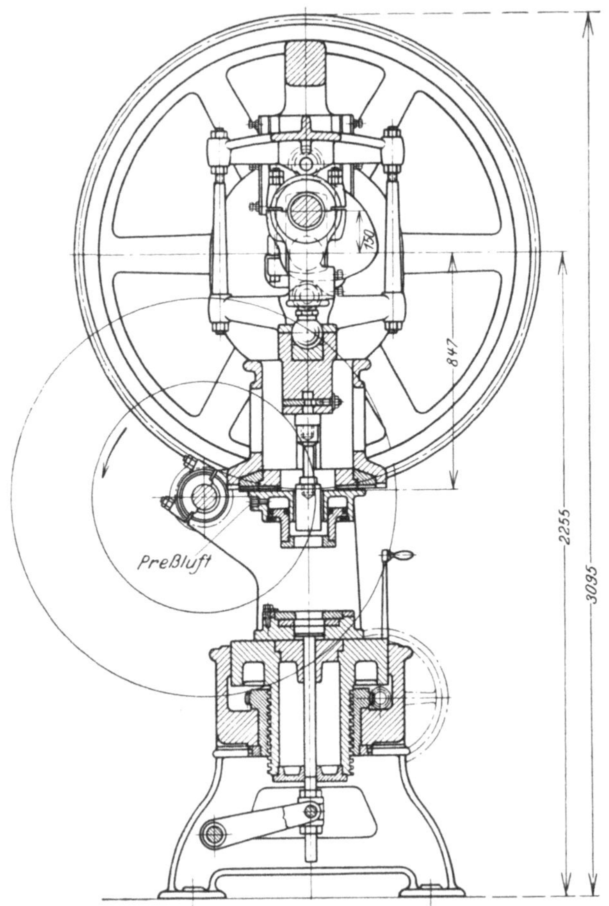

Abb. 353. Presse mit Luftpolster im Oberteil des Ziehwerkzeuges. (Nach Sellin.)

b) Tiefziehen.

Der wichtigste Vorgang bei der Blechverarbeitung ist das Ziehen von Hohlkörpern, wobei nach Abb. 351 der Zuschnitt (Ronde, Ziehscheibe) zunächst im Anschlag und dann im Weiterschlag oder Folgzug geformt wird. Der Blechhalter verhindert, wenn der „Faltenhalterdruck" richtig eingestellt ist, die Faltenbildung am Blech. Ist der Druck zu gering, so findet, wie Abb. 352 zeigt, eine Faltenbildung statt. Aber auch schlechte Schmierung oder ein ungünstiges Schmiermittel können zur Faltenbildung führen. Ist der Faltenhalterdruck zu groß, so wird die Ziehfähigkeit wesentlich verringert. Die Faltenhalterkraft ist von Zuschnittgröße und Blechdicke abhängig, so daß besondere Regeln nicht gegeben werden können. Bei den in Abb. 352 dargestellten Bechern die aus 0,7 mm dicken Ronden von 66 mm Durchmesser gezogen waren, wurde die günstigste Halterkraft zu 500 kg gefunden.

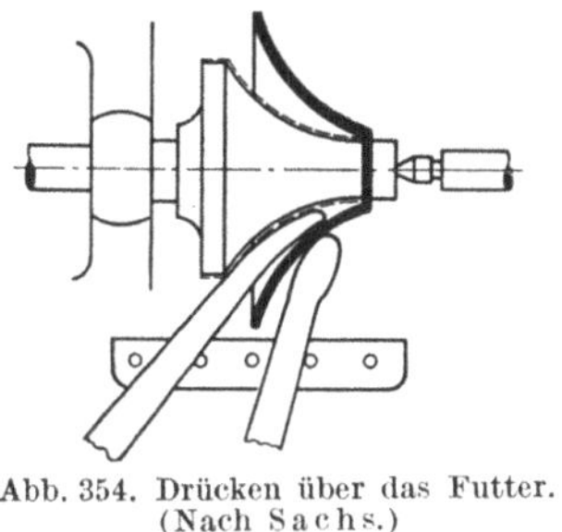

Abb. 354. Drücken über das Futter. (Nach Sachs.)

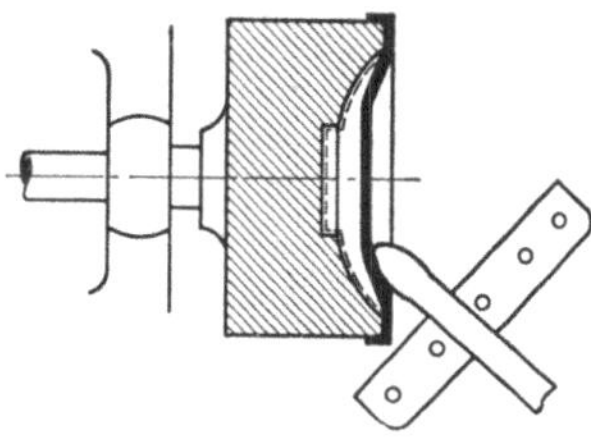

Abb. 355. Drücken in das Futter. (Nach Sachs.)

Die Ziehfähigkeit der Zinklegierungen ist zwar besser als von Zinkblech und ungefähr so gut wie von Aluminiumblech, kann aber nach den bisher vorliegenden geringen Erfahrungen mit Ms 63 noch nicht gleichgesetzt werden.

Der Arbeitsvorgang ist besonders empfindlich gegen Schwankungen in der Blechdicke. Wenn der Faltenhalter infolge zu großer Toleranzen der Blechstärke nicht gleichmäßig drückt, so kann ein größerer Ausschuß durch Rißbildung am Boden, Falten am Gefäßrand oder Zungenbildung auftreten. Man sucht dies durch besonderen Pressenbau zu umgehen (Abb. 353), indem man zwischen Faltenhalter und Pressenstöpsel ein Luftpolster einschaltet.

c) Drücken.

Das Drücken ist der einfachere Vorgang gegenüber dem Ziehen. Es wird vorzüglich handwerksmäßig ausgeführt und ist infolge des kleineren Werkzeugaufwandes besonders für kleinere Serien angebracht. Das Drücken erfolgt nach Abb. 354 entweder über das Futter oder nach Abb. 355 in das Futter. Bei dünneren Blechen wird zur Verhinderung der Faltenbildung ein Stahl entgegengehalten (Abb. 354).

Wie Abb. 356 zeigt, können aus der Zinklegierung mit 4,8% Kupfer, 0,2% Aluminium tiefe Hohlgefäße aus großen Ronden (350 mm Durchmesser), ebenso wie Ms 63, ohne Schwierigkeiten gedrückt werden. Es ist empfehlenswert, die Blechscheibe vor dem Aufspannen in heißes

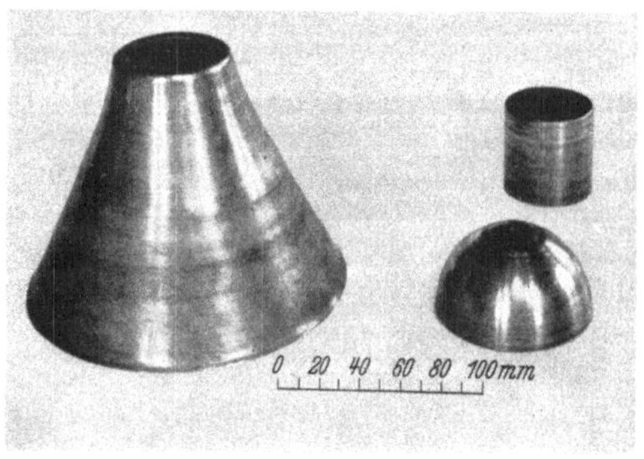

Abb. 356. Gedrückte Gefäße aus Zinklegierung mit 4,8% Cu, 0,2% Al.

Wasser zu tauchen, daß sie ungefähr 40—60° warm wird, da die Verformbarkeit der Zinklegierungen schon bei wenig höheren Temperaturen als Raumtemperatur besser wird.

III. Spanabhebende Bearbeitung.

1. Spanbildung.

Von Knetwerkstoff in Bohr- und Drehqualität zur Verarbeitung auf Automaten verlangt man neben einem möglichst geringen Werkzeugverschleiß und einer schönen Drehoberfläche eine günstige Spanform. Heute wird als erste Forderung an eine Automatenlegierung die Bildung eines kurzen, spritzigen Spanes gestellt. Bevor deswegen alle anderen Zerspanungseigenschaften behandelt werden, soll diese wichtigste Eigenheit besprochen werden. Die Spanbildung soll dabei unabhängig von irgendwelchen Änderungen der Schnittbedingungen untersucht werden. Die Bedingungen sollen genau dieselben sein wie bisher bei der Automatenverarbeitung von Ms 58, denn nur unter diesen Umständen kann von einem wirklichen Austauschstoff gesprochen werden.

Als erster Legierungstyp soll eine bereits in größerem Umfang angewandte Zinklegierung mit 4% Aluminium und 0,5% Kupfer und 0,03% Magnesium (Giesche-ZL 3) geprüft werden. Wie Abb. 357 zeigt, ist der Span ziemlich lockig. Wie aus den Abb. 358 und 359 hervorgeht, ist die Spanbildung bei den am Markt bekannten Legierungen mit höheren Kupfer- oder Aluminiumgehalten nicht viel besser.

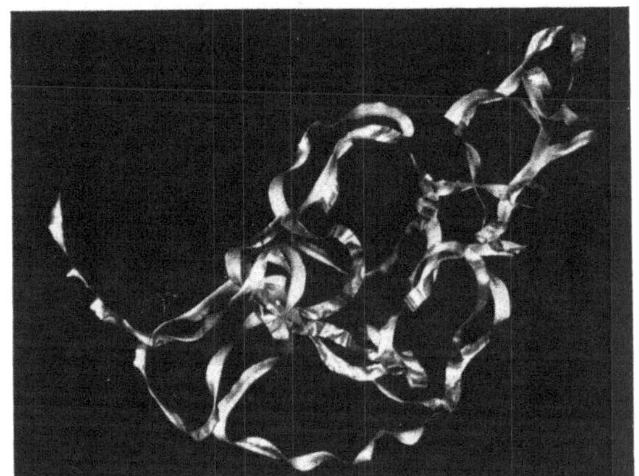

Abb. 357. Spanbildung einer Zinklegierung mit 4% Al, 0,5% Cu, 0,03% Mg (Giesche-ZL 3) beim Drehen auf einem Messingautomaten unter gleichen Bedingungen wie bei Ms 58.

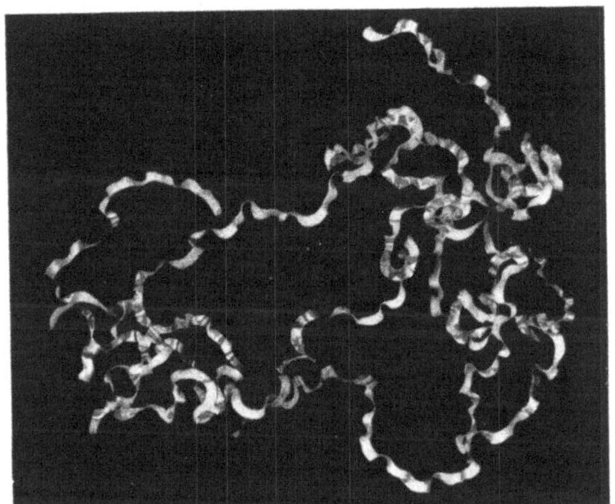

Abb. 358. Span einer Zinklegierung mit 4% Al, 1,1% Cu, 0,02% Mg.

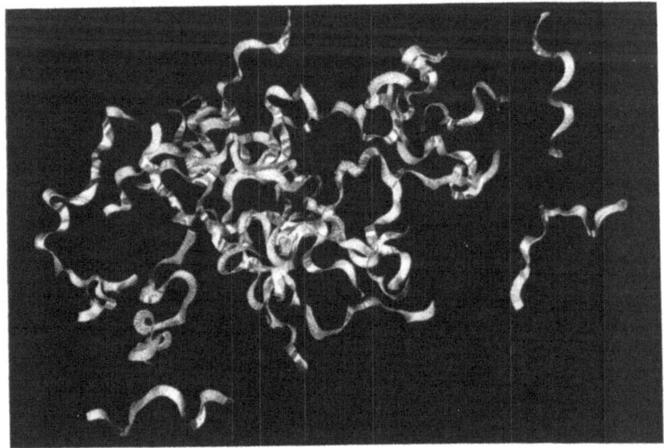

Abb. 359. Span einer Zinklegierung mit 4% Al, 2,7% Cu, 0,02% Mg.

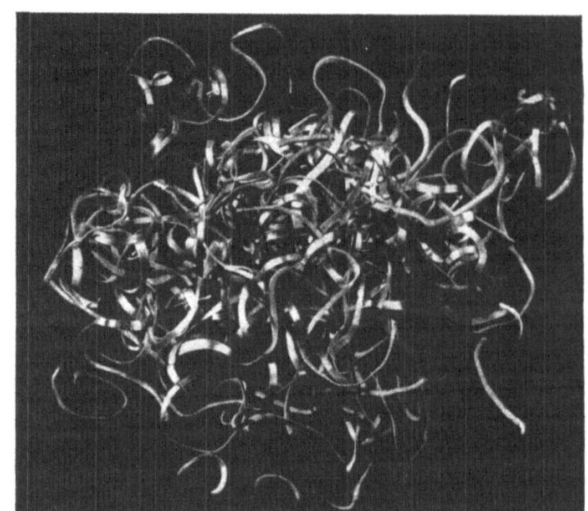

Abb. 360. 0,1% Mg-Zusatz.

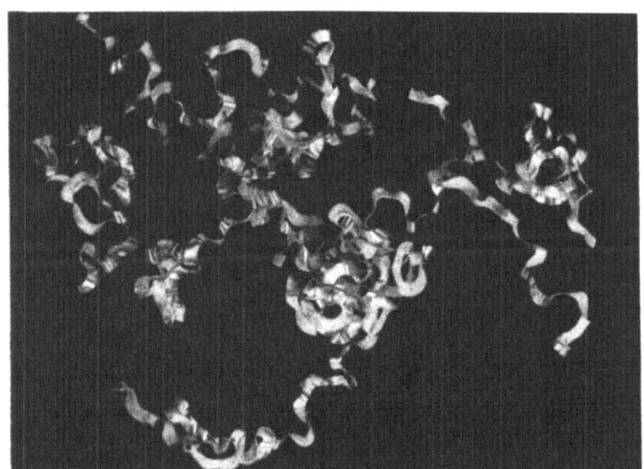

Abb. 361. 0,1% Fe-Zusatz.

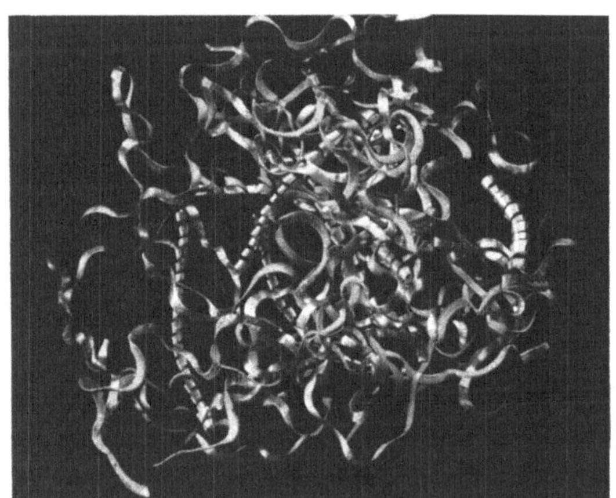

Abb. 362. 0,1% Si-Zusatz.

Abb. 360—362. Änderung der Spanbildung von Giesche-ZL 3 durch Zusätze.

Auch die Bemühungen, den Typ der kupferarmen, aluminiumhaltigen Legierung durch Zusätze in bezug auf die Spanbildung zu verbessern, schlagen nach Abb. 360—364 fehl. Verschlechternd wirken Eisen, Magnesium, Natrium, Silizium; ohne Einfluß sind Zusätze von Chrom, Nickel, Arsen, Selen, Schwefel, Kalium und Mangan. Ein wenig zu verbessern scheint ein Zusatz von Lithium. Die Verbesserung durch einen Lithiumzusatz von 0,1 % ist aber zu gering, um den teueren Zusatz aus wirtschaftlichen Gründen zu rechtfertigen. Auf die kupferreichere Legierung ist die spanverbessernde Wirkung etwas besser, jedoch noch immer zu gering, um diese Legierung als eine Automatenqualität zu bezeichnen. Auch bei einer derartigen immerhin nicht ganz ungünstigen Spanform (s. Vergleich von Abb. 365 mit Abb. 360) kann ein Umwickeln des Werkzeuges durch den lockigen Span stattfinden, wodurch eine Zerstörung des Stahls und eine Beschädigung der Drehoberfläche nicht zu umgehen ist. Man muß daher mit Hand für eine dauernde Spanentfernung sorgen und die Drehteile gesondert auffangen oder aus dem Spangeflecht auslesen. Alle diese Operationen sind meistens so kostspielig, daß sie die zerspannende Bearbeitung unter wirtschaftlichen Bedingungen vollständig in Frage stellen.

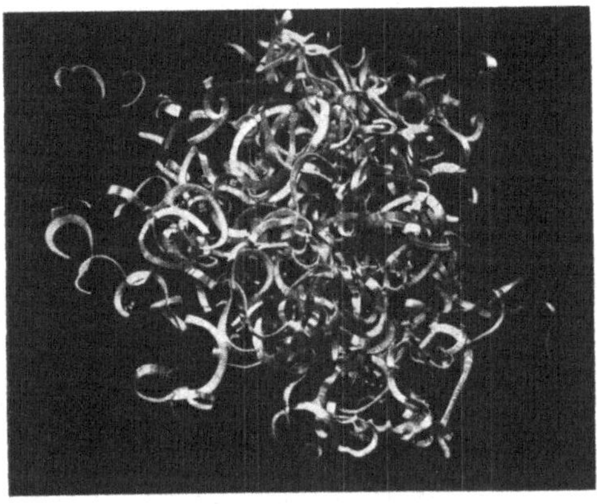

Abb. 363. 0,1 % Mn-Zusatz.

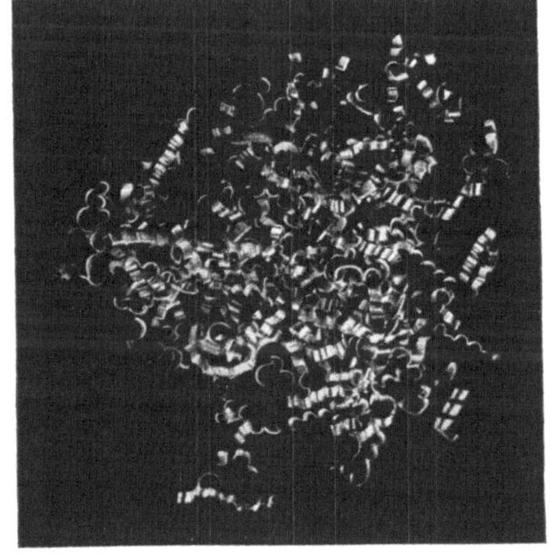

Abb. 364. 0,1 % Li-Zusatz.
Abb. 363 u. 364. Änderung der Spanbildung von Giesche-ZL 3 durch Zusätze.

Zinklegierungen anderer Zusammensetzung, z. B. ohne Aluminium, nur mit Kupfer, haben nach Abb. 366 einen noch ungünstigeren, vollständig drahtigen Span. Eine systematische Erforschung der Zinkecke des Dreistoffsystems Zink-Aluminium-Kupfer bis zu Gehalten von 10 % jeder Komponente ergab, daß keine der

Legierungen einen besseren Span liefert. Es mußten also andere Wege beschritten werden.

Die neueren Vorstellungen über den Zusammenhang zwischen Struktur und Spanform einer Legierung gehen zwar noch etwas auseinander, aber

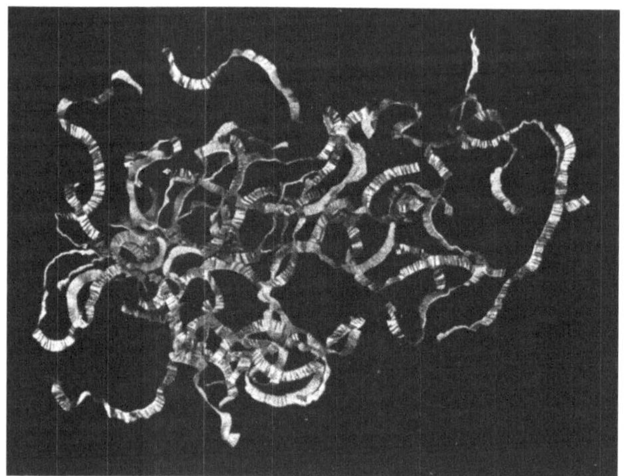

Abb. 365. Span einer Zinklegierung mit 4% Al, 2,7% Cu und 0,10% Li.

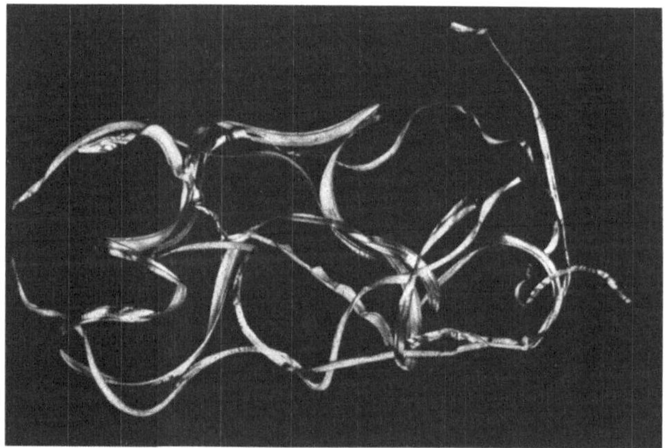

Abb. 366. Span einer Zinklegierung mit 4% Cu.

zuletzt scheint eine Auffassung auch nach den Erfahrungen an Zinklegierungen richtig zu sein. Als erfolglos hat sich der von Bohner u. a.[171] genannte Weg, als „Spanbrecher" spröde intermetallische Verbindungen einzulagern, erwiesen. Der Zusatz von Magnesium, das

[171] Bohner, H.: Z. Metallkde. 28, 290/293 (1936). — Vaders, E.: Metallwirtsch. 15, 814/817 (1936).

sowohl mit Zink binäre, als auch mit Aluminium und Zink eine ternäre intermetallische Verbindung bildet, bringt in keinem Fall trotz stärkster Versprödung eine Spanverbesserung; im Gegenteil wird der Span sogar noch drahtiger. Auch das Eisen, das die bekannten spröden Eisen-Zinkkristalle einlagert, ruft nur eine Verschlechterung der Spanform hervor.

Dagegen hat die von einigen Seiten[172] vertretene Ansicht, daß solche Zusätze eine günstige Spanform verursachen, die in flüssigem Zustand nur unvollkommen mischbar sind, auch bei den Zinklegierungen sich als richtig erwiesen. Derartige Zusätze sind für Zinklegierungen das Blei, Wismut und Thallium. Von diesen fällt das Thallium wegen seines hohen Preises aus. Ein Zusatz von Blei zu aluminiumhaltigen Zinklegierungen verbietet sich, da derartige Legierungen in höchstem Maße interkristalline Korrosion hervorrufen würden. Es wurde deshalb mit Wismut versucht. Wie dem Zustandsschaubild (Abb. 367) zu entnehmen ist, sollte ein Zusatz von 2% Wismut notwendig sein. Wie aber Versuche zeigten, genügte schon ein Zusatz von 0,5% Wismut. Ein höherer Wismutgehalt brachte in bezug auf die Spanbildung keine Verbesserung. Nach Abb. 368 ist der Span tatsächlich schon recht gut, wenn er auch noch nicht so spritzig wie bei Ms 58 ausfällt. Der Nachteil dieser Legierung ist jedoch, daß sie ebenfalls wie eine bleihaltige Legierung interkristalline Korrosion aufweist. Das Wismut wirkt also ähnlich wie das Blei, wenn auch nicht ganz so intensiv. Immerhin ist die verhältnismäßig große Wismutmenge schon so gefährlich wie 0,05% Blei.

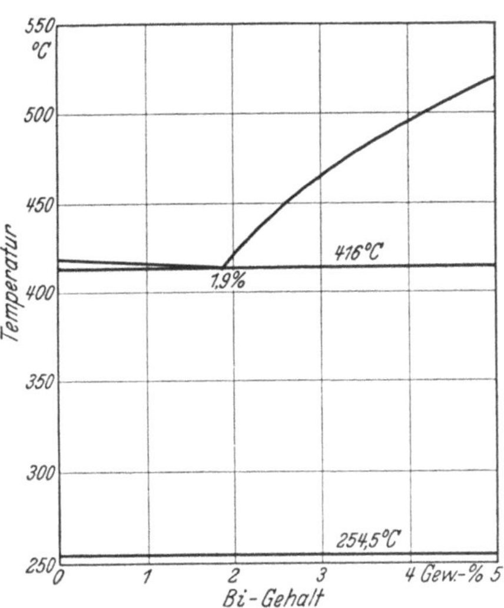

Abb. 367. Löslichkeit des Bi im flüssigen Zink.

Blei und Wismut sind jedoch unbedenklich, wenn die Zinklegierung kein Aluminium enthält, sondern nur Kupfer. Wie Abb. 369 zeigt, ist die Spanform einer Zinklegierung mit 4% Kupfer und 3% Blei schon gut; mit 5% Blei wird sie noch besser, während weniger als 3% Blei nicht für die Spanverbesserung genügen. Andererseits macht der hohe Bleigehalt, abgesehen von den unangenehmen Besonderheiten beim

[172] Masing, G.: Z. Metallkde. **28**, 293/296 (1936); Stahl u. Eisen **56**, 457/465 (1936). — Kästner, H.: Metallwirtsch. **15**, 1217/1221 (1936).

Blockguß, große Preßschwierigkeiten. Bei den erforderlichen hohen Preßdrücken von 7000 kg/cm² wird das Blei in Form von kleinen Tröpfchen

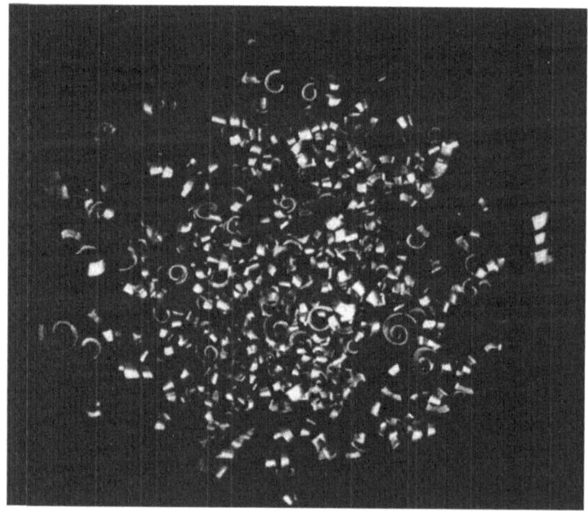

Abb. 368. Span einer Zinklegierung mit 4% Al, 0,5% Cu, 0,5% Bi.

ausgeschwitzt, so daß die Preßstange ein unschönes Aussehen und starke Rißbildung zeigt.

Der Wismutzusatz ist dagegen günstiger, da er bei niedrigeren Gehalten schon wirksam ist. Ein Gehalt von 0,4—0,5% Wismut genügt bereits,

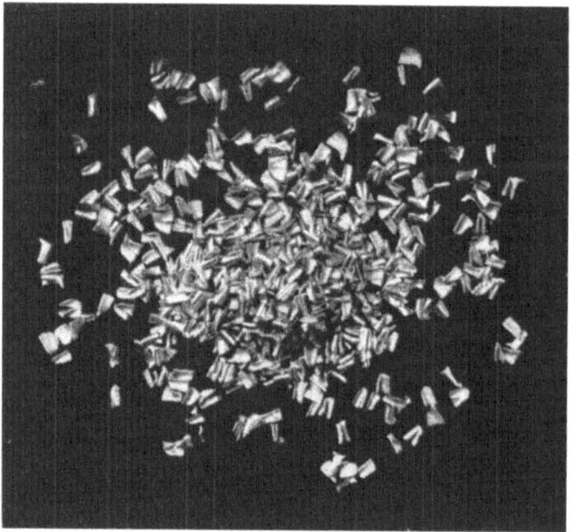

Abb. 369. Span einer Zinklegierung mit 4% Cu + 3% Pb.

um die beste Spanform zu erzielen. Wie aus Abb. 370 hervorgeht, ist der Span so spritzig aber nicht so nadlig wie bei Ms 58. Dies bedeutet aber keinen Nachteil, da meistens ein zu feiner, nadliger Span nicht gern gesehen wird, da er sich in die Schlittenführungen und Lager setzt und zu Störungen führen kann. Die Preßbarkeit der Legierung läßt noch zu wünschen übrig. Es wurde gefunden, daß ein weiterer Zusatz von 0,5% Mangan die Preßbarkeit so verbessert, daß einwandfreie Stangen herzustellen sind, ohne daß die Spanform verschlechtert wird. Diese Legierung mit 4% Kupfer, 0,5% Wismut und 0,5% Mangan (Giesche-ZL 6) wird bei 280—350° gepreßt, unter sonst gleichen Bedingungen wie die aluminiumhaltigen Legierungen. Beim Ziehen darf die Querschnittsabnahme nur 10% betragen. Das Gießen der Legierung ist nicht einfach, weil sowohl die gleichmäßige Wismutverteilung,

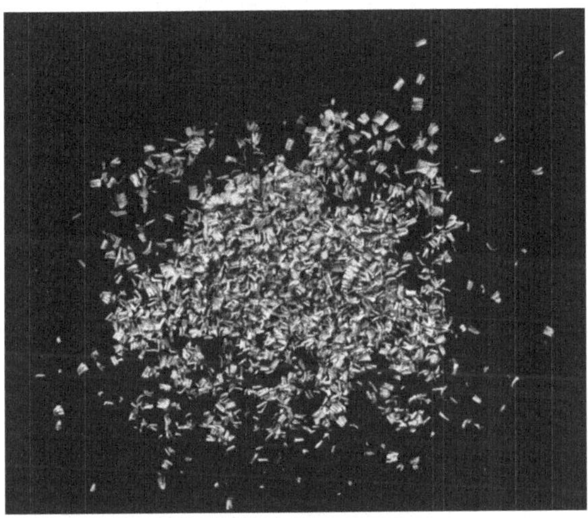

Abb. 370. Span einer Zinklegierung mit 4% Cu, ½% Bi.

als auch die Seigerungserscheinungen und Lunkerbildung Schwierigkeiten machen. Durch das früher beschriebene Sauggießverfahren und gutes Umrühren sind jedoch dichte, einwandfreie Knüppel zu erzielen. Abb. 371 zeigt die richtige Wismutverteilung in Tröpfchenform in einer Preßstange. Der Vorteil gegenüber wismuthaltigen Aluminiumlegierungen besteht darin, daß eine Entmischung des Zinks und Wismuts in flüssigem Zustand auch bei stundenlangem Stehen nicht stattfindet.

Dagegen hat nach längerem Stehen der Schmelze eine Agglomerierung der sonst fein verteilten Wismuttröpfchen stattgefunden. Es sind im Schliffbild entweder größere Tropfen (Abb. 372) oder ausgedehntere Verbände in den Korngrenzen (Abb. 373) zu sehen. Derartiger Werkstoff weist nicht mehr den ganz kurzen, spritzigen Span auf, ist aber immerhin sehr viel günstiger als die wismutfreie Legierung.

Wie aus Abb. 374 hervorgeht, haben Drehteile aus der wismuthaltigen Legierung Giesche-ZL 6 ein gutes Aussehen. Auch die Vergrößerung unter dem Mikroskop bestätigt den visuellen Befund (Abb. 375). Die

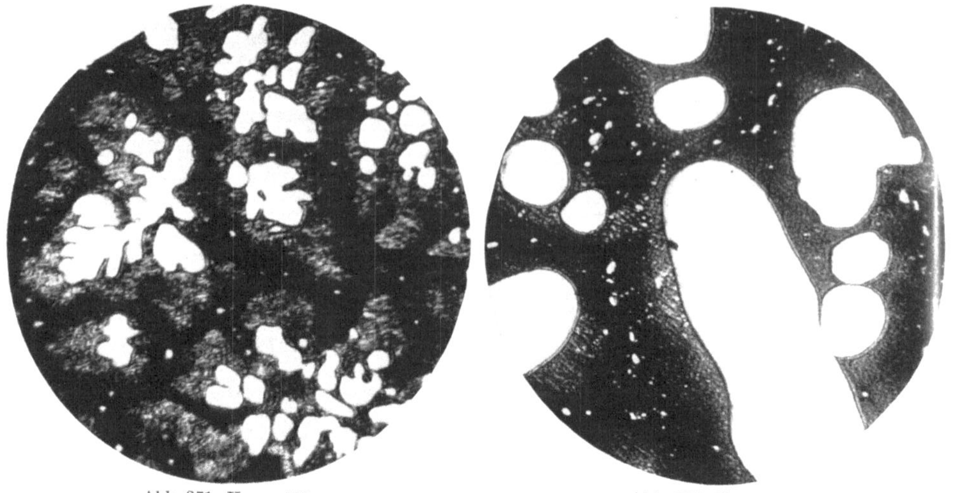

Abb. 371. Vergr. 400.

Abb. 372. Vergr. 100.

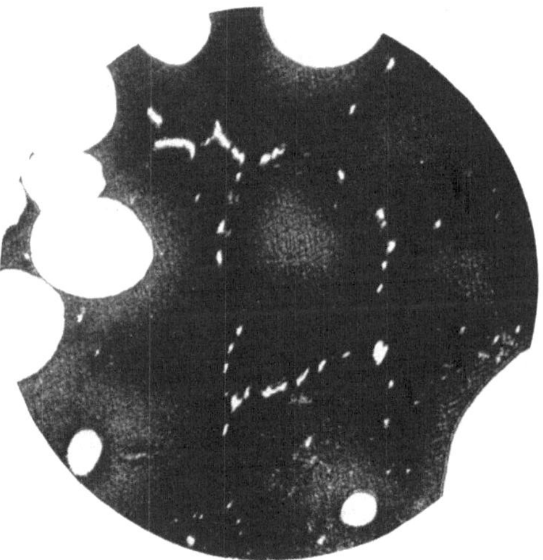

Abb. 373. Vergr. 100.

Abb. 371—373. Bi-Verteilung in Giesche-ZL 6.

Teile wurden auf einem Löwe-Automaten bei einer Schnittgeschwindigkeit von 130 m/min mit Messingwerkzeugen unter Ölkühlung hergestellt.

Die Legierung ist eine ausgesprochene Automatenlegierung, die einen spritzigen Span und gute mechanische Eigenschaften besitzt, ohne aber für Schmiedearbeiten, z. B. für Warmpreßteile, geeignet zu sein. Hierfür sind die aluminiumhaltigen Zinklegierungen (Giesche-ZL 3, Zamak Alpha) richtiger, die zur spanabhebenden Verarbeitung auf Drehbänken und

Abb. 374. Automaten-Drehteile aus einer Zinklegierung mit 4% Cu, 1/2% Bi, 1/2% Mn (Giesche-ZL 6).

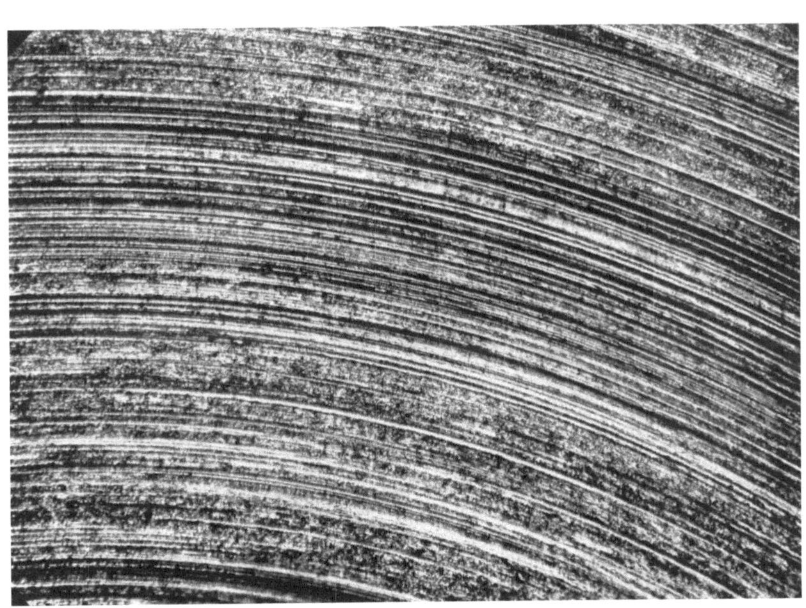

Abb. 375. Gedrehte Oberfläche.

Halbautomaten (Revolverbänken) brauchbar sind. Hierfür sind jedoch bestimmte Schnittbedingungen einzuhalten und Sonderwerkzeuge zu benützen, über die nachfolgend berichtet werden soll.

2. Bearbeitungsverfahren.

a) Drehen.

α) Allgemeines.

Wie aus dem letzten Kapitel hervorgeht, kommt es außer auf die Beziehung einer guten Oberfläche des Drehgutes neben einer weitgehenden Schonung der Bearbeitungswerkzeuge auf die Bildung eines günstigen Spanes an. Dafür sind zwei Wege gangbar: Durch Auswahl der Legierungsbestandteile oder der Zerspanungsbedingungen. Der erste Weg wurde bereits beschrieben. Dieser Weg ist aber nicht immer gangbar, da er verschiedene Nachteile hat. Erstens kann der Wismut- oder Bleizusatz nur bei aluminiumfreien Zinklegierungen gemacht werden, da sonst interkristalline Korrosion auftritt. Die Legierungsmöglichkeiten sind also sehr begrenzt. Zweitens wird die technologische Verarbeitbarkeit der Zinklegierungen durch Wismutzusatz schlechter. Sowohl die Warmpreßbarkeit als auch die Kaltziehfähigkeit werden wesentlich beschränkt. Drittens bringen wismut- und bleihaltige Legierungen eine große Gefahr für den Abfallmarkt. Wie schon früher gezeigt, genügen schon Bleigehalte über 0,007% — und Wismut wirkt ähnlich — um die üblichen aluminiumhaltigen Zinklegierungen vollständig unbrauchbar zu machen. Die geringste Verunreinigung dieser Legierungen durch die Automatenlegierung könnte daher verheerende Folgen haben.

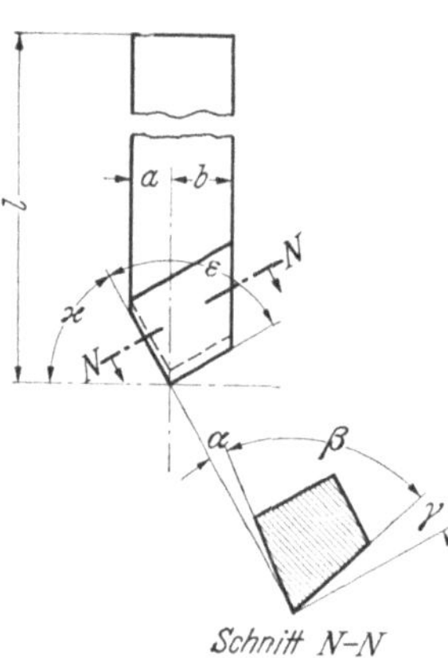

Abb. 376. Winkel an Schneidstählen. (Nach Opitz.)

In vielen Fällen wird es nicht möglich sein, auf die Vorteile der anderen Zinknetlegierungen für Konstruktionszwecke zu verzichten. Es tritt dann die Aufgabe heran, durch geeignete Auswahl der Schnittbedingungen einen günstigen Span zu erzielen. An zwei aluminiumhaltigen Zinklegierungen wurde der Einfluß der Zerspanungsbedingungen genau untersucht[173]. Es handelt sich um die Legierung mit 4% Aluminium, 0,5% Kupfer, 0,02% Magnesium (Giesche-ZL 3) und eine Legierung mit 4% Aluminium, 2,7% Kupfer, 0,05% Magnesium, 0,05% Lithium (Giesche-ZL 5).

β) Einfluß der Zerspanungsbedingungen auf die Spanform.

Die Prüfung der Zerspanbarkeit von Werkstoffen wird zusammenfassend und kurz von Schallbroch[174] behandelt. Dort ist auch ein

[173] Unveröffentlichte Untersuchung von H. Opitz und W. Zimmermann, die im Zusammenhang mit anderen Arbeiten demnächst veröffentlicht wird.

[174] Schallbroch, H.: Masch.-Bau 15, 605/610 (1936).

Überblick über das wichtigste Schrifttum in dieser Beziehung gegeben. Für Einzelheiten sei das Handbuch von Brödner[175] empfohlen. Auf eine eingehende Beschreibung der Meß- und Prüfungsverfahren bei den Zerspanungsversuchen kann daher verzichtet werden.

Bei den Drehversuchen wurden Drehmeißel aus Schnelldrehstahl (SRE 214 der Firma Böhler & Co.) benützt. Die Schneidstähle hatten die in Abb. 376 wiedergegebene Form; auch die Bezeichnung der einzelnen Winkel an den Stählen geht aus dem Bild hervor.

Bei den Versuchen wurden nur verändert der Spanwinkel γ, der Anstellwinkel k, die Schnittgeschwindigkeit v und der Spanquerschnitt $t \cdot s$. Für die Spanwinkel wurde das Bereich von $+6^\circ$ bis -10° untersucht; der Anstellwinkel wurde zwischen 30 und 75° geändert. Die Schnittgeschwindigkeit betrug zwischen 20 und 120 m/min. Die Schnitttiefe wurde einheitlich zu 2 mm gewählt, der Vorschub wurde von 0,1—0,3 mm/U geändert. Das Produkt dieser beiden Größen ergibt den Spanquerschnitt.

Die beiden untersuchten Legierungen sind mit Nr. 3 und 6 gekennzeichnet und zwar entspricht Werkstoff Nr. 3 der Legierung Giesche-ZL 3 und Nr. 6 Giesche-ZL 5.

§ 1. Einfluß des Spanwinkels.

Bei einem bleibenden Anstellwinkel k von 60° und konstanter Schnittgeschwindigkeit von 60 m/min wurde der Einfluß des Spanwinkels γ bei drei verschiedenen Spanquerschnitten untersucht. Beim Spanquerschnitt $t \cdot s = 2 \cdot 0{,}1\ \text{mm}^2$ ändert sich nach Abb. 377 und 378 die Spanform weder bei Werkstoff 3 noch 6 mit veränderlichem Spanwinkel.

Beim doppelten Vorschub von 0,2 mm/U ist dagegen nach Abb. 379 und 380 bereits ein deutlicher Einfluß des Spanwinkels festzustellen. Winkel zwischen $+2^\circ$ und -4° haben bei beiden Legierungen ein Zerfallen der Locken in Schuppen zur Folge.

Beim Spanquerschnitt $2 \cdot 0{,}3\ \text{mm}^2$ ist nach Abb. 381 und 382 die Spanform bei allen Spanwinkeln von $+6^\circ$ bis -10° gleich gut; es werden Spanlocken erhalten, die leicht in Schuppen zerfallen.

§ 2. Einfluß des Anstellwinkels.

Der Anstellwinkel k wurde in Stufen von 15° bei gleichbleibendem, günstigstem Spanwinkel von etwa $+2^\circ$ und mit den drei verschiedenen Spanquerschnitten geändert. Wie Abb. 383 und 384 zeigen, ist kein Einfluß des Anstellwinkels bei beiden Werkstoffen auf ihre Spanform zu erkennen. Für die folgenden Untersuchungen wurde daher ein mittlerer Anstellwinkel von 60° gewählt.

---

[175] Brödner, E.: Zerspanung und Werkstoff, 173 Seiten. Berlin: VDI-Verlag 1934.

§ 3. Einfluß der Schnittgeschwindigkeit.

Bei der Untersuchung über den Einfluß der Schnittgeschwindigkeit auf die Spanbildung wurde der Spanwinkel zu 0° und der Anstellwinkel

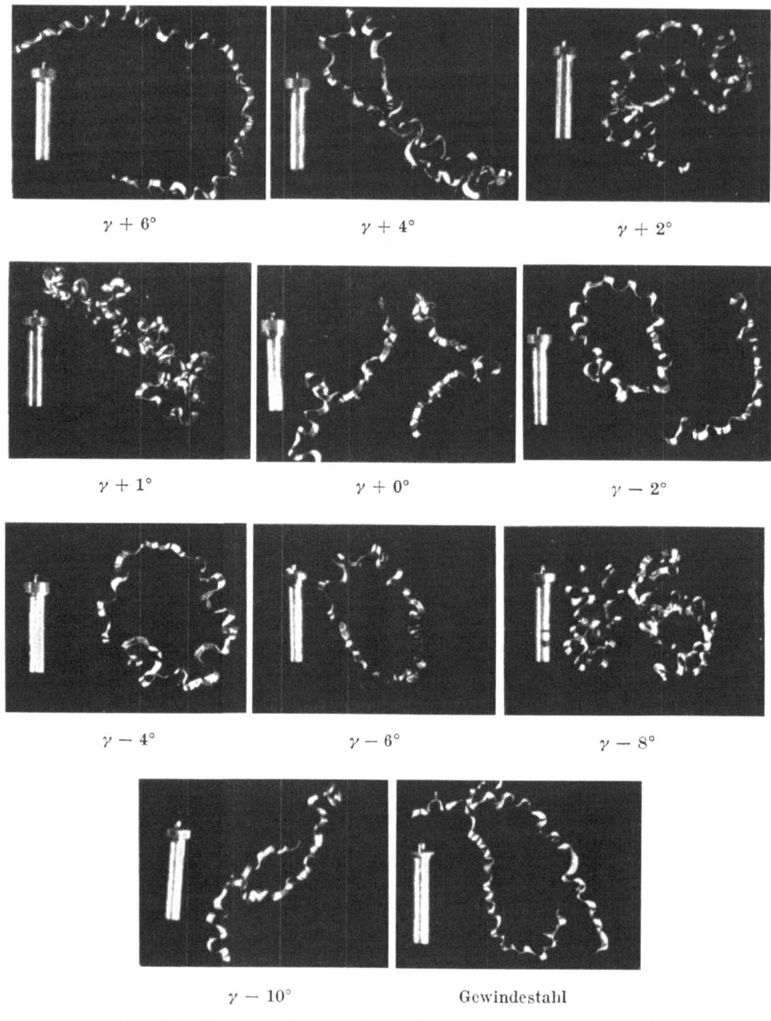

Abb. 377. Werkstoff Nr. 3. v 60 m/min, k 60°, $t \cdot s = 2 \cdot 0{,}1\ \text{mm}^2$.
Abb. 377—392. (Nach Opitz u. Zimmermann.)

zu 60° festgelegt. Wie Abb. 385 und 386 zeigen, ergeben höhere Schnittgeschwindigkeiten bei der wenig Kupfer enthaltenden Legierung eine geringe Verbesserung des Spanes. Ganz auffallend ist jedoch der Einfluß der Schnittgeschwindigkeit bei Werkstoff 6. Bei Schnittgeschwindigkeiten über 100 m/min entsteht nach Abb. 387 und 388 ein kurzer, leicht brüchiger Span von ähnlicher Form wie er bei der Zerspanung von Ms 58 auftritt.

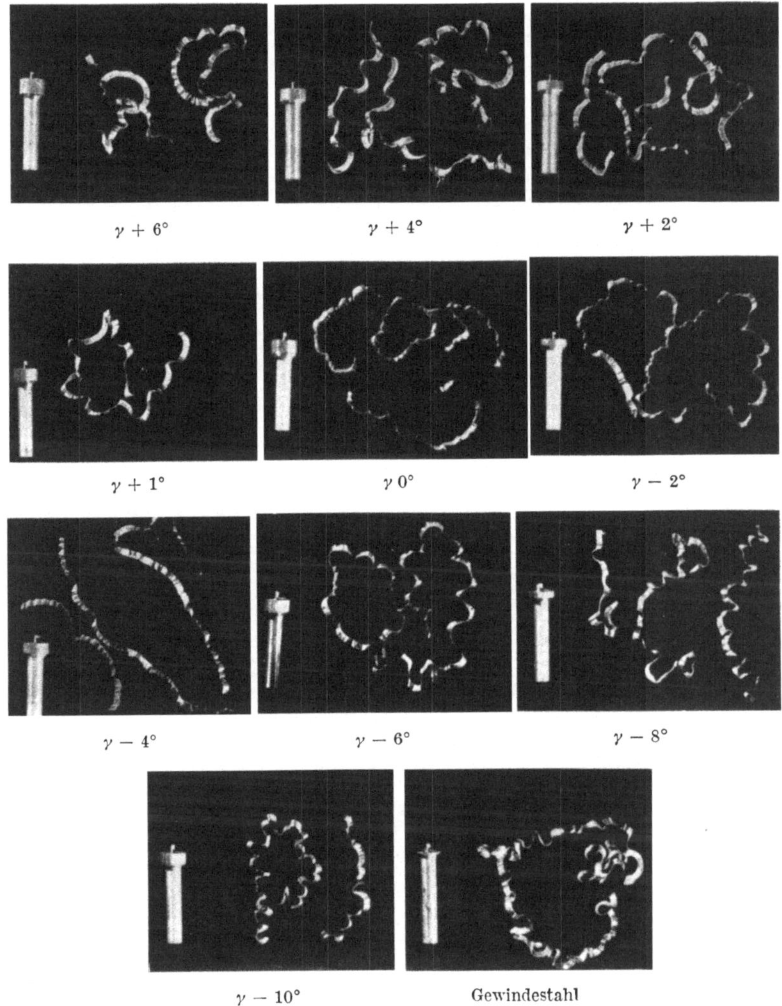

Abb. 378. Werkstoff Nr. 6. v 60 m/min, k 60°, $t \cdot s = 2 \cdot 0{,}1$ mm^2.

Abb. 377 u. 378. Einfluß des Spanwinkels bei verschiedenen Vorschüben auf die Spanform von Zinklegierungen.

γ) Einfluß der Drehbedingungen auf den Schnittdruck.

Bei den beschriebenen Versuchen wurden gleichzeitig Schnittdruckmessungen mit der in Abb. 389 dargestellten Meßeinrichtung ausgeführt. Wie aus Abb. 390 hervorgeht, hat der Spanwinkel fast keinen

Einfluß auf den Schnittdruck. Lediglich beim größten Spanquerschnitt $t \cdot s = 2 \cdot 0{,}3\ \mathrm{mm}^2$ tritt eine geringe Erniedrigung des Schnittdruckes mit stärker negativ werdenden Spanwinkeln ein.

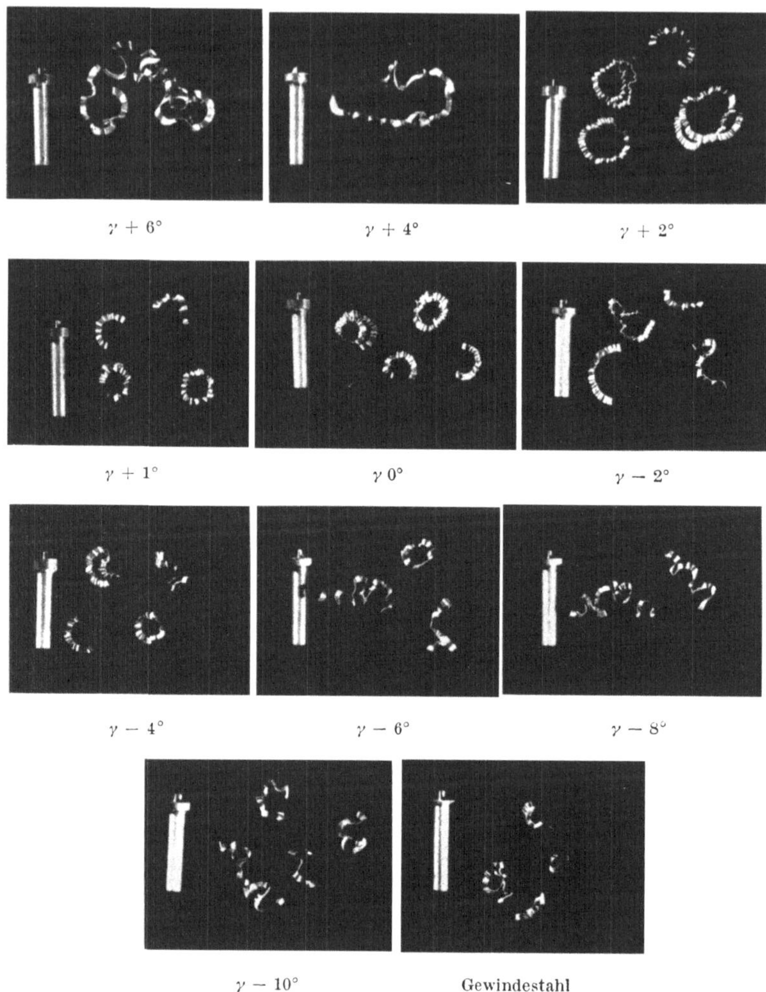

Abb. 379. Werkstoff Nr. 3. v 60 m/min, k 60°, $t \cdot s = 2 \cdot 0{,}2\ \mathrm{mm}^2$.

Bei zunehmendem Anstellwinkel wird nach Abb. 391, besonders bei größeren Spanquerschnitten, auch der Schnittdruck höher.

Die Schnittgeschwindigkeit ist nach Abb. 392 ohne wesentlichen Einfluß auf den Hauptschnittdruck; es scheint lediglich, als ob der Druck bei ganz hohen Geschwindigkeiten etwas kleiner zu werden beginnt.

δ) Oberflächengüte.

Die Prüfung mit dem Oberflächen-Prüfmikroskop der Firma Busch-Rathenow ergibt, daß die Oberflächengüte der Drehbolzen aus beiden

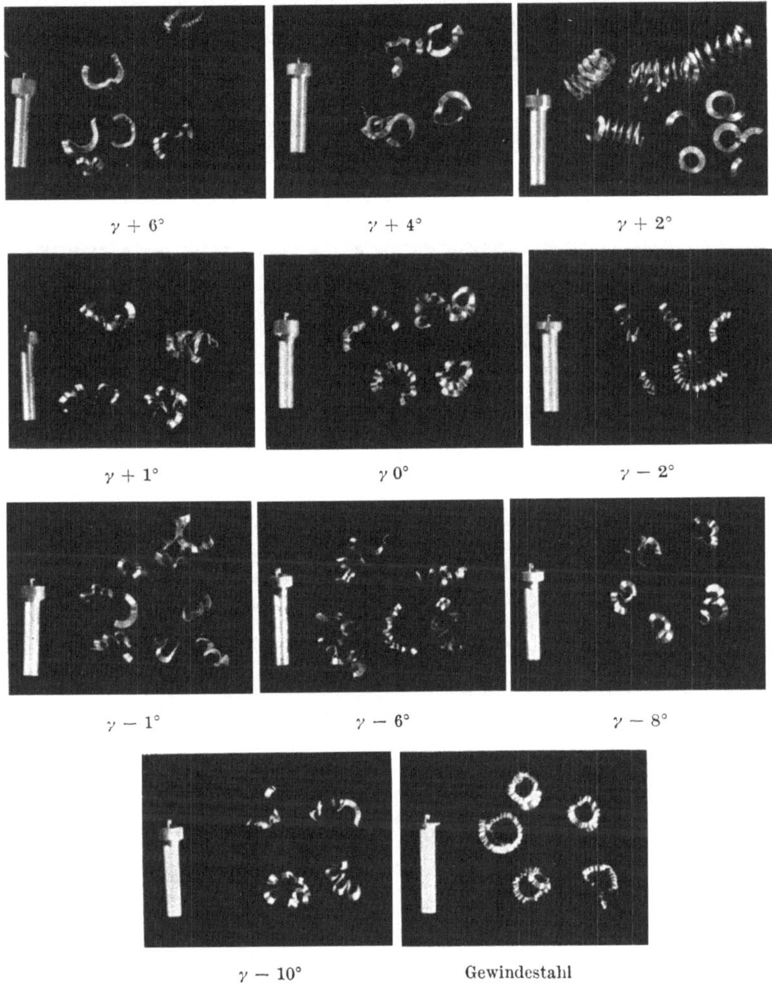

Abb. 380. Werkstoff Nr. 6. v 60 m/min. k 60°, $t \cdot s = 2 \cdot 0{,}2\ \text{mm}^2$.

Abb. 379 u. 380. Einfluß des Spanwinkels bei verschiedenen Vorschüben auf die Spanform von Zinklegierungen.

Zinklegierungen vorzüglich ist. Sie scheint sich mit kleiner werdendem Spanwinkel zu verbessern, um bei 0° ein Optimum zu erreichen und mit negativen Spanwinkeln wieder schlechter zu werden. Der Spanquerschnitt ist ohne Einfluß. Die Schnittgeschwindigkeiten ergeben eine bessere Oberfläche, je größer sie werden. Die beste Oberfläche wurde bei einer Geschwindigkeit von 120 m/min erreicht.

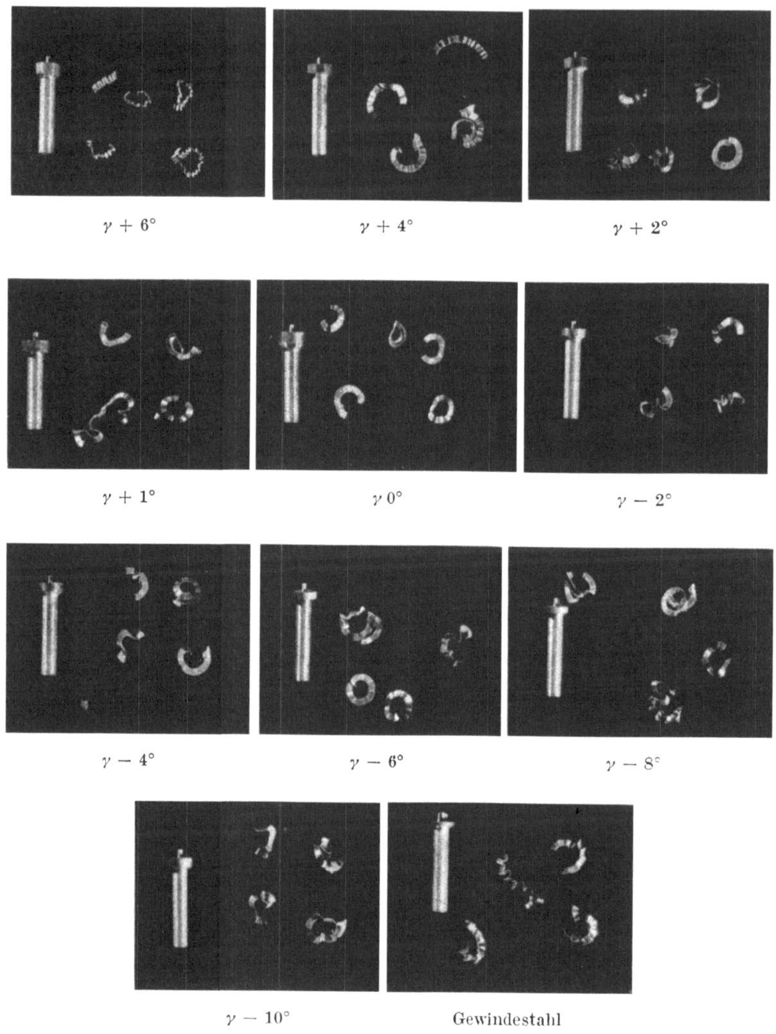

Abb. 381. Werkstoff Nr. 3. v 60 m/min, k 60°, $t \cdot s = 2 \cdot 0{,}3$ mm².

ε) Arbeitsbedingungen beim Drehen.

Aus diesen Untersuchungen ergeben sich für das Drehen von aluminiumhaltigen Zinkpreßlegierungen der üblichen Gattung folgende günstigste Arbeitsbedingungen, um gleichzeitig eine gute Oberfläche und Spanform zu erzielen.

Der Spanwinkel des Drehstahles soll um 0° liegen, wobei er eher negativ als positiv ausfallen darf. Der Anstellwinkel kann zwischen 30

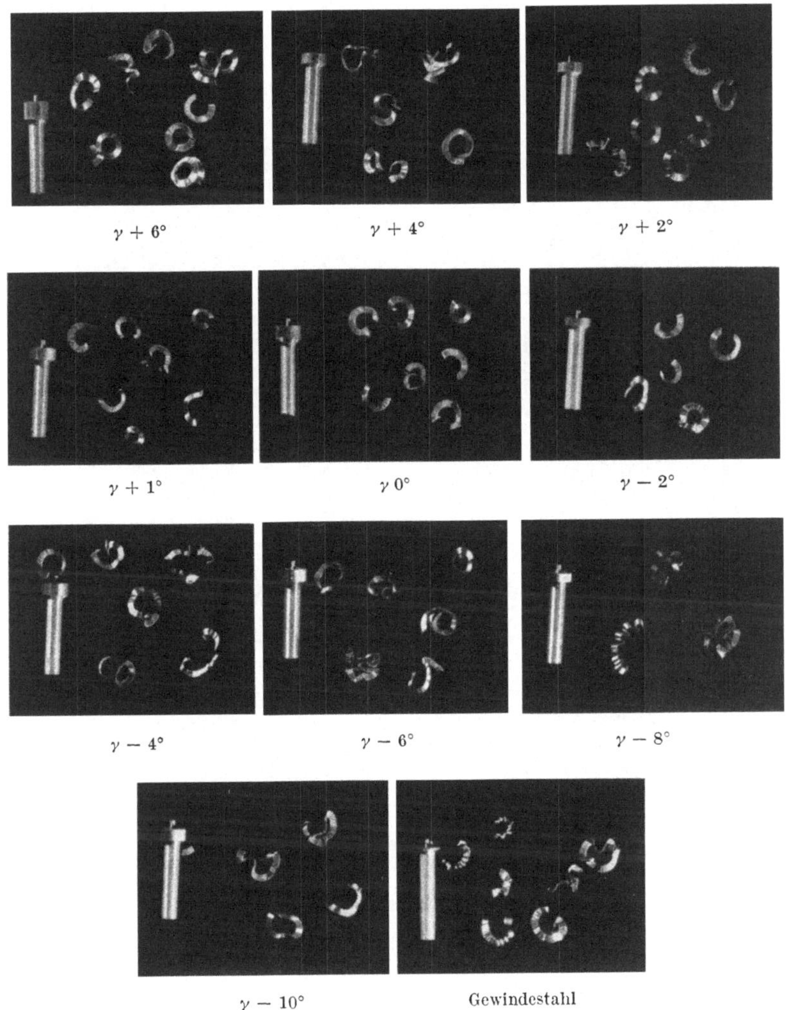

Abb. 382. Werkstoff Nr. 6. v 60 m/min, k 60°, $t \cdot s = 2 \cdot 0{,}3$ mm².

Abb. 381 u. 382. Einfluß des Spanwinkels bei verschiedenen Vorschüben auf die Spanform von Zinklegierungen.

und 60° schwanken. Die Schnittgeschwindigkeit ist möglichst hoch zu wählen und soll über 100 m/min liegen. Als Kühlmittel kann das Mineralöl M A 21 der Firma Rhenania-Ossag, Hamburg, empfohlen werden.

b) Bohren.

Ein wesentlich verwickelterer Vorgang als das Drehen ist das Bohren. Die wichtigsten Teile eines Spiralbohrers gehen aus Abb. 393 hervor.

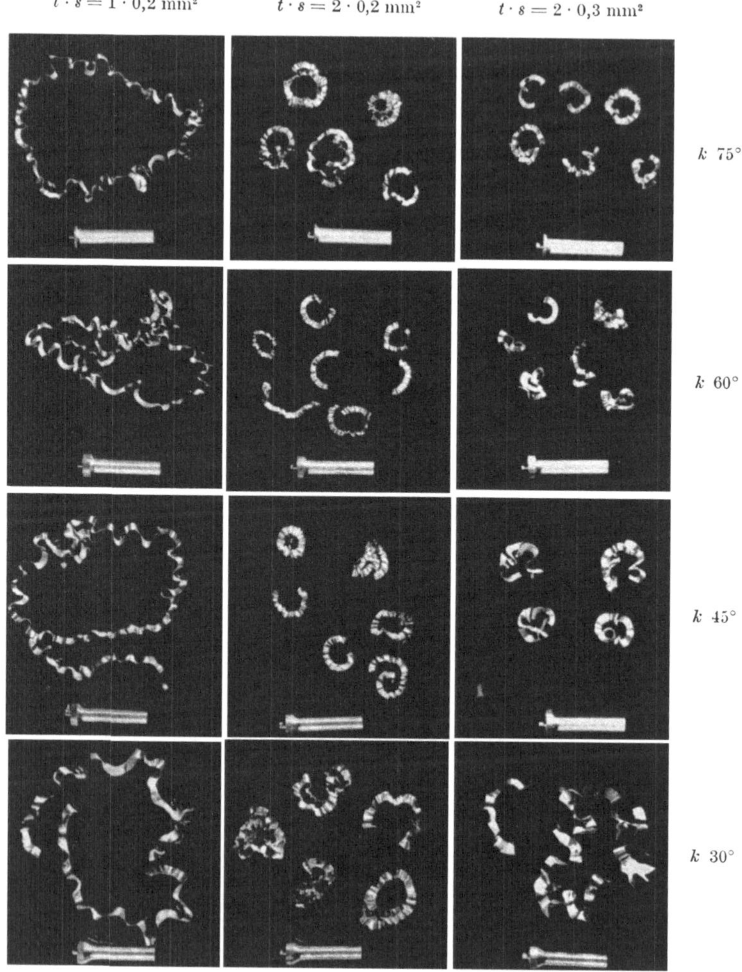

Abb. 383. Werkstoff Nr. 3. v 60 m/min, $\gamma + 2°$.

Um wirtschaftlich zu bohren, soll die Standzeit des Bohrers, d. h. die Zeit bis zur Abstumpfung, möglichst hoch, die Fertigungszeit und die auftretenden Schnittkräfte möglichst klein sein.

Die Schnittkräfte hängen ab: vom Bohrerdurchmesser und vom Vorschub (mm Lochtiefe/U), von der Querschneide, vom Drallwinkel und von der verwendeten Schneideflüssigkeit (Bohrölemulsion usw.).

Um nun die bei der Bohrarbeit auftretenden Schnittkräfte messen zu können, wurden Bohrdruck und Bohrdrehmoment bestimmt.

Neben dem Bohrdruck und dem Bohrmoment wurde die Bohr-

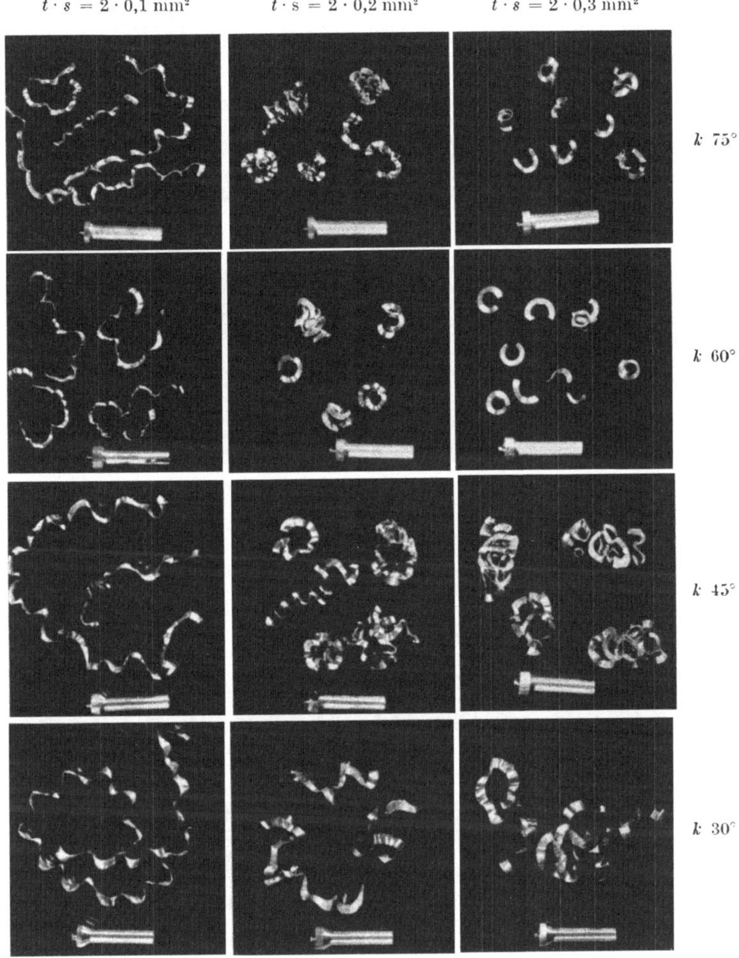

Abb. 384. Werkstoff Nr. 6. v 60 m/min, $\gamma + 2°$.

Abb. 383 u. 384. Einfluß des Anstellwinkels auf die Spanform von Zinklegierungen.

geschwindigkeit bei 10 mm Lochtiefe gemessen und daraus der Vorschub berechnet.

Die Messungen wurden an Vierkantstücken von 30 mm Stärke und mit Bohrern verschiedener Drallwinkel (Abb. 394) von 18° (Messingbohrer), 25° (Stahlbohrer) und 45° (Aluminiumbohrer) und Durchmessern von 7 und 20 mm ausgeführt.

Bereits die Vorversuche zeigten, daß von den 3 Bohrerformen der Messingbohrer für die aluminiumhaltigen Zinklegierungen der geeignetste ist.

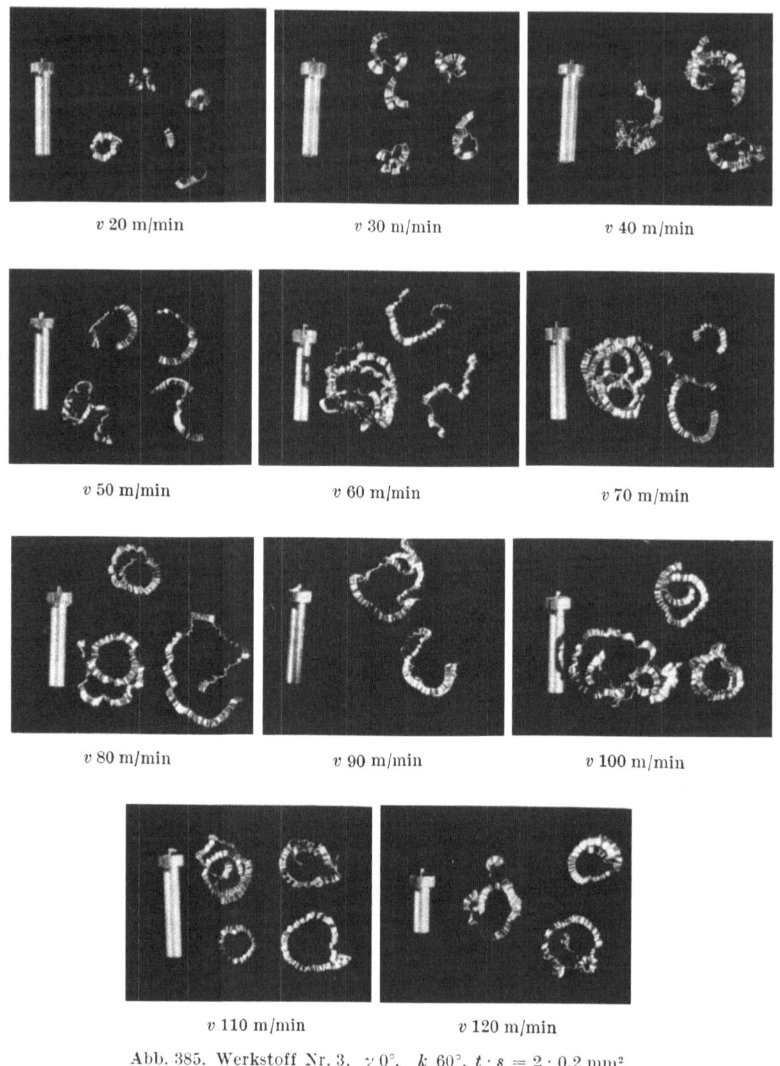

v 20 m/min v 30 m/min v 40 m/min

v 50 m/min v 60 m/min v 70 m/min

v 80 m/min v 90 m/min v 100 m/min

v 110 m/min v 120 m/min

Abb. 385. Werkstoff Nr. 3. γ 0°, k 60°, $t \cdot s = 2 \cdot 0{,}2$ mm².

Der Messingbohrer gab auch bei geringem Bohrdruck einen kurzen Span, während der Stahlbohrer längere Späne lieferte und dadurch schlechtere Spanabfuhr bewirkte (Abb. 395). Der Aluminiumbohrer hat sich als die ungünstigste Bohrerform erwiesen; es entstanden lange Späne, die sich um den Bohrer wickelten und so die weitere Spanabfuhr, insbesondere bei längerem Bohren, unmöglich machten.

Nachdem nun als vorteilhafteste Bohrerform der Messingbohrer mit

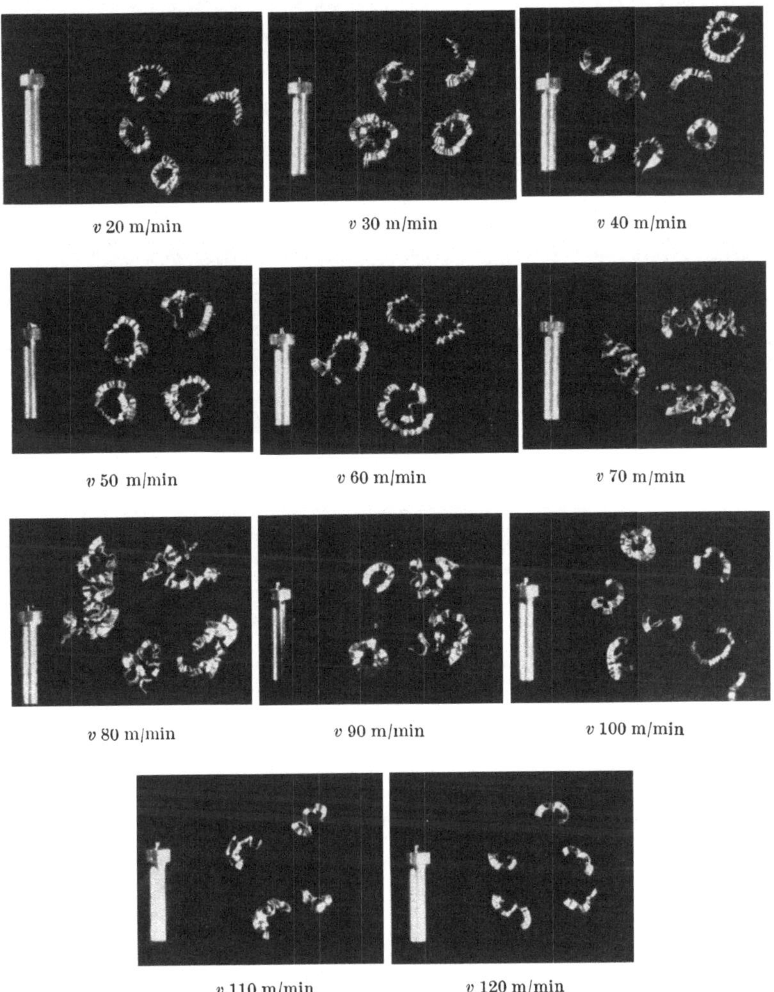

v 20 m/min — *v* 30 m/min — *v* 40 m/min — *v* 50 m/min — *v* 60 m/min — *v* 70 m/min — *v* 80 m/min — *v* 90 m/min — *v* 100 m/min — *v* 110 m/min — *v* 120 m/min

Abb. 386. Werkstoff Nr. 3. γ 0°, k 60°, $t \cdot s = 2 \cdot 0{,}3$ mm².

Abb. 385 u. 386. Einfluß der Schnittgeschwindigkeit bei verschiedenen Vorschüben auf die Spanform von Zinklegierungen.

einem Drallwinkel von 18—20° ermittelt war, konnten die günstigsten Bohrbedingungen untersucht werden.

Als Regel beim Bohren gilt für alle Werkstoffe, daß es wirtschaftlich ist, mit hohen Vorschüben und geringer Schnittgeschwindigkeit zu arbeiten, nicht umgekehrt. Die reinen Schnittkräfte werden durch den Einfluß der Querschneide und der Span- und Fasenreibung erhöht, und

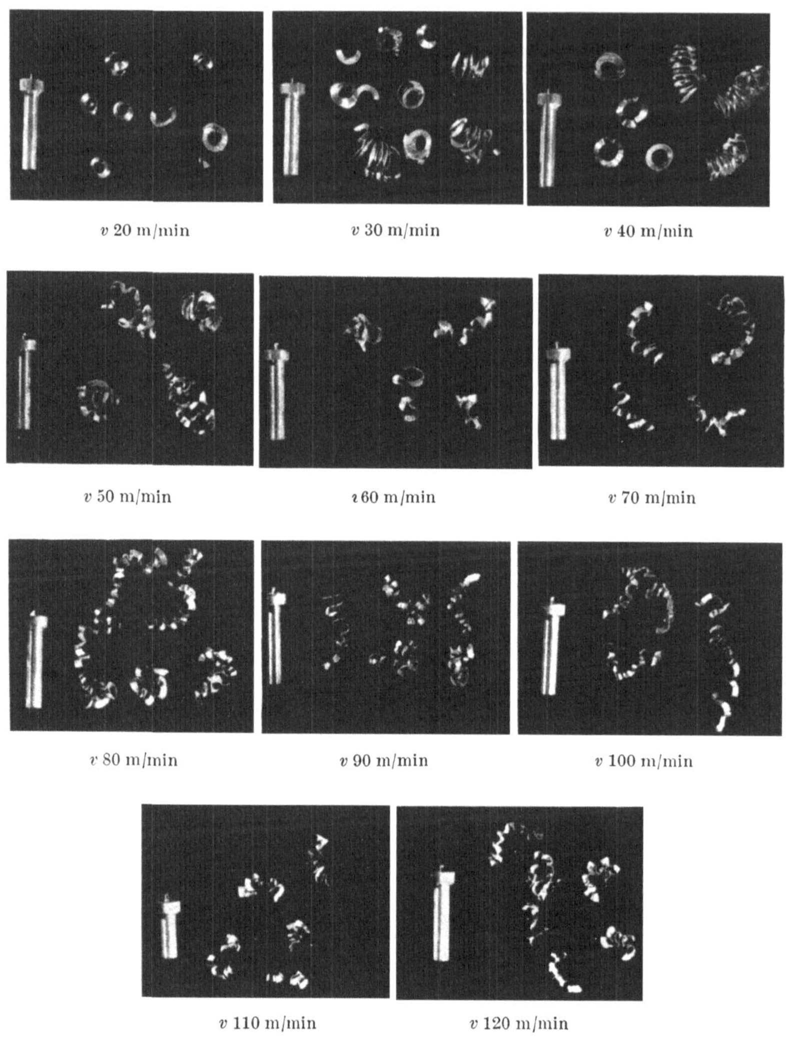

Abb. 387. Werkstoff Nr. 6. γ 0°, k 60°, $t \cdot s = 2 \cdot 0{,}2$ mm².

zwar steigt deren Anteil, je tiefer gebohrt wird. Bei den vorliegenden Versuchen war die Schnittgeschwindigkeit für die 7-mm-Bohrer 500 U/min, für die 20-mm-Bohrer 184 U/min. Die Bohrdrücke lagen zwischen 38 und 110 kg. Es zeigte sich, daß mit höheren Bohrdrücken und dadurch bedingten höheren Vorschüben die günstigste Spanbildung erzielt wird.

Vergleichsmessungen zwischen der Bohrbarkeit von Ms 58 und Giesche-ZL 3 ergaben die in Abb. 396 und 397 dargestellten Zusammenhänge.

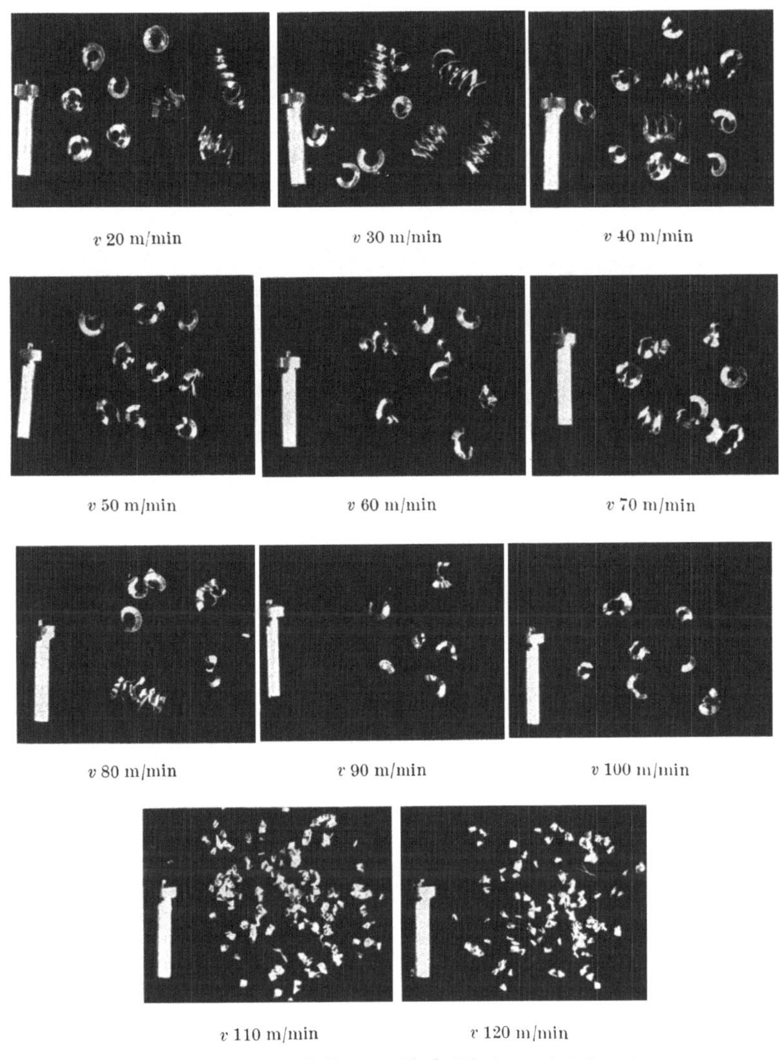

Abb. 388. Werkstoff Nr. 6. γ 0°, k 60°, $t \cdot s = 2 \cdot 0{,}3\ mm^2$.

Die Bohrspäne in Abb. 398 zeigen, daß die kurze Spanform des Ms 58 bei Giesche-ZL 3 nicht ganz erreicht wird, aber trotzdem die Spanbildung als zufriedenstellend anzusprechen ist. In Abb. 396 und 397 ist die Abhängigkeit des Vorschubs vom Bohrdruck und dem Drehmoment für die Zinklegierung und Ms 58 aufgezeichnet, wobei die Kurven keine große Verschiedenheit aufweisen. Allerdings ist beim Bohren der Zinklegierung sehr zu beachten, daß gut gekühlt bzw. geschmiert wird mit

Abb. 389. Einrichtung zur Ausführung von Schnittdruckmessungen.

Bohrölemulsion (z. B. Öl : Wasser = 1 : 25), weil sonst trotz gleicher Bohrbedingungen schlechte Spanbildung auftritt, wie Abb. 398 zeigt.

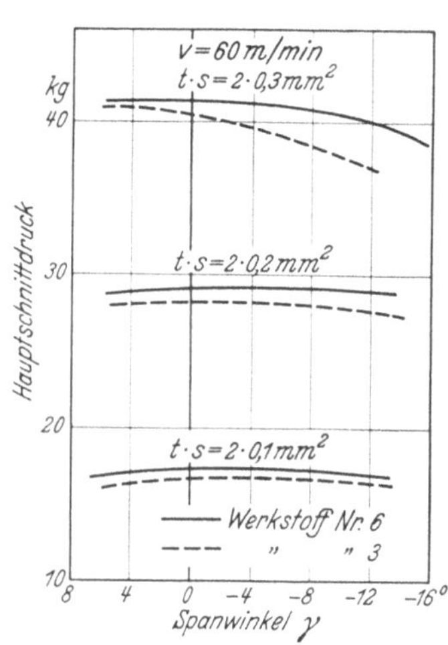

Abb. 390. Einfluß des Spanwinkels auf den Schnittdruck.

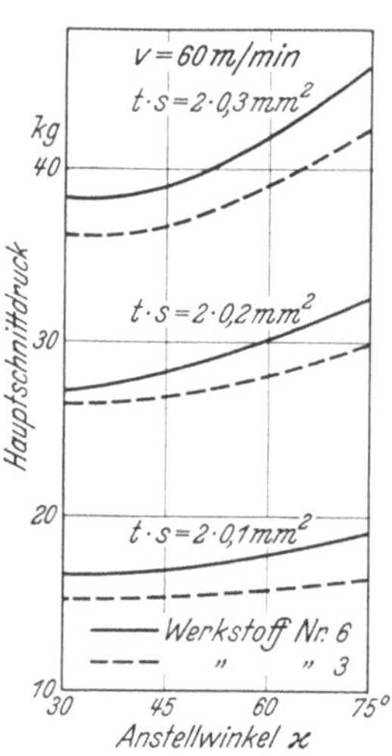

Abb. 391. Einfluß des Anstellwinkels auf den Schnittdruck.

Der Einfluß der Bohrlochtiefe ist bei beiden Werkstoffen ungefähr derselbe, d. h. mit der Lochtiefe nimmt der Vorschub um denselben Prozentsatz ab.

c) Sägen.

Das Sägen ist ein einfacherer Vorgang als das Bohren, weshalb sich der Sägeversuch mit sehr einfachen

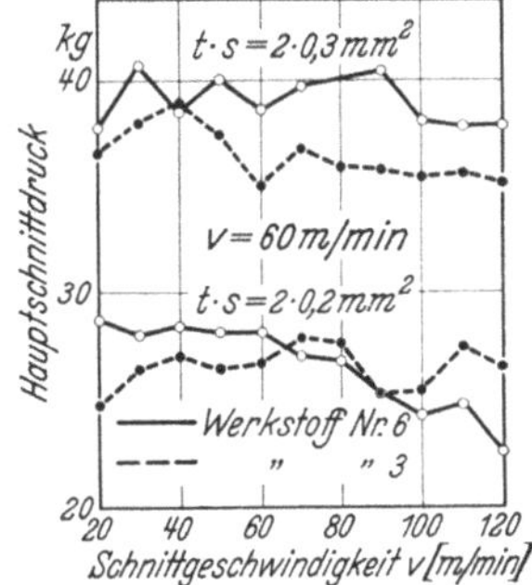

Abb. 392. Einfluß der Schnittgeschwindigkeit auf den Schnittdruck.

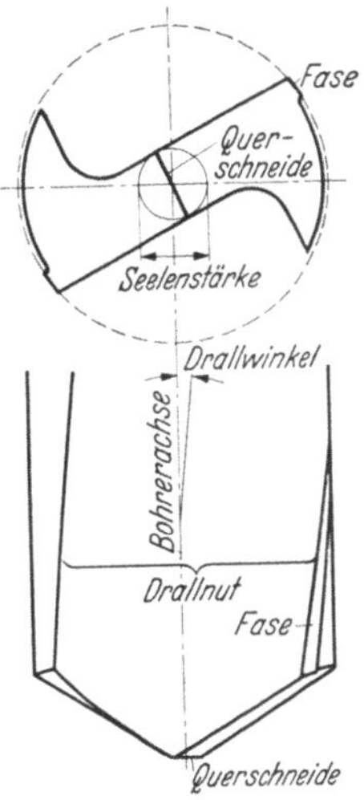

Abb. 393. Spiralbohrer. (Nach Brödner.)

Mitteln zur Beurteilung der Zerspanbarkeit eines Werkstoffes eignet. Für derartige Versuche kann eine gewöhnliche Maschinenkaltsäge benutzt werden, deren Bügel verschieden belastet ist. Die für einen bestimmten Querschnitt bei jeder Legierung benötigte Sägehubzahl kann ausgezählt und zur Gegenkontrolle die zugehörige Zeit abgestoppt werden. Das „Diagramm" des Versuches befand sich auf dem gesägten Querschnitt, auf dem die Sägehube mit der Lupe ausgezählt werden konnten. Die Drücke der Sägemaschine wurden ausgewogen und danach die Abhängigkeit der Hubzahl vom Sägedruck aufgezeichnet (Abb. 399).

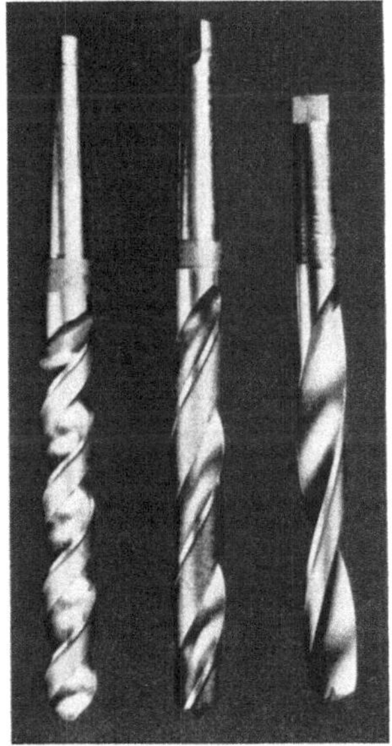

I II III

Abb. 394. Verschiedene Spiralbohrer. I Al, II Stahl, III Ms.

Bei diesen Sägeversuchen zeigte sich ZL 3 dem Ms 58 überlegen, denn die Fertigungszeit für ZL 3 ist beim Sägen kürzer als für Ms 58.

Für das Sägen von Preßbolzen oder Walzbarren werden hydraulische Kreissägemaschinen (Abb. 400) benützt, bei denen der Vorschub sich je nach dem Querschnitt selbsttätig einstellt. Bei Zinklegierungen wird von einer derartigen Maschine mit einem Sägeblattdurchmesser von 610 mm eine Schnittleistung von 800 cm² Schnittfläche pro Minute erreicht. Von den in Abb. 401

dargestellten Schleifformen der Sägezähne hat sich für Zinklegierungen der Rillenschliff der Firma Wagner-Reutlingen am besten geeignet. In

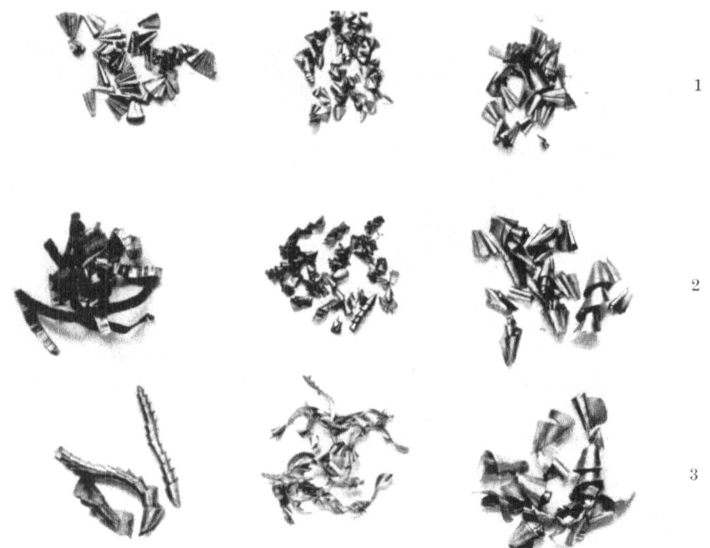

Abb. 395. Bohrspäne von Giesche-ZL 3. 1 Messingbohrer, 2 Stahlbohrer, 3 Aluminiumbohrer.

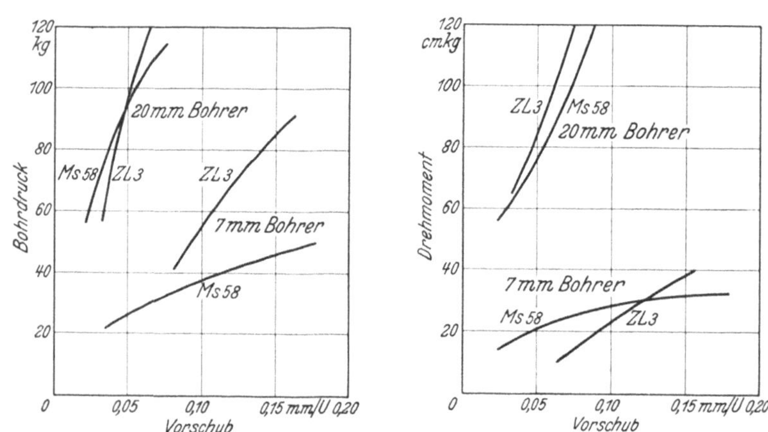

Abb. 396. Abhängigkeit des Bohrdruckes vom Vorschub beim Bohren von Ms 58 und Giesche-ZL 3.

Abb. 397. Abhängigkeit des Bohrmomentes vom Vorschub beim Bohren von Ms 58 und Giesche-ZL 3.

Abb. 402 ist ein derartiges Sägeblatt, mit dem 70 t Zinklegierung (Preßknüppel von 190 mm Durchmesser und 700 mm Länge) bis zum notwendigen Nachschleifen gesägt werden können, dargestellt.

d) Andere Bearbeitungsarten.

Für andere Bearbeitungsarten, wie Reiben, Gewindeschneiden und Fräsen liegen nicht so eingehende Erfahrungen vor wie für die bisher

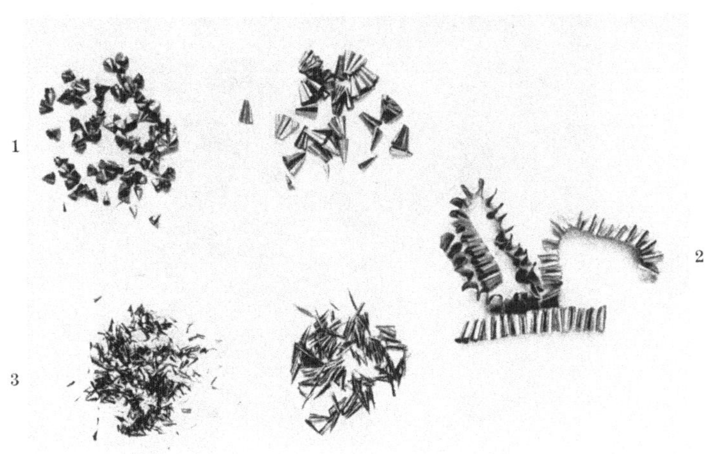

Abb. 398. Bohrspäne von Ms. 58 und Giesche-ZL 3.
1 ZL 3-Späne; 2 ZL 3, ohne Kühlung gebohrt; 3 Messingspäne.

beschriebenen Verfahren. Prüfungen im Versuchsfeld[176] ergeben folgende Richtlinien:

α) Reiben.

Als Reibahlen kommen Leichtmetallreibahlen mit Schälanschnitt in Frage. Der Vorschub ist vom Durchmesser abhängig[177]. Als Richtwerte für die Schnittgeschwindigkeit können 15—30 m/min gelten. Geschmiert wird mit Seifenwasser.

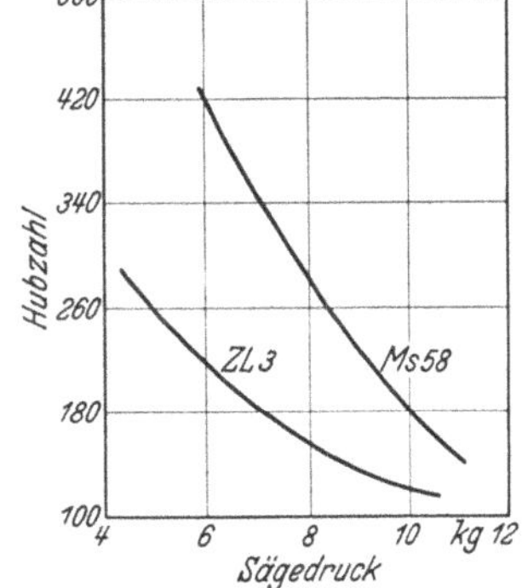

Abb. 399. Abhängigkeit der Hubzahl vom Sägedruck beim Sägen von Ms 58 und Giesche-ZL 3.

β) Gewindeschneiden.

Das Gewindeschneiden kann mit den für Stahl gebräuchlichen Gewindebohrern erfolgen. Bei der Auswahl der Gewindebohrer ist es ausschlaggebend, ob es sich um ein Sackloch oder Durchgangsloch handelt. Im letzteren Fall werden Einzelfertigschneider mit Schälanschnitt verwendet. Für schwierige Gewindelöcher ist ein Satz zu zwei Stück erforderlich.

---

176 Versuchsfeld der Firma R. Stock & Co., Berlin 1936.
177 Leichtmetall-Druckschrift von R. Stock & Co., Berlin.

Abb. 400. Kaltsägemaschine. (Junker-Lammersdorf.)

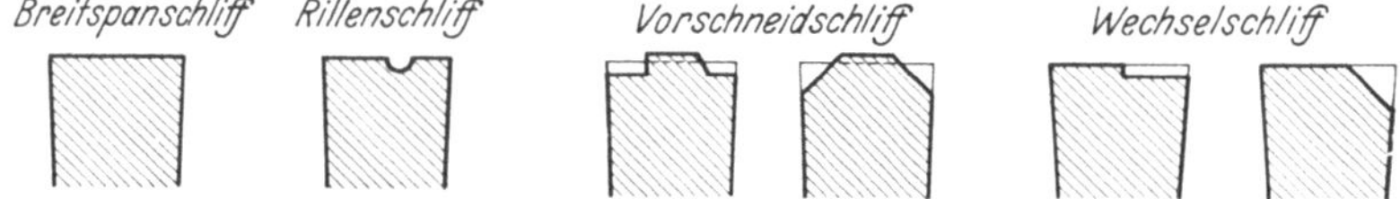

Abb. 401. Ausbildungsformen der Zähne an Kreissägenblättern. (Nach Wagner-Reutlingen.)

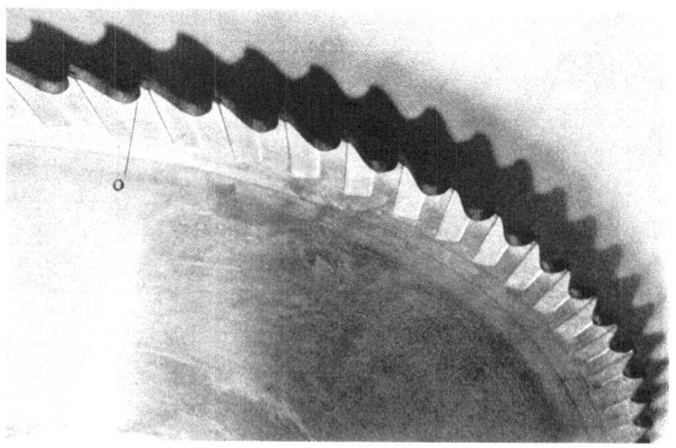

Abb. 402. Kreissägenblatt. (Wagner-Reutlingen.)

Als Schneideisen kommen normale Schneideisen mit Schälanschnitt in Frage. Für die Schnittgeschwindigkeit können 10—20 m/min je nach Schnittlänge gewählt werden. Als Schmiermittel dient Bohröl.

γ) Fräsen.

Ein besonders sauberes Arbeiten wird mit Stock-Leichtmetallfräser mit der neuen Zahnform erreicht. Die Schnittgeschwindigkeit kann sehr hoch, bis zu 800 m/min, gewählt werden. Der Vorschub richtet sich nach Schnittiefe und Schnittlänge; er kann soweit gesteigert werden, wie es Standfestigkeit der Fräser, Starrheit der Maschine und die Sauberkeit der bearbeiteten Fläche gestatten.

Im übrigen sind Walzenfräser nicht so empfehlenswert wie Messerköpfe. Die Messerköpfe werden genau so angeschliffen wie die Schneidstähle beim Drehen. Diese Möglichkeit besteht bei Walzenfräser meistens nicht. Noch nicht geklärt ist die Frage, ob gegen- oder gleichläufige Fräser geeigneter sind.

δ) Feilen.

Für das Feilen sind Spezialwerkzeuge mit grobem Hieb, offener Verzahnung und großer Spankammer empfehlenswert, da die Zinklegierungen etwas schmieren. Deshalb ist es auch angebracht, gefräste und nicht gehauene Feilen zu verwenden.

IV. Verbindungsarbeiten.

1. Allgemeines.

Während man für Aluminiumlegierungen, insbesondere für die hochfesten, vergütbaren Typen, als wichtigste Verbindungsart die Vernietung hat, ist für Zinklegierungen das Schweißen die vorteilhaftere Verbindung. Die Schweißnaht hat selbstverständlich als Gußnaht geringere Festigkeit und Zähigkeit gegenüber dem Knetwerkstoff; auch in der Nachbarschaft der Gußnaht findet ein Ausglühen statt, so daß die Schweißnaht immer etwas geschwächt ist. Die Vernietung und Verschraubung haben dagegen den Vorteil, daß die hohen mechanischen Eigenschaften des gekneteten Zustandes erhalten bleiben. Für Zinklegierungen sind sie jedoch im allgemeinen deshalb ungeeigneter, weil infolge der Maßunbeständigkeit des Niet- und Schraubenwerkstoffes Lockerungen eintreten können, ganz abgesehen davon, daß das Schweißen rascher und billiger ist. Dem Schweißen ist daher fast immer der Vorzug zu geben.

2. Schweißen.

a) Autogenschweißen.

α) Stand der Technik.

Die Zinklegierungen besitzen eine sehr gute Schweißbarkeit und eröffnen dieser einfachen Verbindungsmöglichkeit alle Wege. Im Schrifttum werden die gegensätzlichsten Angaben über das Schweißen der Zinklegierungen gemacht. So behauptet Nealey[178], daß Zinklegierungen schwer löt- und schweißbar sind und gibt den Kniff an, vor dem Schweißen zu vernickeln. Dies ist aber bestimmt nicht notwendig. Von anderen Seiten[179] werden an Beispielen Schweißvorschriften gegeben, die aber nicht allgemein gelten und auch zu umständlich sind. Teilweise werden sogar, wie aus eigenen Erfahrungen beurteilt werden kann, falsche Angaben gemacht[180], indem z. B. beim Azetylenschweißen ein Sauerstoffüberschuß von 10—15% vorgeschrieben wird, der sicher nicht vorteilhaft ist.

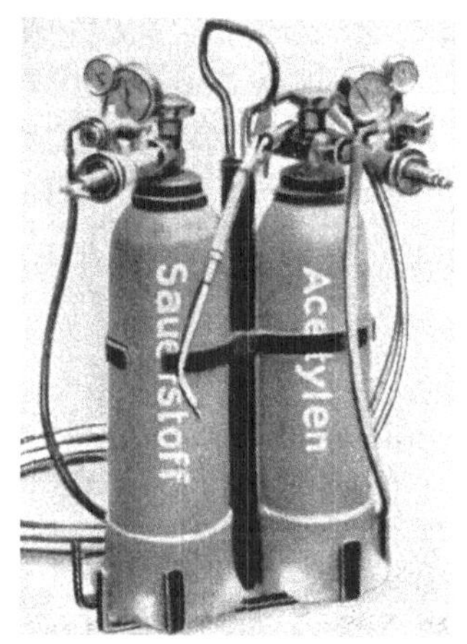

Abb. 403. Schweißgerät für Zinklegierungen. (Hannogas-Hannover.)

Langwierige Untersuchungen der Industriegas A.G., Werk Hannover, und eigene Erfahrungen haben zu einfachen und sicheren Verfahren geführt, die nachfolgend beschrieben werden sollen.

Am wichtigsten von den verschiedenen Schweißverfahren ist die Autogen- oder Gasschmelzschweißung.

Man kann sowohl Wasserstoff, als auch Azetylen anwenden, jedoch verdient letzteres den Vorzug, wenn nicht dünne Bleche oder dünnwandige Gußstücke verbunden werden sollen. In diesem Falle ist die etwas kältere Wasserstofflamme angenehmer.

β) Einrichtung.

In Abb. 403 ist ein Schweißgerät dargestellt, das tragbar und daher für Montagezwecke gut verwendbar ist. Die Gasflaschen haben einen Inhalt von je 5 Liter und sind mit Liliput-Reduzierventilen ausgerüstet. Als Brenner werden Liliput-Gleichdruckbrenner mit kleinen Düsen (im allgemeinen genügen Düsenöffnungen von 1—1,5 mm Durchmesser)

---

[178] Nealey, J. B.: Met. Progr. **22** (6), 43/46 (1932).

[179] Mace, C. W.: Weld. J. **3**, 203/204 (1935). — Anon.: Mech. and Weld Engr. **5**, 130/131 (1931). — Chase, H.: Synth. and applied Finishes **5**, 203/205 (1934). — [180] Anon.: Ind. Gases **16**, 148 (1935).

angewandt. Es wird mit einem geringen Azetylenüberschuß gearbeitet, da hierbei die Flamme nicht zu streng wird. Allerdings ist ein zu großer Überschuß zu vermeiden, da sonst Schlackenbildung eintreten kann.

An den Verbindungsstellen werden Kohle- oder Schamotteplatten (Abb. 404) unterlegt, wobei man an den Schweißstellen eine V-förmige Nute von 3—4 mm Breite und rund 5 mm Tiefe hineinarbeitet.

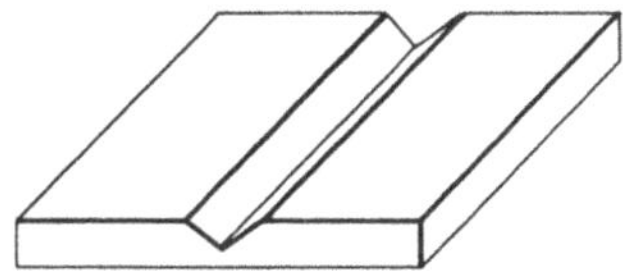
Abb. 404. Kohleplatte mit Nut als Unterlage beim Schweißen.

γ) Schweißvorgang.

Die zu verbindenden Stücke werden vor der Schweißung entweder mechanisch oder chemisch gut gereinigt, so daß sie vollständig oxydfrei sind. Dann werden die Schweißenden auf 45^0 abgeschrägt und eine Schweißfuge von 2—3 mm belassen. Die Kohle- und Schamotteplatten werden unterlegt und seitlich wird durch Abdecken mit Eisen- oder Kupferplatten (Abb. 405) in Höhe der Schweißstücke das Abfließen verhindert.

Als Schweißdraht wird dieselbe Legierung wie das Werkstück verwendet. Der Durchmesser des Schweißdrahtes soll etwa zwei Drittel der Stärke des zu schweißenden Werkstoffes betragen.

Die Schweißstellen werden vorsichtig mit dem Brenner angewärmt, um Spannungen zu vermeiden. Während des Schweißens muß das

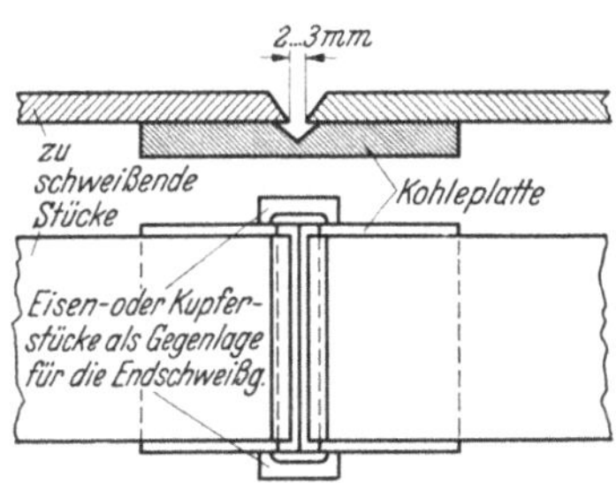

Abb. 405. Aufbau für die Schweißung.

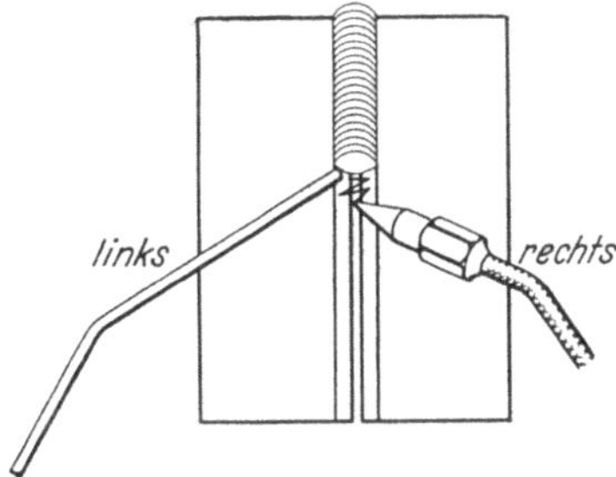

Abb. 406. Schweißbewegungen.

Schmelzbad mit dem Schweißstab tüchtig gerührt werden, und zwar macht der Schweißdraht eine linksrührende Bewegung, während der Brenner kleine Querbewegungen macht (Abb. 406). Die Flamme darf zur Vermeidung von Überhitzungen nicht zu lange an einer Stelle belassen werden.

Flußmittel sind bei Anwendung der richtigen Schweißtechnik nicht notwendig. Will man Schweißpulver verwenden, so sind Pasten mit Lithiumsalzen[181] empfehlenswert. Nach dem Schweißen müssen aber die

[181] Geliefert von der Industriegas A.G., Werk Hannogas, Hannover-Herrenhausen.

Reste der Schweißpaste durch Bürsten und Spülen sorgfältig entfernt werden, da sie sonst zur Korrosion der Schweißnaht führen.

d) Eigenschaften der Schweißnaht.

Im allgemeinen kann mit einer Festigkeit von 25—27 kg/mm² in der Schweißnaht gerechnet werden. Wenn die Schweißung richtig ausgeführt ist, muß der Bruch neben der Naht erfolgen.

Durch nachträgliche Bearbeitung läßt sich die Schweißnaht verfestigen. So genügt bereits ein kurzes Kalthämmern, um eine Festigkeit von 37—40 kg/mm² bei der am meisten angewandten Zinklegierung mit 4% Aluminium, 0,5% Kupfer, 0,03% Magnesium (Giesche-ZL 3) zu erzielen. Geschweißte Drähte, die einen Nachzug um 10% erfahren, weisen eine Festigkeit über 42 kg/mm² auf. Auf diese Weise ist es

Abb. 407. Durchleuchtung einer Schweißung.

möglich, Trolleydrähte von 10 mm Durchmesser in Längen bis zu einigen Kilometern herzustellen. In Abb. 407 ist die Durchleuchtung einer Schweißnaht wiedergegeben, die zeigt, wie einwandfrei die Schweißung gelungen ist.

b) Elektrische Schweißung.

Mit großer Vorsicht kann die Lichtbogenschweißung angewandt werden. Dabei ist darauf zu achten, daß rasch gearbeitet wird, da sonst bei dem niedrigen Schmelzpunkt der Zinklegierungen ein Durchbrennen der Schweißstelle erfolgt.

Die Widerstandsschweißung wird für Zinklegierungen praktisch noch nicht angewandt, verspricht aber größere Bedeutung zu erlangen. Sie kann insbesondere für dünne Bleche unter 2 mm Stärke angewandt werden. Die Doppelpunktschweißung, die an Zinkblechen bereits angewandt wird, ist vorzuziehen.

c) Hammerschweißung.

Auch Hammerschweißung ist für Zinklegierungsbleche anwendbar. Man erhitzt bei den aluminiumfreien Legierungen auf 350° und hämmert unter kräftigen Schlägen mit einem balligen Hammer die bis zu einer Breite von 10 mm übereinandergelegten Blechenden zusammen. Die Enden müssen vollständig blank sein und vor Überhitzungen muß man sich besonders hüten, da man sonst in das Gebiet der Warmbrüchigkeit der Zinklegierung kommt.

3. Nieten und Schrauben.

Es wurde bereits ausgeführt, daß das Nieten und Schrauben auch bei Zinklegierungen möglich ist, aber selten ausgeführt wird. Die Nietung wird bei 100—300° vorgenommen. Die Nietenformen können wie bei den Aluminiumlegierungen gewählt werden. Bei kaltem Schlagen treten Risse auf, besonders bei den scharfkantigeren Senknieten. Die Scherfestigkeit beträgt, wie früher gezeigt wurde, ungefähr das 0,6fache der Zugfestigkeit. Die Beanspruchung der Nietung muß sich danach richten. Für die Errechnung der zulässigen Beanspruchung setzt man eine 3fache Sicherheit ein, so daß mit einer Höchstbeanspruchung von 7—8 kg/mm^2 gerechnet werden darf. Wegen Nietvorrichtungen sei auf das einschlägige Schrifttum[182] verwiesen.

Bei Verschraubungen ist zu berücksichtigen, daß fast alle Zinklegierungen mehr oder weniger große Maßänderungen beim Lagern erfahren. Dadurch kann eine Schraubenlockerung eintreten, die eine starre Verbindung nicht mehr gewährleistet. Es wurde z. B. errechnet, daß die Anpressung einer Schraube aus einer Zinklegierung, die eine Längenausdehnung bis zu 0,05% erfährt, um 20—30% geringer wird, wenn sich die gesamte Maßänderung auswirkt. Schraubenverbindungen sind deshalb, besonders in Kombination mit anderen Werkstoffen, möglichst zu vermeiden, wenn man nicht maßbeständige Zinklegierungen (Giesche-ZL 7) verwenden kann.

4. Löten.

Das Löten von Zinklegierungen ist weniger empfehlenswert. Es ist unbedingt vorteilhafter zu schweißen. Ist das Löten nicht zu umgehen, so können als Lote kadmiumhaltige Legierungen genommen werden. Recht gut soll sich eine Legierung mit 70% Kadmin, 14% Zink, 10% Zinn und 6% Blei[183] bewährt haben. Die Festigkeiten in der Lötnaht liegen beim richtigen Arbeiten, unter Anwendung von Natronlauge und nicht des bei Zink üblichen Lötwassers, zwischen 8 und 11 kg/mm^2. Zinnlote sind nicht verwendbar und begünstigen die Gefahr interkristalliner Korrosion in der Nähe der Lötnaht.

V. Oberflächenbehandlung.

1. Mechanische Verfahren.

a) Sandstrahlen.

Für die Nachbehandlung der Oberflächen von Zinklegierungen sind viele Verfahren möglich. Sie dienen dazu, entweder die Oberfläche zu verschönern oder für eine nachfolgende Weiterbehandlung vorzubereiten.

[182] Meyer, H.: Mechanische Technologie, 361 Seiten. Leipzig 1935.
[183] Empfohlen von der Metallgesellschaft A.G., Frankfurt a. M.

Das Sandstrahlen wird nur an Gußstücken angewandt. Stahlsand zu verwenden ist nicht empfehlenswert, da feine Flitter auf der Zinkoberfläche Lokalelementenwirkung hervorrufen. Bei Knetwerkstoff ist vom Sandstrahlen abzuraten, da die Dauerbiegefestigkeit ungünstig beeinflußt wird; sie kann von 13 bis auf 9 kg/mm² sinken.

b) Polieren.

Polierte Zinklegierungen haben ein bläuliches Aussehen wie verchromte Teile. Dieser schönen Oberfläche kann durch Klarlacke ein ausreichender Schutz verliehen werden, so daß sich polierte Teile aus Zinklegierungen gut einzuführen beginnen.

Vor dem Polieren muß sauber geschliffen wurden. Man erreicht dies mit Schmirgelscheiben aus Siliziumkarbid, Korn 46, Härte 0. Die Scheiben dürfen nicht zu rasch laufen. Während man Aluminiumlegierungen mit Geschwindigkeiten von 2500—3500 m/min schmirgelt oder poliert, soll die Umfangsgeschwindigkeit bei Zinklegierungen nicht mehr als 400 m/min betragen. Kalkweiß soll nicht benützt werden, dagegen sind andere Poliermittel (Polierpaste P weiß, Polierrot und Poliergrün[184]) sehr brauchbar. Als Stoffe eignen sich am besten Militärtuche. Nach dem Polieren wird in Benzin entfettet und in Holzmehl getrocknet.

2. Chemische Verfahren.

a) Beizen.

Für die weitere galvanische Behandlung oder nachfolgende Lackierung ist die Entfernung letzter Reste von Poliermittel, Entfettungsmittel u. dgl. sehr wichtig. Die Behandlung kann elektrochemisch oder chemisch erfolgen.

Bei der elektrolytischen Entfettung werden die Teile als Kathode in einer heißen Lösung von 45 g/l Trinatriumphosphat geschaltet, wobei die Stromstärke bis zur stürmischen Gasentwicklung gesteigert wird. Die Einwirkungsdauer beträgt 1—2 Minuten.

Die chemische Entfettung erfolgt am besten in Trichloräthylendampf. Danach wird in heißem Wasser, das nicht zu hart sein darf, gespült.

Das Beizen wird in kalter, 40%iger Natronlauge 3—5 Minuten lang vorgenommen. Eine Nachbeizung in 5%iger Salz- oder Schwefelsäure ist gut, jedoch nicht notwendig, wenn die Spülung mit heißem Wasser sofort und gründlich erfolgt.

b) Ätzen.

Das Ätzen von Schliffen wird mit 1—2%iger alkoholischer Salpeter-Salzsäure vorgenommen. Um schwarz zu ätzen, wird einer 5%igen

[184] Hersteller: Langbein-Pfanhauser-Werke A.G., Leipzig.

Salzsäure ungefähr 10% Kupfersulfat zugegeben. Im übrigen wird man aber Schwarzfärbeverfahren vorziehen.

c) Überzüge.

α) Galvanische Überzüge.

§ 1. Allgemeines.

Von Trautmann[185] wird die Vernicklung und Verchromung von Zinklegierungen eingehend beschrieben. Seine ausgezeichneten Ausführungen wurden im nachfolgenden, teilweise in der Urfassung übernommen. Fehlschläge bei der galvanischen Behandlung von Zinklegierungen sind meistens der Nichtbeachtung der Arbeitsbedingungen zuzuschreiben. Die Arbeitsbedingungen sind von der Amer. Soc. Test. Mater. Bull.[186] fest umrissen worden.

Die Verchromung hat die verbreiteste Anwendung gefunden. Sie läßt sich unmittelbar auf die Zinkoberfläche aufbringen, verbürgt dann aber infolge ihrer Porosität keinen Korrosionsschutz, besonders bei Witterungseinflüssen. Es wird daher immer eine Zwischenschicht aus Nickel, Kupfer und Nickel oder Messing und Nickel aufgebracht, die den notwendigen Korrosionsschutz übernimmt. In umfangreichen Versuchen wurde die Mindestdicke dieser Zwischenschichten festgestellt, welche vorhanden sein muß, um einen ausreichenden Schutzwert zu erlangen, da mit steigender Schichtdicke die Porenzahl der galvanischen Niederschläge abnimmt.

Die verschiedenen Verwendungsgebiete verlangen je nach den Beanspruchungen verschiedene Mindestdicken, und zwar unterscheidet man 4 Gruppen:

1. Vernicklung und Verchromung:

Dicke der Vernicklung	0,0075 mm
Dicke der Verchromung	0,00025 mm

2. Vernicklung und Verchromung:

Dicke der Vernicklung	0,02 mm
Dicke der Verchromung	0,00025 mm

3. Verkupferung und Vernicklung und Verchromung:

Dicke der Verkupferung	0,0075 mm
Dicke der Vernicklung	0,0125 mm
Gesamtdicke der Verkupferung und Vernicklung	0,02 mm
Dicke der Verchromung	0,00025 mm

4. Vermessingung und Vernicklung und Verchromung:

Dicke des Messingniederschlages	0,025 mm
Dicke der Vernicklung	0,015 mm
Dicke der Verchromung	0,00025 mm

---

[185] Trautmann, B.: Nickelber. **6**, 169/173 (1936).

[186] Report of Committee B — 6 der Amer. Soc. Test. Mater. Bull., Juni **1936**.

Verchromungen der 1. Gruppe finden bei billigen Massenartikeln, die keinen Witterungseinflüssen oder keiner Einwirkung von Feuchtigkeit u. dgl. ausgesetzt sind, Verwendung. Die stärkeren Zwischenvernicklungen der Gruppe 2 sind für hochbeanspruchte Gegenstände, die auch im Freien verwendet werden, zu empfehlen. Für ähnliche Zwecke sind die Verchromungen der Gruppen 3 und 4[187] geeignet. Sie ergeben hohen Korrosionsschutz, wenn die Mindestdicke der Verkupferung bzw. des Messingniederschlages genau eingehalten wird. Bei dünneren Verkupferungen ist durch das Diffundieren von Zink in Kupfer die Gefahr einer Zerstörung der fertigen Verchromung gegeben, da die dünne Vernicklung allein bei höheren Beanspruchungen nicht mehr ausreicht.

§ 2. Vernicklung.

Für die Vernicklung von Zinklegierungen werden zwei Vernicklungsbäder folgender Zusammensetzung verwendet:

		Vernicklungsbad A	Vernicklungsbad B
Nickelsulfat		75—110 g/l	210—240 g/l
Ammonchlorid		15—22 g/l	—
Borsäure		15—22 g/l	30—38 g/l
Natriumsulfat		90—150 g/l	—
Nickelchlorid		—	22—45 g/l
p_H-Wert	elektrometrisch	4,9—5,7	5—5,3
	kolorimetrisch	5,4—6,2	5,5—5,8
Temperatur		20—30° C	43—49° C
Stromdichte		1,5—3 A/dm²	bis zu 6 A/dm²
Nickelgehalt		15—22 g/l	38—44 g/l

Das Vernicklungsbad der Zusammensetzung A wird im allgemeinen für die unmittelbare Vernicklung von Zinklegierungen verwendet. Der hohe Natriumsulfatgehalt des Bades ergibt gute Leitfähigkeit und hohe Streukraft. Ferner verhindert er die Bildung von schwarzen Streifen, die durch die Abscheidung von schwammigem Nickel durch die Auflösung von Zink hervorgerufen wird. Der Grund hierfür liegt darin, daß das Natriumsulfat die Ionisierung des Nickelsulfates herabsetzt, wodurch in Verbindung mit hohem p_H-Wert und niedriger Badtemperatur der Lösungsdruck des Zinks stark vermindert wird. Bäder dieser Zusammensetzung sind leicht zu überwachen und besitzen verhältnismäßig hohen Wirkungsgrad. Stärkere Nickelschichten lassen sich aus diesem Bad nicht niederschlagen, da der hohe Natriumsulfatgehalt bei stärkeren Dicken den Niederschlag sehr hart macht. Spannungen in der Vernicklung können sodann zu Rißbildungen und zum Abblättern führen.

Das Vernicklungsbad B wird zur Herstellung stärkerer Vernicklungen auf einer Kupferzwischenschicht oder einer Vorvernicklung im Bad A

[187] Verchromungen der Gruppe vier werden zum Teil von der deutschen Automobilindustrie vorgeschrieben.

verwendet. Die Badtemperatur ist verhältnismäßig hoch, wodurch ein plastischer Niederschlag erzeugt wird. Die Zusammensetzung läßt hohe Stromdichte zu, so daß auch stärkere Vernicklungen in verhältnismäßig kurzer Zeit erzeugt werden können.

Neuerdings werden auch Glanzvernicklungsbäder für die Vernicklung von Zinklegierungen verwendet, die sich bereits, wie Nachrichten aus der Praxis beweisen, sehr gut bewährt haben. Im allgemeinen dienen organische Bestandteile dazu, derartige Glanzwirkungen zu erzeugen, wobei als Ausgangsvernicklungsbad die Zusammensetzung B gewählt wird.

Für kleine Massenartikel aus Zinklegierungen hat sich die Trommelvernicklung bewährt[188], bei der zunächst eine Vorverkupferung in einem zyankalischen Bad vorgenommen wird.

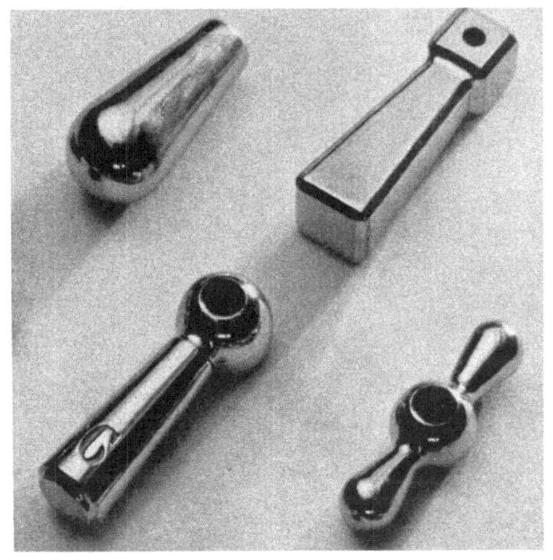

Abb. 408. Badezimmerarmaturen aus vernickelter Zinklegierung. (Nach Nickel-Informationsbüro.)

§ 3. Verkupferung.

Die unmittelbare Verkupferung von Zink wird dadurch schwierig, daß das Grundmetall in das Kupfer hineindiffundiert. Bei dünnen Verkupferungen ist die Gefahr, daß das Zink die Kupferschicht vollständig durchdringt, sehr groß. Man muß deshalb besonders darauf achten, daß eine Mindestdicke der Verkupferung eingehalten wird. In der Praxis hat man festgestellt, daß eine Dicke von 0,005 mm gerade ausreicht. Um eine gewisse Sicherheit zu haben, wird die Mindestdicke daher mit 0,0075 mm angegeben. Ein sehr guter Korrosionsschutz ist dann gewährleistet, wenn man auf eine solche Verkupferung noch eine starke Vernicklung von mindestens 0,0125 mm aufbringt.

Für die Verkupferung werden meistens Zyankalibäder verwendet. Z. B. hat sich folgende Zusammensetzung bewährt: Natriumzyanid 22—30 g/l, Kupferzyanid 15—22 g/l, Natriumkarbonat 5,6—7,5 g/l, Seignettesalz etwa 22 g/l, Temperatur 22° C, Stromdichte 4—5 A/dm^2. Die aus diesem Bad hergestellte Verkupferung hat Hochglanz, so daß keine Polierbehandlung vor dem Weitervernickeln erforderlich ist. Einige Beispiele für vernickelte Badezimmerarmaturen aus Zinklegierungen bringen Abb. 408 und 409.

---

[188] Altmannsberger, K.: Techn. Z. prakt. Metallbearbtg. **44**, 392 (1934).

§ 4. Verchromung.

Die Verchromung wird fast ausschließlich nach Patenten der Deutschen Verchromungsgesellschaft[189] ausgeführt. Wie bereits mitgeteilt wurde, wird in fast allen Fällen eine Zwischenvernicklung angebracht. Die Verchromung wird bei 45° C in einem Bad, das auf 1 Liter Wasser ungefähr 200 g Chromsäure und 2,5 g Schwefelsäure enthält, ausgeführt. Als Anode dient Weichblei. Die Stromstärke beträgt anfangs 8 A/dm²

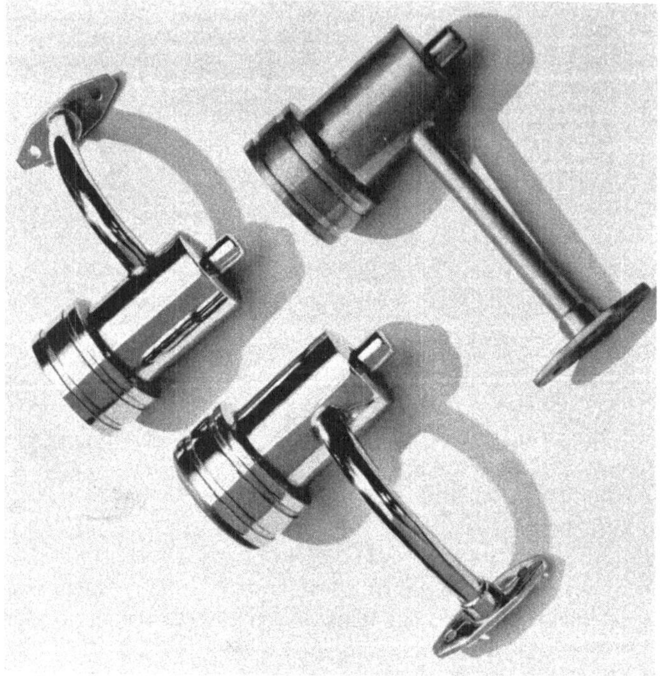

Abb. 409. Rasierlampenhalter aus vernickelter Zinklegierung. (Nach Nickel-Informationsbüro.)

und wird dann auf 15 A/dm² gesteigert. Nach einer Dauer von 6 Minuten erhält man eine genügende Schichtdicke von 0,0005 mm. Die Fertigbehandlung erfolgt genau so wie bei der Vernicklung. Einige vernickelte und verchromte Beispiele zeigen die Abb. 410 und 411.

§ 5. Zusammenfassung der Arbeitsfolge.

1. Schleifen, Polieren und Glänzen.
2. Entfetten.
3. Elektrolytische Reinigung.

---

[189] Langbein-Pfanhauser-Werke A.G., Leipzig.

Abb. 410. Seifenspender aus vernickeltem und verchromtem Zinkspritzguß.

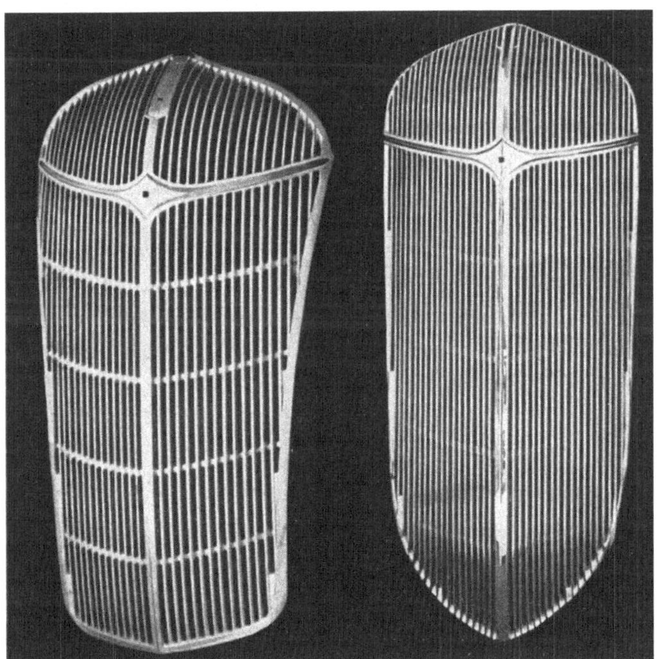

Abb. 411. Kühlerverkleidungen aus vernickeltem und verchromtem Zinkspritzguß. (Abb. 410 u. 411 nach Nickel-Informationsbüro.)

4. Abspülen in fließendem Wasser.

5. Eintauchen in eine kalte 1%ige Flußsäurelösung oder 5%ige Schwefelsäurelösung während einer Dauer von 30 Sekunden, Abspülen in Wasser.

6. Verkupfern bzw. Vermessingen. Stromdichte und Niederschlagszeit müssen so eingestellt werden, daß eine Mindestdicke von 0,0075 mm erreicht wird.

7. Abspülen in Wasser.

8. Eintauchen in 5%ige Schwefelsäurelösung, Abspülen in Wasser.

9. Vernickeln im Bad bei genügend hoher Stromdichte. Vernicklungsdicke mindestens 0,0125 mm.

10. Abspülen in kaltem und danach in heißem Wasser, trocknen.

11. Polieren mit Wiener Kalk.

12. Reinigen in einem elektrolytischen, alkalischen Reinigungsbad.

13. Abspülen in Wasser, Eintauchen in Säurelösung zur Beseitigung der Alkalireste und Abspülen in Wasser.

14. Verchromen.

15.—17. Wie 11.—13.

§ 6. Prüfung der galvanischen Überzüge.

Um hohe Gleichförmigkeit der Niederschläge zu erlangen, ist eine stetige Überprüfung der Vorbehandlungsbäder und der galvanischen Bäder erforderlich. Der Säuregehalt der Beizbäder muß täglich durch Analyse festgestellt werden. Auch bei den alkalischen Entfettungsbädern ist eine tägliche Überprüfung des Karbonat- und Hydroxydgehaltes notwendig. Ferner soll der Kupfergehalt der Verkupferungsbäder durch Analyse ermittelt werden, sowie der Gehalt an freiem Zyanid und Karbonat. Eine Prüfung der Vernicklungsbäder ist 2mal wöchentlich erforderlich und zwar muß der Nickel-, Chlorid-, Sulfat- und Borsäuregehalt bestimmt werden. Der p_H-Wert der Vernicklungsbäder muß 2mal täglich festgestellt werden. Auch Chromsäurebäder müssen mindestens einmal in der Woche überprüft werden, während der Chromgehalt täglich zu ermitteln ist.

Zur Bestimmung der Niederschlagsdicken empfiehlt es sich, Probestücke mit in das Bad einzuhängen. Die Probestücke sollen so beschaffen sein, daß zwei rechtwinklige Kanten vorhanden sind. Durch Abschleifen der einen Seite, Polieren der Schlifffläche und Ätzen mit NH_4OH und H_2O_2 kann die Stärke des galvanischen Niederschlages sichtbar gemacht werden. Die Dicke ist dann unter einem Mikroskop zu bestimmen.

Eine rasche, aber rohe Prüfung auf Dichtigkeit der galvanischen Niederschläge besteht im Eintauchen der Probe in eine 2—5%ige Kupfersulfatlösung, wobei sich Fehlstellen durch rote Flecken zu erkennen geben.

β) Chemische Färbung.

Heute ist man in der Lage, Zinklegierungen alle Färbungen zu geben, indem man die Ware vorher verkupfert oder vermessingt und dann die bei Kupfer bekannten braunen, grünen, blauen, schwarzen und Bronzefärbungen erzeugt. Auf die allzuvielen „Kochrezepte", die von der Praxis gegeben werden, soll nicht eingegangen werden. Es sei nur auf das einschlägige Fachschrifttum hingewiesen[190].

Vorzügliche Schwarzfärbeverfahren wurden von Schäffer[191] entwickelt. Sie führen sich unter dem Namen „Atercolieren" mehr und mehr in die Praxis ein. Der Korrosionsschutz dieser Schichten ist schon recht beträchtlich, wenn er auch nicht an eine Vernicklung heranreicht.

Eine große Anzahl von elektrolytischen Färbeverfahren werden von der New Jersey-Zinc Co. angegeben[192], über deren praktische Eignung jedoch nichts bekannt ist. Es soll sich hierbei um Verfahren handeln, die ähnliche Wirkungen wie das bei den Aluminiumlegierungen bekannte Eloxieren haben. Wie jedoch die Nachprüfung einiger Vorschriften ergab, kann von einer eloxalartigen Wirkung nicht die Rede sein. Die Schichten sind elektrisch viel durchlässiger als die Eloxalschicht. Am ehesten sind sie mit dem auf dem Leichtmetallgebiet üblichen M.B.V.-Verfahren vergleichbar. Andere chemische und elektrolytische Färbeverfahren[193] haben noch geringere Schutzwirkungen und sind nur im Patentschrifttum vorhanden.

Ein Verfahren, das sich durchaus bewährt hat und einen vorzüglichen Korrosionsschutz bei geringstem Aufwand gewährt, ist das von Siemens[194] vertriebene „Chromatverfahren". Das Verfahren ist an und für sich für alle Zinklegierungen anwendbar und gibt auch in allen Fällen denselben Korrosionsschutz. Dagegen ist die Farbe der Schutzschicht sehr verschieden. Bei kupferfreien oder kupferarmen Aluminium-Zinklegierungen (bis 0,7% Kupfer) ist die Farbe goldgelb, messingähnlich; Aluminium-Zinklegierungen mit höheren Kupfergehalten färben sich graugrün. Aluminiumfreie Zinklegierungen mit verschiedenen Kupfergehalten werden wieder dunkelgelb gefärbt.

Die Herstellung der Schutzschicht geschieht durch einfaches Tauchen in eine Chromatlösung nach vorheriger Entfettung. Die Chromatlösung

---

[190] Krause, H.: Galvanotechnik. Leipzig 1930. — Peikert, F.: Prakt. Metallfärbung, 53 S. Leipzig 1922. — Michel, S.: Metallniederschläge und Metallfärbungen. Berlin 1927.

[191] Firma Dr. Schäffer & Co., Rheinsberg/Mark.

[192] New Jersey Zinc Co.: Bull. Finishing of Zinc alloys.

[193] Brauk, E. von: DRP. 66797, 1892. — A.E.G., DRP. 230982, 1908. — Kirchhoff, R.: DRP. 351981, 1918. — Pacz, A.: DRP. 480995, 1927; 562110, 1928. — La Thermonite: DRP. 564483, 1930. — Groß, G.: DRP. 612728, 1932. — Tichauer, H.: DRP. 613024, 1932; 615665, 615815, 615911, 1933.

[194] New Jersey Zinc Co.: DRP. 614567, 1934.

enthält 200 g „M. G.-Chromatsalz“ (eine Mischung aus Natriumbichromat und Schwefelsäure) auf 1 Liter Wasser. Die Lösung soll eine Temperatur von 22—25° besitzen. Die Tauchdauer beträgt 12—15 Sekunden. Nach dieser einfachen Behandlung wird erst in stehendem und dann in fließendem kalten Wasser gespült. Die Bottiche müssen aus Steinzeug oder Glas sein.

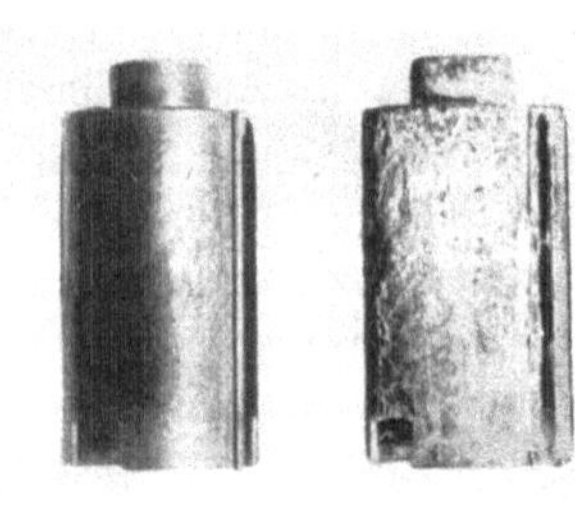

Abb. 412. Chromatisierte und unbehandelte Filmspulen aus Zinkspritzguß nach 20täg. Salzsprühnebelangriff. (Nach Dornauf.)

Die Schutzschicht ist zwar sehr dünn und daher wenig verschleißfest und nur in Fällen anwendbar, wo kein Abrieb vorhanden ist; ihre Schutzwirkung ist aber überraschend groß, wie Abb. 412 zeigt. Die Teile waren 20 Tage lang dem Angriff eines 3%igen Kochsalzsprühnebels ausgesetzt. Durch diese sehr scharfe Prüfung war das chromatisierte Teil überhaupt nicht angegriffen, während das ungeschützte Teil angefressen war und starke Salzausblühungen zeigte.

γ) Anstriche.

Das Wichtigste für Anstriche ist ein guter Haftgrund. Dieser Haftgrund wird durch die bei der galvanischen Veredlung besprochenen chemischen und mechanischen Oberflächenbehandlungen geschaffen.

Abb. 413. Verschieden behandelte Zinklegierungsteile nach 10täg. Salzsprühnebelangriff.

Eine besondere Wirkung wird an hochglanzpolierten Stücken durch Fixierung mit einem Klarlack erhalten. Es ist gelungen, Klarlacke von hoher Griff- und Korrosionsfestigkeit herzustellen[195].

Wie groß die Korrosionsbeständigkeit ist, zeigt Abb. 413. Die verschiedenen Stücke aus einer Zinklegierung waren einer 10tägigen Behandlung in dem von der DVL angegebenen Salzsprühgerät (3% Kochsalznebel) unterworfen. Der Stab war verkupfert und vernickelt, das erste rohe Schlüsselteil war poliert und mit dem Klarlack BC 7010 (auf

[195] Herstellerin: Firma Herbig-Haarhaus A.G., Köln-Bickendorf.

Kunstharzbasis aufgebaut, kein Zelluloselack), der bei 120° eingebrannt wurde, versehen. Der rechte Schlüssel war poliert und mit einem anderen Klarlack C 1961 fixiert. Wie man sieht, wurde am stärksten die Vernicklung angegriffen, dann folgt Lack C 1961, während das mit dem eingebrannten Klarlack versehene Teil keine Spur eines Angriffes zeigte.

d) Reinigungsmittel.

Das Pflegen der aus Zinklegierungen verfertigten Gegenstände ist besonders wichtig, wenn sie ihr gutes Aussehen behalten sollen; andernfalls erhalten sie bald die bei Dachrinnen bekannte graue unansehnliche Oberfläche.

Für die regelmäßige Reinigung können die für andere Metalle, insbesondere Messing, eingeführten Putzmittel verwendet werden. Polierte Flächen sind z. B. durch Sidol glänzend zu erhalten. Geschliffene oder gebeizte Flächen werden lediglich durch Abwaschen mit Seifenwasser gereinigt.

Graue, verschmutzte Oberflächen von Zinklegierungen sind zwar unansehnlich, beeinträchtigen aber nicht die mechanischen und technologischen Eigenschaften, da die Oxydschicht eine gute Schutzwirkung ausübt und sehr dicht ist.

Zahlentafel 1. Zink-Spritzgußlegierungen nach DIN 1743 (Werkstoffe).

Bezeichnung einer Zink-Spritzgußlegierung mit Kupfer- und Aluminiumgehalt:
Sg Zn-Al-Cu I DIN 1743

Benennung	Kurzzeichen	Zusammensetzung %				Zulässige Beimengungen %		Zugfestigkeit[3] σB	Bruchdehnung[3] δ_{10}	Brinellhärte[3] H 5 250/30	Gewicht	Richtlinien für die Verwendung	
		Zn[1]	Al	Cu	Mg, Si, Ni, Li, Mn	Cu	Fe + Pb + Sn + Cd	kg/mm²	%	kg/mm²	kg/dm³ ≈		
Kupferreiche Zink-Spritzgußlegierung	**Sg Zn-Al-Cu I**	91 bis 94	3,5 bis 5	2,5 bis 4				32 bis 38	2,5 bis 2	80 bis 120	6,9	Ohne Einschränkung: Gußstücke für Benzin-, Benzol- und Öl-Armaturen, Geschwindigkeitsmesser, Schlösser, photographische Geräte, Büroeinrichtungen, Nähmaschinen, Rundfunkgeräte, Automaten, Waagen, Beschläge, Schilder, Plaketten, Verzierungen, Schmuckteile, Spulenkörper usw.	—
Kupferarme Zink-Spritzgußlegierung	**Sg Zn-Al-Cu II**	93,4 bis 95,75	3,5 bis 4,1	0,75 bis 2,5	je unter 0,1[2]	—	zusammen unter 0,08 (Pb + Sn höchstens 0,02, wobei Sn unter 0,01)	27 bis 33	5 bis 2	80 bis 105	6,8		Bei Forderung guter statischer Festigkeitseigenschaften (Zug-, Druck- und Biegefestigkeit) und bei geringer Beanspruchung durch Dauerkorrosion: Maschinen- und Geräteteile, Verschraubungen, Buchsen, kleine Lagerschilder, Lagerkappen, Muttern, Zählerkörper, Waffenteile.
Zink-Spritzgußlegierung	**Sg Zn-Al**	95,9 bis 96,5	3,5 bis 4,1	—		0,75		22 bis 27	6 bis 3	65 bis 80	6,7		Gußteile für Wasser- und Gasarmaturen, chemische Geräte usw.

Für einige dieser Legierungen oder für ihre Anwendung bestehen im In- und Auslande gewerbliche Schutzrechte oder Anmeldungen hierfür.

[1] Feinzink 99,99 nach DIN 1706. [2] Nach den Sondererfahrungen des Herstellers. [3] Richtwerte.

Gießtechnische Angaben[4].

Erreichbare Genauigkeit des Sollmaßes[5]	Mindestwanddicke je nach Stückgröße und Gestalt mm	Eingegossene Löcher			Verjüngung der Kerne in % der Länge je nach Stückgröße und Gestalt mindestens
		nicht durchgehend größte Tiefe	durchgehend größte Länge	Durchmesser mindestens mm	
bis 13,5 mm: ± 0,02 mm über 13,5 mm: ± 0,15%	0,6 bis 2	3 × Dmr.	6 × Dmr.	1	0,3

4 Richtwerte. In besonderen Fällen und wegen der im Aufbau begründeten Eigenschaften der Zink-Legierungen empfiehlt es sich, bei neuen Verwendungsfällen den Rat der Spritzgießereien einzuholen.

5 Für Maße, die von beweglichen Formteilen begrenzt sind, ist die erreichbare Genauigkeit je nach Stückgröße und Gestalt geringer.

Bei der Verarbeitung der Legierungen im Preßguß-Verfahren gelten für die chemische Zusammensetzung und die mechanisch-technologischen Eigenschaften Sonderwerte, die mit den Herstellern zu vereinbaren sind.

Probestab.

Maße in mm

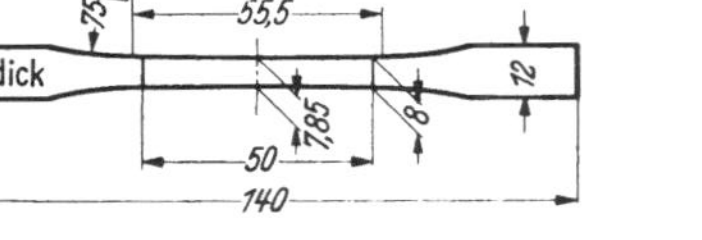

Die Festigkeitswerte der Legierungen werden an gesondert gegossenen Probestäben von 7,85 mm × 2,5 mm = 19,63 mm² Querschnitt (vgl. Abbildung) ermittelt. Die Brinellhärte wird zweckmäßig an den Stabköpfen festgestellt. Es kann nicht erwartet werden, daß auch im Gußstück selbst an allen Stellendiese Zahlenwerte erreicht werden.

Fachnormenausschuß für Nichteisen-Metalle

Zahlentafel 2. Zusammensetzung einiger Feinzinksorten.

Marke	Gehalt in tausendstel %			
	Blei	Eisen	Kadmium	Kupfer
Tadanac-Feinzink	15	1	6	—
Sable-Feinzink	32	9	—	—
Lipine-Feinzink.	30	1	6	1
Vieille Montagne-Feinzink	—	5	13	1
New Jersey-Horsehead	20—50	4—10	4—3	1
MHD-Berzelius-Feinzink	1—6	1—5	2—5	—
Giesche-Elektrolytzink 99,99	2—6	1—2	1—2	—
Giesche-Elektrolytzink 99,975	7—15	1—5	1—4	—

Zahlentafel 3. Zusammensetzung und mechanische Eigenschaften von Zamak-Blechen.

Legierung	Zamak-Delta	Zamak-Eta
Aluminium	8—12%	8—12%
Kupfer	0—0,5%	0—0,5%
Magnesium	—	0,005—0,01%
Festigkeit, ∥ W.R.	25—35 kg/mm²	40—50 kg/mm²
⊥ W.R.	30—40 kg/mm²	45—55 kg/mm²
Dehnung δ_{10}, ∥ W.R.	30—60%	15—30%
⊥ W.R.	25—50%	10—20%
Brinellhärte $H_{500/10/30}$	50—80 kg/mm²	80—100 kg/mm²
Tiefung (1 mm)	9—13 mm	7,5—9 mm
Schlagbiegefestigkeit	12—14 cmkg/mm²	8—10 cmkg/mm²

Zahlentafel 4. Mechanische Eigenschaften von Zinkspritzgußlegierungen nach dem Guß.

DIN-Kurzzeichen	SgZn-Al-Cu I DIN 1743		SgZn-Al-Cu II DIN 1743	SgZn-Al DIN 1743	
Werkstoff	Uso	Giesche-ZL 1 Zamak 2	Giesche-ZL 2 Zamak 5	Giesche-ZL 3	Zamak 3
Zusätze % Al	4,8—5,0	3,8—4,3	3,8—4,3	3,8—4,0	3,9—4,3
Zusätze % Cu	3,8—4,0	2,5—2,9	0,9—1,3	0,5—0,7	—
Zusätze % Mg		0,02—0,05	0,02—0,05	0,02—0,04	0,03—0,06
Zugfestigkeit in kg/mm² . .	35—40	33—38	28—35	29—32	27—30
Dehnung (M = 50 mm) in %	2—4	5—7	5—7	5—7	4—6,5
Brinellhärte $H_{500/10/30}$ in kg/mm²	110—130	90—110	80—100	70—90	60—70
Schlagbiegefestigkeit in cmkg/mm²	4—7	6—9	7—11	9—12	8—12
Druckfestigkeit in kg/mm² .	65—80	60—70	58—64	40—45	40—42
Durchbiegung in mm . . .	3—5	4—6	3—5	6—7	6—7
Scherfestigkeit in kg/mm² .	28—35	28—32	25—29	22—25	20—22

Zahlentafel 5. Mechanische Eigenschaften von Zinkspritzgußlegierungen nach der Alterung A (10 Tage bei 95° C) und interkristallinen Korrosion I (10 Tage Dampfbehandlung bei 95° C).

	Werkstoff	Uso	Giesche-ZL 1 Zamak 2	Giesche-ZL 2 Zamak 5	Giesche-ZL 3	Zamak 3
A	Zugfestigkeit in kg/mm² . .	25—30	25—31	25—29	26—29	24—25
	Dehnung in %	0,5—1,5	1—2	2—5	4—6	4—6,5
	Brinellhärte $H_{500/10/30}$ in kg/mm²	100—120	80—100	70—90	70—90	55—60
	Schlagbiegefestigkeit in cmkg/mm²	1—2	1,5—3	3—5	9—12	10—14
I	Zugfestigkeit in kg/mm² . .	25—30	25—31	25—29	26—29	24—25
	Dehnung in %	0,5—1,5	1—2	2—5	4—6	3—5
	Brinellhärte $H_{500/10/30}$ in kg/mm²	100—120	80—100	70—90	70—90	55—60
	Schlagbiegefestigkeit in cmkg/mm²	1—2	1,5—3	3—5	8—11	8—11

Zahlentafel 6. Einfluß der Wärmebehandlung auf mechanische Eigenschaften von Zinkspritzguß.

Legierungstyp Al/Cu		4/2,7	4/1,1	4/0,5	4/2,7	4/1,1	4/0,5
Behandlung	Zustand	Schlagbiegefestigkeit in cmkg/mm²			Zugfestigkeit in kg/mm²		
—	nach dem Guß	6	6	7	32	30	26
	„ 10 Tage Alterung	2	3	7	26	24	22
100°, 3 Std.	„ der Behandlung	5	$5^1/_2$	$7^1/_2$	32	30	26
	„ 10 Tage Alterung	2	3	$7^1/_2$	26	$24^1/_2$	22
150°, 3 „	„ der Behandlung	4	5	$7^1/_2$	30	28	26
	„ 10 Tage Alterung	2	3	$7^1/_2$	26	24	22
200°, 3 „	„ der Behandlung	3	4	7	28	27	25
	„ 10 Tage Alterung	2	$2^1/_2$	7	25	24	22
250° 3 „	„ der Behandlung	$2^1/_2$	$3^1/_2$	$7^1/_2$	28	27	26
	„ 10 Tage Alterung	$1^1/_2$	$2^1/_2$	7	26	$23^1/_2$	22
300°, 3 „	„ der Behandlung	$6^1/_2$	7	9	33	31	29
	„ 10 Tage Alterung	2	3	$7^1/_2$	26	24	22

Zahlentafel 7. Mechanische Eigenschaften von Kokillengußstäben aus einer Zinklegierung mit 4% Aluminium, 1,1% Kupfer und 0,03% Magnesium.

Zugfestigkeit:
nach dem Guß . . . . 22—25 kg/mm²
nach 10tägiger Alterung . . . . 18—21 kg/mm²
nach 10tägiger Dampfbehandlung . . . . 17—20 kg/mm²

Dehnung (Meßlänge 50 mm):
nach dem Guß . . . . 1—2%
nach 10tägiger Alterung . . . . 1/2—1%
nach 10tägiger Dampfbehandlung . . . . 1/2—1%

Schlagbiegefestigkeit:
nach dem Guß . . . . 5—6 cmkg/mm²
nach 10tägiger Alterung . . . . 1—2 cmkg/mm²
nach 10tägiger Dampfbehandlung . . . . 1—2 cmkg/mm²

Brinellhärte $H_{500/10/30}$:
nach dem Guß . . . . 80—100 kg/mm²
nach 10tägiger Alterung . . . . 70—90 kg/mm²
nach 10tägiger Dampfbehandlung . . . . 70—90 kg/mm²

Druckfestigkeit (Probekörper 15 × 20 mm) . . 45—50 kg/mm²
Durchbiegung. 2—3 mm
Scherfestigkeit . . . . 25—28 kg/mm²
Bruchbiegefestigkeit (Auflageabstand 100 mm) . . . . 50—55 kg/mm².

Zahlentafel 8. Mechanische Eigenschaften von Preßwerkstoff.

Legierung		Giesche-ZL 3	Zamak-Alpha	Zamak-Beta	Giesche-ZL 5	Giesche-ZL 7	Giesche-ZL 8	Ms 58
Zusammensetzung	Al	4	4	9—11	4	0,2	0,2	—
	Cu	0,5	1,1	1—2	2,7	4,0	4,0	58
	Mg	0,02	0,04	0,02—0,05	0,05	—	0,2	—
	Li	—	—	—	0,05	—	—	—
Streckgrenze in kg/mm²		32—35	34—38	—	42—48	22—25	30—35	35—45
Zugfestigkeit in kg/mm²		41—43	36—40	46—50	49—55	34—36	41—44	43—46
Dehnung δ_5 in % . . .		12—20	4—6	5—8	5—10	45—50	25—30	25—30
Einschnürung in % . .		45—50	15—30	—	5—15	80—85	40—50	10—15
Schlagbiegefestigkeit[1] in cmkg/mm²		> 30	18—23	13—15	15—20	> 30	> 30	10—15
Brinellhärte $H_{500/10/30}$ in kg/mm²		95—105	85—95	105—116	110—125	85—95	90—100	85—100
Dauerbiegefestigkeit[2] in kg/mm²		13—14	13—15	—	—	12—13	—	12—15

[1] Ermittelt an Stangen von 10 mm Durchmesser im 30 mkg-Pendelschlagwerk.
[2] Nach 20 Millionen Lastwechsel.

Zahlentafel 9.
Mechanische Eigenschaften in Zinklegierungsblechen (0,4—0,7 mm).

Werkstoff	Giesche-ZL 9			Giesche ZL 10	
Zusammensetzung	4,8% Cu, 0,2% Al			2% Al	
Prüfbedingungen	parallel W. R.	quer W. R.	200° 15 Min.	parallel W. R.	quer W. R.
Zugfestigkeit in kg/mm²	24—27	24—27	35—39	20—24	20—24
Dehnung δ_{50} in %	70—80	70—80	25—30	20—30	20—30
Tiefung[1] in mm	16—19	16—19	8—10	8—10	8—10
Biegezahl[2]	30—35	30—35	15—20	180—250	100—150

[1] Nach dem Näpfchen-Tiefziehverfahren von Erichsen.
[2] Über Radius $r = 3$ mm.

Zahlentafel 10.
Physikalische Eigenschaften der Zinkspritzgußlegierungen.

Werkstoff	Uso	Giesche-ZL 1 Zamak 2	Giesche-ZL 2 Zamak 5	Giesche-ZL 3	Zamak 3
Spezifisches Gewicht in g/cm³	6,85	6,75	6,68	6,65	6,64
Erstarrungspunkt in °C	rd. 395	rd. 390	rd. 385	rd. 385	386
Schwindung in %	1,2	1,2	1,1	1,1	1,15
Erstarrungsschrumpfung in %	3,5	3,5	3,6	3,7	3,7
Wärmeausdehnungskoeffizient	$27 \cdot 10^{-6}$	$27 \cdot 10^{-6}$	$27 \cdot 10^{-6}$	$27 \cdot 10^{-6}$	$27 \cdot 10^{-6}$
Wärmeleitfähigkeit in $\frac{\text{cal}}{\text{sec} \cdot \text{cm} \cdot {}^\circ\text{C}}$	0,25	0,25	0,25	0,26	0,27
Spezifische Wärme in $\frac{\text{cal}}{\text{g} \cdot {}^\circ\text{C}}$	0,109	0,105	0,102	0,100	0,098
Elektrische Leitfähigkeit bei 25° C in $\frac{\text{m}}{\text{Ohm} \cdot \text{mm}^2}$	13,9	14,44	15,05	15,4	15,53

Zahlentafel 11. Vergleich der Herstellungskosten eines Gußstückes aus Leichtmetall, Grauguß und Zinklegierung.

Werkstoff	Aluminium		Gußeisen	Zinklegierung (Giesche-ZL 2)	
Gießverfahren	Kokille	Sand	Sand	Kokille	Sand
Fertiggewicht in kg	8	12	40	20	30
Rohguß (Kosten in RM.)	18,—	40,—	26,—	13,—	32,—
Fertig bearbeitet (Kosten in RM.)	66,—	90,—	105,—	61,—	82,—

Zahlentafel 12. Mechanische Eigenschaften in Kokillengußteilen aus Giesche-ZL2 (4% Al, 1,1% Cu, 0,03% Mg).

Gußstück	Probestab Nr.	Festigkeit in kg/mm²	Schlagbiegefestigkeit in cmkg/mm² am Probestab von 2,5 × 2,5 mm	Schlagbiegefestigkeit in cmkg/mm² umgerechnet auf Normalstab 6,35 × 6,35 mm	Härte $H_{500/10/30}$
Grammophonmontageplatte	1	23,7[1]	1,62	4,05	
	2	22,6	1,26	3,16	
	3	23,4	0,98	2,45	
	4	21,0	1,84	4,62	
	5	19,6	1,08	2,72	
	6	21,9	1,16	2,92	
	7	21,0	1,85	4,65	
	Mittel	21,9		3,51	96,0
Kartothekkasten	1	22,1	2,70	6,76	
	2	19,7	1,95	4,90	
	3	24,6	0,99	2,48	
	4	24,5	1,55	3,88	
	5	21,3	1,05	2,63	
	6	23,8	1,08	2,71	
	Mittel	22,7		3,89	97,5
Türschutzwinkel	1	24,7	1,47	3,68	
	2	20,0	1,35	3,38	
	Mittel	22,4		3,53	96,5
Flansch	1	26,0	0,97	2,44	92,5

[1] Diese Werte wurden aus 5—10 Zahlen ausgemittelt.

Zahlentafel 13. Längenänderungen in Zamak 3-Gußstücken.

Art des Gußstückes	Herstellungsart	Anzahl der Versuchsteile	Anzahl der Messungen	Längenschrumpfung in % ges. Längenänderung	Längenschrumpfung in % nach 4 Std. Alterung (95°)
Schreibmasch. Wg.	Spritzguß	5	80	0,030—0,072	0,045
,, ,,	Preßguß	3	48	0,025—0,041	0,028
Typenkörbe	Spritzguß	2	30	0,014—0,054	0,037
Ringe	,,	2	32	0,027—0,085	0,045

Sachverzeichnis.